Benny Génsbøl
Walther Thiede

Greifvögel

Alle europäischen Arten, Bestimmungsmerkmale, Flugbilder, Biologie, Verbreitung, Gefährdungsgrad, Bestandsentwicklung

BLV Verlagsgesellschaft
München Wien Zürich

CIP-Kurztetelaufnahme der Deutschen Bibliothek

Génsbøl, Benny:
Greifvögel : alle europ. Arten, Bestimmungsmerkmale, Flugbilder, Biologie, Verbreitung, Gefährdungsgrad, Bestandsentwicklung / Benny Génsbøl. Walther Thiede. [Ill.: Bjarne Bertel ; Arne Gaarn Bak]. - München; Wien; Zürich:
BLV Verlagsgesellschaft, 1986.
Einheitssacht.: Rovfuglene i Europa, Nordafrika
og Mellemøsten ⟨dt.⟩
ISBN 3-405-13152-9

NE: Thiede, Walther [Bearb.]; HST

Zeichnungen: Bjarne Bertel
Verbreitungskarten: Arne Gaarn Bak

Satz: Appl, Wemding
Bindung: Ludwig Auer, Donauwörth

ISBN 3-405-13152-9

Bildnachweis

C. J. Andersen/Biofoto: 242; H. G. Arndt: 165; B. G. Backström: 215; I. Beames/Ardea: 41; U. Berggren/Ardea: 180; K. Bjerre: 148, 167, 270; R. J. C. Blewitt/Ardea: 149, 271; J. M. Breider: 358; A. Brook/Ardea: 162; G. K. Brown/Ardea: 173, 252; J. B. Bruun/Biofoto: 141, 255; J. Christensen: 15; A. Christiansen/Biofoto: 9, 21, 51, 116, 132, 137, 161, 168, 171, 219; C. Davidson/Bruce Coleman: 53; B. Eichhorn/Dieter Zingel: 69, 73; J. Elmelid/N.: 71, 84, 170, 257, 274; D. England/Ardea: 216; E. Engquist: 134; Y. Eshbol/Bruce Coleman: 111, 250; C. Frahm/Biofoto: 66, 244; B. Génsbøl/Biofoto: 7, 39, 60, 61, 67, 79, 81, 86, 88, 90, 109, 112, 117, 127, 131, 135, 153, 157, 159, 160, 163, 188, 189, 191, 192, 196, 197, 198, 202, 210, 236, 238, 260, 261, 262, 278, 279, 280, 283, 312, 316, 336; D. Green/Bruce Coleman: 264, 265, 267; M. W. Grosnick/Ardea: 213; K. Halberg/Biofoto: 87; E. Hansen/Biofoto: 151; H. Fr. Hansen: 45, 114, 115, 129; P. Helo/Bruce Coleman: 125; Hisato Okamoto: 241; E. Hosking: 43; Jacana: 95, 110; L. Järnemo/N.: 80; L. Jonsson: 253, 259; K. Karel: 33, 206, 229, 231; P. Klaesson & B. O. Olsson: 266; A. Limbrunner: 143, 155, 175, 246, 248, 281; P. Lindberg/N.: 169; A. Linderheim/N.: 268; B. Lundberg/N.: 22, 139, 179; B.-U. Meyburg: 31, 37, 101, 102, 186, 187, 201, 203; M. Müller & H. Wohlmuth: 55, 62, 156, 193; R. Nardi: 211; A. Niklasson: 178; D. Nill: 273; L. E. Nissen/Biofoto: 47; J. B. Olsen: 220, 221; J. Østeng Hov/NN: 147, 181; J. Pearson/Bruce Coleman: 16; P. Petit: 97, 103, 121, 122, 130, 205r, 207; C. Pissavini/Jacana: 177; G. D. Plage/Bruce Coleman: 104, 107; J. Robert/Jacana: 91, 136, 209; F. Sahier/Ardea: 93; Sailler/Jacana: 217; D. Skjelle: 57, 296; R. Staav: 98; I. Stenberg: 182; P. Steyn/Ardea: 233; B. E. Swahn/N.: 145; R. Tidmann: 106; P. J. Tömmeraas: 140, 226, 227; I. Trap-Lind/Ardea: 35; I. Trap-Lind/Biofoto: 56; W. Wagner: 2051; A. S. Weaving/Ardea: 184; K. Weile: 150; J. Wightman/Ardea: 194; W. van Wijk: 48; F. Wille/Leica: 82, 225; G. Ziesler: 18, 64, 75; G. Ziesler/Jacana: 34

BLV Bestimmungsbuch
Amphibien und Reptilien · Aquarienfische · Bäume + Sträucher · Bäume und Sträucher Europas · Blumen am Mittelmeer · Edelsteine und Schmucksteine · Farbige Pflanzenwelt · Farne – Moose – Flechten · Fossilien · Foto-Pflanzenführer · Gräser · Heilpflanzen · Die Höhlen Europas · Hunderassen der Welt · Insekten + Weichtiere · Meeresfische · Muscheln + Schnecken · Orchideen Europas · Pferderassen der Welt · Pflanzen der Tropen · Pflanzen Europas · Pflanzen- und Tierwelt der Alpen · Pilze · Pilzführer · Säugetiere · Säugetiere Afrikas · Steine + Mineralien · Sterne + Planeten · Süßwasserfische · Tiere und Pflanzen an Mittelmeerküsten · Tierspuren · Vögel · Wetterkunde für alle

BLV Naturführer
Alpen · Alpenblumen · Aquarienfische · Bach – Fluß – See · Bäume + Sträucher · Fische · Giftpflanzen – Gifttiere · Heilpflanzen · Heimische Pflanzen 1 · Heimische Pflanzen 2 · Hunde · Insekten · Lebensraum Stadt · Mein Hobby: Mikroskopieren · Mein Hobby: Natur fotografieren · Mein Hobby: Pflanzen kennenlernen · Mein Hobby: Schmetterlinge beobachten · Mein Hobby: Steine sammeln · Mein Hobby: Vögel beobachten · Mineralien + Gesteine · Moor und Heide · Pflanzen am Mittelmeer · Pilze · Säugetiere · Schmetterlinge · Spuren und Fährten unserer Tiere · Sterne + Sternbilder · Strand und Küste – Wattenmeer · Versteinerungen · Vögel · Wald und Forst · Wasservögel – Strandvögel · Wiesen und Felder · Wolkenbilder – Wettervorhersage · Zootiere

BLV Intensivführer – Spektrum der Natur
Alpenpflanzen · Laubgehölze · Nadelgehölze · Pilze, Band 1: Lamellenpilze, Täublinge, Milchlinge und andere Gruppen mit Lamellen · Pilze, Band 2: Röhrlinge, Porlinge, Bauchpilze, Schlauchpilze und andere · Vögel, Band 1: Singvögel · Vögel, Band 2: Spechte, Eulen, Greifvögel, Tauben, Hühner u. a. · Vögel, Band 3: Taucher, Entenvögel, Reiher, Watvögel, Möwen u. a.

BLV Dreipunkt-Buch
Alpenblumen · Bäume und Sträucher · Früchte der Bäume und Sträucher · Frühling im Wald · Gefährdete Pflanzen · Greifvögel und Eulen · Heilpflanzen · Pflanzen am Wegrand · Pflanzen der Wiese · Pilze · Schmetterlinge · Singvögel · Sommer im Feuchtgebiet · Vögel im Wald · Vögel in Garten und Park · Vogelnester, Vogeleier

Weitere BLV Bücher zum Bestimmen
BLV Vogelführer · Greifvögel · Der große BLV Mineralienführer · Der große BLV Naturführer · Der große BLV Pflanzenführer · Der große Pilzführer, Band 1–4 · Heilpflanzen in Farbe · Das neue BLV Pilzbuch · Der neue BLV Steine- und Mineralienführer · Stimmen der Vögel Europas

BLV Umweltwissen
Autofahren umweltfreundlich · Darum brauchen wir den Wald · So stirbt der Wald · Wenn Gewässer sauer werden

Weitere BLV Naturbücher
BLV Bildatlas der Bäume · Das farbige BLV Hausbuch der Natur · Korallenriffe · Naturinseln in Stadt und Dorf · Tiere in der Landschaft · Wie Tiere denken

Inhaltsverzeichnis

Allgemeiner Teil

Artbeschreibungen

Bestimmungsteil

Anhang

Zeichenerklärung

ad. = adult = Altvogel, Altvögel (ab der Geschlechtsreife)
imm., immat. = Jugendlicher (vgl. auch S. 284)
juv. = Jungvogel, Jungvögel
K. = Kalenderjahr

max. = maximal
Sp. = Spannweite
♂ = Männchen
♀ = Weibchen
< = weniger als
> = mehr als

n = Zahl der untersuchten Individuen (bei statistischen Angaben)
M = Mittelwert

Verbreitungskarten

Wie der Kartenausschnitt zeigt, beziehen sich die Verbreitungsangaben auf ganz Europa, Nordafrika, den Nahen Osten und die zugehörigen atlantischen Inseln, ein Gebiet, das der westlichen Paläarktis entspricht. Das Vorkommen einer Art in der übrigen Welt ist kurz im Text angeführt.

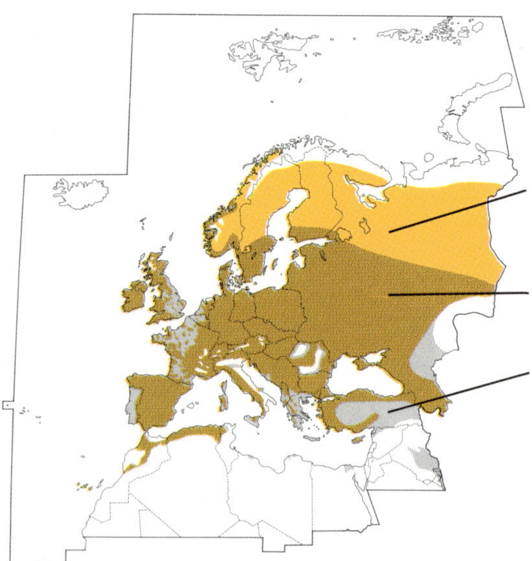

Bedeutung der Farben in den Verbreitungskarten

Gelborange = nur im Sommer im Brutgebiet anwesend

Olivbraun = ganzjährig anwesend

Grau = Winterquartier

In der Verbreitungskarte des Wanderfalken ist wegen seiner Seltenheit die Verbreitung nur in groben Zügen angegeben. Die hellere Farbe deutet dies an.

Vorwort

Greifvögel, die »stolzen Herrscher der Luft«, haben die menschliche Phantasie wohl immer beschäftigt: Schon früheste Herrschergeschlechter wählten den Adler als Wappensymbol, die Jagd mit Falken war an den Höfen des Altertums und des Mittelalters weit mehr als Zeitvertreib, und die Geier waren von Anfang an dabei, wenn der Urmensch auf der Jagd erfolgreich gewesen war und die Beute verteilt wurde.

Als Konkurrenten verfolgt wurden sie eigentlich erst in der europäischen Neuzeit. Die letzten 100 Jahre brachten sie an den Rand des Unterganges, denn gegen die Vernichtungsideologie weiter gesellschaftlicher Kreise – vom Bauern über den Jagdaufseher bis zu den »Vogelschützern« – des ausgehenden vorigen und der ersten Jahrzehnte unseres Jahrhunderts war bei der dazu noch ins Unermeßliche gestiegenen Feuerkraft moderner Jagdwaffen kaum anzukommen. Als dann noch in den 50er und 60er Jahren das unerwartete Verhängnis der Pestizide hinzukam, brachen in weiten Gebieten Europas die Bestände zusammen und viele Landstriche verloren ihre Greifvögel für immer.

Gerade noch fünf Minuten vor zwölf gelang es, die gefährlichsten Gifte zu bannen, die Greifvögel weitestgehend unter Schutz zu stellen und mittels gezielter Schutzmaßnahmen eine Wiederbesiedlung und eine Erholung der Bestände einzuleiten. Die Forschung der letzten 15 Jahre tat ein übriges, das Verständnis für die Rolle der Greifvögel in der Natur in breiten Kreisen zu wecken und zu fördern.

Dieses Buch, das zugleich Feldführer ist, möchte nun unser heutiges Wissen zusammenfassen und in leicht zugänglicher und verständlicher Form mitteilen. Das verlangt selbstverständlich eine Beschränkung auf das Wesentliche. Wer sein Wissen vertiefen will, findet in den Literaturlisten den Schlüssel dazu. Von besonderer Wichtigkeit für uns war, die Bestandszahlen aller Arten so zeitnah und so genau wie möglich mitzuteilen. Sind sie doch für die umfangreiche Diskussion um die wahre Situation der Greifvögel sehr wichtig. Unser früher sehr dürftiges Wissen ist hierin in den letzten Jahren wirklich größer geworden. Gleichzeitig verdeutlichen sie uns, wo Wissenslücken und vor allem, wo Gefahren existieren.

Ein weiteres Ziel ist die Bestimmung der Greifvögel. Auch hier ist in den letzten Jahren viel neues Wissen entstanden, nicht zuletzt durch den Einsatz dänischer Ornithologen. Die Bestimmung der Greifvögel ist zweifelsohne die hohe Kunst des Vogelbestimmens. Dabei wird es auch bleiben, denn die Zahl der Kleider, der Farbvariationen, die Schnelligkeit ihres Fliegens, die Art ihres Verhaltens fordern vom Beobachter viel Erfahrung sowie schnelles Reaktionsvermögen.

Auf S. 283–285 ist geschildert, wie man einen Greifvogel sicher bestimmen kann, auf was dabei zu achten ist. Wer sich ernsthaft der Vogelkunde widmet, sollte aber wissen, daß eine unerläßliche Voraussetzung für den Erfolg die sofortige Niederschrift des Gesehenen und des Gedachten ist! Die Rekonstruktion im nachhinein offenbart immer Gedächtnislücken und führt zu Fehlschlüssen. Vor Ort mache man seine ausführlichen Notizen; wer darüber hinaus noch zeichnerisches Talent besitzt, sollte schnell Skizzen hinzufügen. Notieren Sie sich auch, was Sie erwartet, nicht aber gesehen haben. Auch das hilft bei der Bestimmung ungemein.

Der Text der Bestimmungsabschnitte wurde in enger Zusammenarbeit zwischen Benny Génsbøl und dem Zeichner dieses Buches, Herrn Bjarne Bertel, geschrieben.

Die vielen Fotos bilden ein Kapitel für sich. Es war die Absicht, die besten, die man überhaupt erhalten kann, zu sammeln. In der Verfügbarkeit guten Bildmaterials sind wir ebenfalls in den letzten Jahren deutlich weiter gekommen, wenn auch noch viele Wünsche offen bleiben.

Für die Mitwirkung bei Materialsammlung, kritischer Korrektur von Zeichnungen, Text und Karten gilt unser Dank den Herren Göran Bergman und Kalevi Malmström (Finnland), Wojtek Król (Polen), Louis Palma (Portugal) und Bernt-Ulrich Meyburg (Deutschland); ferner Steen Christensen, Lars Svensson und Jörgen Bent Thomsen (Dänemark und Schweden).

Der Bearbeiter der deutschen Ausgabe hat sich vor allem der Greifvögel südeuropäischer Inseln - von Madeira bis Zypern - angenommen sowie der Übertragung des allgemeinen Teils auf deutsche Verhältnisse.

Wir hoffen, daß dieser Feldführer die Liebe zu den Greifvögeln, das Eintreten für ihren Schutz, das Verständnis für ihre Rolle im Haushalt der Natur ebenso fördern wird wie die Sicherheit im Bestimmen der europäischen Arten. Wissen und Erkennen fördern das Verständnis und die Bereitschaft, diese Vogelgruppe in Frieden unter uns leben zu lassen. Möge Ihnen dieses Buch zu Hause und im Felde ein guter und viel gebrauchter Begleiter werden!

Dr. Walther Thiede Dezember 1985

Einleitung

Während man bis vor wenigen Jahren alle Greifvögel in einer Ordnung vereinigte (= Falconiformes), teilt man sie heute nach K. H. Voous' »List of recent holarctic bird species« (1977) in 3 Ordnungen auf: Cathartiformes (die Neuweltgeier), Accipitriformes und Falconiformes. Die letzte Ordnung umfaßt heute nur die eigentlichen Falken und die Geierfalken in Südamerika. Die 3 Ordnungen zählen ca. 290 Arten, die in sämtlichen Erdteilen verbreitet sind, außer in der Antarktis. Die genaue Zahl der Arten kann deshalb nicht angegeben werden, weil die Forscher in einigen Fällen sich nicht einig sind, ob eine Population den Status einer Art haben soll oder lediglich als Rasse einzustufen ist.
Weltweit betrachtet sind die Arten ungleich verteilt. Die Lebensbedingungen der einzelnen Klimazonen sind sehr unterschiedlich. Die Tropen beherbergen die meisten Arten mit einer etwa gleichmäßigen Verteilung auf Savanne und Regenwald. Hier trifft man als Brutvögel und als Gäste ca. 130 bzw. 125 Arten, und insgesamt brüten ca. 210 Arten regelmäßig. Das entspricht 72% der gesamten Artenzahl. Ganz anders in der arktischen Tundra, wo man nur 4 direkt angepaßte und 4 andere regelmäßig brütende Greifvogelarten antrifft, die nicht speziell an das Leben in dieser kalten Umgebung angepaßt sind: Das sind nur 1,5% oder knapp 3% aller Greifvogelarten, wenn wir die 4 letztgenannten dazuzählen. Ein deutlicher Hinweis auf den Unterschied der Beutetierzahlen in den beiden Gebieten.
Betrachten wir die Verteilung der Arten auf die verschiedenen geographischen Großräume, zeigt sich darin eine überraschende Übereinstimmung der drei größten: Amerika, Eurasien und Afrika. In den ersten beiden brüten je ca. 100, in Afrika knapp 90 Arten. Die etwas geringere Anzahl rührt vielleicht daher, daß Afrika nur tropisches und subtropisches Klima besitzt. Das etwas kleinere australische Gebiet beherbergt viel weniger Arten: knapp 50.
Einige Arten brüten in mehr als einem der geographischen Großräume. Die meisten Greifvögel sind ausgezeichnete Flieger, die problemlos weite Entfernungen zurücklegen. Überdies gibt es zwischen einigen der Kontinente Landbrücken, die eine Einwanderung von einem Gebiet in das andere ermöglichen.
Bei diesen Voraussetzungen ist es vielleicht noch bemerkenswerter, daß nur rund 40 der 290 Arten in mehr als einem Kontinent brüten und daß von diesen nur ganz wenige - insgesamt 4 - drei Großräume besiedeln konnten. Nur 2 Arten, Fischadler und Wanderfalke, sind wirkliche Kosmopoliten und brüten in sämtlichen vier Großräumen.
Die Verbreitungsüberlappung zwischen den verschiedenen Erdteilen ist zwischen Afrika und Eurasien am größten mit rund 20 Arten und zwischen Eurasien und Australien mit gut 10. Bemerkenswert ist, daß lediglich 9 Arten sowohl in der Neuen als auch in der Alten Welt leben. Außer den genannten zwei Kosmopoliten sind es die gut bekannten Arten Habicht, Rauhfußbussard, Steinadler, Seeadler (Grönland), Kornweihe, Merlin und Gerfalke - alles Vögel, welche hochnordisch brüten, dort, wo der Abstand zwischen den Kontinenten am geringsten ist.
In der Westpaläarktis brüten 46 Arten (zwei davon unregelmäßig), verteilt auf die Ordnungen Accipitriformes (34) und Falconiformes (12). Von den 46 Arten sind nur drei auf die Westpaläarktis beschränkt: Rotmilan, Kurzfangsperber und Eleonorenfalke. Alle anderen haben eine größere Verbreitung.

Steppenadler, ad. im Winterquartier nach Beute ausschauend.

Die Anpassung der Greifvögel an ihre Umwelt

Der Selektionsdruck führt in der Natur dazu, daß die Anatomie der Lebewesen sich an die tatsächliche Lebensweise anpaßt. Die Greifvögel gleichen in ihrem Bauplan anderen Vögeln, doch das Leben ständiger Jagd nach Beute erfordert spezielle anatomische Einzelheiten. Diese sind von Gattung zu Gattung verschieden, denn es erfordert z. B. andere Eigenschaften, blitzschnelle Schwalben zu jagen als die Suche nach Aas. Was uns unmittelbar auffällt, als Besonderheit gegenüber anderen Vogelarten, sind die Ausgestaltungen von Schnabel, Flügel, Schwanz und Augen.

Der Schnabel des Greifvogels

Greifvögel haben einen krummen und spitzen Schnabel, der Oberschnabel ist länger als der Unterschnabel. Die einzelne Ausformung richtet sich nach der Beute, die gefangen wird.

Mäusebussard

Eine Art wie der Mäusebussard ist nicht besonders spezialisiert. Sein Schnabel darf also kein Spezialwerkzeug sein, sondern muß für verschiedene Tätigkeiten geeignet sein.
Anders verhält es sich mit den Arten, die mit größerer Beute umgehen. Geier, die große Säugetiere aufschlitzen, Arten wie Seeadler und Steinadler, die auch Aas fressen, brauchen Schnäbel gewaltiger Ausmaße. Sie müssen stark genug sein, um ein Loch in ein totes Schaf oder Rentier zu reißen - eine wichtige Futterquelle für die zwei Letztgenannten. Der britische Ornithologe Leslie

Steinadler

Brown untersuchte Einzelheiten. Er studierte 6 Geierarten im Serengeti Nationalpark in Kenia und fand eine genaue Übereinstimmung zwischen Schnabelgestaltung und der bevorzugten Nahrung.
Betrachtet man Vogelfänger wie Falken und Habichtartige, kann man ableiten, daß hierfür ein kurzer Schnabel von Vorteil sein mag. Die Falken haben darüber hinaus eine besondere Feinheit entwickelt: einen Haken am Oberschnabel, genannt der Falkenzahn. Er ist sehr gut geeignet zum Töten der Beute.

Wanderfalke

Aus diesen generellen Beobachtungen hat man bei einer Reihe wenig bekannter Habichtartigen versucht, auf die Beute zu schließen, auch unter Einbeziehung der Fußform. Obwohl diese Methode recht grob ist und zu Fehlschlüssen führen kann, ist sie doch Ergebnis und Ausdruck eines richtigen biologischen Gedankenganges, der ohne Zweifel durch genauere Studien fortentwickelt werden kann.

Die nackten Hautpartien

Die Geier zeigen mit ihren nackten Partien am Kopf und Hals einen hohen

Bartgeier

Mönchsgeier

Grad der Spezialisierung auf. Einige der größeren Arten stecken Hals und Kopf tief in den Kadaver hinein. Eine Federbekleidung würde dabei mit Blut, Magensaft und ähnlichem verschmiert werden - eine höchst unerwünschte Situation. Die Evolution hat dazu geführt, daß die exponierten Partien entweder nackt oder mit kleinen steifen Borsten bekleidet sind. Diese Anpassung gibt uns einen Hinweis darauf, inwieweit sich die einzelnen Geierarten im Fleisch tummeln. Der Schmutzgeier hat nur eine nackte Partie rund um den Kopf, während der Gänsegeier Kopf und Hals mit Dunen bedeckt hat. Andere, nichteuropäische Arten sind an Hals und Kopf fast nackt, so daß sie ohne »hygienische Bedenken« diese etwa in die Bauchhöhle eines größeren Säugetieres stecken können.

Das Sehvermögen

Vögel haben im allgemeinen ein sehr gutes Sehvermögen. Für die Greifvögel insbesondere ist ein überlegenes Sehvermögen von lebenswichtiger Bedeutung. Die Beute muß aus möglichst großer Entfernung oder unter schwierigen Verhältnissen entdeckt werden. Wahrscheinlich hat eine Reihe von Greifvögeln die Spitze dessen erreicht, was das Sehvermögen leisten kann. Die Anzahl von Sehzellen beim Mäusebussard z. B. ist pro mm^2 ca. achtmal so groß wie bei uns Menschen. Geier können aus mehreren Kilometer Höhe selbst kleines Aas erkennen, und der Wanderfalke geht auf Vogeljagd, wenn wir gerade in der Lage sind, den Beutevogel mit dem Fernglas zu entdecken.

Die Augen der Greifvögel sind so plaziert, daß sie zweiäugig (binokular) in einem Gesichtswinkel von 35 bis 50° sehen. Monokular deckt jedes Auge jedoch einen Winkel von rund 150° ab, ausgespart bleibt somit nur ein Winkel von 20° hinter dem Kopf, wo der Vogel nichts sehen kann, ohne den Kopf zu wenden.

Das Auge hat als Besonderheit zwei Zentren auf der Netzhaut, wo Bilder entstehen - eines, das hauptsächlich arbeitet, wenn der Vogel binokular sieht,

Kopf des Seeadlers, beachte: große Augen und Augenbrauen.

und eines, welches besonders beim monokularen Sehen benutzt wird. Es ist dazu verhältnismäßig groß und wird teils durch die Nickhaut geschützt, teils - bei einer Reihe von Arten - durch hervorstehende Augenbrauen.

Das Riechvermögen

Die Nasenöffnungen bei den Greifvögeln befinden sich auf der oft gelben Wachshaut (deren Funktion man übrigens nicht kennt) an der Basis des Oberschnabels. Das Riechvermögen hat man bisher bei Vögeln als gering eingestuft. Neuere Untersuchungen haben aber gezeigt, daß es eine bedeutend größere Rolle spielen kann, als man glaubte. Dies wurde z. B. bei den Neuweltgeiern festgestellt, von denen sich einige wahrscheinlich zum Aas »hinriechen«.

Das Greifvogelohr

Beim Geier mit nacktem Kopf kann man das Ohr als kleines Loch sehen, aber normalerweise ist es durch Federn geschützt. Bei den meisten Arten hat das Hören im Zusammenhang mit der Jagd keine zentrale Bedeutung. Dennoch hören Greifvögel ausgezeichnet, und es ist wahrscheinlich, daß z. B. Weihen das Gehör bei der tiefen Suchjagd über offenem Gelände einsetzen. Eine Maus, die in der Vegetation raschelt, kann so durch die Zeitdifferenz, mit der die Lautimpulse die Ohren treffen, genauestens lokalisiert werden. Es ist ein klarer Vorteil, wenn während der Jagd Sehen und Hören miteinander kombiniert werden können.

Der Greifvogelflügel

Die Art des Jagens umspannt bei Greifvögeln einen weiten Bogen an Methoden - vom Schlagen einer Schwalbe in der Luft bis hin zum stundenlangen Absuchen der Landschaft nach Aas. Notwendigerweise sind daher die Flügel ganz unterschiedlich gestaltet.

Im Prinzip sind die Flügel der Greifvögel wie die anderer Vögel gebaut (vgl. Abb. S. 285). Die Handschwingen sind an den Fingern und der Mittelhand befestigt. Es sind im ganzen 9 bis 11, doch in der Form unterscheiden sie sich von Gattung zu Gattung, am stärksten in der Ausformung ihres Spitzenteiles. Bei vielen Arten ist dieser schmaler als der Rest der Handschwingen. Je ausgeprägter, desto freier liegen dann die Handschwingen am äußersten Teil des Flügels: Das ergibt den charakteristischen gefingerten Adlerflügel - am ausgeprägtesten bei den großen Geiern und Adlern. Die eingekerbte Handschwingenfeder wirkt wie die Klappen eines Flugzeugflügels - als Regulator für den aufwärts gerichteten Luftstrom. Das System ist nur noch feiner, da die einzelnen Handschwingenfedern individuell eingestellt werden können, wodurch sie als kleine, unabhängige Tragflächen fungieren.

Der innere Teil des Flügels besteht hauptsächlich aus den Armschwingen, die an der Elle befestigt sind. Die Zahl der Armschwingen variiert wesentlich stärker als bei den Handschwingen. Ein Vogel wie der Mäusebussard mit einer mittleren Flügellänge hat 10, während die großen, langflügeligen Geier ca. 25 haben.

Vereinfacht ausgedrückt kann man bei den Greifvögeln von zwei Haupttypen der Flügel sprechen. Einmal der Typ des Gleitfliegers, die breiten Flügel kombiniert mit einem recht kräftigen Schwanz, der zu einem Fächer ausgebreitet werden kann und so das Flächenmaß erweitert. In seiner charakteristischen Form sehen wir ihn beim Geier (besonders beim Bartgeier), bei Adlern und Bussarden, weniger ausgeprägt bei Milanen und Weihen. Der zweite Typ, der des Stoßfliegers, besitzt lange und spitze Flügel, geeignet zu rasantem Flug und Stoßflug und wird repräsentiert durch die Falken. Einen

Zwischentyp findet man bei den Habichten. Sie jagen durch dichte Vegetation mit schnellen Bewegungen, und ihre Flügel sind breit, kurz und abgerundet.
Die unterschiedlichen morphologischen Typen haben sowohl Vor- als auch Nachteile. Die ausgeprägten Gleitflieger sind nicht dafür gebaut, längere Zeit aktiv zu fliegen. Ihre Brustmuskulatur ist zu schwach für eine solche Belastung. Diese Arten zeigen sich daher erst spät am Vormittag in der Luft, nachdem Thermik (warme, aufsteigende Luft) eingesetzt hat, die sie

Rauhfußbussard

Steinadler

Habicht

Wanderfalke

Wiesenweihe

Mäusebussard, kreisend.

Mäusebussard, schnell gleitend.

nach oben trägt. Sollen sie über lange Strecken fliegen, z. B. auf dem Zug, folgen sie Leitlinien, die sie um die großen Wasserflächen ohne thermische Aufwinde herumführen. Über Landbrükken erreichen sie ihren Zielort.
Wenn ein Mäusebussard zum Zug aufbricht, geschieht das in der Regel am Vormittag. Er sucht sich Aufwind und läßt sich von ihm im Kreisflug höher und höher tragen. Flügel und Schwanz sind ausgebreitet und bilden fast eine Einheit, die Tragflächen damit vergrößernd. Wenn der Aufwind ausgenutzt ist und nicht höher trägt, wechselt der Mäusebussard in Gleitflug über. Der Schwanz wird zusammengelegt, die Flügel werden im Handgelenk leicht nach hinten gebogen, und so gleitet er geradeaus und langsam dabei abwärts. Über einem Tal oder einem Abhang findet er so den nächsten Aufwind, und der Vorgang wiederholt sich. In der Praxis kann er sich so Hunderte von Kilometern fortbewegen ohne Energie zu verbrauchen. Die Arten, die gewohnt sind aktiv zu fliegen, können auch gleiten. Allerdings wenden sie ihr Gleitvermögen in der Regel nicht während des Zuges an. Sie sind somit nicht im gleichen Maße abhängig von der Gestaltung der Landschaft, die Aufwinde erzeugt, und daher nicht an Leitlinien gebunden. Sie überqueren gerne große Wasserflächen, wenn sie sich ihnen in den Weg stellen. Das gilt besonders für Falken und Weihen.

Die Bedeutung des Schwanzes

Bei den Greifvögeln sieht man Schwänze in verschiedenster Form: lange und kurze, schwach eingekerbte und ausgeprägte Schwalbenschwänze, abgerundete und keilförmige. Die Bedeutung der Schwanzformen ist im Detail noch nicht erforscht. Doch ist es deutlich, daß die Arten, die sehr manövrierfähig sein müssen, lange Schwänze haben, z. B. Falken, Habichte und Weihen.

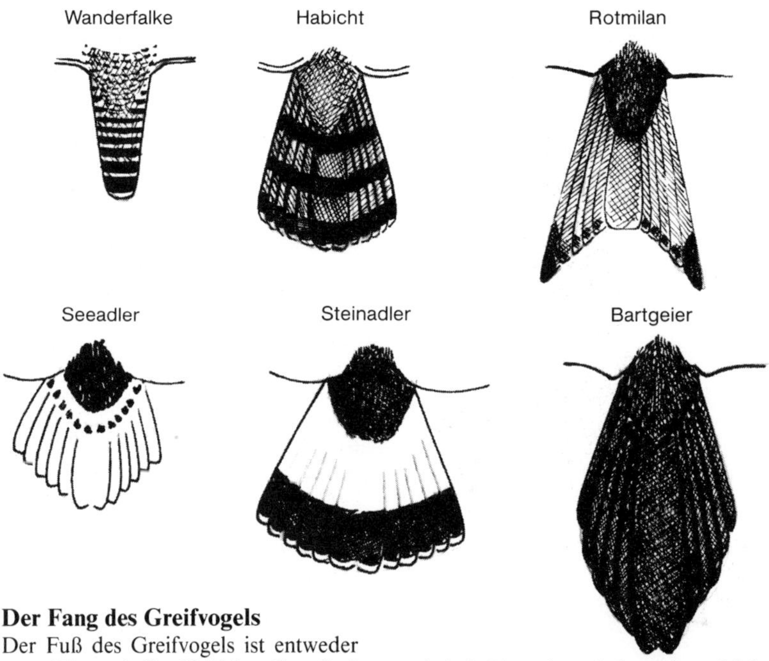

Der Fang des Greifvogels

Der Fuß des Greifvogels ist entweder zum Töten (z.B. Habicht, Seeadler) oder zum Fangen und Halten eingerichtet. Eine Schlange ist am besten mit kurzen, kräftigen Krallen zu halten, wie wir sie beim Schlangenadler vorfinden. Daß es sich hierbei nicht um eine zufällige Ausprägung handelt, wird dadurch wahrscheinlich, daß andere Arten, die Schlangen fangen, gleichartige Fänge haben.

Soll ein Vogel im Flug gegriffen werden, sind lange, schlanke Fänge mit Krallen von entsprechender Länge gut geeignet. Stirbt die Beute nicht beim Zusammenstoß mit dem Greifvogel, können die nadelspitzen Krallen, etwa beim Habicht, die Arbeit vollenden.

Die Wissenschaftler haben einige generelle Regeln festgestellt: Kurze Beine mit recht kurzen, kräftigen Fängen deuten darauf hin, daß die Art ihre Beute am Boden schlägt. Lange Beine mit langen Fängen und nadelspitzen Krallen bedeuten, daß die Beute fliegende Vögel sind. Diese Arten haben oft zugleich eine lange Mittelzehe. Eine kräftige Hinterzehe mit einer Kralle gleichen Formats deutet auf das Schlagen größerer Säuger hin.

Natürlich gibt es abweichend von dieser Verallgemeinerung eine Reihe von Zwischenformen. Die einzelnen Arten haben ja oft ein größeres Beutespek-

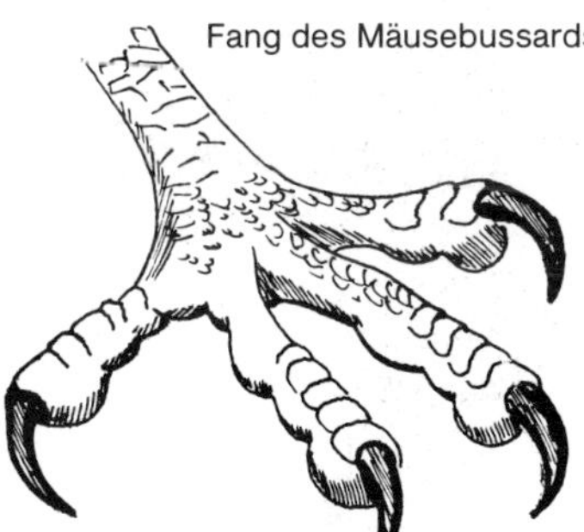
Fang des Mäusebussards.

trum als das genannte, begrenzte Muster, z. B. im Winterquartier.
Andere Spezialisierungen sind eindeutiger. Arten, die auf der Erde jagen, haben längere Beine als andere. Am ausgeprägtesten ist dies beim Schlangen fressenden afrikanischen Sekretär, der jeden Tag etliche Kilometer läuft. Aber auch in Europa gibt es Arten, die oft nach Beute suchend spazierengehen: Schelladler und Schreiadler.
Noch spezieller ausgestaltet ist der Fang des Fischadlers. Eine Wendezehe erlaubt ein besseres Festhalten des schlüpfrigen und oft noch lebenden Fisches. Aber wahrscheinlich noch wichtiger ist es, daß die Zehenunterseiten mit recht eigenartigen, rauhen Schuppen ausgestattet sind.
Aber nicht alle Greifvogelnahrung wird durch Töten beschafft. Bei den meisten Geierarten sind die Krallen zu recht unschädlichen Instrumenten reduziert, da sie ihre ursprüngliche Funktion verloren haben.

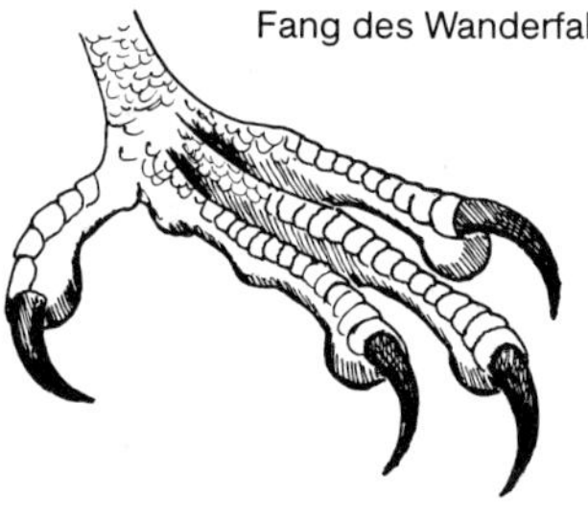

Fang des Wanderfalken.

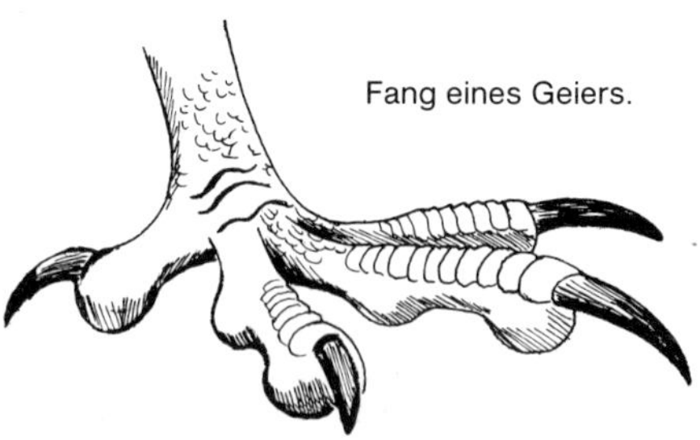

Fang eines Geiers.

Nahrung

In der Natur kann jede nur zugängliche Nahrungsquelle ausgenutzt werden. Sicherlich ist dies – neben der Artentstehung durch geographische Isolierung – eine der Hauptursachen für die Artenvielfalt. Durch Spezialisierung entstehen Möglichkeiten, sowohl allgemein vorkommende Nahrung als auch ungewöhnliche Nahrungsprodukte auf rationelle Weise zu nutzen. Innerhalb der Greifvögel hat das dazu geführt, daß gut 290 Arten entstanden sind, teils dadurch, daß jede eine bestimmte Nahrungsart jagt und sich an deren Fang angepaßt hat, teils dadurch, daß sie sich den verschiedenen klimatischen Verhältnissen anpassen mußten.
Wenn auch viele Nahrungsquellen genutzt werden, so sind es doch zwei, die klar dominieren: Säuger (hauptsächlich kleinere Nagetiere) und Vögel. Bei 38 von 46 westpaläarktischen Greifvögeln spielen diese beiden Tierklassen eine zentrale Rolle. Insekten, Reptilien, Amphibien, Fische, Aas und Abfall sind daran gemessen zweitrangige Nahrungsquellen, wenn sie auch für einige Arten wichtig sind.

»Spezialisten«

Einige Arten haben sich auf Nahrung spezialisiert, die wir normalerweise nicht mit Greifvögeln in Verbindung bringen. Das gilt z. B. für den Schmutzgeier, der hauptsächlich Abfall frißt (z. B. Exkremente) und den Bartgeier, der in der Lage ist, Knochen zu verdauen und eine besondere Bearbeitungstechnik entwickelt hat. Der Vogel läßt aus großer Höhe jeden einzelnen Knochen fallen, so daß er aufsplittert.

Insekten als Beute

Es erweckt oft Staunen, daß ein so großer Greifvogel wie der Wespenbussard sich auf Insektenfang spezialisiert hat – und das in einem so hohen Grade, daß

Wanderfalke

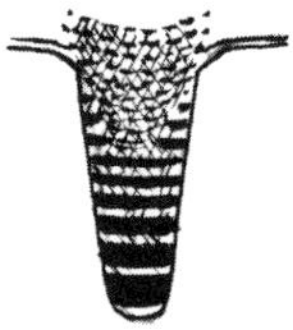

Habicht

Rotmilan

Seeadler

Steinadler

Bartgeier

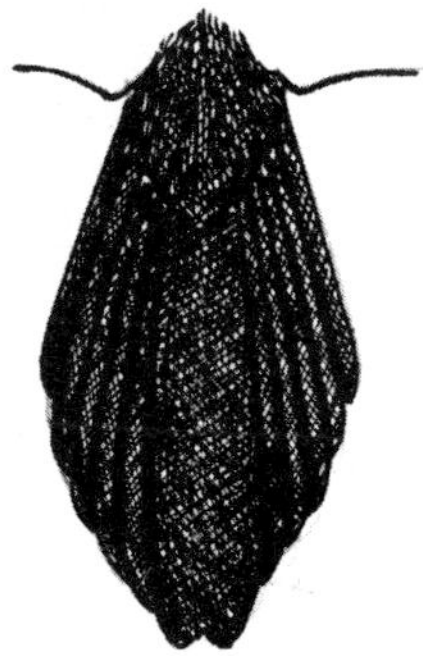

Der Fang des Greifvogels

Der Fuß des Greifvogels ist entweder zum Töten (z. B. Habicht, Seeadler) oder zum Fangen und Halten eingerichtet. Eine Schlange ist am besten mit kurzen, kräftigen Krallen zu halten, wie wir sie beim Schlangenadler vorfinden. Daß es sich hierbei nicht um eine zufällige Ausprägung handelt, wird dadurch wahrscheinlich, daß andere Arten, die Schlangen fangen, gleichartige Fänge haben.

Soll ein Vogel im Flug gegriffen werden, sind lange, schlanke Fänge mit Krallen von entsprechender Länge gut geeignet. Stirbt die Beute nicht beim Zusammenstoß mit dem Greifvogel, können die nadelspitzen Krallen, etwa beim Habicht, die Arbeit vollenden.

Die Wissenschaftler haben einige generelle Regeln festgestellt: Kurze Beine mit recht kurzen, kräftigen Fängen deuten darauf hin, daß die Art ihre Beute am Boden schlägt. Lange Beine mit langen Fängen und nadelspitzen Krallen bedeuten, daß die Beute fliegende Vögel sind. Diese Arten haben oft zugleich eine lange Mittelzehe. Eine kräftige Hinterzehe mit einer Kralle gleichen Formats deutet auf das Schlagen größerer Säuger hin.

Natürlich gibt es abweichend von dieser Verallgemeinerung eine Reihe von Zwischenformen. Die einzelnen Arten haben ja oft ein größeres Beutespek-

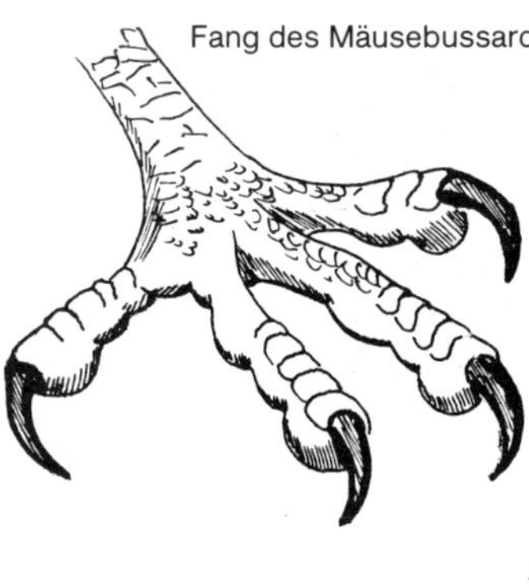

Fang des Mäusebussards.

trum als das genannte, begrenzte Muster, z. B. im Winterquartier.
Andere Spezialisierungen sind eindeutiger. Arten, die auf der Erde jagen, haben längere Beine als andere. Am ausgeprägtesten ist dies beim Schlangen fressenden afrikanischen Sekretär, der jeden Tag etliche Kilometer läuft. Aber auch in Europa gibt es Arten, die oft nach Beute suchend spazierengehen: Schelladler und Schreiadler.
Noch spezieller ausgestaltet ist der Fang des Fischadlers. Eine Wendezehe erlaubt ein besseres Festhalten des schlüpfrigen und oft noch lebenden Fisches. Aber wahrscheinlich noch wichtiger ist es, daß die Zehenunterseiten mit recht eigenartigen, rauhen Schuppen ausgestattet sind.
Aber nicht alle Greifvogelnahrung wird durch Töten beschafft. Bei den meisten Geierarten sind die Krallen zu recht unschädlichen Instrumenten reduziert, da sie ihre ursprüngliche Funktion verloren haben.

Fang des Wanderfalken.

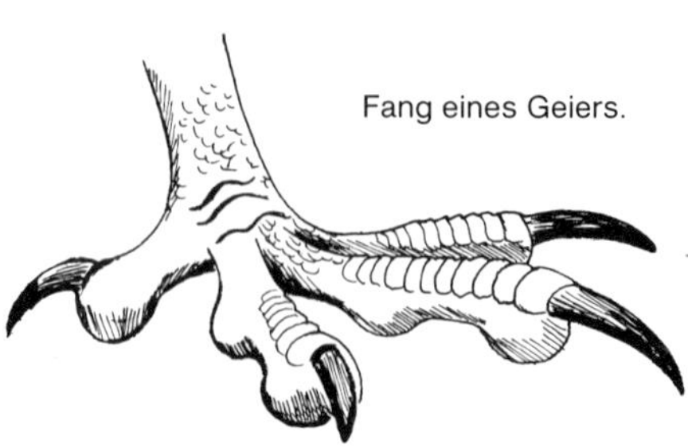
Fang eines Geiers.

Nahrung

In der Natur kann jede nur zugängliche Nahrungsquelle ausgenutzt werden. Sicherlich ist dies – neben der Artentstehung durch geographische Isolierung – eine der Hauptursachen für die Artenvielfalt. Durch Spezialisierung entstehen Möglichkeiten, sowohl allgemein vorkommende Nahrung als auch ungewöhnliche Nahrungsprodukte auf rationelle Weise zu nutzen. Innerhalb der Greifvögel hat das dazu geführt, daß gut 290 Arten entstanden sind, teils dadurch, daß jede eine bestimmte Nahrungsart jagt und sich an deren Fang angepaßt hat, teils dadurch, daß sie sich den verschiedenen klimatischen Verhältnissen anpassen mußten.
Wenn auch viele Nahrungsquellen genutzt werden, so sind es doch zwei, die klar dominieren: Säuger (hauptsächlich kleinere Nagetiere) und Vögel. Bei 38 von 46 westpaläarktischen Greifvögeln spielen diese beiden Tierklassen eine zentrale Rolle. Insekten, Reptilien, Amphibien, Fische, Aas und Abfall sind daran gemessen zweitrangige Nahrungsquellen, wenn sie auch für einige Arten wichtig sind.

»Spezialisten«

Einige Arten haben sich auf Nahrung spezialisiert, die wir normalerweise nicht mit Greifvögeln in Verbindung bringen. Das gilt z. B. für den Schmutzgeier, der hauptsächlich Abfall frißt (z. B. Exkremente) und den Bartgeier, der in der Lage ist, Knochen zu verdauen und eine besondere Bearbeitungstechnik entwickelt hat. Der Vogel läßt aus großer Höhe jeden einzelnen Knochen fallen, so daß er aufsplittert.

Insekten als Beute

Es erweckt oft Staunen, daß ein so großer Greifvogel wie der Wespenbussard sich auf Insektenfang spezialisiert hat – und das in einem so hohen Grade, daß

sein ganzer Lebensrhythmus auf diese Beute hin eingerichtet ist: späte Ankunft aus dem Winterquartier und zeitige Abreise im Takt mit dem Vorkommen der Wespen; spätes Erwachen und Jagdbeginn am Tage, weil die Beute erst im Laufe des Morgens mit zunehmender Wärme aktiv wird.
Daß Arten wie der Rotfußfalke und der Rötelfalke auch Insektenspezialisten sind, erstaunt schon weniger aufgrund ihrer geringen Größe. Eine ganze Anzahl von Arten fängt regelmäßig Insekten, vorzugsweise große wie Heuschrekken und Käfer. Für bestimmte Arten wie Baumfalke, Eleonorenfalke und Schieferfalke sind Insekten eine wesentliche Nahrungsquelle, während sie z. B. für Weihen, Milane, Bussarde, Adler und Falken im allgemeinen nur ein Zubrot sind. Unter den 46 westpaläarktischen Arten sind es nur wenige, von denen Insekten nicht als Beute nachgewiesen sind.

Reptilien als Beute

Nur eine Art hat sich zum Reptilienspezialisten entwickelt: der Schlangenadler. Es sind überwiegend ungiftige Schlangen, die ihm zur Beute werden.
Doch nutzen auch andere Arten Reptilien als wesentliche Nahrungsquelle. Das gilt für den Zwergadler, den Singhabicht, den Schikra und – in Südeuropa – den Turmfalken. Sie fangen besonders Eidechsen. Darüber hinaus sind Reptilien bei 75% unserer Greifvogelarten als Nahrung nachgewiesen worden.

Amphibien als Beute

Amphibien nehmen als Nahrungsquelle eine etwas bescheidenere Rolle ein. Keine Art betrachtet sie als Hauptbeute, aber wie für die Reptilien gilt, daß die meisten sie gelegentlich fangen – besonders Frösche, weniger gerne Kröten. Von den westpaläarktischen Greifvögeln scheint der Schreiadler derjenige zu sein, der sich im größten Umfang

Rotfußfalke, imm. Weibchen mit Beute, die es in der Luft verzehrt.

von Fröschen ernährt (lokal bis zu 42% der gesamten Beute). Eine wesentliche Rolle spielen Frösche auch beim Schelladler und bei der Rohrweihe.

Fische als Beute

Eine so weitverbreitete Nahrungsquelle wie Fisch erfordert offensichtlich eine starke Spezialisierung, um richtig von den Greifvögeln genutzt zu werden. Ein einziger, der Fischadler, hat hierfür eine Fangtechnik entwickelt – für ihn ist Fisch die nahezu einzige Nahrungsquelle. Fisch ist auch wichtig für den Seeadler, aber er kann sich von anderer Nahrung ernähren, wenn Fisch nicht ausreichend zur Verfügung steht.
Weitere Fischfänger sind Schwarzmilan und Bindenseeadler. Rotmilan und Rohrweihe fangen ebenfalls Fisch, doch nicht in gleich starkem Umfang.

Säugetiere als Beute

Beim Fang von Säugetieren liegt das Hauptgewicht auf den kleinen und mittelgroßen Nagetieren. Diese sind so artenreich und kommen in so vielen verschiedenen Biotopen und in so großer Anzahl vor, daß sich eine große Zahl von Greifvogelarten auf ihren Fang hat spezialisieren können. Für Arten wie Kornweihe, Steppenweihe, Mäusebussard, Rauhfußbussard, Adlerbussard, Steppenadler, Kaiseradler und Turmfalke bilden sie schlicht die Existenzgrundlage mit einem Anteil an der Gesamtbeute, der in guten Nagetierjahren oft über 90% liegt.

Darüber hinaus spielen Nagetiere eine zentrale Rolle für eine Reihe anderer Arten. Wesentlich, aber nicht allentscheidend, sind Nagetiere für Arten wie Gleitaar, Rotmilan und Schwarzmilan, Rohrweihe und Wiesenweihe, Kurzfangsperber und Habicht, Zwergadler, Habichtsadler, Steinadler, Schelladler und Schreiadler, Würgfalke und Gerfalke (in Lemmingjahren).

In dieser letzten Gruppe finden wir einige wenige Arten, z. B. Habicht, Steinadler, Kaiseradler und Habichtsadler, die häufig jagdbares Wild nehmen, wie Hasen und Kaninchen, und dadurch leicht in Konflikt mit Jägern geraten.

Unter den Kleinnagern sind Mäuse und Lemminge die wichtigsten Nahrungsquellen. Die größeren Arten, Ziesel, Murmeltier, Eichhörnchen und Hamster, werden ebenfalls in wesentlichem Umfang gefangen. Darüber hinaus werden eine ganze Menge Spitzmäuse und Maulwürfe gejagt, seltener aber kleine Raubsäuger wie Wiesel und Marder genommen. Die meisten Greifvögel sind einfach nicht kräftig genug, um mit ihnen fertigzuwerden, mit Ausnahme des Steinadlers.

Die Haustierhaltung ist im Hinblick auf die Erbeutung von Säugetieren nur in sehr geringem Maße betroffen, auch wenn das Gegenteil oft behauptet wird. Unbestritten ist jedoch, daß der Steinadler ab und zu neugeborene Lämmer oder Rentierkälber greift. Hierbei handelt es sich in der Regel um geschwäch-

Steppenweihe, ad. Weibchen mit Reiher.

te Tiere nach den allgemeinen, biologischen Jagdprinzipien der Raubtiere und Greifvögel. Auch der Seeadler war im hohen Maße unbeliebt, da man ihn verdächtigte, neugeborene Lämmer zu schlagen. Doch sind seine »Sünden« auf diesem Gebiet wesentlich geringer. Man hat sein Interesse für gefallene Tiere und für Aas mißdeutet.

Vögel als Beute

Vögel als überwiegende Beute sind eine Spezialität vieler Falken. Es hat sich eine Reihe von verschieden großen Falkenarten entwickelt; die Nutzung der Vogelwelt als Nahrungsquelle kann so nach dem artspezifischen Fangmuster vor sich gehen. Darüber hinaus erfolgte eine geographische Verteilung auf die verschiedenen Klimazonen. Falken sind in der Hauptsache Jäger der offenen Landschaft. Die Vogeljagd in geschlosseneren Lebensräumen haben sie den Habichten überlassen. Von ihnen ist der Sperber am meisten, ja fast total abhängig von Vögeln als Beute, aber auch der Habicht selbst ist ein ausgeprägter Vogelfänger.
Selbst wenn Falken generell als Vogelfänger anzusehen sind, so sind sie es doch in stark variierendem Umfang. Die größte Rolle spielt die Vogeljagd für den Wanderfalken und den Wüstenfalken. Beide Arten betreiben kaum etwas anderes. Ausgeprägte Vogelfänger sind auch Gerfalke, Lanner, Eleonorenfalke, Schieferfalke, Baumfalke und Merlin; aber sie können sich lokal oder in bestimmten Jahreszeiten auch von anderen Beutetieren ernähren.
Neben den Spezialisten haben wir eine große Anzahl von Arten, für die Vögel als Ernährungsgrundlage eine zwar große, aber dennoch nicht lebensnotwendige Rolle spielen – Arten, die entweder dann Vögel fangen, wenn sich die Gelegenheit dazu bietet, oder die lokal Vögel als recht wesentliche Beute nutzen, wenn es sich vor Ort als besonders einfach anbietet. Es handelt sich dabei um Gleitaar, Rotmilan, Wiesenweihe, Rohrweihe, Kurzfangsperber, Singhabicht, Steinadler, Schelladler, Habichtsadler und den Gerfalken.
Eine Reihe von Arten jagen normalerweise keine Vögel, auch wenn es dabei örtliche Abweichungen gibt. Dies sind Schwarzmilan, Kaiseradler, Seeadler, Bindenseeadler, Mäusebussard, Rauhfußbussard, Zwergadler, Rotfußfalke und Turmfalke. Im ganzen sind 33 Greifvogelarten als Vogelfänger anzusehen in dem Sinne, daß Vögel als Beute für diese Arten von besonderer Bedeutung sind. Über diese Arten hinaus gibt es weiterhin eine Anzahl von Arten, die Vögel als sekundäre Beute nutzen. Nur 5 Arten – die Geier – fangen überhaupt keine Vögel. Und auch bei diesen ist noch die Frage offen, ob nicht der Bartgeier gelegentlich doch lebende Vögel schlägt. Bestimmte Vögel warnen auf alle Fälle, wenn er sich sehen läßt.
Vögel als Greifvogelbeute reichen in ihrer Größe vom Goldhähnchen bis zum Auerhahn. Selbstverständlich sind es meistens die häufigen Arten oder örtliche Vogelkolonien, die betroffen sind. Eine große Anzahl der genannten Arten sind jedoch so schwache Jäger, daß sie praktisch nur Vogelkinder oder stark geschwächte Altvögel schlagen können.

Vogelfang und Jagd

Die Tatsache, daß Greifvögel Vögel fangen, hat Anlaß zu gewaltsamen Konfrontationen gegeben. Jäger, Wildhüter und Wildzüchter fühlten ihre Interessen bedroht. Von Mitte des vorigen Jahrhunderts bis zur Mitte des unsrigen war das Verhältnis zwischen Greifvogel und Jäger am schlimmsten, was zu einem systematischen Abschießen der Greifvögel führte. Heute wissen wir, daß bei der Jagd auf Flugwild, an dem auch der Mensch interessiert ist, nur 3 Arten wirkliche Konkurrenten sind:

Steinadler, Habicht und Wanderfalke. Diese vor allem, weil sie wilde Hühnervögel, Fasanen und Hausgeflügel inklusive Haustauben nehmen.
Allgemein muß jedoch festgehalten werden, daß die Greifvögel die wildlebenden Bestände ihrer Beutevögel nicht so stark belasten, daß es irgendeinen merkbaren Einfluß hätte. Man kann höchstens von einem Irritationsmoment des Jagdeigners sprechen. Die meisten Greifvögel haben nur echten Jagderfolg bei bereits geschwächten Tieren.
Die Situation kann im Umfeld unnatürlich großer Fasanenbestände etwas anders sein, wo der Habicht tatsächlich den Bestand drücken kann. Besondere Verhältnisse bestehen auch in bezug auf zahme Tiere. Man sollte - auch wenn es schwerfällt - Verständnis und guten Willen aufbringen, um sich mit dem häufigen Besuch des Habichts im Hühnerauslauf abzufinden. Besonders für junge Habichte ist die leichte Beute im Gehege eine Versuchung. Und der Wanderfalke erregt manchmal örtlich in Taubenzüchterkreisen große Verbitterung, wenn er eine große Zahl von Haustauben schlägt.
Die Konkurrenz mit dem Menschen auf diesem Gebiet führte - wie gesagt - in früheren Zeiten fast immer zum Abschuß. Die Einstellung war klar: Können die Greifvögel sich nicht von dem fernhalten, was wir Menschen nutzen wollen, müssen sie ihr Leben lassen - ohne Rücksicht auf die Versuchungen, die wir ihnen selbst vor die Nase setzen. Ist es immer noch zu optimistisch, sich eine Wandlung der Gesinnung vorzustellen, die ganz selbstverständlich die uns umgebende Natur für wertvoll hält? Wenn ich Hühner halten will oder mit Tauben oder Fasanen spielen, muß ich selbst dafür sorgen, daß Greifvögel nicht daran kommen können - oder sonst den Verlust tragen. Es kann nicht angehen, daß ein heimatliches Naturelement etwa in Konkurrenz mit einem aus Asien eingeführten Hühnervogel sein Leben lassen soll!

Aas

Von den besonderen Nahrungsquellen bleibt noch das Aas zu nennen. Daß in

Gänsegeier an gefallenem Schaf.

diesem Bereich gewaltige Ernährungsmöglichkeiten liegen, sehen wir allein schon an der Anzahl von Arten, die sich auf diesem Gebiet spezialisiert haben, besonders in den Tropen. Geier sind für uns die typischen Aasfresser, aber von den 5 Arten unseres Raumes, Ohren-, Gänse-, Mönchs-, Bart- und Schmutzgeier, sind es auch nur die ersten 4, die ausgeprägte Spezialisten in diesem Bereich sind.
Der Schmutzgeier ernährt sich überwiegend von Abfall. Neben den Geiern sind es Schwarzmilan und Rotmilan, die wesentliche Aasfresser sind. Besonders der Schwarzmilan erfreut sich dieser Nahrung. Eine bedeutende Rolle spielt das Aas auch für den Seeadler, besonders im Winter. Das gleiche gilt für den Bindenseeadler. Überhaupt ist es typisch für eine große Anzahl von Bussard- und Adlerarten, daß sie in Zeiten der Nahrungsknappheit - häufig im Winter - an Aas gehen.

Jagdweisen

Greifvögel wenden drei verschiedene Jagdweisen an: den Suchflug, die Ansitzjagd und das Umherziehen. Diese sind selbstverständlich von Art zu Art verschieden. Der Suchflug kann für bestimmte Arten in großer Höhe vor sich gehen (z. B. beim Gänsegeier), für andere mittelhoch (z. B. beim Steinadler) oder recht tief über der Erde (z. B. bei den Weihen). Er kann als Kreisflug (Adlerbussard u. a.), als vorwärts gerichteter Aktivflug (häufig bei Milanen) oder als Rüttelflug über einem Punkt (typisch u. a. für Turmfalke und Rötelfalke) vor sich gehen.
Die Suche nach der Beute von einem Ansitz aus erfolgt typischerweise von einem recht niedrigen Ansitz aus: einem Pfosten, Ast, Heuhaufen, erhöhtem Terrain oder ähnlichem, aber häufig werden auch höhere Positionen wie Elektrizitätsleitungen und Masten benutzt. Diese Technik wird von vielen Arten, in der Regel bei der Jagd auf Beute am Boden, angewandt.
Die Jagd zu Fuß, die in der Regel nur sekundäre Bedeutung besitzt (eine Ausnahme machen jedoch Schell- und Schreiadler), hat vor allem Säuger, Insekten und Frösche zum Ziel. Allgemein wendet jede Greifvogelart mehr als eine Jagdform an, nicht zuletzt in Relation zur breiten Palette ihrer Beute.

Charakteristische Jagdweisen

Gewisse Gattungen der Greifvögel sind aber charakterisierbar anhand bestimmter Jagdweisen: die Milane und der Gleitaar durch einen langsamen Suchflug in sehr niedriger Höhe; die Weihen ebenso, aber etwas höher, mit typisch angehobenen Flügeln während der Gleitflugperioden; die Habichtartigen mit einem extrem tiefgehenden Überraschungsflug in schnellem Tempo, wobei sie natürliche Deckungsmöglichkeiten der Landschaft ausnutzen; und schließlich die Falken in typischer Ausformung eines Sturzflug-Angriffs.

Unterschiedliche Jagdweisen

Aber es gibt auch Beispiele dafür, daß einander nahestehende Arten verschiedene Jagdweisen anwenden. So benutzt der Mäusebussard die Ansitzjagd. Der Rauhfußbussard sucht hingegen als typischer Vogel offener Landschaft die Nahrung beim Rütteln, und der Adlerbussard zieht wie erwähnt den Kreisflug vor. Aber alle drei können auch von der typischen Jagdweise abweichen, wenn es als zweckmäßig erscheint. Im Winter sehen wir daher häufig den Mäusebussard die charakteristische Jagdweise des Rauhfußbussards anwenden: den rüttelnden Suchflug über offener Landschaft - aus dem einfachen Grund, daß zu dieser Jahreszeit der Wechsel von Jagdgebiet und damit der Jagdweise mehr Jagdglück verheißt.

Der Ablauf der Jagd

Wenn man an die Zahl der Greifvögel denkt, die der Ornithologe im Laufe des Jahres sieht, ist es doch bemerkenswert, wie selten man eine Jagd miterlebt. Ich rechne hier nicht die Male mit, in denen man einen Turmfalken beim Beuteschlagen sieht oder Rotfuß- und Baumfalken beim Insektenfang, sondern Jagden mit dramatischeren Verläufen.

Diese Erfahrung kann man gewiß verallgemeinern. Die Ursache liegt darin, daß viele Arten nur jagen, wenn sie sich ganz sicher fühlen, d.h. wenn keine Menschen in ihrer Nähe sind. Ferner geht die Jagd oft in unübersichtlichem Terrain vor sich und ist in wenigen Sekunden schon vorbei. Der Ablauf der Jagd verläuft in einem Tempo, daß Einzelheiten kaum auszumachen sind.

Amerikanische Untersuchungen

Der amerikanische Ornithologe G.E. Goslow hat einige Greifvögel während der Jagd mit einer Spezialkamera mit der fantastischen Geschwindigkeit von 800-1000 Bildern pro Sekunde gefilmt. Er war freilich gezwungen, zahme Vögel dafür zu nehmen; aber es ist unwahrscheinlich, daß diese Untersuchungen deshalb keine allgemeine Gültigkeit haben sollten. Goslow untersuchte u.a. zwei Habichtarten: den Rundschwanzsperber *(Accipiter cooperii)* und eine amerikanische Rasse unseres Habichts *(A. gentilis)*. Es zeigte sich, daß beide Arten dieselbe Technik anwandten. Die Jagd wurde eingeleitet mit einem kräftigen Gebrauch der Flügel. In einem Abstand von 3,5-4,5 bzw. 7,5-9,0 Meter von der Beute aber stoppte der Schwingenschlag, und der Angriff selbst erfolgte gleitend. Ziemlich dicht vor der Beute wirft der Vogel die Beckenpartie vor, so daß sie sich unterhalb des Kopfes befindet, bremst ab durch Spreizen des Schwanzes und stößt mit großer Geschwindigkeit die Beine vor und in die Beute.

Goslow konnte an seinen Aufnahmen sehen, daß die verschiedenen Körperteile des Greifvogels im Augenblick des Schlagens verschiedene Geschwindigkeiten haben. Beim Rundschwanzsperber betrug die allgemeine Geschwindigkeit (am Kopf) 4,8 Meter pro Sekunde, während die des Beckens 9,5 und die der Beine 11,4 Meter pro Sekunde dank des Vorwerfens und der schnellen Beinbewegungen ergaben. Das Ergebnis ist ein sehr kräftiger Schlag gegen die Beute, ausgeführt mit der doppelten Geschwindigkeit, mit der der Greifvogel eigentlich auf seine Beute zufliegt. Beim Zusammenprall wirft der Vogel die ausgebreiteten Schwingen und den gespreizten Schwanz vorwärts, so daß er selbst aufrecht vorwärts stößt - in einigen Fällen lag der Jäger im Augenblick des Schlagens fast auf dem Rükken. Die Krallen werden eingebohrt, und durch ihr mehrmaliges Zusammendrücken versucht der Habicht seine

Der Habicht schwingt die Beckenpartie vor, bremst ab durch Spreizen des Schwanzes und stößt die Fänge nach vorne und in die Beute.

Beute zu töten. Gelingt es nicht auf diese Weise, tötet der Greifvogel seine Beute nach der Landung durch Nakkenbiß.
Auch der Bussard wurde untersucht: der Rotschwanzbussard *(Buteo jamaicensis)*. Die Fangtechnik war im Prinzip sehr ähnlich der der Habichte, doch war die entwickelte Geschwindigkeit wesentlich geringer: 4,25 Meter pro Sekunde für den Kopf und 6,5 Meter für die Beine. Zum Vergleich kann gesagt werden, daß der Habicht mit einer Geschwindigkeit von 14,0 bzw. 22,5 Meter pro Sekunde schlug. Der Habicht schlägt somit mit einer Geschwindigkeit, die bezogen auf die Beine rund 3,5mal so groß wie die des Bussards ist. Da die Stärke des Schlags mit dem Quadrat der Geschwindigkeit wächst, bedeutet das, daß der Schlag, mit dem der Habicht seine Beute trifft, ca. 10mal stärker ist als der Schlag des Mäusebussards bei fast gleichem Körpergewicht (der Habicht ist jedoch etwas leichter, was den Faktor wieder etwas verringert).
Durch die Untersuchungen von Goslow haben wir nun eine logische Erklärung, warum der Habicht imstande ist, eine Beute zu schlagen, die relativ groß ist und wesentlich größer ist als jene, die der Bussard erlegen kann.
Wie erwähnt, verwendete Goslow amerikanische Greifvögel für seine Untersuchungen und dazu noch zahme. Freifliegende werden vielleicht noch besser in Form sein und dementsprechend höhere Geschwindigkeiten erreichen. Wir haben mittlerweile allen Grund anzunehmen, daß die Fangtechnik einigermaßen universal ist und unter verwandten Arten oft im wesentlichen identisch ist, selbst bei unterschiedlichen Einzelheiten des Ablaufs. Wir können daher mit gutem Gewissen das so gewonnene Wissen - mit einigen Abänderungen - auf die westpaläarktischen Arten übertragen.

Mäusebussard-»Schraube« bei Falsterbo.

Greifvogelzug

Die Westpaläarktis umspannt alle vier Klimazonen. Die gemäßigte und die subtropische decken den größten Teil ab. Arktisch ist nur der Hauptteil Islands und die Inseln im Polarmeer, tropisch bloß die südwestliche Ecke und einige atlantische Inseln.
Trotz sehr kurzer Tage, Schnee und starker Kälte verbleiben einzelne Greifvögel auch über den Winter im Brutgebiet selbst weit im Norden des europäischen Festlandes. Erwachsene Steinadler verlassen beispielsweise ungern ihr Revier, aber Hunger kann sie in strengen Wintern dazu zwingen. Gerfalke und Habicht können auch den Winter über in

den nördlichsten Gebieten im Revier verbleiben. Doch ein Teil der russischen Gerfalken und die am nördlichsten wohnenden Habichte verlegen ihr Quartier in südlichere Gefilde. Die genannten drei Arten können im Brutgebiet bleiben, solange ihre Nahrung in akzeptabler Menge zur Verfügung steht. Da aber ein großer Teil der Kleinvögel nach Süden zieht, fehlt es in diesen Gebieten an der Existenzmöglichkeit für vögelfangende Arten wie Sperber und Merlin. Sie müssen den Kleinvögeln folgen. Die Nahrung des Rauhfußbussards - Kleinnager - befindet sich versteckt unter Schnee, so daß auch sie das Brutgebiet verlassen müssen. So kann man sich Art für Art die nordeuropäischen Greifvögel vornehmen und feststellen, ob ihre Nahrungsquellen ausreichen und zugänglich sind oder ob sie so an Zahl verringert sind, daß die Greifvögel gezwungen sind, die Heimatregion zu verlassen.

Es sind nicht nur die arktischen Bestände und jene am nördlichen Rand der gemäßigten Zone, welche wegen Nahrungsmangel zum Abwandern gezwungen werden. Eine ganze Reihe südlicher Arten verlassen ebenfalls die Brutgebiete. Das gilt z.B. für Schlangenadler, Zwergadler, Schmutzgeier, Eleonorenfalken, Schieferfalken und Rötelfalken - Arten, die auf die eine oder andere Weise so stark spezialisiert sind, daß sie ihren Nahrungsbedarf im Winter nicht decken können, selbst nicht in diesen klimatisch gesehen milderen Gegenden.

Betrachten wir die westpaläarktischen Arten im ganzen, so machen die ausgeprägten Zugvögel etwa die Hälfte aus, nämlich 24 von 46.

Eine zweite Gruppe bilden die Arten, bei denen die nördlichen Populationen wegziehen, die südlichen jedoch Stand- oder Strichvögel sind und daher ihr Bestand teils aus Zugvögeln, teils aus Standvögeln besteht.

Es handelt sich dabei um 12 Arten, und da diese Gruppe auch Vögel wie Gänsegeier und Kaiseradler umfaßt, wird damit illustriert, daß der Begriff »nördliche Populationen« ein relativer ist. Schließlich seien die sehr seßhaften Arten genannt, bei denen die Altvögel im hohen Grade im Revier oder dessen Nachbarschaft überwintern. Die Jungen können im unterschiedlichen Ausmaß Zugvögel sein oder öfter Strichvögel. Diese entfernen sich vom Geburtsort zufällig in die eine oder andere Richtung im Unterschied zum Zug, der durch gerichteten und vorausbestimmten Verlauf charakterisiert ist. Stand- und Strichvögel sind im ganzen 10 Arten: Raubadler, Kaffernadler, Habichtsadler, Gleitaar, Singhabicht, Mönchsgeier, Ohrengeier, Bartgeier, Wüstenfalke und Lanner - also ausgeprägt südliche Arten.

Gleitzieher

Besonders die großen, breitflügeligen Arten wie Bussarde, Geier und Adler, aber im hohen Grade auch andere, weigern sich, über das Meer zu ziehen. Dort gibt es nämlich keine Thermik, ihre Zugtechnik basiert jedoch gerade auf diesen aufwärts gerichteten Luftströmen. Mit deren Hilfe schrauben sie sich bis zu einer Höhe von etwa 300 Metern hoch und streichen so im Gleitflug vorwärts - abwärts in Zugrichtung bis zum nächsten thermischen Aufwind: eine besonders energiesparende Flugtechnik, wobei im großen ganzen die Flügel nicht aktiv benutzt werden.

Sie haben, um den Meeresüberquerungen zu entgehen, ein Zugmuster entwikkelt, das sie über Landbrücken führt. Außerdem kreuzen sie die Meere an ihrer schmalsten Stelle. Diese Gleitzieher folgen daher stark bestimmten Leitlinien. Eine der wichtigsten verläuft über Gibraltar.

Steinadler in Winterlandschaft.

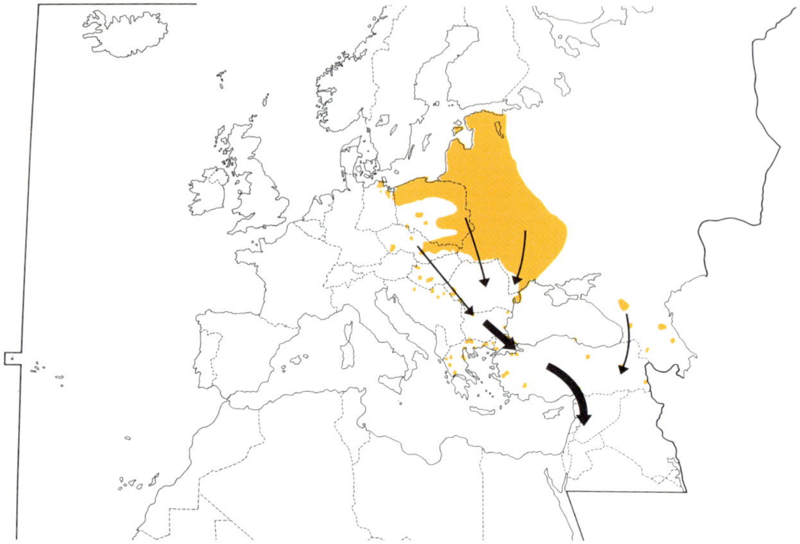

Der Schreiadler repräsentiert die Gleitzieher. Deren Zugmuster führt sie über Landbrükken: Der gesamte Bestand (ohne Kaukasus-Vögel) passiert im Herbst den Bosporus.

Eine zweite Haupt-Leitlinie nach Afrika verläuft östlich des Mittelmeeres: via Bosporus, Türkei, Nahost und den Sinai. Diese wird überwiegend von den osteuropäischen Greifvögeln genutzt. Eine dritte, am stärksten von den russischen Vögeln benutzte Leitlinie geht durch den Kaukasus und längs der Ostseite des Schwarzen Meeres. Anzahlmäßig ist es die wichtigste Leitlinie. 1976 zogen hier 370000 Greifvögel vorbei, gegenüber typischen Zahlen für den Bosporus von 75000 bzw. Gibraltar von 190000. Andere zweitrangige Wege führen über Italien mit Absprung von Sizilien, über Griechenland mit Kreta als Zwischenstation sowie über Zypern.

Aktive Flieger

Die zweitrangigen Mittelmeerpassagen werden von Gleitziehern selten genutzt. Eine Ausnahme macht der Wespenbussard, der in großer Zahl Zypern, Sizilien und Malta passiert. Der Breitfrontenzug wird von den aktiv fliegenden Ziehern genutzt: Fischadler, Weihen und Falken, die es mit ein paar Kilometern mehr oder weniger über das offene Meer nicht so genau nehmen. Das kann man auch indirekt daran sehen, daß sie an den großen Zugengen nur in bescheidener Zahl auftreten.

In den Tabellen auf Seite 26–28 sind die Gesamtzahlen von den bekannten Zugengen wiedergegeben.

Die Frühjahrszugwege

Während des Frühjahrszuges werden in der Hauptsache die gleichen Leitlinien im Mittelmeerraum benutzt: Gibraltar und Bosporus; doch ein Teil der Greifvögel verläßt Afrika auch über das Kap Bon in Tunesien, nach Beobachtungen der Jahre 1974 und 1975 mindestens 40000. Die größten Konzentrationen im Mittelmeerraum sieht man bei Eilat/Israel (siehe Tabelle). Die skandinavischen Bestände erreichen die Brut-

plätze entweder über die dänischen Inseln und den Öresund oder nordwärts durch Jütland, um im allgemeinen das Meer bei Skagen zu überfliegen.
Die unterschiedlichen Zugmuster dreier Arten sind hier dargestellt: eines typischen Gleitziehers (S. 24), eines aktiven Breitfrontziehers (S. 25) und einer Zwischenform (S. 26).

Der Tageslauf eines Gleitziehers

Die Thermik entsteht erst später am Morgen, wenn die Sonne die Luftmassen erwärmt hat. Man sieht daher Gleitzieher erst einige Stunden nach Tagesanbruch, zwischen 8 und 10 Uhr. Oft ziehen sie den ganzen Tag durch, bis so gegen 17 Uhr. Ihre Zugtechnik bringt sie normalerweise mit 25 bis 50 Stundenkilometer vorwärts. Die Geschwindigkeit hängt wesentlich von der Windrichtung ab in bezug auf die Zugrichtung. Es ist klar, daß Mitwind eine größere Zuggeschwindigkeit bringt als Gegenwind.
Wir wissen sehr wenig darüber, wieviele Kilometer der einzelne Greifvogel am Tag zurücklegt. Aber die Erfahrung mit dem Mäusebussardzug über Dänemark scheint zu zeigen, daß ca. 200 km die durchschnittliche Strecke ist.

Der Zug des Adlerbussards

Man kann jedoch ausrechnen, daß einige Gleitzieher sich über weitere Tagesstrecken bewegen müssen, um ihre Winterquartiere zeitgerecht zu erreichen. Ihre Ankunftszeiten dort sind ja

Der Baumfalke repräsentiert jene Greifvögel, die aktiv fliegend ziehen. Die Baumfalken ziehen nach Afrika über die Landbrücken Spanien, Italien und Balkan. Aber sie können das Mittelmeer auch ohne Rücksicht auf die schmalsten Passagen überqueren. Das Resultat ist ein Breitfrontzug. Die Zahl der Baumfalken ist daher an den großen Zugtrichtern gering. Die Pfeile weisen den wahrscheinlichen Zugverlauf.

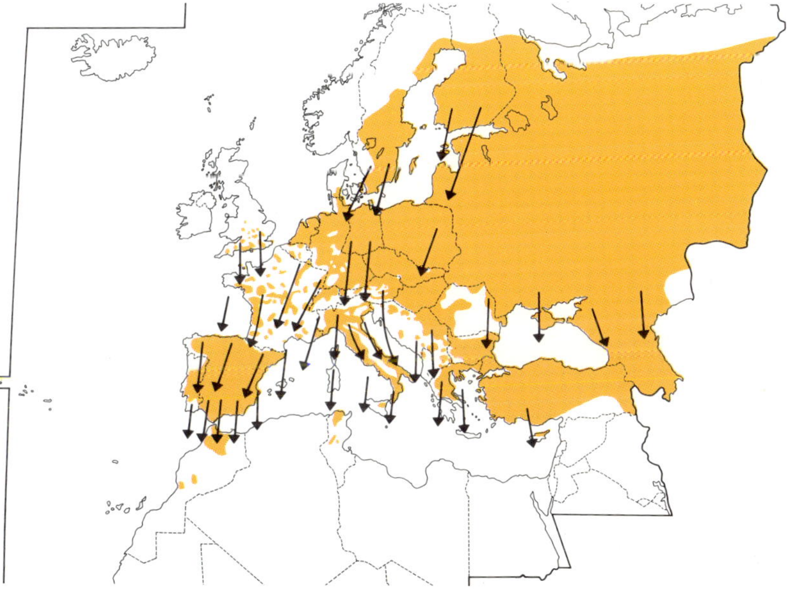

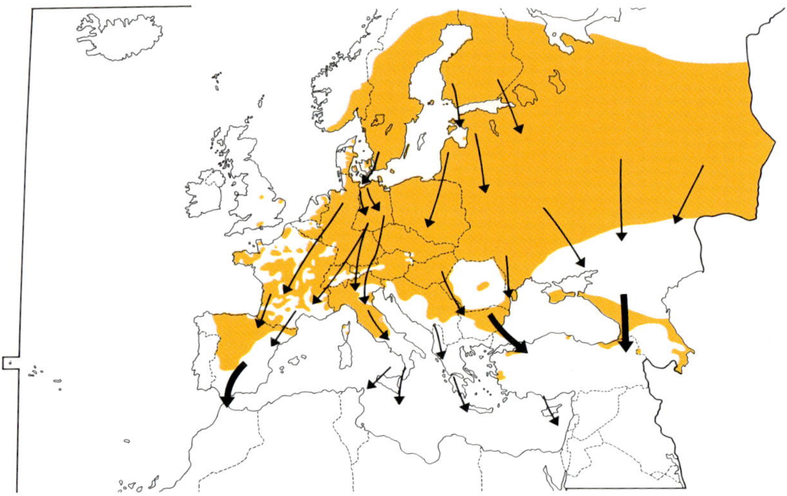

Der Wespenbussard stellt eine Zwischenform dar. Er kann sowohl Gleitflug anwenden, als auch aktiv über längere Strecken ziehen. Starke Pfeile weisen auf Zugkonzentrationen hin, während dünne Pfeile Gegenden angeben, wo der Zug zweitrangig ist, in absoluten Zahlen jedoch in größerem Umfang verläuft - auch über Meeresflächen hinweg.

Frühjahrszug in Eilat, Israel 20. Feb. - 17. Mai 1977

Wespenbussard	225952	*Buteo, Pernis, Milvus*	149264
Schwarzmilan	26770	Steppenadler	19288
Schmutzgeier	802	Kaiseradler	95
Schlangenadler	220	Schreiadler	65
Rohrweihe	125	Schelladler	8
Sperber	155	*Aquila*-Arten	9083
Kurzfangsperber	5958	Zwergadler	175
Accipiter-Arten	1360	Fischadler	122
Mäusebussard	315767	div. Greifvögel	8061
Adlerbussard	28	Gesamt	763838

Quelle: Christensen, S., Lou, O., Müller, M. und Wohlmuth, H. (1981): The spring migration of raptors in Southern Israel and Sinai (Sandgrouse **3**: 1-42).

Anzahl der beobachteten Greifvögel während des Herbstzuges an bekannten Zugengen im Mittelmeerraum

	Gibraltar 1972 u. 1974	Malta 1969–73	Bosporus ausgewählte Jahre 1966–78	Arhavi/ Borcka 1976	Suez 1981
Wespenbussard	57600–114000	455–824	900–23600	137600	79
Schwarzmilan	24500–39000	7–20	1280–2730	5775	106
Rotmilan	60–100	–	max. 10	–	–
Schmutzgeier	2100–4000	1–7	max. 600	5	437
Gänsegeier	420	–	max. 200	–	1284
Schlangenadler	4800–9000	2–11	1230–2340	243	9447
Rohrweihe	150–350	–	max. 10	385	–
Kornweihe	10–110	–	max. 10	–	–
Wiesenweihe	790–1700	2–5	max. 10	124	–
Steppenweihe	–	1	1– 3	133	–
Sperber	560–950	1–2	max. 500	–	–
Kurzfangsperber	–	–	2800–7200	290	–
Mäusebussard	2700–2800	2–7	13000–32900	205000	640
Adlerbussard	–	–	max. 10	5	1816
Kaiseradler	–	–	max. 20	3	556
Steppenadler	–	–	–	271	64880
Schreiadler	–	1–2	4300–17200	736	21552
Schelladler	–	–	max. 20	10	86
Aquila-Arten	–	–	–	–	31430
Zwergadler	6870–15140	1–2	max. 550	473	761
Fischadler	40–60	7–16	max. 10	–	–
Baumfalke	200–220	147–233	max. 125	–	–
Rotfußfalke	–	2–5	max. 250	–	462
Turmfalke	800–1200	109–730	max. 25	–	–
Rötelfalke	260–550	33–80	–	–	–

Quelle: Bericht der Weltkonferenz über Greifvögel (Wien 1975); Verschiedene MS-Berichte über den Zug am Bosporus; Beaman & Galea (1974): The visible migration of raptors over Maltese Islands (Ibis **116**: 419–431); Bijlsma (1983): The migration of raptors near Suez, Egypt, autumn 1981 (Sandgrouse **5**: 19–44); Cramp & Simmons: Birds of the Western Palearctic, Bd. 2 (1979).

bekannt. In seinem Buch »Birds of Prey« berichtet Leslie Brown vom Langstreckenzug der östlichen Rasse des Mäusebussards, dem Adlerbussard. Von seinen nördlichen Brutplätzen zieht er in 6-8 Wochen 13-16000 km ins südliche Afrika.

Die durchschnittliche Weglänge müßte demnach 240-400 km pro Tag sein, vorausgesetzt, er zieht an allen Tagen. Dies ist aber nicht wahrscheinlich, denn es muß auch noch Zeit zur Nahrungsaufnahme bleiben, und auch das Wetter ist nicht immer zum Zug geeignet. An bestimmten Tagen müßte er daher größere Strecken als oben genannt zurücklegen, was auch im Bereich des Möglichen liegt.

Welche Tagesstrecken aktiv fliegende Zieher unter den Greifvögeln zurücklegen, wissen wir überhaupt nicht.

Die Nahrungsaufnahme während des Zuges

Leslie Brown erwähnt in seinem Buch eine interessante Theorie. Wir sehen oft die aktiv Ziehenden, wie Weihen, Habichtartige und Falken, während der Zugpausen Beute jagen. Sie nehmen anscheinend Nahrung in gewohnter Menge auf. Demgegenüber scheinen Gleitzieher das nicht im gleichen Maße zu tun. Für den Wespenbussard etwa, der einen langen Weg von Europa bis nach Afrika vor sich hat, wäre es ein Vorteil, während des Zuges an Gewicht zu verlieren. Verliert er 10-20% seines Körpergewichtes, wird er schneller von der Thermik hochgehoben und der Zug kann schneller vor sich gehen. Dies ist - wie gesagt - nur eine Theorie, wenn auch eine faszinierende.

Der Herbstzug im Raum der westlichen Ostsee

Der Herbstzug im Raum der westlichen Ostsee verläuft zwischen SW-Schonen (Falsterbo!) und der Insel Fehmarn in einem gut 50 km breiten Korridor südwärts über die dänischen Inseln. Der Korridor setzt sich südwestlich in Richtung Hamburg fort, fächert sich dann jedoch bald auf. Gut 50000 skandinavische Mäusebussarde und 10000 Wespenbussarde passieren so alljährlich in kurzer Zeit Ostholstein.

Schwenkt der vorherrschende Westwind in Ostwind um, veranlaßt die Abdrift eine Zugabweichung westwärts. Auf diesem sog. Alsenzug können z. B. Wespenbussarde über der Hohwachter Bucht bis über die Nordsee verdriftet werden, wo sie dann den Kurs gegen den Wind korrigieren, zum Festland zurückfliegen und über Dithmarschen südwärts weiterziehen.

Anzahl der Greifvögel während des Herbstzuges über Falsterbo und über Stigsnaes

	Falsterbo 1973-83	Stigsnaes 1980-83
Wespenbussard	2670-11200	275-2900
Schwarzmilan	1-2	1-2
Rotmilan	19-87	5-42
Rohrweihe	39-150	85-231
Kornweihe	72-221	122-202
Sperber	2290-13567	2757-3916
Habicht	2-36	1-15
Mäusebussard	5761-17200	7680-31286
Rauhfußbussard	141-1619	63-109
Fischadler	55-180	37-78
Wanderfalke	1-5	1-5
Baumfalke	6-34	6-27
Merlin	79-177	46-64
Rotfußfalke	-	1-11
Turmfalke	182-513	75-217

Quelle: Div. Jahresberichte der Vogelstationen Falsterbo und Stigsnaes.

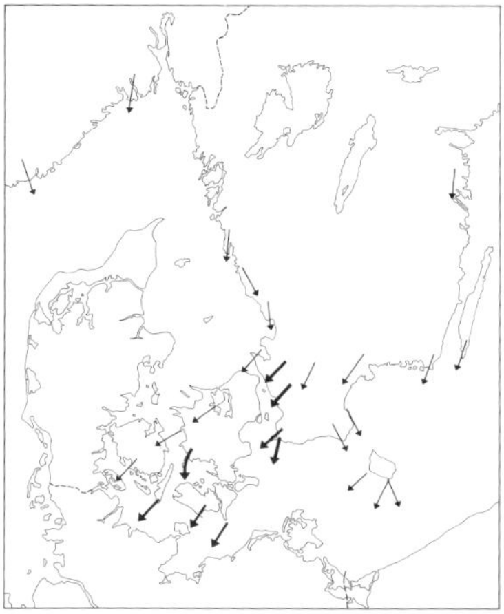

Herbstzugwege über der westlichen Ostsee. Die Hauptzugwege sind durch die Dicke der Pfeile dargestellt.

Beim Wespenbussard ziehen zwei Drittel der über Fehmarn und Ostholstein Ziehenden zwischen 26.8. und 7.9. durch. Die Hauptdurchzugszeit am Fehmarnbelt lag nach langjährigen Beobachtungen morgens zwischen 10 und 14 Uhr. Der Wespenbussard zieht überwiegend in kleinen Trupps, am häufigsten waren es zwischen 1 und 100 Vögel

Im Gegensatz dazu verläuft der Herbstzug des Mäusebussards später. Nach zögerndem Einsetzen in den ersten Septembertagen beginnt der deutliche Zug Mitte September und erreicht seinen Höhepunkt in den letzten Tagen dieses Monats und in der ersten Oktoberwoche. Vom 26.9. bis 16.10. passieren gut 85% die Fehmarnroute und Ostholstein. Große Zugverbände sind häufiger als beim Wespenbussard, doch auch der Mäusebussard zieht überwiegend in kleineren Trupps bis zu 100 Vögeln. Doch fehlen bis heute systematische Auszählungen.

Der Frühjahrszug im Raum der westlichen Ostsee

Der Frühjahrszug verläuft in Schleswig-Holstein nach gleichem Muster wie der Herbstzug. In einem ungefähr 50 km breiten Korridor überfliegen Wespen- und Mäusebussarde Ostholstein und verlassen Deutschland über Fehmarn. Kleinere Bewegungen berühren vor allem beim Wespenbussard wiederum die Marschen im Westen und verlassen Schleswig-Holstein über die Schlei und Gelting. Der Zugkorridor von Fehmarn verläuft weiter über Lolland/Falster/Mön, Seeland nach Schonen und damit etwas westlicher als im Herbst. Dann trifft man je nach Windrichtung auf guten Zug bei Rörvig, Helsingör oder über Kopenhagen. Bei anhaltenden Ostwinden scheint ein Breitfrontenzug nordwärts über Schleswig und Jütland abzulaufen, der sich bei Skagen verdichtet, ehe er den Sprung über das Meer wagt.

Frühjahrszugwege über der westlichen Ostsee. Die Hauptzugwege sind durch die Pfeildicke dargestellt. Das östliche Dänemark ist das zentrale Gebiet. Aber bei östlichen Winden zieht ein wesentlicher Teil auch Richtung Skagen durch.

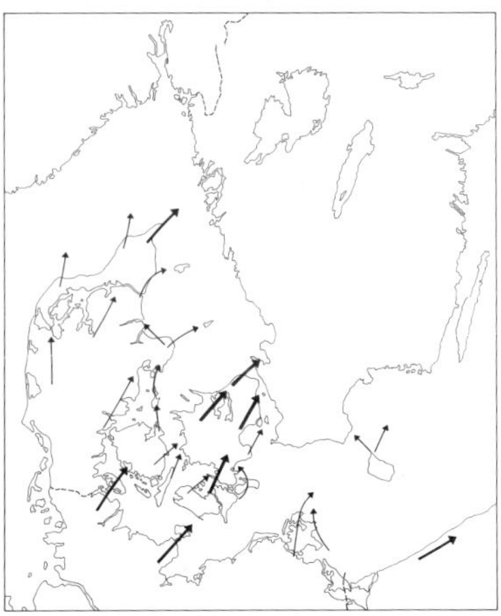

Der Frühjahrszug des Wespenbussards konzentriert sich in Schleswig-Holstein auf die Zeit vom 15. Mai bis 3. Juni. Der Mäusebussard zieht nun weit vor dem Wespenbussard durch: ab 5. März bis 25. April, mit einem Höhepunkt in der zweiten Märzhälfte.
Die anderen ziehenden Greifvögel fallen auf ihrem Herbst- und Frühjahrszug weder in Dänemark noch in Schleswig-Holstein sonderlich auf. Ihre Zahlen sind weitaus geringer, es sind überwiegend Einzelzieher, und bei der einzigen Art, die man noch wegen ihrer Zahl erwähnen muß, dem Sperber, liegt der Durchzug östlicher. Die über die See Falsterbo verlassenden Vögel (ca. 6000) erreichen Deutschland vor allem in Mecklenburg (Rügen ca. 1500). Quantifizierbare Zahlen für die Ostküste Schleswig-Holsteins fehlen bisher.

Brutbiologie

In der Regel verbinden wir gedanklich die Brutzeit mit dem Frühjahr. Im allgemeinen stimmt das auch für Greifvögel. Da jedoch ein Brutzyklus bei den großen Arten bis zu 8 Monaten dauern kann, ist dies nicht die ganze Wahrheit. Bereits im Oktober beginnen die Bartgeier Südspaniens sich für die Brutstätte zu interessieren, und zum gleichen Zeitpunkt hat eine große Zahl von Eleonorenfalken noch Junge im Nest. Nehmen wir alle diese speziellen Fälle dazu, haben wir in der Westpaläarktis das ganze Jahr hindurch Brutzeit. Da Greifvögel jedoch wie andere Vogelarten auch notwendigerweise ihre Jungen zu Zeiten größten Nahrungsangebotes aufziehen müssen, stimmt das generelle Bild der Brutzeit mit Jungen im Horst zu Ende des Frühjahres und zu Sommerbeginn.

Wann wird ein Greifvogel erwachsen?

Die Unterschiede dieses Zeitpunktes sind zwischen den Arten sehr groß. Anscheinend hat das einiges mit der Größe zu tun. Die großen Adler und Geier müssen rund 5 Jahre alt werden, bevor sie zu brüten beginnen. Für die mittelgroßen Arten scheinen 3 Jahre die Norm zu sein. Und die kleinsten Falken brüten in einem Alter von knapp einem Jahr.
Aber die Verwandtschaft spielt ebenfalls eine entscheidende Rolle. Alle Falken scheinen demnach in der Lage zu sein, bereits in ihrem ersten Lebensjahr zu brüten. Es muß jedoch präzisiert werden, daß sie in diesem Alter brüten **können**. In welchem Umfang sie es dann wirklich tun, weiß man nicht.
Ein ausgeglichener Bestand läßt die jüngsten Vögel gar nicht zum Brüten kommen. Es ist offenbar kein Platz für sie. Aber unter extremen Bedingungen geschieht es doch. Nach dem harten Winter 1978/79 befanden sich im jütländischen Brutbestand des Habichts unnormal viele Einjährige unter den Brutpaaren. Sie erhielten ihre besondere Chance durch starke Altvogelverluste. In Schleswig-Holstein ergaben zehnjährige Aufzeichnungen (1967–76) einen durchschnittlichen Einjährigen-Anteil von 10% bei Weibchen und 7% bei Männchen.
Die erwähnte Situation nach harten Wintern gibt jedoch keinen Anlaß zur Sorge. Die Verluste, die ein harter Winter mit sich bringt, werden in einem gesunden Bestand schnell wieder ausgeglichen. Wenn wir dagegen bei den großen Adlern angepaarte Jungvögel antreffen, ist dies ein Ausdruck für etwas anderes: daß die Population nicht gedeiht. Die meisten Seeadlerbestände in Europa produzieren z. B. zu wenige Jungvögel, um Ersatzvögel für alle Horste zu stellen. Deshalb treten solche Jungvogel-Paare auf.
Zusammenfassend kann man zum individuellen Brutbeginn sagen, daß er, soweit wir wissen, **nicht** mit dem Zeit-

Kaiseradler, östliche Rasse, landet auf dem Horst.

punkt zusammenfällt, in dem der einzelne biologisch fähig ist, sich fortzupflanzen. Das ist offenbar nicht zweckmäßig. Genauso wenig, wie wir Menschen im allgemeinen die 11- bis 17jährigen an der »Produktion« unserer Nachkommen teilnehmen lassen.

Vogelgröße - Gelegegröße

Man kann sich spontan darüber wundern, warum es bei den Greifvögeln so große Unterschiede im Lebensalter bei Beginn der Fortpflanzung gibt. Aber es handelt sich dabei um ein allgemeinbiologisches Prinzip mit dem Ziel, dem Bestand gerade eben die notwendige Anzahl von Jungen zuzuführen, die ihn im Gleichgewicht hält.

Es sind die großen Arten, die spät mit der Vermehrung beginnen, jene mit wenigen oder keinen Feinden. Zugleich legen diese Arten kleine Gelege. Eine sehr geringe jährliche Jungenproduktion reicht für den Erhalt der Art aus, besser gesagt, könnte ausreichen, wenn es den Mensch nicht gäbe. Diese Produktionsnormen wurden Jahrtausende vor der Zeit geschaffen, in der der Mensch zu einem bedeutenden Faktor für das Gleichgewicht der Natur wurde.

Mit diesem »Feind« hatte die Natur nicht gerechnet. Die großen Greifvögel sind demnach für ein langes Leben mit einer geringen jährlichen Fortpflanzungsrate geschaffen.
Anders ist es bei den kleinen Arten. Sie können einjährig brüten, sie legen Gelege von 4–6 oder mehr Eiern, und sie können selbst zur Beute größerer Greifvögel werden. Der Individuenumsatz ist hoch, das durchschnittliche Lebensalter entsprechend niedrig. Sie müssen viele Jungen hochbringen, um den Bestand zu erhalten. Für sie ist die frühe Geschlechtsreife notwendig.

Standvögel

Bei bestimmten Arten lebt das Paar in seinem Revier das ganze Jahr. Bei einigen von ihnen (z. B. Steinadler) kann man eine mehr oder weniger starke ganzjährige Bindung an den selben Brutplatz finden. Dies zeigt sich durch gelegentliche Besuche des Horstes und periodenweise Zuführung neuen Nestmaterials. Die Ehegatten sehen sich regelmäßig. Bei Beginn der Brutzeit können sie schnell die verschiedenen Rituale entwickeln, die eine Synchronisierung des gesamten Brutablaufes nach sich ziehen.

Zugvögel

Handelt es sich um Zugvögel, erscheint im allgemeinen das Männchen als erster zu Hause. Er stellt das Revier (wieder) her und markiert oft mit kräftigen Schreien seine Anwesenheit. Leben beide Ehegatten, ist es wahrscheinlich, daß sie sich im Revier wiedertreffen, um eine neue Brutsaison gemeinsam zu durchleben – nicht aufgrund eines Gefühls der Zusammengehörigkeit, sondern aufgrund der gemeinsamen Verbundenheit mit der alten Horstumgebung.
Für eine Art wie den Wespenbussard sind die Zeitspannen so kurz, daß die jungen, erstmals fortpflanzungsfähigen Vögel sich im Winterquartier verloben müssen. Darauf deuten Beobachtungen von gleichzeitiger Ankunft am Brutplatz hin. Da die Ehegatten sich kennen, können sie bereits wenige Tage nach der Reviereinnahme Eier im Horst ablegen.

Balzflüge

Bei allen Arten gibt es zu Beginn der Brutsaison ein Paarungsspiel, welches mit seinen lauten, außergewöhnlichen Bewegungen, dem Vorzeigen von Federpartien, Flugübungen und dergleichen zur Hauptaufgabe hat, das Brutverhalten der Ehepartner aneinander anzugleichen.
Im allgemeinen sieht man nur die Flugspiele. Bei vielen Arten imponieren sie sehr. Hier bemerken wir die nahe Verwandtschaft, denn das Grundmuster ist deutlich dasselbe und wird nur in wenigen Typen von Art zu Art variiert.
Am eindrucksvollsten sind die breitflügeligen, gleitfliegenden Arten. Sie weisen zwei Typen auf. Der eine ist ein wellenförmiger Flug. Hierbei unternimmt der Vogel einen kurzen Sturzflug mit mehr oder weniger zusammengefalteten Flügeln, kehrt mit einigen wenigen energiereichen Flügelschlägen zurück in die Starthöhe, sturzfliegt dann wieder, steigt wieder auf und so fort. Diese Form zeigen u. a. Fischadler, Wespenbussard, Schmutzgeier, Schlangenadler, die vier Weihenarten, Steinadler und mit weniger ausgeprägtem Sturzflug auch die Milane und Habichtartigen.
Der zweite Typ ist in seiner Ausführung sehr dramatisch. Der Vogel schraubt sich in große Höhen hinauf, legt die Flügel an den Körper und wirft sich im Sturzflug nach unten. Der Fall wird abgebremst, wenn die Flügel ausgebreitet werden, und mit Hilfe der erreichten Geschwindigkeit schießt der Vogel hoch. Wenn die Geschwindigkeit abnimmt, aber ohne daß der Vogel die Ausgangshöhe wiedererlangt hat, kippt

Habicht, ad. mit deutlich ausgestreckten Unterschwanzdecken während des Paarungsspiels. Über ihm wahrscheinlich der Ehegatte.

er vornüber zu neuem Sturzflug. Dieses Manöver kann wiederholt werden, so daß der Vogel sich zum Schluß in einer Höhe befindet, die mehrere hundert Meter unter dem Startniveau liegt. Diese Form ist charakteristisch für eine Reihe von Bussard und Adlerarten. Sie ist z. B. recht leicht zu Beginn der Brutsaison beim Mäusebussard zu sehen.

Bei diesen zwei Balztypen ist es normal, daß das Weibchen teilnimmt, oft aber geschieht dies als recht passives Zusehen. Direkte Teilnahme sieht man auch in einer sehr faszinierenden Weise. Dabei unternimmt das Männchen einen Ausfall gegen das Weibchen. Dieses dreht sich auf den Rücken und zeigt seine Fänge, und in bestimmten Fällen ergreift das Männchen ihre Fänge. Da er aber nicht stark genug ist, um das Weibchen auf diese Weise zu tragen, sinken die Vögel langsam erdwärts, bis sie den Griff lösen.

Für alle Balzflüge ist es charakteristisch, daß sie von kräftigen Schreien begleitet sind.

Außer den beschriebenen markanten Typen treffen wir als häufige Form bei Falken einen etwas weniger ins Auge fallenden Verfolgungsflug und, u. a. bei

Kaffernadler, ad. mit Nestmaterial.

den großen Geierarten, eine Art Kreisflug.
Welche Funktion dieser Balzflug eigentlich hat, ist nicht ganz klar. Daß wir den sehr schwer zu definierenden Begriff »Synchronisierung des Brutverlaufs« benutzen, scheint angemessen. Wenn das Fischadlermännchen sofort nach der Ankunft seinen Balzflug ausführt, in hohen Tönen über dem Revier schreiend, ist es sicher, daß es sich teils um eine Reviermarkierung, teils um die Funktion des Anlockens handelt. Und wenn das Mäusebussardpaar über dem Brutplatz gleitet, ebenfalls hell schreiend, und gleichzeitig das geschilderte Flugspiel ausführt, handelt es sich wahrscheinlich außer um die geschlechtliche Stimulation auch um eine Revierbehauptung. Daß aber die Erklärung nicht immer so leicht ist, zeigt auch die Tatsache, daß bei mehreren Arten der Balzflug auch außerhalb der Brutzeit beobachtet werden kann.

Horstbau

Die nächste Phase im Brutzyklus - auf alle Fälle für die Mehrheit der Arten - ist der Horstbau. Die Falken kennen hingegen keine solche Aktivität. Sie übernehmen die Nester anderer Arten, legen direkt auf Felsenbänke, wo eine Nestkuhle ausgekratzt werden kann, finden einen Hohlraum oder legen sogar ihre Eier direkt auf die Erde.
Aber alle anderen westpaläarktischen Arten bauen eigene Horste, am häufigsten in einem Baum. Einige Arten bevorzugen eine Felsbank und einige wenige (Weihen) bauen auf die Erde.
In vielen Fällen wählt der Vogel ein altes Nestfundament für das Nest dieses Jahres. Vielleicht ist dies ältere Nest das eigene des Paares aus einem früheren Jahr, aber es kann auch von einer anderen Art gebaut worden sein. Darüber hinaus ist es häufig, daß die einzelnen Brutpaare mehrere Nester haben, zwischen denen sie wählen. Beim Steinadler hat man bis zu 14 festgestellt, aber das Normale für diese Art sind doch 2-3, mit einem bevorzugten. Da auf diese Weise Jahr für Jahr einigen Nestern neues Nistmaterial zugefügt wird, können diese Horste gewaltige Ausmaße annehmen - bei großen Arten bis zu 6 m Höhe und 2 m Durchmesser.
Im allgemeinen ist das Weibchen der fleißigere Nestbauer. Bei den Seeadlern scheint das Verhältnis umgekehrt zu sein. Im übrigen ist es aber auch hierbei charakteristisch, daß von Paar zu Paar innerhalb derselben Arten große individuelle Unterschiede existieren können.

Reviere

Die meisten Greifvögel bewohnen ihr eigenes Revier. Es wird gegen Artgenossen, in einigen Fällen auch aus verständlichen Gründen gegen andere, konkurrierende Arten verteidigt.

Die großen Arten mit einem Tagesbedarf von mehreren hundert Gramm Nahrung haben enorm große Jagdgebiete - je schlechter das Nahrungsangebot in ihnen ist, desto größer das Revier. Der Steinadler kann daher in Südeuropa über mehr als 600 km^2 herrschen. Aber man sieht etwa im wildreichen Schottland, daß sie nicht unbedingt ein so großes Gebiet benötigen. Hier ist das Revier an gewissen Orten nur 20 km^2 groß und das regelmäßig abgesuchte Jagdrevier bloß 10-12 km^2. Am anderen Ende der Skala befindet sich der Turmfalke. In günstigem Gelände kommt er mit nur 1 km^2 zurecht.

Zwergadler, ad. auf dem Horst mit 3 Jungen.

Koloniebrüter

Einige wenige Arten können in Kolonien brüten. Betrachten wir diese Gruppe weltweit, dann ist es charakteristisch, daß sie im großen Maße aus Aasfressern oder Insektenfressern bestehen und aus Arten, die nomadisch leben. Unter den westpaläarktischen Arten handelt es sich konkret um Gänse-, Mönchs- und Schmutzgeier, Schwarzmilan, teilweise um Weihen sowie um 5 Falkenarten: Eleonorenfalke, Schieferfalke, Rotfußfalke, Turmfalke und Rötelfalke. Für mehrere dieser Arten gilt unterdessen, daß sie auch einzeln brüten können. Dies ist z. B. das Normale für Rohrweihe, Schmutzgeier, Mönchsgeier und Turmfalke.

Es scheint so, als ob die bevorzugte Nahrung der Koloniebrüter während der Brutzeit an den betreffenden Stellen in großer Menge vorkommt, etwa in Form großer Kadaver, Abfallmengen, Insektenkonzentrationen oder – bei Eleonorenfalke und Schieferfalke – durch die Zugbewegungen der Kleinvögel im Herbst.

Asynchrones Schlüpfen

Die Eier werden normalerweise mit 2 oder 3 Tagen Zwischenraum gelegt, aber auch 1-, 4- und 5-Tagesintervalle kommen vor. Generell ist bei den größten Arten auch der Zeitunterschied am größten.

Im Normalfall sitzt das Weibchen auf dem Nest vom 1. Ei an. Man kann jedoch anhand des Schlüpftermins der einzelnen Jungen sehen, daß die Bebrütung normalerweise nicht mit voller Intensität bei Beginn ausgeführt wird. Ein Fünfergelege des Sperbers wird so in rund 8 Tagen gelegt, aber die Jungen schlüpfen gewöhnlich alle im Laufe von 1 bis 3 Tagen. Oft sieht man jedoch in den Gehecken einen markanten Größenunterschied zwischen den Jungen. Kommt es zu Futtermangel während der Aufzuchtszeit, erkämpft sich der Größte ohne Mühe die zugängliche Nahrung, und der Kleinste stirbt – eine Erscheinung, welche besonders in den ersten Wochen der Lebenszeit der Jungen auftritt. Ein rauhes, biologisch aber wohlbegründetes Prinzip, das sicherstellt, daß nur die Jungen überleben, welche zu einem »akzeptablen Standard« ernährt werden können.

Bebrütung

Während die Zeit der Eiablage von Flugübungen geprägt ist und von geräuschvollem Verhalten bei zahlreichen Paarungen und Paarungszeremonien, ist die Bebrütungszeit eine stille Periode. Stunde auf Stunde kann am Horst totale Ruhe herrschen.

Arbeitsteilung

Während dieser Zeit ist bei den Greifvögeln eine bestimmte Arbeitsteilung üblich. Bei den meisten Arten brütet das Weibchen, während das Männchen dafür die Jagd ausübt und dem Weibchen die notwendige Nahrung bringt – eine Einteilung, die auch nach dem Schlüpfen der Jungen weiterläuft. Normalerweise verteilt dann das Weibchen das heimgebrachte Futter, bewacht die Jungen und beschützt sie gegen die Witterung. Erst im Alter von 2–3 Wochen nimmt sie an der Jagd wieder teil.

Zur Norm gehört auch, daß das Männchen in bescheidenem Ausmaß an der Bebrütung teilnimmt, z. B. wenn das Weibchen die Beute verzehrt, die er mitgebracht hat.

Doch gibt es Abweichungen. Wahrscheinlich finden wir bei den Geiern die geringste Arbeitsteilung beim Brüten und Heranschaffen der Nahrung für die Jungen. Der Anteil des Weibchens am Brüten scheint hier zwar am größten zu sein, aber das Männchen sitzt auf dem Horst weit länger als für eine Ablösung nötig wäre, und umgekehrt hat das Weibchen auch großen Anteil am Herbeiholen der Nahrung.

Die bisher größte Zahl junger Kaiseradler (westliche Rasse), die seit Beginn der Registrierung (1973) aus einem Gelege geschlüpft ist.

Das Schlüpfen

Bei einigen Arten brauchen die Jungen bemerkenswert lange, um sich aus dem Ei herauszuarbeiten. Beim Habicht dauert es oft 3 Tage vom ersten schwachen Sprung bis zur »Geburt« - ein Prozeß, der z.B. beim Wespenbussard innerhalb 24 Stunden überstanden sein kann.

Dunenperiode

Das Junge kommt auf die Welt, gekleidet in seidenartige, in der Regel weiße Dunen. Zu Anfang ist es kaum instande seinen Kopf zu heben. Die meiste Zeit der ersten Tage liegt es somit mit halbgeschlossenen, stumpfen Augen. Nach einigen Tagen beginnt der Austausch des ersten Dunenkleides gegen ein dikkeres, mehr wollartiges. Die Jungen sind nun auch lebhafter. Sie bewegen sich im Horst auf den Laufgelenken und lernen am Schluß der Dunenperiode auch auf den Beinen zu stehen und vorsichtig rückwärts zum Horstrand zu kommen, um die Exkremente vom Horst wegzuspritzen.

Die Dunenperiode dauert ca. ein Drittel der Nestlingszeit. Es ist kennzeichnend, daß einer der Altvögel in dieser Periode die ganze Zeit in der Nähe ist, u.a. um die heimgebrachte Beute zu zerteilen und sie in kleinen Bissen an die Jungen auszuteilen.

Entwicklung des Federkleides

Normalerweise sind es die Flügel- und Schwanzfedern, die zuerst hervorbrechen und den Übergang zur zweiten Entwicklungsphase markieren. Diese bringt in der Hauptsache die volle Befiederung. Doch oft gucken hier und da Dunen noch hervor, üblicherweise am Kopf. Grob gesagt, nimmt diese Entwicklung ca. 25% der Nestlingszeit ein. Schnabel und Beine sind am Ende der zweiten Periode voll entwickelt. Normalerweise ist erst dann das Junge imstande, selbst die angebotene Nahrung zu verzehren.

Letzte Phase

Die dritte und letzte Phase der Entwicklung ist der Entwicklung der Schwungfedern gewidmet. Meistens jagen beide Eltern in dieser Zeit, und die Jungen trainieren als Abschluß der Nestlingszeit ihre Flügel. Diese Phase kann beim Merlin in nur 23 Tagen ablaufen und beim Gänsegeier 130 Tage betragen.

Selbständigwerden

Das Ausfliegen ist jedoch nicht das Ende der Brutzeit. Die Jungen müssen erst lernen selbst zu fangen, bevor sie fähig sind, selbständig zu leben. Rotfußfalken schaffen das in 10–14 Tagen, aber der Insektenfang muß auch als recht einfacher Prozeß angesehen werden. Unter den Steinadlern gibt es Beispiele, daß sich die Jungen noch etwa ein halbes Jahr nach dem Ausfliegen im Revier aufhalten. Von Geiern weiß man, daß sie ihre Jungen etliche Monate nach dem Ausfliegen füttern – der Kalifornische Kondor immerhin ganze sieben – und aus den Tropen kennt man Beispiele, in denen Jungvögel von ihren Eltern rund ein Jahr gefüttert werden.
Die Brutzeit hat auch eine sehr unterschiedliche Länge bei kleinen und bei großen Arten. Die kleinen Falken benötigen üblicherweise rund 90 Tage, um Brüten, Nestlingszeit und Selbständigkeitstraining zu überstehen – verteilt auf je ca. 30 Tage. Am anderen Ende der Skala finden wir den Kalifornischen Kondor mit der Verteilung 55, 220 und 210, im ganzen 485 Tage, um ein Junges auf die Flügel zu kriegen. Das macht natürlich ein jährliches Brüten unmöglich.

Der Geschwistermord

Es hat seinen guten Grund, daß die Erwachsenen ihre Jungen lange führen. Diese sind sehr unerfahren beim Fang und erleiden oft den Hungertod. Jede Statistik weist deutlich auf, daß die Sterblichkeit während der ersten Monate der Selbständigkeit sehr groß ist.
Aber bis der junge Vogel dahin gekommen ist, ist er bereits durch einen Ausleseprozeß hindurchgegangen. Bei vielen Arten herrscht ein sonderbares Prinzip. Unabhängig davon, ob genug Nahrung vorhanden ist, reagiert das größere Junge gegenüber dem kleineren gewalttätig und aggressiv. Es hindert es am Fressen durch so langes Tyrannisieren, bis es still liegt, jagt es über den Nestrand oder hackt es zu Tode. Einige Arten (z. B. Schreiadler) bringen aus diesem Grund nur jeweils ein Junges hoch, andere (z. B. Steinadler) nur in wenigen Fällen zwei.
Die meisten kennen jedoch den Geschwistermord nicht. Hier handelt es sich um Nahrungsmangel, der das Jüngste ausliest. Todesfälle aus dieser Ursache sieht man besonders unter den ersten Phasen: Dunenperiode und der Zeit, in der die Federn wachsen. In der letzten Phase können die Jungen selbst fressen und sich einen ausreichenden Nahrungsanteil erkämpfen.

Erfolg der Jungenproduktion

Bei den Verlusten, denen die Vögel während der ganzen Brutzeit ausgesetzt sind, ist es klar, daß die Zahl der Jungen, die den Horst verlassen, im Durchschnitt deutlich unter der Zahl gelegter Eier liegt. Eine niederländische Untersuchung an 413 Turmfalkengelegen zeigte einen Verlust vor dem Ausfliegen von 43,3%. Obwohl der Steinadler normalerweise zwei Eier legt, kommen doch als Folge des Geschwistermordes höchstens in einem Drittel der durchgeführten Bruten zwei Junge hoch. Eine Untersuchung in den schweizer und

Nahezu flügge grönländische Seeadlerjunge.

österreichischen Alpen ergab eine Jungenproduktion von 1,13 pro durchgeführter Brut und nur 0,97 pro angefangener. In diesem Gebiet mißglücken mindestens 15% der ursprünglich begonnenen Bruten.
Im übrigen ist es für viele Arten bezeichnend, daß die Jungenproduktion von Jahr zu Jahr stark schwankt, nicht zuletzt aufgrund der Witterung und des unterschiedlichen Nahrungsangebotes. In Deutschland hat man beim Rotmilan Schwankungen von 0,5 bis 2,4 pro angefangener Brut gefunden. Beim Wespenbussard liegt die Jungenproduktion in Mitteleuropa normalerweise zwischen 1,3 und 1,5, kann aber in nassen Sommern total ausfallen. Einen extremen Fall finden wir beim Rauhfußbussard. Er brütet scheinbar nur in zwei von vier Jahren. Aber in den zwei Jahren im vierjährigen Nagetierzyklus, in denen die Nahrung reichlich ist, ist die Jungenproduktion dafür sehr hoch. Einiges deutet darauf hin, daß der Rauhfußbussard in schlechten Nagetierjahren andere Gegenden mit besserem Nahrungsangebot aufsuchen und dort brüten kann.

Das brutfreie Jahr

Man weiß seit langem, daß nicht alle Vögel eines Bestandes jedes Jahr brüten. Heute wissen wir auch einiges über die Ursache. Vor dem Beginn der Eiablage muß das Weibchen in guter Verfassung sein. Das erreicht sie durch besonders große Nahrungsaufnahme in der Zeit kurz davor. Dies führt z. B. beim Sperberweibchen zu einer Gewichtszunahme von ca. 15%. Diese erhöhten Reserven werden teils zur Eierproduktion, teils während der Brut- und Jungenaufzuchtperiode benötigt, um dieses schwierige Geschäft erfolgreich zu beenden.

Ermöglicht das Nahrungsangebot keine Gewichtszunahme oder kommt der Vogel aus anderen Ursachen nicht in Kondition, legt er keine Eier. Es hat sich außerdem gezeigt, daß eine große Anzahl von Greifvogelarten leicht bei Störungen durch den Menschen das Brüten aufgibt, vor allem in beutetierarmen Jahren, während sie in guten Jahren größere Unruhe tolerieren.

Man hat diesen Vorgang beim nordamerikanischen Königsbussard *Buteo regalis* untersucht, der auf Störungen sehr empfindlich reagiert. In einem Jahr, in dem Nahrung knapp war, wurden 7 von 13 Bruten aufgegeben, da diese während der Brutzeit durch Klettern im Brutbaum untersucht worden waren. In einem anderen »guten« Jahr reagierte hingegen keines der 13 kontrollierten Paare auf diese Weise gegen die gleiche Art der Störung.

Für eine Reihe großer Arten scheint es die Regel zu sein, daß sie nicht die Kondition für jährliches Brüten haben.

Bedrohung der Greifvögel durch Umweltgifte

Eines der wichtigsten Themen in der internationalen Vogelschutzdebatte der letzten zwei Jahrzehnte war die Frage, in welchem Grade es in der modernen Gesellschaft möglich ist, einen Greifvogelbestand aufrechtzuerhalten - besonders im Hinblick auf die beunruhigende Anzahl von Bedrohungen, die noch auf uns zukommen.

In dieser Debatte dominierte die Problematik der Umweltverschmutzung. Aber auch andere veränderte Lebensbedingungen sind berührt worden, z. B. Biotopveränderungen, verschiedene Formen der Umweltzerstörung, Hochspannungsleitungen und Stacheldrähte als Gefahr für einzelne Vögel. Die Besprechung der aktiven Verfolgungen nahm ebenfalls einen zentralen Platz ein. Dies betrifft u. a. die Jagd, die legale wie die illegale, und die Plünderung von Horsten mit Eiern und Jungen.

Im folgenden sollen die wichtigsten Umweltgifte (Biozide) kurz besprochen werden. Man teilt sie in einige Hauptgruppen ein, die jede für sich verschiedene Wirkung auf die Umwelt besitzen. Die zumeist erwähnten sind:

A. Pestizide (= Schädlingsbekämpfungsmittel)

Diese werden aufgrund ihrer chemischen Zusammensetzung in einige Untergruppen eingeteilt:

I. Chlorierte Kohlenwasserstoffe

Von den Insektiziden (= Insekten abtötende Mittel) ist DDT das am häufigsten genannte. DDT ist seit mehr als 100 Jahren bekannt, wurde aber richtig erst im Zweiten Weltkrieg im Kampf gegen die Malaria eingesetzt. Zu Beginn schienen wenige oder keiner auf die gefährlichen Nebenwirkungen aufmerksam geworden zu sein, welche im hohem Maße dadurch auftreten, daß die Substanz nur langsam abgebaut wird und sich demnach summiert. Hat ein Tier auf die eine oder andere Weise die Substanz in sich aufgenommen, ist es schwierig, sie wieder loszuwerden. Über die Beutetiere erfolgt eine langsame Anreicherung des Giftes bis zu einem kritischen Niveau.

Heute haben viele Länder die Anwendung von DDT gesetzlich verboten. Verbesserungen der Umwelt waren die sofortige Folge. Obwohl viele Schädlin-

Ein vermutlich an Pestiziden verendeter Wanderfalke.

ge recht schnell gegenüber DDT eine Resistenz entwickelten, wird es jedoch noch ständig in großen Teilen der Welt angewandt. Daß die Problemstellung sehr komplex ist, sieht man allein schon daran, daß in Afrika jährlich rund 2 Millionen Menschen an Malaria sterben, und dies obwohl bereits umfangreiche Bekämpfungsmaßnahmen eingeleitet wurden.

DDT wirkt tödlich in einer Dosis von ca. 30 ppm im Hirngewebe (ppm = »parts per million«, in diesem Fall = 30 Milligramm pro Kilogramm Hirngewebe). Es veranlaßt außerdem die Leber zur Bildung von Enzymen, die bei der Verschiebung der Geschlechtshormon-Balance mitwirken. Und DDT selbst kann wie eine Art Geschlechtshormon wirken.

Beim Abbau verwandelt sich DDT in eine andere chemische Substanz: DDE. Diese Substanz scheint im besonderen Maße die Fähigkeit des Vogels, Eierschalen in notwendiger Stärke zu bilden, zu schädigen. Die Erfahrung zeigte, daß eine Verminderung der Schalendicke um 15-20% kritisch wird. Die Folge ist dann, daß der brütende Vogel leicht die Schale mit seinen Füßen beschädigt.

An weiteren chlorierten Kohlenwasserstoffen können Dieldrin und Aldrin genannt werden. Sie wirken auf gleiche Weise wie das DDT, sind aber zehnmal giftiger. In den 60er Jahren konstatierte man einen gewaltigen Rückgang des Bruterfolges beim Steinadler in Schottland (von 72% auf 29%), nachdem man in der Schafzucht begonnen hatte, Dieldrin zu verwenden. Aldrin wurde u.a. für das Beizen von Saatgut benutzt.

Als Ablösung für DDT und damit als insektenvernichtendes Mittel wendet man heute vielfach Lindan an. Die schädliche Wirkung auf die Umwelt ist geringer als bei DDT.

Abschließend sei von chlorierten Kohlenwasserstoffen noch das Industriegift PCB (Polychlorbiphenyl) genannt. Es ist zehnmal weniger giftig als DDT, aber unglaublich stabil. Forscher hegen den Verdacht, daß die Mengen PCB, die sich bereits in der Natur befinden, ausreichen, um nicht wieder gutzumachende Schäden zu setzen. Bei Vögeln wirkt das Gift auf die Eierschalenbildung ein. Auch die Anwendung von PCB ist heute in vielen Ländern verboten, auf jeden Fall ohne besondere Genehmigung.

II. Alkylphosphate

Diese Substanzen werden ebenfalls zur Insektenvernichtung angewandt. Sie sind zwar sehr giftig, werden dafür aber schnell abgebaut. Umweltschäden zeigten sich auch hier durch Todesfälle.

B. Herbizide (= Unkrautvernichter)

Diese große Gruppe von Substanzen steht zur Unkrautbekämpfung zur Verfügung. Es sind sehr unterschiedliche Stoffe, sowohl in ihrer Giftigkeit als auch in ihrem Abbau. Sie wirken auf die Pflanzen durch Wachstumshormone, d.h. sie veranlassen diese zum »Todwachsen«. Die unerwünschten Wirkungen auf die Umwelt sind nicht voll geklärt. Aber beim Sprühversuch in normaler Dosierung auf das bebrütete Fasanenei mit einer der Substanzen (2,4 D) traten Embryotod ein sowie mißgebildete Individuen in einer Größenordnung von 50-60%.

C. Schwermetalle

Diese Substanzen werden teilweise in der Industrie, teilweise in der Landwirtschaft und teilweise zur Nagerbekämpfung verwendet.

In einer ganzen Reihe von Jahren stand das Quecksilber im Scheinwerferlicht, angewandt in der Industrie (z.B. im großen Stil in der Papierindustrie) und zur Saatbeize. Die Substanz wird langsam abgebaut. Kontrollen an Menschen, die Quecksilber durch vergifteten Fisch in den Körper bekommen hatten, zeigten, daß 50% des Quecksilbers nach 70 Tagen ausgeschieden war, 75% nach 140 Tagen und daß sie giftfrei nach Ablauf eines Jahres wurden, vorausgesetzt, daß sie in der abgelaufenen Zeit keinerlei quecksilberhaltige Nahrung aßen - eine Situation, die wir leider den infizierten Greifvögeln nicht bieten können.

Quecksilber ist in recht kleinen Mengen tödlich, und ins Ei übergehend, bringt es die Embryonen um. Beim Sperber haben sich 6 ppm als kritische Schwelle gezeigt.

In den letzten Jahren hat man entdeckt, daß Blei starke schädliche Wirkungen hat. Blei verunreinigt die allgemeine Umwelt als Zusatz zum Benzin und spezieller durch den Bleihagel der Jäger. Die letzte Form kann zu direkten Todesfällen führen, wenn z.B. ein Seeadler ein Stück Fallwild mit Bleihagel im Körper frißt. Die schleichende Bleiverunreinigung scheint eine stark negative Wirkung auf die Bildung von Eischalen zu haben.

Im Hinblick auf die Verwendung von Blei ist vielleicht ein gewisser Optimismus angebracht. Ganz neue Untersuchungen haben gezeigt, daß Blei bei Menschen intelligenzmindernd wirkt und zu Verhaltensstörungen führt. Solche Entdeckungen pflegen verständlicherweise größere Wirkungen zu haben als der Nachweis von Schäden in der Natur. Eine Herabsetzung des Bleigehaltes in der Luft kann daher hoffentlich schon in überschaubarer Zeit erwartet werden.

Die Entdeckung und Folgen der Schadwirkungen

In Europa vergingen 15 Jahre ungehemmten Einsatzes von Umweltgiften, ehe man einen Zusammenhang zwischen ihrer Anwendung und langfristigen Schadwirkungen auf die Natur nachwies. In Großbritannien hatte man in den 50er Jahren einen plötzlichen Niedergang in der Anzahl brütender Greifvögel festgestellt. Aber erst zu Beginn der 60er Jahre wurde die Verbindung zu den Giftsubstanzen wahrscheinlich gemacht. Wissenschaftler aus mehreren Ländern, vor allem aus Großbritannien, den Niederlanden und Schweden, brachten die Forschung über diese Art von Umweltgiften in Gang, die man ohne Übertreibung eine Bedrohung gegen das Leben auf der ganzen Erde nennen kann, sowohl der Tiere als auch des Menschen.

Aus den Arealen, in denen man ein gutes Wissen von Größe, Verteilung und Zusammensetzung der Greifvogelfauna besaß, lief eine alarmierende Meldung nach der anderen ein über die außergewöhnlich starke Verminderung bei einer Reihe von Arten. Zu Beginn war diese Entwicklung am auffallendsten beim Wanderfalken. Im Laufe rund eines Jahrzehntes wurde die Grundlage seines Bestandes in ganz Nord- und Mitteleuropa, außer den Britischen Inseln, total vernichtet.

Der Wanderfalke in Schweden

Am schwedischen Beispiel kann dies am besten demonstriert werden. 1945 brüteten dort rund 350 Paare, 1965 waren nur noch 35 Paare verblieben. Heute sind sie noch weiter reduziert, so daß der gesamte schwedische Bestand aus knapp 10 Paaren besteht. Und diese produzieren noch zu wenige Jungen, um dieses Niveau zu halten. Die Gründe des Niederganges der deutschen Populationen sind wahrscheinlich vielschichtiger und damit wegen ihrer Kompliziertheit schwer einzelnen Faktoren ganz zuzuordnen.

Die Seeadler im Ostseeraum

Eine weitere ebenso katastrophale Meldung kam aus mehreren Ländern mit brütenden Seeadlern. Die Vögel bekamen hier keine Junge. Der recht große Ostseebestand war anscheinend mit Quecksilber kontaminiert, während die Wanderfalken auch in hohem Grade von verschiedenen chlorierten Kohlenwasserstoffen betroffen waren.

Giftpolitik

Über ganz Europa raste diese unvorhergesehene Ausrottung. Dort, wo die Behörden zeitig die Sache in die Hand nahmen und eine weniger unvernünftige Giftpolitik als anderswo betrieben, wie z. B. in Dänemark, erreichte der Schaden nicht den extremen Umfang, selbst wenn einige Arten in ernster Weise betroffen wurden. Dort, wo man die Sache schleifen ließ, ging es böse zu. Wir können mehrere europäische Länder finden, in denen fast alle Greifvogelarten katastrophal zurückgingen.

Schutzmaßnahmen

Die bedrängte Situation der Greifvögel erbrachte jedoch auch einiges Gutes. Als in den 60er Jahren die ernste Lage klar wurde, führte man in fast allen Ländern Schutzmaßnahmen für die Greifvögel ein - eine ausgesprochen notwendige Reaktion auf die negative Entwicklung. Heute wird es wohl fast jedem grotesk vorkommen, daß z. B. noch 1967, etwa in Norwegen, Ab-

Seeadler, imm. fertig zum Aussetzen in Schottland.

schußprämien für Adler ausgelobt und ausbezahlt wurden.

Verbote
Aber auch im Hinblick auf die Gifte zeigte sich eine positive Entwicklung: Eine Anzahl stark wirkender Substanzen wurde in vielen Ländern verboten. Dies gilt für DDT, Aldrin, Dieldrin, PCB und Quecksilberverbindungen – leider in einigen Ländern noch mit vielen Ausnahmen vom generellen Verbot.

Die Wiederherstellung der Bestände
Die Wirkungen dieser Einschränkungen zeigten sich nach und nach. Doch besitzt die Verunreinigung der Umwelt globale Perspektiven. Es hat wenig Auswirkung, wenn wir z. B. in Schleswig-Holstein der Wiesenweihe wieder eine angemessen reine Umwelt schaffen, wenn die Vögel im Winterquartier an Vergiftung sterben; oder wenn andere Greifvögel so giftbelastet heimkehren aus dem Winterquartier, daß sie entweder nicht imstande sind, sich zu paaren, oder kleine Gelege bekommen oder aber zu dünnschalige Eier legen.
Aber die eingeführten Verbote haben auch Positives erreicht. Fortschritte sieht man lokal in den letzten Jahren u. a. bei Fischadler, Rotmilan, Rohrweihe, Sperber, Habicht, Mäusebussard, Rauhfußbussard, Merlin und Turmfalke. Die Ursachen der Bestandszunahmen können nicht immer erklärt werden; aber beim Sperber etwa ist es völlig klar, daß es sich um eine Reaktion auf die verbesserten Lebensbedingungen handelt.
Wie gesagt, handelt es sich um lokale Verhältnisse. Eine Art kann in einem Gebiet zunehmen und in einem anderen zurückgehen. In bezug auf die Verunreinigung besteht ein genereller Unterschied zwischen Nord- und Südeuropa, mit der saubersten Umwelt im Norden.

Selbst wenn wir Fortschritte spüren, muß doch betont werden, daß der Seeadler im Ostseeraum nur dann Junge bekommen kann, wenn er mit ausgelegtem, giftfreiem Fleisch gefüttert wird. Und die Situation des Wanderfalken ist nicht nur in Deutschland, sondern auch in Nordeuropa immer noch problematisch. Es besteht also kein Grund zu Optimismus. Auch wir wissen nicht, was der nächste Tag uns an unangenehmen Überraschungen bringen kann.

Vergiftete Köder
In einigen Gegenden Europas hat das Auslegen von vergifteten Ködern den Greifvogelbestand dezimiert und in einigen Fällen zur Ausrottung geführt. Überwiegend war es Strychnin, welches gebraucht wurde. Das Gift wurde über verendete Haustiere oder Fallwild gegossen, Beute, über die sich sehr gern Geier oder Adler, Milane und Bussarde hermachen.
Besonders auf dem Balkan hat diese Methode zur Ausrottung von Wölfen und Füchsen einen sehr starken Einfluß auf die Greifvogelbestände gehabt. Auf dem Balkan führte dieser »Wolfskrieg« dazu, bzw. war auf alle Fälle hauptverantwortlich dafür, daß außer in Griechenland der gesamte Bestand des Bartgeiers ausgerottet wurde. Ebenso wurde der Bestand des Gänsegeiers in Rumänien und Bulgarien vernichtet und der des Schmutzgeiers in Rumänien. In Jugoslawien ist heute der Gänsegeier eine Seltenheit geworden. Es ist darüber hinaus klar, daß ein bedrohter Seeadlerbestand den zusätzlichen Verlust durch eine Strychninvergiftung schwerlich verkraften kann.
Aber nicht nur auf dem Balkan existierte dieses Problem. Man kennt es aus ganz Südeuropa, und auf Island hat es fast den Seeadlern das Leben gekostet. Heutzutage ist dieser Gebrauch von Strychnin wohl im größten Teil Europas verboten.

Biotopveränderungen

Die moderne Gesellschaft ist durch die Anwendung rationeller Methoden gekennzeichnet. In den Wäldern wachsen überwiegend schnellwüchsige Nadelbäume auf Kosten der Laubbäume. Ein Sumpfgebiet, ein Flußdelta oder eine Flachwasser-Seebucht veranlassen Bestrebungen, mittels Drainage oder Dammbauten Neuland unter den Pflug nehmen zu können - selbst in unseren Tagen, in denen die Problematik der schwindenden Feuchtgebiete Gegenstand ständiger Debatten ist. Die Landwirtschaft wird durch Rationalisierung ihrer Methoden effektiver gestaltet, was einen negativen Einfluß auf den Artenreichtum von Pflanzen und Tieren hat.

Alles zusammengenommen ist die Rede von so durchgreifenden Änderungen der Umwelt, daß das einen fundamentalen Einfluß auf das Leben um uns hat - und damit auch auf die Existenz unserer Greifvögel.

Die Zeit vom Mittelalter bis zum Ende des 18. Jahrhunderts und dem Beginn des 19. Jahrhunderts war in großen Teilen Europas gekennzeichnet durch die Rodungen. In vielen Gebieten sind inzwischen Bäume Mangelware, und das Anpflanzen neuer Wälder begann. Desweiteren wurden die früheren Laubwälder in hohem Maße durch biologisch arme Kiefer- und Fichtenmonokulturen ersetzt. Wo es früher eine Waldlandschaft aus gemischten Beständen gab, mit kleinen Äckern, feuchten Wie-

Da die Wiesenweihe ihr Nest in Getreidefelder setzt, drohen Nest und Jungen oft die großen Landmaschinen als Verhängnis.

sen und kleinen Seen - eine biologisch sehr produktive Umwelt - entstanden nun Plantagen mit geringer Lebensvielfalt. Das Resultat sieht man nicht zuletzt bei den Greifvögeln. In einem Gebiet, in dem früher viele Arten brüten konnten, wie Rot- und Schwarzmilan, Seeadler, Schreiadler, Mäusebussard, Wespenbussard, Baumfalke, Turmfalke, Habicht und Sperber, beschränkt jetzt die intensive Bewirtschaftung die Artenzahl auf 2 oder 3 der verbreitetsten Arten bei gleichzeitiger Abnahme der gesamten Individuenzahl.

Die Ursache hierfür ist zweifach: Die großen Nadelwaldgebiete bieten nicht die gleichen Möglichkeiten an Horstplätzen. Den großen Arten fehlen völlig die großen, einzeln stehenden, alten starken Bäume. Darüber hinaus findet in solchen Plantagen nur ein Bruchteil der Beutetiere einen geeigneten Lebensraum, die in der »Idealumwelt« vorhanden wären.

Weiterhin werden die Greifvögel in hohem Maße von der Unruhe moderner Waldwirtschaft beeinträchtigt. Viele Greifvogelgelege gehen auf diese Weise verloren. Ein grelles Beispiel erlebte man 1968 in der Bundesrepublik Deutschland. Zwei der sechs Seeadlerpaare verloren ihre Horste aufgrund von Störungen durch Waldarbeiten. Besonders zu Beginn der Brutsaison sind Greifvögel gegenüber Unruhe nahe der Horste empfindlich.

Über die weit verbreiteten Veränderungen im Waldcharakter hinaus, ist eine Verarmung unserer Umwelt durch das Trockenlegen riesiger und wertvoller Gebiete eingetreten. Feuchtgebiete, Sümpfe, Flachwasserseen und -teiche sind oft sehr produktive Areale mit gutem Nahrungsangebot für jegliche Tierwelt, und sie beherbergen im allgemeinen auch ein reiches Vogelleben. Einige wenige Greifvogelarten brüten in diesen Gebieten (Weihen), viele andere benutzen sie als Nahrungsraum. In und um Feuchtgebiete herum werden normalerweise Mengen von Fröschen, Eidechsen, Schlangen, Nagern, Vögeln, Fischen und Insekten produziert. Ein breites Spektrum an Greifvogelarten kann an solchen Stellen seinen Nahrungsbedarf decken.

Über ganz Europa wird jedoch der Kampf zur Neulandgewinnung weiter geführt. Am Ende des vorigen Jahrhunderts gehörten große Gebiete längs der Donau mit zu Europas wertvollsten Lebensräumen für Vögel, u. a. mit großen Beständen an Greifvögeln. Flußregulierungen zum Vermeiden der alljährlichen Überschwemmungen haben diese heute vogelarm gemacht. Flußdeltas werden überall trockengelegt, so auch große Teile des berühmten Donaudeltas, und selbst heute werden die Arbeiten etwa in Griechenland fortgesetzt. Areale, die man aufgrund neuester Vogelliteratur besucht, sind bereits in Akkerland verwandelt und als Naturgebiete wertlos geworden. Aber bei uns sieht es nicht besser aus. Man denke nur an neueste Deichpläne im Wattenmeer und an den vehementen Kampf gegen den Naturschutzpark Wattenmeer.

Wenn wir zu den zwei genannten Einschränkungen noch die moderne Landwirtschaft dazurechnen, die durch ihre Methoden die Entfaltung einer reichen Flora und Fauna hemmt, dann wird es völlig klar, daß wir die Bedingungen für das Leben um uns verändert haben. Das bedeutet u. a., daß wir niemals wieder die Bestandsdichten früherer Zeiten erlangen können, selbst wenn kein Greifvogel mehr geschossen würde, keiner bei der Brut gestört würde, keiner an Gift stürbe oder seine Fortpflanzungsfähigkeit verlöre, also paradiesische Bedingungen einträten. Es gibt schlicht und einfach nicht mehr genug Nahrung für sie in der modernen, aufgeräumten Welt. Wir müssen uns mit weniger begnügen und haben es bereits Jahrzehnte gemußt.

Greifvögel kommen oft an Stacheldraht zu Schaden; hier eine Wiesenweihe.

Weitere Gefahren

Eine Reihe anderer Vorgänge, die nicht die gleiche Bedeutung besitzen, aber dennoch die Bedingungen für Greifvögel verschlechtern, müssen ebenfalls genannt werden.

Am ernstesten ist die zunehmende Nutzung der Natur. In bestimmten Gegenden können Vögel überhaupt keine Ruhe mehr zum Brüten finden, in anderen keine zum Fressen. Fischadler haben viele Bruten durch Touristen verloren, die sich unter die Horstbäume legten, Seeadler durch Freizeitangler, die zu nahe am Horst saßen. Auch das Interesse der Ornithologen an den Horsten seltener Greifvögel hat dazu geführt, daß diese verlassen wurden. In Rußland hat man den Rückgang des Rotmilans in Verbindung gebracht mit dem Massentourismus an seinen Nahrungsplätzen, den Seen und Flüssen. Insgesamt gesehen sind Störungen am größten an Seen, Flüssen und Buchten.

In Schottland kann man sehen, daß es möglich ist, das steigende Naturinteresse in vernünftige Bahnen zu lenken. Als der Fischadler Ende der 50er Jahre wieder Brutvogel wurde, führte man eine strenge Bewachung der Horste ein, aber lud gleichzeitig das Publikum ein, aus passendem Abstand einen der Horste zu beobachten. Das Interesse war enorm, und psychologisch hatte das einen gewaltigen Einfluß auf die Greifvogelfrage in Großbritannien. Das Beispiel verdient an anderen Orten nachgeahmt zu werden.

Ein abnehmender Jagddruck hat mit sich geführt, daß Greifvögel generell gesehen weniger scheu wurden. Wir sehen das u.a. an den Mäusebussarden entlang der Straßen. Sie sitzen dort und warten auf Fallwild, oder daß sich eine Maus sehen läßt. Der Verkehrstod ist damit auch unter den Greifvögeln eingezogen. In Nordskandinavien werden Steinadler getötet, wenn sie an totgefahrenen Rentieren fressen, und das gleiche geschieht auch bei uns mit anderen Greifvögeln, wenn man als Autofahrer nicht aufpaßt.

Ein weiterer begrenzender Faktor sind die Kollisionen mit Hochspannungsleitungen und Masten jeglicher Art. So fand man in der Schweiz von 1952 bis 1964 mindestens 16 tote Wanderfalken, 5 davon hatten Leitungen gerammt. Große Fensterflächen fordern ebenfalls ihre Opfer. Ganz besonders trifft es den Sperber, wenn er ungeniert ums Haus herumjagt. Stacheldraht ist ebenfalls eine Gefahr. Viele Greifvögel sind dadurch umgekommen, daß sich ihre Flügel in ihm verfangen hatten – ein Problem, das man weitgehend dadurch lösen kann, indem man den Abstand zwischen den Drähten groß genug macht.

Die Jagd

Die bisher genannten bestandsreduzierenden Faktoren sind Nebenprodukte anderer Verhältnisse gewesen, eine in der Regel nicht gewünschte passive Ausrottung. Der Gebrauch von Quecksilberverbindungen hatte ja z. B. nicht zum Ziel, Greifvögel zu töten.
Aber wir stoßen auch in unserer Zeit auf eine aktive direkte Beseitigung von Greifvögeln aus der Natur. Dies geschieht in der Regel durch Leute, die ihre Interessen durch Greifvögel bedroht sehen.
Die Jagd auf Greifvögel kann durch alte Akten 200 bis 300 Jahre zurückverfolgt werden. Aus ihnen geht hervor, daß die große Ausrottungskampagne vor mehr als 200 Jahren begann. Die damaligen Jagdberechtigten glaubten ihre Jagdinteressen von den Greifvögeln bedroht. Und das geringe Wissen um die einzelnen Arten traf auch die an der Jagd völlig »unschuldigen«, wie z. B. Wespenbussard und Turmfalken.

Abschußprämien

In der Praxis ging die Ausrottung durch die Jagdgehilfen und Jagdaufseher vor sich. Sie erhielten gegen Ablieferung von z. B. abgeschnittenen Fängen eine Abschußprämie ausbezahlt. Oder es wurde eine Art Steuer erhoben, bei der jeder Mann oder jede Familie verpflichtet war, eine bestimmte Anzahl Greifvögel im Jahr abzuliefern.
Ganz Europa machte mit. Im 18. Jahrhundert noch im begrenzten Maßstab im Verhältnis zu dem, was man früher erleben mußte.
Bereits in den Jahren 1684–1685 tötete man alleine in der englischen Grafschaft Kent 100 Rotmilane. Wenige Jahre später erschien die Art nur noch in wenigen Exemplaren in den Abschußlisten. Man glaubt, daß man in Wales, wo der Rotmilan in Großbritannien überleben konnte und heute einen kleinen Bestand besitzt, die »Wildpflege« nicht besonders energisch betrieben hatte, denn sonst . . .
Anhand alter Rechenschaftsberichte über ausbezahlte Abschußprämien kann man die Ausrottungskampagne an vielen Orten verfolgen – bis zurück ins 18. Jahrhundert. Im Königreich Hannover wurden in der Zeit von 1705 bis 1800 Prämien für 624087 erlegte Greifvögel ausgezahlt. Interessant ist dabei, daß in diesen 95 Jahren der Bestand nicht abnahm. Ein Greifvogelbestand, der biologisch gesehen gute Bedingungen vorfindet, kann demnach einen hohen Jagddruck tolerieren ohne abzunehmen. Im 18. Jahrhundert wa-

Die Beute eines Jägers (aus der Zeit, da man Greifvögel rücksichtslos verfolgte).

ren die Biotope, ganz besonders die Feuchtgebiete, noch intakt.
Im 19. Jahrhundert eskalierte dann der Kampf gegen Greifvögel in Verbindung mit einer Zunahme der Fasanenhaltung. Besonders in der letzten Hälfte des Jahrhunderts geschah ein Massenniederschießen. Das Hinterladergewehr war erfunden und machte die Jagd effektiver. Der Staat finanzierte oft die Abschußprämien, aber es war auch weitverbreitet, daß die Gutseigner selbst dafür sorgten.
Gegen Ende des Jahrhunderts, als man begann zwischen »schädlichen« und »weniger schädlichen« »Raubvögeln« zu unterscheiden, machte der Staat in einigen Ländern nicht mehr mit. Oft übernahmen die Jagdorganisationen die Ausbezahlung oder auch Haustaubenzuchtvereine.
Verrückt ging es zu, denn das Wissen, das man zur Verfügung hatte, war sehr gering. Selbst Vogelschutzvereine bezahlten Abschußprämien für »schädliche« Arten wie Habicht und Sperber. Es gab daher keinen Grund für Jäger, Fischteichbesitzer, Landwirte oder Fasanenzüchter sich zurückzuhalten. Wie phantastisch das auch klingen mag, so ist es doch eine Tatsache, daß z.B. der »Verein für Vögelkunde und Zucht« in Kassel um 1877 im ganzen 215 Mark für u.a. 20 Habichte und 30 Sperber auszahlte. Nach heutigem Wert ein immenses Geld.
Es gab Prestige, wenn man als Verantwortlicher sagen konnte, daß man die Raubvögel in der Gegend ausgerottet hatte. Und es war gerade das, was an vielen Orten in den dichter bevölkerten Gegenden geschah. Berichte aus dieser Zeit sind rauhe Lektüre. Tausende und Abertausende von Greifvögeln wurden in ganz Europa erlegt. Ein berühmter Adlerjäger konnte in der 2. Hälfte des 19. Jahrhunderts von 100 erlegten Steinadlern jubilieren. In Schweden schoß man in den 90er Jahren jährlich ca. 325 Adler, von denen rund 70% Seeadler waren. Man nimmt an, daß in Deutschland um 1860 jährlich rund 400 Seeadler geschossen wurden. In Spanien führte man den Kampf gegen den Kaiseradler mit großem Erfolg. Horste wurden zerstört, Vögel erlegt und eingesammelt. In Rumänien wurden noch vor 20 Jahren in einem Monat mindestens 400 tote Seeadler weiterverkauft zum Ausstopfen.
Auf den Beständen lag ein kolossaler Druck, und dieser wurde durch die Jahrhunderte so groß, daß die Greifvögel ernstlich bedroht sind. Am schwersten traf es die großen Arten: Adler, die sich mit ihrer späten Geschlechtsreife und langsamen Reproduktion kaum erhalten können.
Aber auch die mittelgroßen Arten wie Milane, Weihen, Habichte und Bussarde hatten es schwer, und ihre Bestände wurden in des Wortes buchstäblicher Bedeutung dezimiert oder örtlich total weggeschossen.
In der zweiten Hälfte des 19. Jahrhunderts begann der Schutz für einzelne der offenkundig harmlosen Arten einzusetzen oder in Einzelfällen, wo eine Art kurz vor der Ausrottung steht. In der Regel geschieht das durch Schutz während der Brutzeit. Aber dieser verbreitete Schutzversuch hilft nicht. Die Haltung der Jäger im allgemeinen und die der Fasanenzüchter war eindeutig feindlich gegenüber den Greifvögeln. Unser Jahrhundert begann daher im selben Stil wie das vorherige abschloß.

Die Greifvögel werden geschützt

Für Europa als Ganzes bedeutete der Erste Weltkrieg eine Erholung für die Greifvögel. Man hatte anderes zu bedenken als Wildpflege oder Jagd. Und dasselbe geschah während des Zweiten Weltkrieges. Wir kommen zu den 50er und 60er Jahren, denn da wurde es Ernst mit dem Schließen der Jagd auf Greifvögel. In ganz Europa wurde es zu diesem Zeitpunkt gebieterisch notwendig, effektive Schutzmaßnahmen zu ergreifen, sollten die Greifvögel nicht völlig verschwinden. Sie konnten nicht den Kampf gegen Jäger *und* Umweltgifte *zugleich* bestehen.

Das Ergebnis ist, daß heute in der Hälfte Europas die Greifvögel völlig geschützt sind und daß es in den meisten der übrigen Länder Schutzbestimmungen gibt, die die Jagd auf die meisten verbieten. Die Arten, die am häufigsten noch Jagdzeiten in gewissen Gegenden Europas erleiden sind Habicht, Sperber, Mäusebussard, Rauhfußbussard und Rohrweihe.

Die großen Arten - Adler und Geier - genießen dagegen vollen Schutz. Aber eine Seite ist bekanntlich das Gesetz, die andere dessen Befolgen!

Generelle Aussagen nennen immer noch das Abschießen von Greifvögeln in Südeuropa - auch dort wo diese geschützt sind. Besser verläuft es anscheinend in unseren Breiten Europas. Hier hat sich das Verständnis für Greifvögel im letzten Jahrzehnt merklich geändert und ungesetzliche Abschüsse von Greifvögeln seltener werden lassen.

Aber ehe wir dahin kamen, ging die Ausrottung mit großer Energie bis in unsere Zeit hinein weiter. Die Statistik weist für Norwegen aus, daß ca. eine halbe Million Greifvögel in der Zeit 1900-1966 erlegt wurden. Die dänischen Wildstatistiken beweisen deutlich, daß es dort nicht besser verlief. Von ihrem Beginn im Jahre 1942 bis 1966/67 wurden insgesamt ca. 300000 erlegte Greifvögel gemeldet.

Viele Länder besitzen keine Sammelstatistiken, aber es gibt Zahlen für bestimmte Gebiete. Wahrscheinlich sind danach in der Bundesrepublik in den 50er und 60er Jahren rund 70000 Greifvögel jährlich erlegt worden. Für Frankreich veranschlagt man 100000 bis 300000 Greifvögel pro Jahr in derselben Periode. Man nimmt daher den Mund nicht zu voll, wenn man sagt, daß man für den genannten Zeitraum annehmen muß, daß jährlich in Europa eine halbe bis eine Million Individuen geschossen wurden, zu einem Zeitpunkt mithin, wo sie außerdem gegen verzweifelnd schlechte Lebensbedingungen aufgrund chemischer Umweltgifte ankämpfen mußten.

Es ist daher auch nicht unverständlich, daß ein Teil der Arten in den 70er Jahren einen Zuwachs vorweisen konnten, obwohl die Umweltbedingungen ständig nicht die besten sind. Wenn man einen derartigen Ausrottungsversuch stoppt bzw. dämpft, muß man natürlich eine Reaktion darauf merken. Das darf jedoch nicht verleiten zu glauben, daß die Zeit für eine erneute Jagd auf Greifvögel angebrochen sei.

Andere Formen direkter Verfolgung

Daß die Jagd die Hauptverantwortung trägt für den Niedergang in der Reihe der direkten Formen der Verfolgung, ist offenkundig. Örtlich können jedoch andere Faktoren eine Rolle spielen, noch dazu verursacht durch Leute mit Interesse für (Greif)vögel.

Falknerei

Die rund 4000 Jahre alte Falknerei, die zwischenzeitlich in Europa nahezu ausgestorben war, hat nun in bestimmten Gegenden eine starke Renaissance erlebt. Der Begriff Falkner kann einen verleiten zu glauben, daß es sich um das Abrichten nur von Falken handelt. Mittlerweile gehören dazu u.a. auch Adler und Habichtartige, und wenn wir an die in der Bundesrepublik häufigen Greifvogelparks denken, haben wir das ganze Artenspektrum vor uns.

Für bestimmte Arten unserer Greifvögel besteht eine massive Gefahr von seiten der Falknerei durch den Versuch, neue Vögel herbeizuschaffen. Der Wanderfalke ist in großen Räumen Europas ständig von der Ausrottung aufgrund der Umweltverhältnisse bedroht. Die wenigen erfolgreichen Bruten, die dem Wanderfalken glücken, müssen oft rund um die Uhr bewacht werden, damit sie nicht von Falknern ausgeraubt werden. Oologen (Eiersammler) sind dann auch noch im Spiel. Das letzte Mal, daß es einem Wanderfalkenpaar in Dänemark gelang Junge auszubrüten (1969), wurden diese aus dem Nest gestohlen. 1967 stahl ein deutscher Falkner 23 Junge des seltenen Lanner aus Nestern in Italien; und die einzige wesentliche Bedrohung des skandinavischen Gerfalken, die meistgefragteste Art unter den Falknern, stammt auch von ihnen.

Besonders in Deutschland gibt es viele Falkner. Im Februar 1968 ergab eine Zählung in Bayern, daß alleine in diesem Bundesland 800–1000 Greifvögel in Gefangenschaft lebten. Bei einem Interesse dieses Ausmaßes verwundert es nicht, daß z.B. Wanderfalkenhorste in diesen Gegenden jedes Jahr geplündert werden. Es ist allgemein bekannt, daß besonders deutsche Falkner in Europa herumstreifen, um neues »Material« heimzubringen. Selbst Grönland wurde heimgesucht. Hier gibt es nämlich die Trumpfkarte: den weißen Gerfalken.

In bescheidenem Umfang haben Falkner begonnnen, selbst Junge aufzuziehen. Doch diese Praxis ist weit entfernt vom Umfang, der nötig wäre, um den Bedarf an neuen Jungen für die Falknerei zu decken.

Eiersammler

Die Frühzeit der Ornithologie war geprägt vom Sammeln. Als Wissenschaft ist sie inzwischen längst aus diesem Stadium herausgewachsen. Im großen und ganzen hat man Bälge und Eier genug für die heute notwendigen Studien. Aber leider Gottes sind nicht alle ornithologisch Interessierten mitgewachsen. Selbst wenn heute die Zahl der Oologen (Eiersammler) klein ist, so gibt es sie ständig. Und da jegliche Sammlermanie offenbar zu allen Zeiten nach dem Prinzip verfährt: je seltener, desto besser, finden wir zahlreiche Beispiele dafür, daß Greifvogelarten, von denen man weiß, daß sie ein Gebiet wiederbesiedeln, ihrer Eier beraubt werden oder daß die letzten Bastionen weichender Arten von Eiersammlern zerstört werden.

Habicht, juv. auf der Faust des Falkners.

Die Furcht vor den Verwüstungen der Eiersammler führt in steigendem Maße dazu, daß seltene Brutvorkommen geheim gehalten werden. Die Konsequenz des Bekanntgebens wäre normalerweise die Bewachung der Horste rund um die Uhr - wenn ein Ergebnis aus dem Brutversuch hervorkommen soll.

Trophäen

Zu den Interessen früherer Zeit gehörte es auch, einen ausgestopften Greifvogel aufzustellen und in der Wohnstube oder vielleicht im Herrenzimmer anzubringen. Die großen waren besonders gefragt. Ein Adler mit leicht ausgebreiteten Schwingen wurde als echte Trophäe angesehen. Energische Aufklärungskampagnen haben, auf alle Fälle in den Ländern mit dem größten Verständnis für die Problematik, diese Sitte reduziert. Auch Schulen waren früher Großabnehmer für ihre biologischen Sammlungen. Inzwischen werden sie aber deutlich und mit wachsendem Erfolg aufgefordert, anderes Material und Methoden im Unterricht zu verwenden. Aber so lange es möglich ist, in diesem Markt ständig viel Geld zu verdienen, wird die Versuchung - unabhängig von Schutzgesetzen - bleiben, Greifvögel zum Ausstopfen zu schießen. Und natürlich trifft es die seltensten. Die Präparatoren geraten daher gleichfalls ins Scheinwerferlicht.

Künstliche Aufzucht

Die künstliche Aufzucht von Greifvogeljungen wird mit dem Argument zu rechtfertigen versucht, daß sie eine Hilfe für die freilebenden Greifvögel wäre. Dieses Argument ist gefährlich und nur gültig in jenen Fällen, wo die Aufzucht unter wissenschaftlicher Kontrolle vor sich geht. Privatpersonen weiterhin ihre ungesetzlichen Aufzuchten unter Hinweis auf dieses Argument fortsetzen zu lassen, würde unübersehbare Folgen haben. Man sollte festhalten, daß wilde Greifvögel selbst die besten Züchter kommender Generationen sind.

Die Situation heute

Man kann zusammenfassend zur heutigen Situation der Greifvögel sagen, daß sie auch einige positive Züge einschließt. Der Jagddruck ist in Europa erheblich reduziert worden; und in Nordeuropa ist die Umwelt in den letzten zehn Jahren so stark verbessert worden, daß sie für die meisten Arten akzeptabel geworden ist. Das Ergebnis dieser zwei Faktoren sehen wir an den wachsenden Beständen an vielen Orten, besonders bei jenen Arten, die früher zahlreich waren.
Die negative Seite der Entwicklung betrifft die Arten, die besonders empfindlich auf Veränderungen ihrer Umwelt reagieren, wie das Verschwinden ihrer Biotope, sowie auf den Menschen, der ohne Rücksicht auf die Bedrohung, der die Vögel ausgesetzt sind, nur für seine eigenen kurzsichtigen Interessen agiert. Positiv an diesem Bild ist, daß der Naturschutz in steigendem Maße mit Gegenmaßnahmen arbeitet, um zum Beispiel Eiersammler und Falkner am Erreichen ihres Zieles zu hindern. Gleichzeitig werden den Ornithologen und anderen Naturinteressenten Grenzen gezogen, so daß sie so wenig wie möglich der Natur schaden können.
Traurig und aufmunternd zugleich ist es auch, daß wir heute Greifvögel wie Seeadler und Geier füttern, damit sie trotz der Umweltgifte und dem Nahrungsmangel überleben können. Traurig, da es zeigt, wie weit wir in unserer unsachgemäßen Behandlung der Natur gekommen sind - aufmunternd, da es trotz allem positiv ist, daß unter diesen schlechten Verhältnissen für einige Greifvögel etwas getan wird, was Wirkung zeigt.

In den USA hat man Wanderfalken künstlich aufgezogen, um sie später in den Städten auszusetzen.

Wespenbussard

Pernis apivorus

Verbreitung

Über die gezeigten Gegenden hinaus brütet der Wespenbussard in der Sowjetunion ostwärts bis in die Gegenden zwischen Ob und Jenissei, ferner im Iran südlich des Kaspischen Meeres. Keine Rassengliederung.

Bestandsschätzung

Generell ist der Wesepenbussardbestand sehr schwer zu registrieren. Die Vögel kommen nach dem Ausschlagen der Bäume an und leben ein recht schweigsames Leben.

Man muß daher annehmen, daß die Größe des Wespenbussardbestandes in vielen Ländern unterschätzt wird. Das wurde z. B. im letzten Jahrzehnt in Dänemark deutlich. Bei den Atlasuntersuchungen 1971–1974 wurde die Anzahl Brutpaare mit 200–300 veranschlagt. Spätere besonders gründliche Untersuchungen in Jütland 1973–1981 bilden inzwischen die Basis für die Annahme, daß der dänische Bestand rund 800–1000 Paare umfaßt, ohne daß es in der Zwischenzeit zu einer Zunahme kam.

Die angegebenen Bestandszahlen (Tabelle S. 59) ergeben zusammen ca. 35000 Paare. Eine Reihe Länder fehlen – am wesentlichsten in diesem Zusammenhang die Sowjetunion. Es ist daher nicht möglich, einen Gesamtüberblick über den Gesamtbestand der Westpaläarktis zu bekommen.

Aber es gibt andere Möglichkeiten. Die meisten Wespenbussarde passieren die

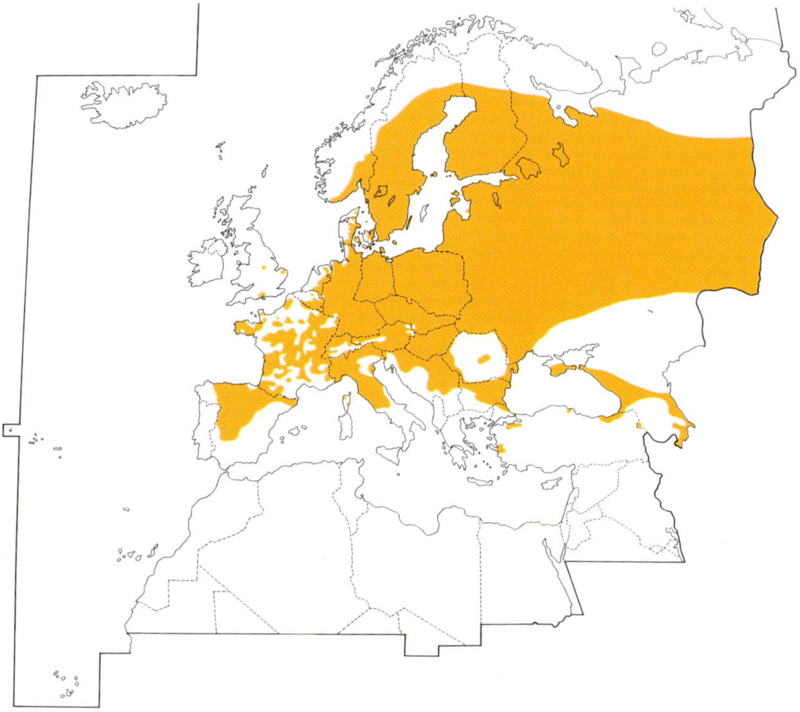

bekannten Zugengen auf dem Weg ins afrikanische Winterquartier. Maximumzahlen von hier sind: Gibraltar ca. 126000, Malta ca. 1000, Bosporus ca. 26000 und Borcka in der Nordosttürkei ca. 138000. Der zuletzt genannte Zugweg wird von den sowjetischen Vögeln benutzt. Rechnet man, daß die Hälfte der beobachteten Vögel Jungvögel sind, verbleiben ca. 35000 Brutpaare für den europäischen Teil der Sowjetunion. Die drei anderen Zugengen ergeben 153000 Vögel oder ca. 40000 Brutpaare.

Bestandsentwicklung

Der Wespenbussard scheint nicht einem derart enormen Bestandsrückgang ausgesetzt gewesen zu sein wie andere Arten. Er kommt spät an, reist früh ab und lebt versteckt. Er war keine auffallende Beute für die Greifvogeljäger der Vergangenheit.

Illegale Jagd auf den Wespenbussard erfolgt heute in Südeuropa während des Zuges, besonders in Italien, Malta und im Libanon - und hier ist die Art oft eine leichte Beute. Ob dieses Abschießen eine Einwirkung auf die Bestandsgröße hat, weiß man nicht.

Der Wespenbussard ist anscheinend auch nicht von Umweltgiften betroffen worden. Seine Nahrung speichert diese nicht in nennenswertem Umfang.

Wenn auch in einzelnen Ländern von markantem Rückgang berichtet wird, scheint das Gesamtbild stabil zu sein - andererseits jedoch charakterisiert durch gewaltige jährliche Schwankungen in Abhängigkeit vom Wetter bei Brutbeginn. Nasse und kalte Frühsommer ergeben wenige Wespen und damit wenige brütende Wespenbussarde.

In einigen Ländern befürchtet man als Folge des wirtschaftlichen Überganges von Laub- zu Nadelwaldproduktion einen negativen Einfluß auf den Bestand des Wespenbussards. Dies bedarf näherer Untersuchungen. In bestimmten Gegenden (u.a. in Nordschweden) gedeiht der Wespenbussard ausgezeichnet im Nadelwald.

Wespenbussard, ad.

Vielleicht spielt eine Rolle für die augenblickliche negative Beurteilung der Möglichkeiten des Nadelwaldes, daß dieser früher auf mageren Böden angepflanzt wurde, wo die Produktion an Beutetieren ohnehin gering ist. Eines ist jedoch klar: Der Wespenbussard gedeiht nicht in den einförmigen dunklen Fichten-Monokulturen.

Zug

Ausgeprägter Zugvogel mit Winterquartier in Afrika südlich der Sahara. Der Herbstzug beginnt Mitte/Ende Aug. und kulminiert Ende Aug./Anfang Sept., nahezu gleichzeitig an den nord- und südeuropäischen Zugengen. Die Vögel haben im großen und ganzen zu Ende September Europa verlassen.

Der Wespenbussard ist Leitlinienzieher und überquert die Meere meist an den engsten Stellen (siehe S.26). Der Zug durch Dänemark und Schleswig-Holstein wurde auf S. 28–30 geschildert. Es sind die schwedischen Vögel, die durch Schleswig-Holstein in schmaler Front südwestwärts ziehen; die finnischen ziehen über das östliche Mitteleuropa südwärts.

Die nordwest-, mittel- und westeuropäischen Vögel benutzen die Leitlinien über Gibraltar (max. ca. 126 000, 1972) oder ziehen über Italien – Malta (max. 1000 über Malta); die finnischen und osteuropäischen ziehen über den Bosporus (max. ca. 26 000, 1971), die russischen benutzen die Kaukasus-Leitlinie (max. ca. 138 000, 1976).

Der Wespenbussard zieht wiederum im April durch Europa. Der Zug verläuft in der Hauptsache entlang der gleichen Wege wie im Herbst. Massenzug sieht man bei Gibraltar vom 27. April an und im Monat Mai. Von Mitte Mai an sind unsere Wespenbussarde wieder in ihren Revieren. In Schleswig-Holstein ziehen zudem auf den gleichen Wegen wie im Herbst die skandinavischen Vögel nordwärts durch. Über die Hälfte von ihnen zieht innerhalb einer Woche, 21.–27. Mai durch, die letzten Anfang Juni.

Der Zugverlauf hängt wie im Herbst von der aktuellen Situation der Windverhältnisse ab, so daß bei Nordwind viele Skagen passieren (max. 3422 und 3454 in den Jahren 1976 und 1978), bei westlichen Winden die überwiegende Anzahl über Fehmarn ausfliegt und über den dänischen Inseln und den Öresund nordostwärts heimzieht.

Habitat

Brütet in Waldgebieten, in denen seine Nahrung reichlich vorkommt. Dies sind meistens etwas ungepflegte Laubwälder, aber auch Kiefernwälder werden bewohnt und in den nördlichsten Brutgebieten Fichtenwälder. Lebt teils in großen Wäldern mit Lichtungen, Wiesen oder Kahlschlägen, teils in Kleinwäldern, wo er die Nahrung in den Randzonen sucht.

Wespenbussard beim Ausgraben eines Wespennestes.

Wespenbussard-Junge werden mit Wespenwaben gefüttert.

Stimme

Ruft selten. Der typische Flugruf des Männchens ist ein schön klingendes, etwas wehmütiges, hohes »plilihe« in bogenförmigem Auf und Ab. Männchen und Weibchen rufen zweisilbig »pihä«. Beide rufen bei Erregung »kikikiki«. Am Horst selbst ruft bei der Ablösung das anfliegende Männchen fauchend »pjau« oder »pjä«, das Weibchen antwortet schnell »tecku-tacku . . .«.

Brutbiologie

Das Alter, in dem der Vogel erstmals brütet, ist unbekannt. Wespenbussarde führen eine lebenslange Einehe.

Die Vögel kommen im späten Frühling (Mitte bis Ende Mai) an und müssen von Beginn an emsig sein. Der Horstbau beginnt anscheinend sofort, und bereits ca. 11 Tage nach der Ankunft beginnt die Eiablage.

Besonders in den ersten zwei, drei Wochen besteht die Chance, den Balzflug zu sehen. Er ist girlandenartig und wird meist vom Männchen ausgeführt. Der Vogel schießt in einem steilen Bogen aufwärts, steht in der Luft still, streckt die Flügel nahezu senkrecht und schüttelt sie 3-4mal sehr schnell, wobei er sie über dem Rücken zusammenklatscht. Danach gleitet er in neuem Steigflug weiter. Der Vogel verliert keine Höhe bei jeder Markierung, sondern steigt aufwärts in einer trapezförmigen Bahn.

Beide Eltern nehmen am Horstbau teil. Der Horst steht stammwärts hoch in einem Baum, oft auf einem Seitenast. Man kann ihn leicht von anderen Greifvogelhorsten durch die vielen verwendeten grünen Zweige unterscheiden. Die bevorzugten Baumarten wechseln örtlich. Pfälzische Horste standen bevorzugt auf Eichen (58%), schleswig-holsteinische auf Buchen (41%) und Eichen (34%).

Das Gelege besteht aus 2 (1-3) Eiern. Sie werden in Abständen von 2 Tagen gelegt. Die Bebrütung beginnt vom

ersten Ei an durch beide Eltern. Die Jungvögel schlüpfen nach 30–35 Tagen Bebrütung. Die Nestlingszeit beträgt 33–45 Tage, das Jungenführen währt weitere rund 14 Tage. Damit sind wir bereits bei Ende Aug./Anfang Sept. angelangt, und der Herbstzug beginnt.
Die Zahl der Paare, die zur Brut schreiten, schwankt gewaltig von Jahr zu Jahr, jedenfalls in Nordeuropa. Denn kalte und/oder nasse Frühsommer produzieren wenig Wespen, was offenbar den Brutdrang des Vogels abbremst. Nach Untersuchungen am Bodensee scheint die Regenmenge der entscheidende Faktor zu sein.
Auch die Jungenproduktion unterliegt großen Schwankungen. In den feuchten Sommern 1965 und 1967 starben in einem Untersuchungsgebiet in der Schweiz sämtliche Jungen. In den »guten Wespenjahren« 1964 und 1968 wurden als Ausgleich 1,5 Junge pro Brutpaar aufgezogen. In Schleswig-Holstein beträgt der Bruterfolg im Schnitt 1,8 Junge, in den Wäldern um Berlin 1,4 Junge.

Nahrung

Spezialist. Lebt in der Hauptsache von Insekten, überwiegend von Wespen, sekundär von Hummeln, wobei er sowohl Larven und Puppen als auch Imagines (erwachsene Tiere) frißt. In unseren Breitengraden kommt diese Nahrung normalerweise in ausreichender Menge von Mitte Juni bis zum Beginn des Herbstzuges vor.
Zu Beginn der Brutzeit muß der Wespenbussard diese Nahrung mit anderer Nahrung ergänzen: verschiedene Insekten, Würmer, Spinnen, Frösche, Reptilien, Vögel (bevorzugt Nestjunge) und Kleinsäuger. Im Spätsommer frißt der Vogel auch Früchte und Beeren. Die Wespen spielen bei der Jungenaufzucht die Hauptrolle. Frösche und Vögel scheinen besonders bei Regenwetter gefangen zu werden.

Jagdtechnik

Wespen- oder Hummelnester werden entweder im Suchflug aus ca. 15 m Höhe oder durch Ansitz etwa von Bäumen aus gefunden. Man vermutet, daß der Wespenbussard die Insekten direkt beim Ein- und Ausfliegen aus dem Nest beobachtet, aber es gibt auch Beobachtungen, die darauf hinweisen, daß er etwa ein Wespennest dadurch findet, daß er seinen Bewohnern über längere Strecken folgt.
Nimmt sowohl freistehende als auch erdbauende Wespen. Diese werden ausgegraben – mit Füßen und dem Schnabel – bis zu einer Tiefe von 40 cm. Dabei kann der Vogel nicht sichern und kann beim Graben so vertieft sein, daß er Gefahren nicht wahrnimmt. Wenn das Erdnest freigelegt ist, reißt er die Waben auf und frißt die Larven und Puppen, zwischendurch die erwachsenen Wespen. Anscheinend sind die Wespen nicht in der Lage, dem Vogel mit Stichen zu schaden, denn besondere anatomische Anpassungen schützen ihn. Die für Wespenstiche leicht zugänglichen Hautpartien zwischen Schnabel und Augen sind durch steife Borstenschuppen bedeckt, und die Nasenöffnungen sind nur ein Schlitz.
Der Wespenbussard kann auch zu Fuß jagen. Bis zu 500 m läuft er so auf der Jagd nach Käfern und Heuschrecken und nimmt, was er findet. Ausnahmsweise fängt er auch Insekten im Fluge.

Der Bestand des Wespenbussards in der Westpaläarktis

Dänemark	800–1000 Paare (1981)[51]	Eventuell Ziffer zu hoch. Rückläufig u. a. wegen verstärktem Nadelwaldanbau?
Schweden	8000 Paare (1981)[9]	Vielleicht rückläufig durch die Einschränkung der Laubwälder zugunsten von Nadelwald. Näheres nicht untersucht.
Norwegen	spärlich (1971)[62]	Markanter Rückgang seit vorigem Jahrhundert.
Finnland	5000 Paare (1985)[110]	Stabil.
UdSSR Estland	? ca. 100 Paare (1976)[11]	In einem Untersuchungsgebiet in Mittelrußland (270 000 km²) wurde der Bestand mit über 4000 Paaren (1971)[1] veranschlagt. Insgesamt stabil bis zunehmend.
Polen	2500 Paare (1984)[80]	Wahrscheinlich stabil.
DDR	600 Paare (1982)[90]	Mecklenburg 120 Paare (1979)[52], Brandenburg 175 Paare (1983)[36]. Die Zahlen sind auffallend niedrig.
Bundesrepublik Deutschland	5500 Paare (1982)[22]	
Niederlande	mindestens 300 Paare (1979)[53]	
Belgien	200–400 Paare (1979)[1]	
Luxemburg	70–90 Paare (1967)[3]	
England	ca. 12 Paare (1976)[47]	Früherer Status unsicher, war wohl nie häufig.
Frankreich	8000–12 000 Paare (1984)[103]	
Schweiz	300–400 Paare (1980)[25]	
Österreich	häufig? (1977)[48]	In bestimmten Alpentälern häufiger als Mäusebussard.
Tschechoslowakei	nicht selten (1977)[43]	
Ungarn	ca. 100 Paare (1977)[40]	Geht dramatisch zurück.
Jugoslawien	spärlich (1982)[19]	Rückgang.
Rumänien	ca. 20 Paare (1977)[42]	
Bulgarien	wahrscheinlich häufig (1960)[3]	
Griechenland	ca. 250 Paare (1983)[84]	Rückgang.
Italien	300–400 Paare (1977)[27]	Im Rückgang.
Spanien	1000 Paare (1977)[27]	
Türkei	100–500 Paare (1979)[1]	

Gleitaar

Elanus caeruleus

Gleitaar mit geschlagener Maus.

Wie aus der Karte ersichtlich, brütet der Gleitaar in der Westpaläarktis nur auf der Iberischen Halbinsel und in Nordafrika. Darüber hinaus lebt er in großen Teilen des übrigen Afrikas (wie in der Westpaläarktis die Nominatrasse) und in großen Teilen Südasiens *(E.c. vociferus)*. Außerdem 4 Inselrassen: auf Sumatra *(E.c. sumatranus)*, auf Java *(E.c. intermedius)*, auf den Philippinen, Celebes und Borneo *(E.c. hypoleucus)* und im östlichen Neuguinea *(E.c. wahgiensis)*.

Zug

Standvogel; Einige Individuen jedoch Strichvögel. In Westeuropa als Irrgast u.a. in den Niederlanden, Belgien, der Bundesrepublik und in Frankreich - auch in den letzten Jahren.

Habitat

Brütet in den Savannen, Steppen, Halbwüsten und Kultursteppe mit Baumgruppen und Einzelbäumen sowie in der Randzone großer Rodungen - in trockenen Gebieten mit Anspruch auf Wasser in der Umgebung.

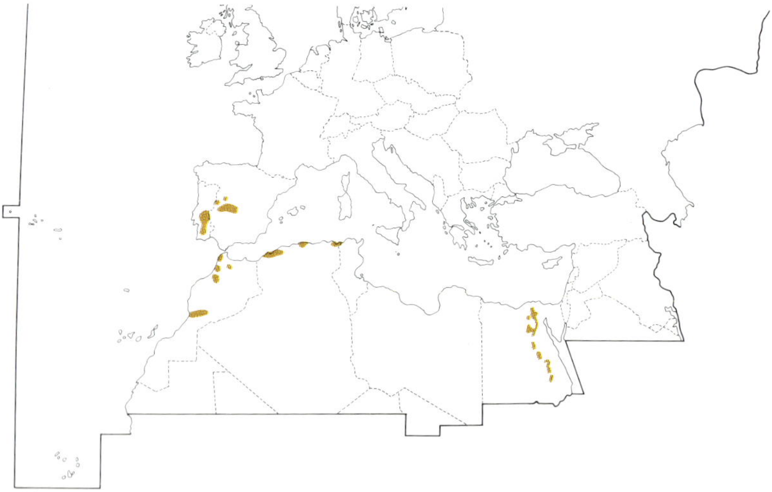

Brutbiologie

Unser Wissen um die Brutbiologie des Gleitaars ist nicht besonders tiefgehend.
Es scheint, als ob die einzelnen Reviere recht unregelmäßig bewohnt werden, in Abhängigkeit vom Vorkommen an Kleinnagern. Den Revierbesitz zeigen die Altvögel durch gemeinsames Kreisen hoch über der Gegend an.
Das Nest wird gern in dornige, flachkronige Bäume in 3-20 m Höhe angebracht. Die Rolle des Männchens besteht meist darin, das Material herbeizuschaffen, während das Weibchen baut. Bereits in dieser Phase der Brutzeit übernimmt das Männchen die Versorgung des Weibchens.
Die Eiablage erfolgt in Spanien/Portugal Ende Feb./Anfang März. Das Gelege hat 3-4 (2-6) Eier. Sie werden mit 2-3 Tagen Intervall gelegt. Die Bebrütung, im wesentlichen vom Weibchen durchgeführt, beginnt mit dem 1. Ei, so daß die Jungen asynchron schlüpfen. Die Bebrütung währt 26 (25-28) Tage, die Nestlingszeit 30-35. Wie lange die Familie zusammenbleibt, ist unbekannt.

Nahrung

Verschiedene kleine Säugetiere, vor allem Nagetiere. Außerdem Kleinvögel, nahezu ausschließlich bodenbewohnende Arten der offenen Landschaften (Lerchen und Pieper), sowie Jungvögel aller Art. Reptilien, überwiegend Eidechsen, spielen auch eine Rolle, während Insekten normalerweise kein wesentlicher Anteil zukommt.

Jagdtechnik

Die Jagd ist ein langsamer Suchflug aus 15-20 Metern Höhe, mit öfterem Rütteln. Bei anderen Gelegenheiten sitzt er auf erhöhten Warten an. In der Dämmerung kann man den Gleitaar auch bei einem nachtschwalbenartigen, tieffliegenden Suchflug beobachten.
Kleine Beute wird oft in der Luft gefressen, während große gerne zu einem Ast oder Felsblock getragen wird.

Gleitaar im Flug.

Der Bestand des Gleitaars in der Westpaläarktis

Spanien	100 Paare (1977)[1] 60 Paare (1981)[2]	Die Schätzungen schwanken. Scheint zuzunehmen, sicherlich aufgrund der (ja ansonsten unzweckmäßigen) Waldrodung.
Portugal	30–50 Paare (1979)[1]	Zunehmend.
Marokko	> 100 Paare (1982)[19]	
Algerien	kleiner Bestand (1979)[1]	
Tunesien	< 10 Paare (1982)[19]	
Ägypten	örtlich häufig (1982)[29]	Rückgang in den nördlichen Landesteilen. Im Süden großer Bestand.

Schwarzmilan im Flug.

Schwarzmilan

Milvus migrans

Verbreitung

Wie aus der Karte hervorgeht, ist die Art in der Westpaläarktis weit verbreitet. Von hier aus erstreckt sich das Brutgebiet ostwärts und bedeckt große Teile Asiens. Ferner brütet der Schwarzmilan in Australien, in Afrika südlich der Sahara sowie in Arabien.

Zwei Rassen gibt es in der Westpaläarktis: die Nominatrasse, die in ganz Europa, Nordafrika und Anatolien lebt, sowie *M. m. aegypticus* im Sinai, auf der Arabischen Halbinsel und in Ostafrika. Sie ist kleiner, heller, rostbrauner und hat stärkere Schwanzgabelung. Darüber hinaus 4 Rassen: in Asien (2), im übrigen Afrika und in Australien.

Bestandsschätzung

Da für große Areale die Zahlen fehlen (siehe Tabelle S. 68), kann eine Gesamtschätzung für die Westpaläarktis nicht vorgenommen werden. Dagegen sind die Verhältnisse in Europa (ohne Sowjetunion) ausgezeichnet bekannt. In diesem Areal beträgt der Bestand gut 37000 Paare. Man beachte, daß allein Spanien davon 25000 beherbergt. Europa zählt jedoch nicht besonders bezogen auf den weltweiten Gesamtbestand. Der Schwarzmilan ist immerhin der häufigste Greifvogel der Welt.

Bestandsentwicklung

Die Entwicklung des Schwarzmilan-Bestandes in der Westpaläarktis nimmt eine Sonderstellung ein. Die riesige Vernichtungskampagne von ca. 1750 bis 1950 führte natürlich wie bei anderen Arten zu einer markanten Ausdünnung des Bestandes. Aber man kann ab ca. 1850, jedenfalls örtlich, auch eine Ausbreitung des Brutgebietes feststellen. Daß eine Art unter solchen Lebensbedingungen expandieren kann, ist bemerkenswert.

Die Expansion hängt mit dem Umstand zusammen, daß der Schwarzmilan eng mit dem Menschen verbunden lebt und nahezu ein Allesfresser ist.

Seit 1950 erfolgte eine eindeutige Wende in der Entwicklung. Der Abschuß nahm im größten Teil Europas zwar merkbar ab, jedoch erlebte man nahezu überall einen deutlichen Rückgang. Selbst wenn es unbewiesen ist, liegt es nahe, daß diese negative Entwicklung mit dem ungehemmten Gebrauch der Umweltgifte in den 50er und 60er Jahren zusammenhängt.

Später wurde zwar deren Anwendung stärker gesteuert. Dies scheint jedoch keine Wende in eine positive Richtung mit sich gebracht zu haben, wie aus der Tabelle hervorgeht. Nur wenige Länder berichten über stabile Populationen.

Heute, wo wir einen Fortschritt erwarten können, gibt es dennoch darüber keine Meldungen. Vielleicht ist die steigende Zahl Schwarzmilane, die wir neuerdings im südlichen Skandinavien als Streifgäste sehen, ein erstes positives Zeichen.

In Schleswig-Holstein erreicht er bei uns seine Nordwestgrenze, wobei der kleine Bestand sich weitgehend auf Ostholstein beschränkt.

Habitat

Brütet normalerweise in Hochwald in unmittelbarer Nähe von Wasser: Seen, Sümpfen, Flüssen und Feuchtgebieten. Die Abhängigkeit von Wasser ist jedoch nicht immer so ausgeprägt, und Brutplätze im Abstand von 8–12 (25) km sind bekannt geworden. Außerhalb der Brutzeit hält sich die Art gerne an Seen und Flüssen auf.

Zug

Die Nominatrasse ist überwiegend Zugvogel, für die meisten ist Afrika südlich der Sahara das Winterquartier, für den Rest auch der Nahe Osten. Einzelne überwintern in Südeuropa. Ausnahmsweise sieht man Schwarzmilane im Winter in Südskandinavien und Mitteleuropa. Vermutlich handelt es sich um geschwächte Vögel, die zum Zug nicht imstande sind. Die ägyptischen Vögel *(M. m. aegypticus)* sind Standvögel.

Bereits ab Ende Juni/Anfang Juli streifen die europäischen Jungvögel weit umher. Der eigentliche Herbstzug beginnt früh – Ende Juli/Aug. – und im September haben im allgemeinen alle Schwarzmilane die Brutplätze verlassen. Der Zug konzentriert sich an den Meeresengen mit max. Zahlen für Gibraltar von ca. 40000 (1972), Bosporus ca. 2700 (1971) und für Borcka ca. 5800 (1976) und läuft bei Gibraltar in der Zeit Anfang Aug. – Anfang Okt. mit Spitze Mitte Aug. – Mitte Sept. ab, gleichzeitig mit dem Zug am Bosporus.

Der Schwarzmilan frißt sehr gerne Fisch.

Überquerung des Mittelmeeres erfolgt zudem auf breiter Front, u.a. über Italien/Malta sowie Zypern. Mit einem veranschlagten Bestand für Europa (minus Sowjetunion) von 37000 Paaren sollte man einen Herbstbestand von ca. 120000 Vögeln annehmen. Von dieser Zahl sind Gibraltar und Bosporus weit entfernt.

Der Frühjahrszug verläuft im Mittelmeerraum im Feb. - Mai und kulminiert Mitte März - Anfang April bei Elat (ca. 27000, 1977) und mit zwei Maxima bei Cap Bon und Gibraltar (bzw. alte und junge Vögel?) Mitte/Ende März und Mitte April/Anfang Mai. Die Schweiz sowie der Bodenseeraum werden frühestens Anfang März erreicht, und die Hauptankunftszeit ist Ende März/Anfang April. In der DDR und Polen sind Märzbeobachtungen selten; hier kommen die Vögel vor allem in der ersten Aprilhälfte an. Im südlichen Rheinland hingegen sind sogar mehrere Nachweise Ende Februar belegt, und die Brutreviere sollen ab Anfang März bezogen werden. In Ostholstein werden die Reviere ab 19. März eingenommen, die spätesten kommen Anfang April heim.

In Südeuropa sieht man den Schwarzmilan oft an Mülldeponien.

Stimme

Ruft viel zur Brutzeit. Rufe ähnlich Rotmilan: ein hohes, wieherndes, weiches Trillern »gih wiwiwi« oder »pie wiwiwi«. Bei Erregung härter rufend, etwa »fifi kikiki«. Einzelrufe »gliüh«, zur Brutzeit auch schmatzende und kekkernde Laute.

Brutbiologie

Brütet wahrscheinlich frühestens im Alter von 3 Jahren. Das Paar trifft sich im Revier wieder und erneuert die Ehe, so daß dieselben Vögel Jahr für Jahr ein Paar bilden. Während des Balzfluges fliegen die Gatten in bogenförmigem Flug mit weichem Flügelschlag nahe beieinander, drehen sich von einer Seite auf die andere und machen gelegentlich Ausfälle gegeneinander.

Meist Einzelbrüter, kann aber in Kolonien brüten (u.a. in der Schweiz). Der Horst steht bevorzugt am Waldrand oder in Einzelbäumen. Außerhalb Europas brütet er häufig in Orten.

Beide Eltern bauen den Horst, der meist in 8-15 m Höhe angelegt wird. Die Horstmulde wird häufig mit Papier, Spielzeug, Plastik u.ä. ausgefüllt.

Die Eiablage erfolgt in der Regel Mitte/Ende April - Anfang Mai. Das Gelege zählt 2-3 (1-4 (5)) Eier, die normalerweise allein vom Weibchen bebrütet werden. Die Bebrütung beginnt mit dem 1. Ei und dauert (26) 28-32 (38) Tage. Die Nestlingszeit beträgt 42-45 (52) Tage und die Zeit der Jungenführung weitere 40-50 Tage.

Die Jungenproduktion ist wetterabhängig. Kräftige Dauerregen in Verbindung mit Kälte töten viele Junge - u.a. da das Wasser in der mit Papier und Plastik ge-

Schwarzmilan, juv.

füllten Horstmulde zentimeterhoch im Nest stehen kann.
Eine schweizer Untersuchung 1958 ergab eine Jahresproduktion pro angefangenem Gelege von 0,71-1,92 (M=1,48). Eine deutsche (n=134) in den Jahren 1952-1967 ergab, daß 64% der Paare ihre Brut durchzogen. Das Ergebnis waren 1,23 Junge pro Gelege.

Nahrung

Nahezu allesfressend, aber am liebsten Fisch. Das Artenspektrum ist hierbei groß und variiert je nach Angebot: verschiedene Karpfenfische, wie Plötze und Schleie, Karausche und Rotfeder, sowie Barsche und Hechte.
Im großen Umfang werden auch Vögel genommen, meist als Fallwild oder anderen Greifvögeln abgejagt. Selbst fängt der Schwarzmilan überwiegend Jungvögel, z.B. von Lerchen, Krähen, Hühnervögeln, Möwen, Watvögeln, Enten und Bläßhühnern.
In trockeneren Gebieten kommen auch Feldmäuse, Hamster, Ziesel, junge Hasen und Kaninchen hinzu. Örtlich können Lurche und Kriechtiere eine Rolle spielen. Insekten, Regenwürmer und Schnecken werden regelmäßig genommen. Frißt darüber hinaus jegliches Aas und nimmt häufig Haushaltsabfälle z.B. auf Müllabladeplätzen.
Untersuchungen in verschiedenen Gegenden Europas zeigen die große Spannweite. Berlin (seenreich): 102 Fische, 16 Säuger, 22 Vögel und 1 Frosch. Frankreich (Lorraine): 734 Fische (überwiegend verschiedene Karpfenartige), 651 Säuger (überwiegend Maulwürfe und Feldmäuse), 265 Vögel (87% Jungvögel, am häufigsten Star), 95 Lurche und Kriechtiere und 737 Wirbellose (meist Käfer). Westdeutschland (Trokkengebiet): 247 Säuger, 170 Vögel, 4 Fische, 2 Lurche plus viele Insekten.

Jagdtechnik

Überwiegend flaches Segelfliegen über offenem Gelände (in 10-60 m Höhe). Geht auch zu Fuß auf z.B. Käferjagd. Kann Insekten im Flug fangen.

Der Bestand des Schwarzmilans in der Westpaläarktis

Schweden	ca. 5 Paare (1981)[9]	In Norbotten. Entwicklung des Bestandes unbekannt.
Finnland	10 Paare (1985)[110]	Rund 20 Paare in den 50er Jahren.
Bundesrepublik Deutschland	650–1000 Paare (1982)[22]	
DDR	700 Paare (1982)[90]	1940–1979 Rückgang von über 50% in Brandenburg. Der Bestand wurde auf 200–220 Paare geschätzt (1969/70)[36]. Mecklenburg: ca. 240 Paare (1974)[52].
Polen	400–450 Paare (1984)[80]	Anscheinend im Rückgang, Ursache unbekannt.
UdSSR Estland	? 20–30 Paare (1976)[11]	In einem 270000 km² großen Untersuchungsgebiet 6500 bis 9000 Paare (1970)[1]. Wahrscheinlich stetige Abnahme durch Massentourismus an Brut- und Nahrungsplätzen.
Frankreich	800–8000 Paare (1984)[103]	Der Bestand wuchs in diesem Jahrhundert an. Nun stabil.
Belgien	mindestens 2 Paare (1982)[54]	Wandert ein.
Schweiz	1250 Paare (1969)[25]	Das beste mitteleuropäische Gebiet der Art. Kräftige Steigerung des Bestandes ab ca. 1850, jetzt abgelöst durch leichten Rückgang.
Österreich	gut 20 Paare (1977)[48]	Markanter Rückgang in den letzten 100 Jahren.
Tschechoslowakei	20–50 Paare (1977)[43]	Rückgang in den letzten Jahrzehnten.
Ungarn	< 50 Paare (1977)[40]	Kräftige Abnahme.
Jugoslawien	spärlich (1968)[3]	Geht gewaltig zurück.
Rumänien	120–150 Paare (1977)[42]	Gewaltiger Rückgang. Früher der zahlreichste Greifvogel des Landes. Konnte in Trupps von 50–60 Vögeln zu Beginn des Jahrhunderts gesehen werden.
Bulgarien	spärlich? (1971)[3]	
Griechenland	ca. 70 Paare (1983)[84]	Wahrscheinlich im Rückgang.

Italien	> 1000 Paare (1977)[27]	Der Bestand seit 1945 halbiert (Abschuß, vergiftete Beute).
Spanien	25000 Paare (1977)[27]	Stabil oder vielleicht schwacher Rückgang (Abschuß, Horstplünderung).
Portugal	häufig (1979)[50]	Wahrscheinlich abnehmend.
Türkei	100–999 Paare (1979)[1]	Gewaltiger Rückgang. In den 30er Jahren allein ca. 500 Paare in Istanbul. Jetzt (1977) 10 Paare.
Syrien	ausgerottet? (1979)[1]	Noch 1968 nicht selten.
Israel	nur wenige Paare? (1971)[1]	Bestand vernichtet durch Thalliumsulfat.
Ägypten	ca. 200 Paare (1982)[19]	
Tunesien	> 200 Paare (1982)[19]	
Algerien	?	
Marokko	> 1000 Paare (1982)[19]	
Kapverdische Inseln	häufig [94, 97]	Zunahme auf Kosten des Rotmilans (1981)[94]. Neu oder wieder eingewandert[97].

Juv. von Rotmilan (rechts) und Schwarzmilan (links) zusammen am ausgelegten Luder.

Rotmilan

Milvus milvus

Der Rotmilan hat ein bemerkenswert kleines Brutareal. Im großen ganzen ist er eine europäische Art. Wie aus der Karte ersichtlich, brütet er heute außerhalb Europas nur spärlich in Nordafrika und auf den atlantischen Inseln. Der Bestand auf den Kapverden bildet eine besondere Rasse: *M.m. fasciicauda*. Manchmal als Art angesehen.

Bestandsschätzung

Der Gesamtbestand zählt nach den angegebenen Zahlen (siehe Tabelle S.75) etwa 7500–18000 Brutpaare. Die große Abweichung zwischen Minimum- und Maximumwert stammt nahezu ausschließlich aus der starken Uneinigkeit über die Größe des spanischen Bestandes. Die Tabelle zeigt klar, daß der Rotmilan seine Bestandsschwerpunkte in Frankreich, Deutschland und wahrscheinlich auch in Spanien hat.

Bestandsentwicklung

Im gesamten Verbreitungsgebiet ist der Rotmilan einer gewaltigen Abnahme in den letzten 300–400 Jahren ausgesetzt gewesen: zuerst als Folge besserer hygienischer Verhältnisse (=geringerer Nahrungsanfall), später, während der großen Ausrottungskampagne im 19. und der ersten Hälfte des 20. Jahrhunderts, durch Abschuß und Horstplünderung.

Die Art hat als Folge ungünstiger Lebensbedingungen eine Reihe Vorposten sowohl im Norden als auch im Süden aufgegeben – etwa Norwegen, Estland,

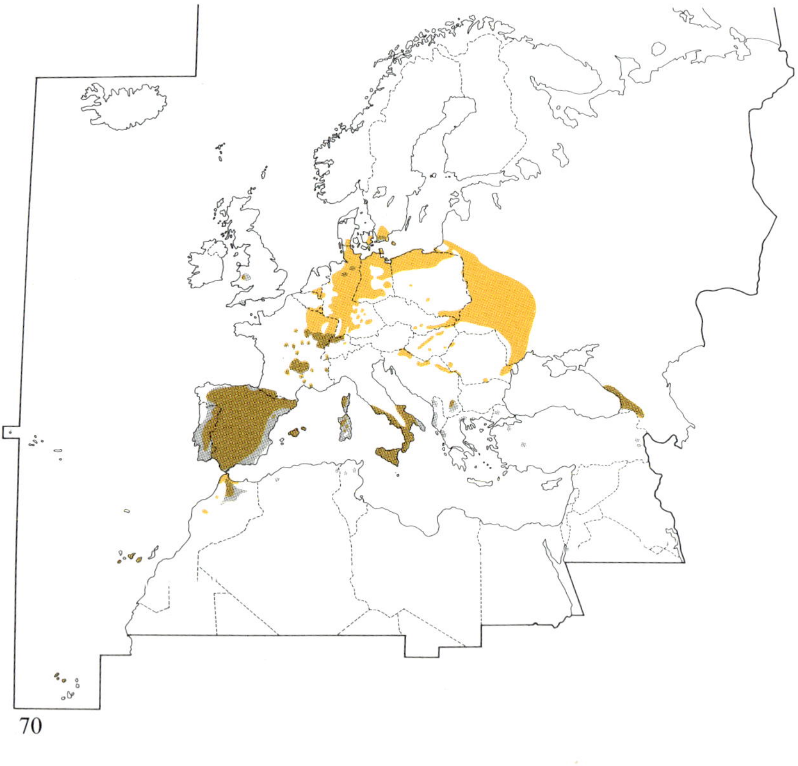

Juv. des Rotmilans.

große Teile des Balkans, den gesamten Nahen Osten und Algerien.

Das ohnehin kleine Verbreitungsgebiet ist somit auch in den letzten 2-3 Jahrzehnten wesentlich geschrumpft.

Der Rotmilan ist jedoch robust genug, um in der modernen Gesellschaft sich durchzusetzen. Das sahen wir z. B. während des 2. Weltkrieges, als der Vogel vorher verlorenes Terrain zurückgewann, weil die Verfolger an anderes als die »Wildpflege« zu denken hatten. Und wir erleben es wiederum im nördlichen Teil des Verbreitungsgebiets,

nachdem die Greifvogeljagd in großen Teilen Westeuropas Ende der 60er und Anfang der 70er Jahre verboten wurde. Der Bestand wuchs. In Gegenden, in denen er vorher ausgerottet worden war, gelang die Wiederbesiedelung. Mitgewirkt haben dabei die Einschränkungen des Pestizidgebrauchs.
Während in einigen Ländern dadurch die Entwicklung positiv verläuft (siehe Tabelle S. 75), ist sie leider in anderen negativ. Dies gilt für viele ost- und südeuropäische Länder. In diesen spielt die illegale Jagd eine bedeutende Rolle. Im Allgemeinen haben die Länder, in denen die Entwicklung negativ ist, nicht im selben Ausmaß Steuerung und Beschränkung der Anwendung von Giften eingeführt, wie es der Fall in Nord- und Westeuropa ist.

Habitat

Der Rotmilan bevorzugt eine abwechslungsreiche, hügelige Landschaft mit Wald, Feldern, Seen und Wasserläufen. Doch ist er weniger als der Schwarzmilan an seenreiche Gegenden gebunden. Der Rotmilan brütet auch in trockeneren, hügeligen oder bergigen Gegenden.
Das bevorzugte Jagdgelände der Art ist die Kultursteppe, der fischreiche See und die Müllabladeplätze und - besonders charakteristisch zur Winterszeit - die großen Straßen auf der Suche nach Fallwild.

Zug

Während die südeuropäischen Populationen Standvögel sind, gilt für die nordeuropäischen allgemein, daß sie als Zugvögel Winterquartiere in den europäischen Mittelmeerländern beziehen, zusätzlich in gewissem Grad auch in Nordafrika und der Türkei.
Doch hat in den letzten 25 Jahren eine Entwicklung (in Schweden, Deutschland, der Schweiz und Frankreich) eingesetzt, bei der ein bestimmter Teil des Bestandes im oder nahe des Brutgebietes überwintert - wie es immer der Fall bei der kleinen britischen Population war.
Diese neue Tendenz rührt möglicherweise her von den durchschnittlich milderen Wintern der letzten Jahrzehnte sowie vielleicht auf einem besseren Ausnutzen zugänglicher Nahrungsquellen. In Schweden hängt es jedoch klar zusammen mit dem ständigen Auslegen von Fleisch als Winterfütterung.
Deutsche und schweizer Vögel ziehen im Herbst hauptsächlich nach Südwest ab in ihre südwesteuropäischen und italienischen Winterquartiere. Der Wegzug erfolgt ab Ende Aug. mit Höhepunkt Ende Sept. (in Ostholstein) bzw. im Okt./Nov. (in Mecklenburg); von Mitte Juli bis Mitte Okt. mit Höhepunkten im Aug./Sept. (in Brandenburg) bzw. 2. Augusthälfte, Höhepunkt Sept. und dauert bis Mitte Nov. (im Rheinland). Dieses sehr zögernde Ziehen scheint nicht zuletzt dadurch zu entstehen, daß die Jungvögel vor den Altvögeln aufbrechen und die Altvögel wahrscheinlich wetterabhängig folgen.
Über Gibraltar ziehen nur wenige aus, meistens im Okt. - Nov. und jährlich höchstens 60-100 Vögel.
Der Heimzug aus dem Winterquartier im Frühjahr beginnt Ende Februar. Die Ankunft an den mitteleuropäischen Brutplätzen erfolgt in der Zeit März - Anfang April.

Stimme

Ist ziemlich still. Die Stimme hört man fast nur in Horstnähe oder außerhalb der Brutzeit morgens und abends an den Sammelplätzen. Besteht aus zwei Grundmotiven: 1) mäusebussardähnlich miauende und scharfe »hi-hiae«-Schreie und 2) schnell vorgetragene, flötende oder wimmernde Rufe ähnlich Schwarzmilan.

Brutbiologie

Im Alter von zwei oder drei Jahren brütet der Vogel erstmals. In Standvogel-Populationen, bei denen das Paar sich das ganze Jahr über am Brutplatz aufhält, scheinen die Gatten häufiger dauerhafte Beziehungen einzugehen als in Populationen, die wegziehen.

Zu Beginn der Brutzeit (März/April) kann man die Vögel beim Balzflug über den Brutplätzen sehen, oft in großer Höhe kreisend oder beim Flugspiel, wobei sie einander verfolgen oder sich mit den Fängen gegenseitig greifen.

Einige Paare verwenden denselben Horst alljährlich, während andere neu bauen oder von Mäusebussarden oder Krähen übernommene Horste ausbessern. Meist ist der Horst hoch plaziert (18–28 m). Beliebte Horstbäume sind Eiche, Buche und Kiefer. Typisch sind Papier, Plastik, Spielzeug o.ä. in der

Rotmilan (links) und Schwarzmilan (rechts), beide juv.

Horstmulde. Beide Eltern bauen, wobei dem Männchen hauptsächlich das Herbeibringen des Baumaterials zufällt, welches das Weibchen einbaut.
In Mitteleuropa werden die Eier frühestens Ende März, in der Regel im April bis Anfang Mai gelegt. Die Gelegestärke ist 2-3 (1-4 (5)) Eier, der Legeabstand beträgt (2) 3 (4) Tage. Die Bebrütung beginnt mit dem 1. Ei, so daß das Schlüpfen der Jungvögel zeitungleich verläuft.
Die Bebrütungszeit beträgt 31-32 Tage je Ei und nimmt bei dem typischen 3er-Gelege 38 Tage ein. Normalerweise brütet das Weibchen allein, kann aber für kurze Zeit vom Männchen abgelöst werden.
Das Männchen versorgt zur Bebrütungszeit und in den ersten 14 Lebenstagen der Jungen sowohl das Weibchen als auch die Jungen mit Nahrung.
Im Alter von 48-50 Tagen - in einigen Fällen erst nach 60 (70) Tagen - sind die Jungen flugfähig. Die Länge der Nestlingszeit scheint von der Verfügbarkeit von Nahrung und gleichzeitig von der Anzahl der Störungen am Horstplatz abzuhängen. Die Jungen scheinen rund 4 weitere Wochen von den Eltern geführt zu werden.
Über die Jungenproduktion gibt es zahlreiche Untersuchungen. In Schleswig-Holstein lag sie 1974/75 (n = 51) bei 1,7 Jungen/Paar, im Rheinland (n = 14) bei 2,2, in Brandenburg (n = 24) bei 2, auf der Schwäbischen Alb 1960-1969 (n = 109) bei 1,65. In Wales ist die Jungenproduktion sehr niedrig: 0,66; dieser Wert scheint mit der schwierigen Nahrungsbeschaffung im dortigen regenreichen Klima zusammenzuhängen.
Es ist interessant, daß der Bestand in Wales mit seiner niedrigen Jungenproduktion sich in 30 Jahren verdreifachen konnte. Aber das hat selbstverständlich mit der Überlebensmöglichkeit des einzelnen Individuums zu tun.

Bastardbildung

Es sind zwei Fälle bekannt, in denen Rotmilan und Schwarzmilan Mischehen eingingen: in der Oberlausitz 1960 und in Südschweden 1976-1981. In Schleswig-Holstein kam es an drei Rotmilanhorsten zur Beteiligung je eines Schwarzmilans an der Fütterung (1968, 1973, 1978), bei zweien anscheinend nach Verlust eines Elternteils.

Nahrung

Die Nahrung der Rotmilane ist sehr vielseitig, und die Beuteliste des einzelnen Vogels ist von den örtlichen Möglichkeiten abhängig.
Verschiedene Beutelisten zeigen auf, daß der Vogelanteil zwischen 22 und 82% schwankt, der der Säugetiere zwischen 13 und 68% und der der Fische zwischen 4 und 42%. Der höhere Fischanteil scheint jedoch eine Ausnahme zu sein. Der Rotmilan ist nicht im gleichen Maße Fischesser wie der Schwarzmilan.
Im Hakel bei Aschersleben/Anhalt, wo es keinen Fisch gab, ergab eine 10jährige Untersuchung an 427 Rotmilanhorsten 948 Reste von Säugern, 400 von Vögeln und Insektenreste.
Von den Säugern waren über 75% Kleinnager verschiedener Arten. 180 überwiegend junge Hasen waren ebenfalls dabei. Wie viele von ihnen der Rotmilan selbst gefangen hat, kann nicht gesagt werden. Die Art nimmt sehr gerne Aas auf.
Bei den Vögeln dominierten Haushühner (109 Stück). Viele von ihnen sind ohne Zweifel tot von Misthaufen aufgelesen worden. Aber der Rotmilan schlägt auch lebende Hühner, vorzugsweise Küken. Größere Partien waren dann Stare (46), Rebhühner (36), Haus- und Wildtauben (33), Feldlerchen (31), Spatzen (14) und Elstern (7). Andere Untersuchungen ergaben auch Nebelkrähen, Eichelhäher und Kiebitze als häufige Beute.

Der Verfasser dieser Untersuchung (Wuttky in Glutz) hat die ermittelten Beutezahlen dankenswerterweise den Jagdstrecken und dem Haushuhnbestand derselben Gegend gegenübergestellt. Danach wurden jährlich 5000-12000 Hasen in einem einzigen der 5 an den Hakel grenzenden Kreise in 3 Jahren erlegt, 1862 Krähen und Elstern, 156 wildernde Hunde und 461 streunende Katzen. In den 5 Kreisen hielt man fast 900000 Hühner ... Damit sind die Relationen sichtbar, die zwischen einer Greifvogelpopulation und menschlichen Eingriffen bzw. Haustierhaltungen bestehen. Jeder Einsichtige weiß, daß er die Eingriffe der Greifvögel vernachlässigen kann.
Der Rotmilan ist fähig, anderen Greifvögeln - wie Wanderfalke, Habicht und Seeadler - die Beute abzujagen. Geht gerne an ausgelegte Schlachtabfälle.

Rotmilan mit geschlagenem Eichelhäher.

Jagdtechnik

Jagt in charakteristischer Milanweise, meist in tiefem Suchflug (6-60 m) über offenem Land oder Wasser.
Obwohl der Rotmilan im Fluge nicht schnell wirkt, so kann er doch Lachmöwen und Krähen, die ihm zu nahe rücken, schlagen. Er kann auch Insekten im Fluge fangen. Im allgemeinen fängt er jedoch wirbellose Kleintiere, Amphibien und Reptilien beim Umherwandern am Boden.

Der Bestand des Rotmilans in der Westpaläarktis

Schweden	> 80 Paare (1982)[20]	Der Bestand in 10 Jahren verdoppelt. Die Zunahme verdankt man der Winterfütterung, vermindertem Jagddruck und der durch Restriktionen in der Anwendung von Pestiziden verbesserten Umwelt.
Dänemark	ca. 10 Paare (1982)[21]	1927 ausgerottet. Mehrere Brutversuche seitdem. Scheint nun endlich wieder Fuß gefaßt zu haben.
Bundesrepublik Deutschland	ca. 2000 Paare (1980-81)[22]	Bestand nimmt zu.
DDR	ca. 1300 Paare (1980)[23]	Wahrscheinlich zunehmend.
Polen	300 Paare (1984)[80]	Zunehmend.

UdSSR Lettland	selten (1983)[6] wenige (1983)[34]	
Großbritannien (Wales)	46 Paare (1981)[24]	Der Bestand wuchs von ca. 15 über ca. 30 zu Beginn der 70er auf 46 Paare. Den Zugang verdankt man geringerem Jagddruck und größerem Nahrungsangebot.
Belgien	2-5 (1979)[1]	
Niederlande	brütet unregelmäßig (1979)[1]	
Luxemburg	12 Paare (1981)[105]	
Frankreich	2300-2900 Paare (1984)[103]	Nach einer langen Periode des Rückgangs entwickelt sich nun der Bestand positiv.
Schweiz	150 Paare (1979)[25]	Zunahme. 1969 waren es nur 90 Paare.
Tschechoslowakei	20-30 Paare (1980)[23]	Rückgang.
Ungarn	2-3 Paare (1980)[23]	Rückgang.
Rumänien	ca. 10 Paare (1977)[42]	
Jugoslawien	nur wenige Paare (1974)[3]	Rückgang.
Italien	300-400 (1975)[26]	Rückgang. 80-90 Paare auf Sizilien (1982)[19].
Spanien	10000 Paare (1975)[27] 3000 Paare (1979)[1] < 1000 Paare (1980)[23]	Starke Uneinigkeit über die Bestandsgröße. Scheint rückläufig.
Portugal	? Paare (1979)[1]	Rückgang.
Tunesien	nur wenige Paare (1982)[19]	Bedroht.
Marokko	10-100 Paare (1982)[19]	
Kanarische Inseln	? Paare (1979)[1]	Rückgang.
Kapverdische Inseln	ausgestorben (1982)?[97]	Starke Konkurrenz durch Schwarzmilan[94].

Seeadler

Haliaeetus albicilla

Verbreitung

Die Verbreitung in der Westpaläarktis geht aus der Karte hervor. Darüber hinaus erstreckt sich das Brutgebiet ostwärts in einem breiten Gürtel bis an den Stillen Ozean. Die nördliche Verbreitungsgrenze folgt im allgemeinen der der Waldtundra – die südliche in der Hauptsache dem Übergang von der Gras- zur Buschsteppe. Brütet auch in der Nearktis (Grönland). Einige Forscher halten diese Population für eine eigene Rasse *(H. a. groenlandicus).*

Bestandsschätzung
Gesamtbestand: 1350–1450 Paare. Die Art hat innerhalb der Westpaläarktis einige deutliche Bestandsschwerpunkte: Norwegen mit ca. 35% aller Paare, den Ostseeraum mit ca. 23% und das Wolgadelta mit ca. 16% - zusammengenommen ca. 74% für diese drei Gebiete. Das große südosteuropäische Gebiet samt der Türkei ist demgegenüber nur schwach besetzt, mit im ganzen nur ca. 4% der Brutpaare.

Bestandsentwicklung
Noch so spät wie im vorigen Jahrhundert war der Seeadler in den meisten Teilen Europas heimisch. Aber er wurde in vielen Landstrichen mittels Jagd, Giftauslegen und durchgreifenden Veränderungen an den Brutplätzen ausgerottet, u.a. durch eine Intensivierung des Holzeinschlags.
In der Mitte dieses Jahrhunderts kam eine menschengeschaffene Bedrohung dazu, Umweltgifte, heute die wesent-

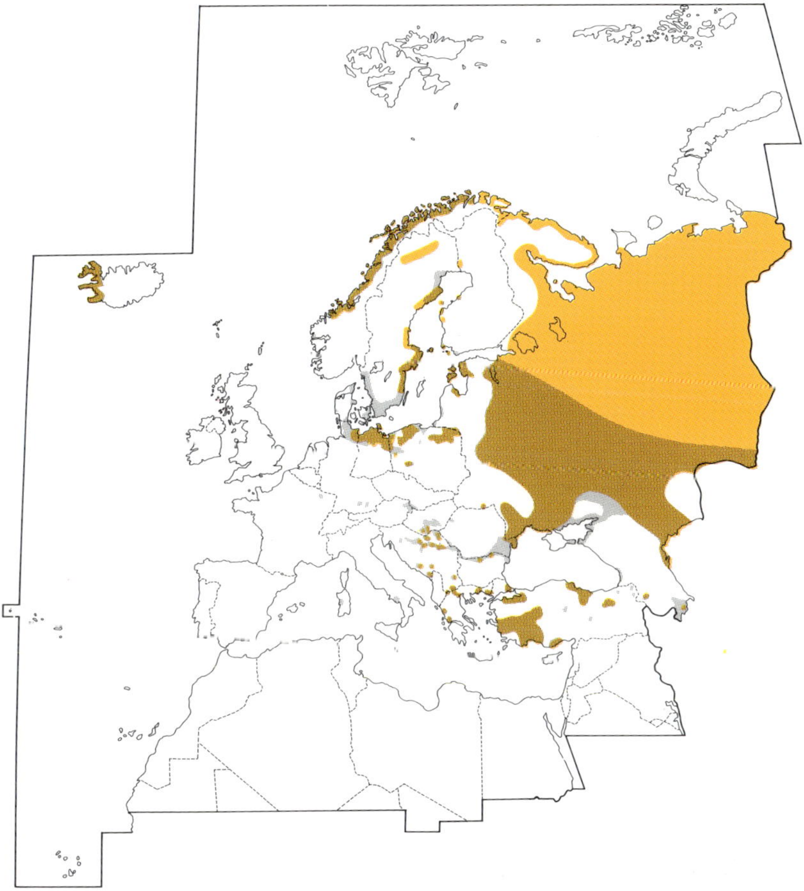

lichste Ursache dafür, daß die Art in vielen Gegenden Europas fortgesetzt bedroht ist. Somit steht der südosteuropäische Bestand wahrscheinlich ebenfalls vor der Ausrottung. In diesen Gegenden ist in den letzten wenigen Jahrzehnten mehr als eine Halbierung des Bestandes erfolgt. In anderen Gebieten ist die Art ausgerottet, wie beispielsweise in mehreren Mittelmeerländern.

Heute ist der Seeadler, großzügig gesagt, überall wo er brütet geschützt; aber besonders in Osteuropa wird er fortgesetzt illegal geschossen und fällt dem Gift bei der Bekämpfung sogenannter Schadtiere zum Opfer.

Größere Aufmerksamkeit sowohl national als auch international haben in den letzten Jahrzehnten die Lebensbedingungen des Ostseebestandes erhalten. Der hohe Gehalt der Ostsee an Schwermetallen und an DDT und PCB erbrachte seit den 50er Jahren eine schwierige Situation für den Seeadler. An der Spitze der Nahrungskette plaziert, kumulieren die Adler die Umweltgifte in sich mit dem Ergebnis, daß u.a. die Jungenproduktion für einige Jahre bis zum Nullpunkt sank. In Finnland brachte so die recht große Seeadlerpopulation 1966 nicht ein einziges Junges hoch.

Dieser Zustand setzte Schutzmaßnahmen in Gang. Sowohl Schweden als auch Finnland setzten Projekte zum Schutz des Seeadlers ein. Man veranstaltete u.a. Winterfütterungen mit giftfreiem Fleisch mit dem Ziel, die Vögel zu »entgiften«, so daß sie wieder fortpflanzungstüchtig wurden. Die größte Bedeutung scheint diese Winterfütterung dadurch erreicht zu haben, daß mehr Jungvögel als sonst die ersten gefährlichen Lebensjahre überlebt haben und, nachdem sie geschlechtsreif wurden, weit weniger giftbelastet sind als sie es sonst gewesen wären.

In Schweden hat man dadurch in den allerletzten Jahren junge Vögel in neugeschaffenen Paaren an verlassenen Brutplätzen gesehen. Diese Fütterung sowie andere Maßnahmen, ohne Zweifel z.B. auch das Verbot mehrerer Umweltgifte, haben so in Schweden und Finnland zu einer langsamen Steigerung der Jungenproduktion geführt. Diese ist jedoch weit von dem entfernt, was zum Überleben des Bestandes auf längere Sicht notwendig ist.

In mehreren Ländern, so in Schleswig-Holstein, in Mecklenburg und Brandenburg, versucht man auch, die Brutplätze durch Dauerüberwachung, einer Schutzzone um die Horste herum (300 m vom 1.2. bis 31.7.), durch Verhindern von Baumfällungen, durch Ankauf von Gebieten um den Horst herum oder durch Ausgleichszahlungen für nicht geschlagenes Holz zu schützen. Welch unvorstellbare Mengen an Seeadlern in früheren Jahrhunderten in Schleswig-Holstein vernichtet wurden, geht aus amtlichen Statistiken hervor: von 1738–1848 wurden 4393 Seeadler erlegt bzw. »tot gefunden«, und noch 1874–1905 schaffte es der Gutsförster vom Westensee, 96 Seeadler zu erlegen.

In Großbritannien hat man seit 1968 Junge norwegischer Eltern ausgesetzt, um die Art als Brutvogel wieder anzusiedeln. Ein Einsatz, der seit 1983 zu mehreren mißglückten Brutversuchen führte und 1985 zur ersten erfolgreichen Brut.

Nur in drei Ländern ist z.Zt. die Entwicklung des Seeadlerbestandes positiv oder teilweise positiv: in Polen, Norwegen und Island. Die Bestände sind stabil oder (örtlich) noch in schwacher Zunahme begriffen. Dies verdanken wir der Tatsache, daß Umweltgifte in weit geringerem Umfang als in den anderen Ländern die Umgebung der Seeadlergebiete beeinflußt haben. Die Erklärung für Polen liegt darin, daß der See-

Seeadler, ad. streicht von Rastklippe ab.

adlerbestand, der zunimmt, im Binnenland liegt, wo die Giftbelastung deutlich geringer ist als im Ostseegebiet - eine Situation, die in Schweden ihre Parallele in Lappland findet.
In den übrigen Ländern sieht es mehr oder weniger ernst aus. Aber es gibt von Land zu Land deutliche Unterschiede. Finnland und Schweden haben einen großen Beitrag zur Verbesserung der Verhältnisse geleistet, und es sieht so aus, als ob hier das schwerste überstanden ist. Andere Länder arbeiten ebenfalls ernsthaft daran, das Überleben der Art zu sichern. Wie gesagt, sieht es in Südosteuropa schlimm aus. Hier ist das Verständnis der Bevölkerung für Schutzmaßnahmen allgemein geringer als bei uns. Zusammen mit den schlechten Umweltverhältnissen macht es die Situation in diesen Gebieten besonders kritisch.
Zusammenfassend kann man sagen, daß der Seeadler als Art zur Zeit nicht vom Aussterben bedroht ist, aber örtlich wird man in den kommenden Jahren weiterhin noch einen Rückgang erleben.

Zug

Die bruttüchtigen Seeadler sind in Europa fast ausschließlich Standvögel. Nur die nordrussischen verlassen das Brutgebiet zur Winterzeit. Die Vögel können jedoch etwas umherstreifen. Dadurch sieht man z. B. ab und zu alte Vögel in Dänemark und Südschweden.
Die jungen Vögel ziehen mehr umher und können nahezu als Zugvögel betrachtet werden. Skandinavische Jungvögel können in einzelnen Fällen so weit südwärts wie bis zum Balkan, Italien, Frankreich und Spanien gelangen. Der Zug richtet sich jedoch mehr nach dem Vorkommen der Wasservögel zur Winterzeit, was eigentlich richtungsbestimmend ist.

Seeadler, ad. am ausgelegten Luder, von Nebelkrähen umgeben.

Dänemark wird vorzugsweise in der Zeit Okt./Nov. - März/April besucht. Es sind besonders die Gegenden östlich des Großen Belt, die vom Herbstzug berührt werden, der oft die skandinavischen Jungvögel bis nach Mittel- und Westeuropa führt. Doch wird in Dänemark auch überwintert. Vor allem in strengen Wintern sieht man sie in einer Anzahl von 5-10 pro Winter. Früher waren die schleswig-holsteinischen Küsten beliebte Winterquartiere, wovon noch heute bestimmte Ortsnamen zeugen. In den letzten Jahrzehnten ist die Zahl der Winterbeobachtungen äußerst gering gewesen.

Habitat

Der Seeadler bewohnt den riesigen Raum von den nördlichen Tundragebieten bis zu den gemäßigten Steppengebieten, sporadisch auch die Subtropen. In seinem nordwestlichen Brutgebiet - in Island, Fennoskandinavien, abgesehen von Lappland, und in den übrigen Ostseeländern (sowie auch auf Grönland) - ist die Art überwiegend Küstenvogel, während sie in großen Teilen des übrigen Verbreitungsgebietes an großen Seen und Flüssen lebt.

Die an der Küste brütenden Paare errichten den Horst meistens in der Nähe der bevorzugten Nahrungsgebiete. Binnenlandpaare hingegen können die Horste 10 km oder mehr davon entfernt haben.

Im Hinblick auf die Horstplatzwahl ist der Vogel sehr flexibel. Er baut ihn entweder in einem großen Baum, auf eine Klippe oder sogar auf die Erde, je nach den Möglichkeiten der Gegend.

Stimme

Hört man oft zur Brutzeit. Besteht aus kräftigen, rauhen Schreien, die des Weibchens sind deutlich tiefer als die des Männchens, als Kontaktruf gern in Serien von 15-30, oft in steigender Geschwindigkeit und Tonhöhe: »krick-rick-rick-rick« - bei Störungen am Nest z. B. »kli-kli-kli---«.

Seeadler, ad.

Brutbiologie

Etwa im Alter von 5 Jahren ist der Seeadler ausgefärbt und damit geschlechtsreif geworden. Man kann jüngere Adler beim Horstbau oder als Ehepartner anderer sehen, aber solche Vorgänge führen anscheinend nicht zur Jungenproduktion.

Die Seeadler halten sich im oder in der Nähe des Reviers das ganze Jahr über auf. Am auffallendsten aber wird die Verbundenheit im zeitigen Frühjahr. Dann sieht man die Vögel beim reviermarkierenden Flug und im Balzflug hoch über dem Revier. Hierbei fliegen die Ehegatten oft dicht zusammen, in max. 200 m Höhe, und vollführen ver-

schiedene Zeremonien mit Sturzflug und gegenseitigen Ausfällen.
Untersuchungen in der DDR zeigen, daß die Mehrzahl der Seeadler ihre Horste max. 3 km von ihren wichtigsten Nahrungsgebieten anlegen. Ca. 10% plazieren sich jedoch in einem Abstand von 6-11 km. Der charakteristische Standort in über 80% war der Waldrand - mit direktem Zugang zu offenem Land oder Wasser. Die Horstbäume waren in der Regel über 100 Jahre alt. Bevorzugter Horstbaum war die Kiefer (zwei Drittel), gefolgt von der Buche.
In Norwegen trifft man den Seeadler oft auf kleinen Schären oder auf großen Inseln brütend an - viel weniger zahlreich an der Festlandküste. In von Menschen unbewohnten Gebieten kann der Horst leicht zugänglich sein. Wo Menschen regelmäßig vorkommen, wird der Horst etwa in 50% der Fälle ganz unzugänglich in steilen Felsenhängen angebracht. In Schleswig-Holstein betrug die Entfernung von 20 Horstbäumen zum Wasser durchschnittlich 1,4 km. Alle 63 untersuchten Horste von 1967-1979 standen auf 110-140 Jahren alten Buchen.
Die Eiablage erfolgt in Schleswig-Holstein im ersten Märzdrittel, in Skandinavien im März/April. Die Gelegestärke liegt normalerweise bei 1-3 Eiern. Norwegische Untersuchungen ergaben an 57 Gelegen 40 Gelege mit 2 Eiern, 12 mit 3 Eiern und 5 mit nur 1 Ei; in Schleswig-Holstein enthielten 23 Gelege 15mal 2, 7mal 1 und 1mal 3 Eier. Durchschnittlich waren das 2,1 bzw. 1,7 pro Gelege.

Ein grönländischer Seeadler bringt eine Forelle zum Horst. F. Wille hatte dort die Aufgabe festzustellen, welche Beute und welche Anzahl Beutetiere der Seeadler nimmt.

Die Eier werden im Abstand von 2 bis 5 Tagen gelegt, und da das Weibchen die Bebrütung mit dem 1. Ei beginnt, schlüpfen die Jungen nicht zur selben Zeit. Die Bebrütung dauert 34 bis 42 Tage (im Durchschnitt 38 Tage). Beide Eltern brüten – das Weibchen aber am meisten, im Schnitt ca. drei Viertel der Zeit.
Während der ersten zwei Lebenswochen bleibt immer ein Elternvogel bei den Jungen auf dem Horst – ganz überwiegend das Weibchen. Im Alter von 4 Wochen können die Jungen für längere Zeit sich selbst überlassen werden, während der beide Eltern jagen. Im Alter von rund 70 Tagen sind die Jungen flugfähig, aber noch weitere 10–20 Tage ist der Horst für sie Zentrum. Nach dem Abzug dauert es bis zu 6 Monate, bis die Jungvögel selbständig sind.
Wie oben ausgeführt, ist die Jungenproduktion in den meisten Gebieten zu klein für ein Überleben des Bestandes auf längere Sicht. Ein von Umweltgiften anscheinend recht unbelasteter Bestand wie der norwegische produzierte 1956–1960 1,2 juv. pro Paar im Jahr. In Schleswig-Holstein betrug von 1949 bis 1980 der Bruterfolg (n = 155) 0,5; erst 1979/80 lag er erstmals (n = 7) bei 1,3. Für 1982 sind folgende Zahlen bekannt: Polen 0,78, Estland 0,46, Finnland 0,49 und Schweden 0,52. Man hat errechnet, daß 0,70 Junge/Paar für die Bestandserhaltung notwendig sind. Vielleicht ist die Zahl etwas zu hoch, da heutige Winterfütterung das Überleben der Jungvögel verbessert und der Jagddruck nachgelassen hat. Die Zahlen für Schleswig-Holstein, Schweden, Finnland und Estland aber sind ohne Zweifel zu niedrig.

Nahrung

Die Nahrung des Seeadlers ist sehr abwechslungsreich. Sie ergibt sich aus den Möglichkeiten vor Ort und den Bedingungen der Jahreszeiten.
Fisch macht normalerweise einen großen Teil der Nahrung aus. Untersuchungen zur Brutzeit im südlichen Grönland ergaben ca. 90% Fische, hauptsächlich Seesaibling, Kabeljau und Ogac, 7% Vögel, meistens Möwen, und gut 3% Säuger – ausschließlich Polarfüchse. Aus Schleswig-Holstein liegen folgende Zahlen aus der Brutzeit vor (n = 414): 37% Fische, hauptsächlich Brassen und Karpfen, 60% Vögel, davon die Hälfte Bläßhühner *(Fulica atra)* und ebenfalls nur 3% Säuger, wohl Aas. Neuere Untersuchungen in Mecklenburg aus der Brutzeit ergaben 56% Fisch, 37% Vögel und 7% Säuger. Für die Winterzeit waren es aber 79% Vögel, 15% Säuger und nur 6% Fisch, was kaum verwundert. Ob in diesen deutschen Untersuchungen der Fischanteil zu niedrig ist aufgrund der Schwierigkeiten Fischreste nachzuweisen, müßte gesondert untersucht werden. Die grönländische Untersuchung bediente sich der fotografischen Aufzeichnung der anfliegenden Altvögel.
Aas scheint einen beträchtlichen Anteil – anscheinend am meisten im Winterhalbjahr der Nahrung auszumachen. In Schleswig-Holstein z. B. werden tote Karpfen aus überbesetzten Karpfenteichen aufgefischt, 6 Kiebitze und 1 Fasan lagen unter einer Hochspannungsleitung und unter den 14 Säugern war ein totes Kalb. Aus seiner Bereitschaft, auch großes Aas zu fressen, entstand bei vielen Bauern der Aberglaube, daß der Seeadler häufig Lämmer und Kälber schlüge. Auf Grönland hat man neuerdings zeigen können, daß bestimmte Seeadler ab und zu ein kleines Lamm schlagen. Da es Ausnahmen sind, haben sie keinerlei Einfluß auf die Schafzucht.
Die als Beute nachgewiesenen Säuger sind auch nach dem norwegischen Forscher J. Fr. Willgohs, der viele Jahre die Biologie des Seeadlers studiert hat, aufgesammeltes Aas.

Seeadler, juv. schlägt Stockente.

Jagdtechnik

Verschiedene Untersuchungen zeigen, daß der Seeadler sich täglich 700 g beschaffen muß, was 500 g reinem Fleischanteil entspricht. Der Seeadler wendet im wesentlichen zwei Jagdtechniken an: Er sitzt auf einem Aussichtsposten und lauert auf Beute oder er geht auf Suchflug. Hierbei sucht er in niedriger Höhe das Gelände ab oder kreist 200-300 m hoch.

Der Fischfang erfolgt in ruhigem Wasser, wo der Vogel die Fische an der Oberfläche sehen kann. Am häufigsten wird die Beute in Tiefflug nach kurzem Rütteln über ihr gegriffen, wobei die Klauen mit einer schnellen Bewegung im Wasser nach dem Fisch greifen. Auch Sturzflug wie beim Fischadler sieht man, doch wesentlich seltener. Ferner kann der Seeadler in flachem Wasser still stehen oder herumwaten und dabei Fische fangen.

Ist der gefangene Fisch zu groß, um ihn anzuheben, kann er ihn durch Rudern mit den Flügeln an Land schaffen.

Vögel und Kleinsäuger überrumpelt er am liebsten. Der Vogelfang auf dem Wasser kann sich langwierig gestalten. Dabei benutzt der Seeadler die Ermattungstechnik. Die Beute taucht, wenn sie angegriffen wird, und der Seeadler ist sofort wieder über ihr, wenn sie auftaucht. Man hat beim Bläßhuhn 43-65 Angriffe gezählt, bis der Seeadler Erfolg hatte. Eine solche Jagd kann 35-45 Min. dauern.

Nicht selten arbeiten zwei Seeadler zusammen. Es können Ehegatten sein, aber nicht notwendigerweise.

Seeadler agieren auch als Nahrungsschmarotzer bei Fischadler, Fischreiher und Möwen.

Normalerweise wirkt der Seeadler im Fluge schwer und klobig, aber er ist dennoch imstande, Vögel im Flug zu schlagen. Das ist u. a. nachgewiesen für Graugans, Enten und Kolkrabe. Inwieweit dies eine Ausnahme ist, wie angenommen wird, bedarf systematischer Beobachtung.

Der Bestand des Seeadlers in der Westpaläarktis

Island	20 Paare (1981)[2]	Der Bestand ist deutlich geringer als früher, scheint heute aber stabil. Es leben ca. 60 Jungvögel, d. h. 100 Vögel insgesamt.
Norwegen	800 Paare (1984)[104]	Bestand zunehmend. Scheint nicht merklich von Umweltgiften belastet zu sein, da die Jungenproduktion recht gut ist. Die 800 Paare bilden den Schwerpunkt des europäischen Bestandes.
Schweden	70–80 Paare (1981)[16]	Der Bestand teilt sich in zwei Gebiete: 1) Ostseeküste (50–60 Paare) mit starker Giftbelastung. Nur rund 25 Paaren gelingt es, pro Jahr Junge hochzuziehen. Diese Population nimmt daher langsam ab. 2) Lappland (20 Paare). Diese Vögel kommen anscheinend besser zurecht, was man u. a. daran sieht, daß gut 40% in den letzten Jahren erfolgreich Junge hochzogen.
Dänemark	0–1 Paar (1982)[8]	1979 und 1980 brütete 1 Paar auf Lolland erfolglos. In den letzten Jahren haben immat. und einzelne bruttüchtige Vögel im Lande übersommert.
Finnland	60 Paare (1985)[110]	Die Population hat in den letzten 2 Jahrzehnten trotz einer sehr niedrigen Jungenproduktion auf einem Niveau von 40 Paaren zu überleben vermocht. Jetzt steigt die Jungenproduktion von Jahr zu Jahr ein wenig an. In Verbindung mit der abnehmenden Menge an DDT in der Ostsee besteht die Hoffnung, daß der finnische Bestand überleben wird.
Bundesrepublik Deutschland	4 Paare (1982)[17]	Der winzige Bestand ist stark bedroht und überlebt nur dank striktester Horstschutzmaßnahmen u. dem Zusetzen gezüchteter Jungtiere.
DDR	100–110 Paare (1981)[2]	Geringer Bruterfolg, Bestand gefährdet.
Polen	100–120 Paare (1984)[80]	Der Bestand ist anscheinend stabil oder wachsend.
Sowjetunion	ca. 500 Paare (1982)[6] – hiervon:	Der Gesamtbestand nimmt ab. Die Population an der unteren Wolga ist wahrscheinlich der Welt dichteste und scheint stabil zu sein.
Estland	ca. 20 Paare (1982)[7]	
Lettland	3 Paare (1983)[34]	
Moldauische SSR	5 Paare (1982)[6]	
Wolgadelta	200–250 Paare (1982)[6]	

Seeadler/Weißbindenseeadler

Großbritannien	2 Paare (1983)[18]	82 norwegische Jungvögel sind von 1968 bis 1985 in Schottland (Insel Rhum, Innere Hebriden) ausgesetzt worden. Die erste Aussetzungswelle mißglückte. Die juv. der zweiten sind inzwischen brutreif. Erster Brutversuch 1983.
Tschechoslowakei	1 Paar (1981)[2]	
Ungarn	8–10 Paare (1981)[2]	Der Bestand geht zurück.
Rumänien	10–12 Paare (1981)[2]	Der Bestand geht zurück.
Griechenland	<5 Paare (1983)[4]	Ausrottungsgefahr.
Jugoslawien	>15 Paare (1982)[19]	
Bulgarien	2–3 Paare (1979)[1]	Angaben unsicher.
Albanien	?	
Türkei	15–25 Paare (1982)[19]	
Algerien	1–2 Paare (1982)[19]	

Weißbindenseeadler, ad. bei der Landung.

Weißbindenseeadler

Haliaeetus leucoryphus

Verbreitung

Als Brutvogel in der Westpaläarktis verschwunden, wo er früher in den Ebenen nördlich des Kaspischen Meeres brütete (letzter Brutnachweis 1947). Brutvogel im Inneren Asiens und Südasiens. Brütet wahrscheinlich nicht mehr in der Sowjetunion (1983)[6].

Zug

Anscheinend in den nördlichen Teilen des Verbreitungsgebietes Zugvogel oder überwiegender Zugvogel, der im Oktober abzieht. Die Vögel sind normalerweise am Brutplatz im Februar wieder zurück.

Irrgast in Europa außerhalb der Sowjetunion. Einzelne vorjährige Vögel wurden angetroffen in Finnland (30.6. 1926), Polen (19.6. 43), Norwegen (7.7. 49) und den Niederlanden (-.1. 79); 1 Altvogel auf Scharhörn (29.9.-10.10. 76) und den Niederlanden (12.10. 76, wahrscheinlich dasselbe Tier). Manche übersommernde immat. bleiben unerkannt, wie Beobachtungen am Nordenburger See in Ostpreußen wahrscheinlich machen.

Habitat

Brütet an Seen, Flüssen und in Feuchtgebieten.

Brutbiologie

Wo es möglich ist, wird der Horst auf einem Baum errichtet. In baumloser Gegend steht der Horst im Rohrwald, auf Sandbänken und auf Felswänden. Die 2-3 (4) Eier werden im nördlichen Teil seines Brutgebietes im März gelegt (in Indien und Burma im Okt. - Feb.). Die Jungen schlüpfen nach 30-32 Tagen Bebrütung, die Nestlingszeit beträgt 70 Tage.

Weißbindenseeadler, ad. im Flug.

Nahrung

Bevorzugt Fische und Vögel, dazu Frösche, Schlangen, Wasserschildkröten.

Jagdtechnik

Wie beim Seeadler. Siehe S. 84.

Schmutzgeier, ad.

Schmutzgeier

Neophron percnopterus

Verbreitung

Außerhalb der Westpaläarktis (Karte) brütet der Schmutzgeier (Nominatrasse) in großen Teilen Afrikas nördlich des Äquators, auf der Arabischen Halbinsel, in Südwestasien und Südasien (Rasse *N. p. ginginianus*).

Bestandsschätzung

Der gesamte Bestand der Westpaläarktis läßt sich nicht feststellen, dafür fehlen aus zu vielen Ländern konkrete Angaben. Der zusammengerechnete europäische Bestand beträgt, wie aus der Tabelle S. 91 ersichtlich, 2500 Paare, wobei allein 2000 Paare Spanien beisteuert.

Bestandsentwicklung

Der Schmutzgeier ist wie die 3 anderen europäischen Geierarten von einem gewaltigen Rückgang betroffen - eine Entwicklung, die nicht zum Stehen gebracht ist (vgl. S. 91). Auch für den Schmutzgeier gilt, daß sich seine Lebensbedingungen durch Jahrhunderte hindurch aufgrund hygienischer Maßnahmen ständig verschlechtert haben. Darüber hinaus sind Verfolgung und Gifttod andere Ursachen der negativen Entwicklung.

Heutigentags ist der Schmutzgeier in den meisten europäischen Ländern geschützt. Das verhindert jedoch offenbar nicht seine starke Verfolgung. Zum Glück ist man in einigen Gebieten, z. B. im nördlichen Spanien, dazu übergegangen, die verschlechterte Nahrungssituation durch Futterauslegen zu verbessern.

Zug

Überwiegend Zugvogel in fast der ganzen Paläarktis. Die Europäer überwintern in Afrika südlich der Sahara. Einzelne Vögel kann man in Europa im Winter in Spanien, Südfrankreich und auf dem Balkan sehen. Standvogel auf den Kanaren.

Als typischer Gleitzieher überquert der Schmutzgeier das Mittelmeer hauptsächlich an seinen schmalsten Stellen: Bosporus, Gibraltar und (im Frühjahr) Cap Bon.

Der Herbstzug wird angetreten, wenn die Jungen flugfähig sind. Gibraltar wird von Mitte Juli - Mitte Okt. (mit Maximum Ende Aug./Mitte Sept.) passiert, der Bosporus Ende Aug. - Okt. (Maximum Anfang Sept.). Am Bosporus zogen in den frühen 70er Jahren ca. 6000 durch.

Die spanischen Vögel ziehen aus dem Winterquartier Ende Febr. heim, die französischen Anfang März, Balkanvögel etwas später. Bei Gibraltar erreicht der Frühjahrszug sein Maximum (70% - meist immat.) erst spät Mitte April/ Anfang Mai, doch sind die Altvögel bereits im März durchgezogen.

Es ist charakteristisch, daß man die immat. Jungvögel nur selten an den europäischen Brutplätzen sieht. Sie übersommern offenbar südlicher und kommen erst als Erwachsene im Alter von 4-5 Jahren heim. Diese Altersgruppe tendiert gelegentlich auch zu Wanderungen nach Norden, wie 6 Einzelnachweise in Schweden, Dänemark und der Bundesrepublik belegen (Mai - Okt.).

Habitat

Ist nicht besonders in seinen Ansprüchen an den Brutbiotop spezialisiert. Ein häufig vorkommender Landschaftstypus für ihn sind unwegsame Felslandschaften ohne großen Höhenunterschiede mit unbewachsenen Abhängen und übersichtlichen Tälern. Hier ist die Übersicht gut um Nahrung zu lokalisieren.

Brütet gerne an Wasserläufen, aber bewohnt auch wüstenartige Landschaften.

Sucht seine Nahrung gerne in offener Landschaft wie Steppen, Savannen, Flußufer u.ä. sowie in vielen Städten und auch in Dörfern.

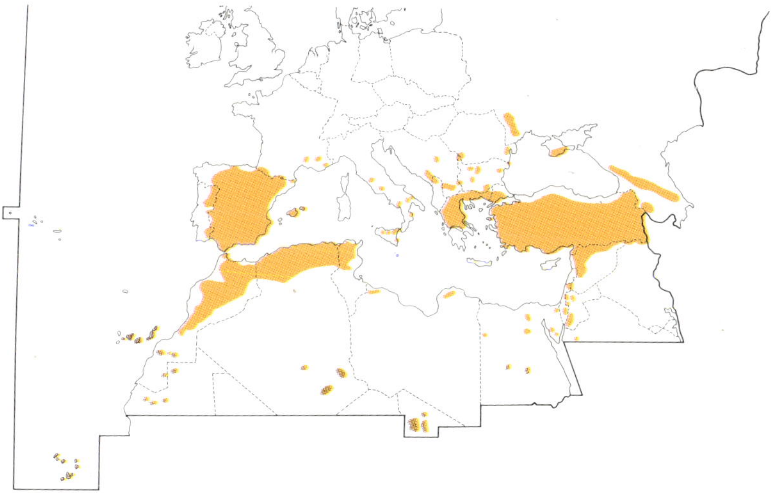

Schmutzgeier, ad. auf Patrouillenflug nach Nahrung.

Stimme

Ist normalerweise schweigsam. Ruft nur bei starker Erregung stöhnende, pfeifende und grunzende Laute oder milanähnlich trillernd »gi gi gi gi gi gi . . .«.

Brutbiologie

Brütet normalerweise erstmals im Alter von 4–5 Jahren. Lebt wahrscheinlich in lebenslanger Einehe. Mitunter Koloniebrüter. In Europa brütet die Art allgemein einzeln.
Sofort nach der Ankunft im Frühjahr beginnt der intensive Balzflug, bei dem sich die Vögel in gewaltigen Sturzflügen ergehen, die erstaunlich leicht für einen so großen Vogel erscheinen.
Der Brutplatz ist oft ein Felsenvorsprung oder ein Erdabhang. Selten sind Baumnester. Beide Eltern bauen. Die 2 (1–3) Eier werden in Europa im allgemeinen Ende März/Anfang April gelegt. Die Bebrütung dauert 42 Tage, beide Eltern brüten; Nestlingszeit 70–90 Tage.

Nahrung

Viele verschiedene Dinge – offenbar nach dem Prinzip, was erreichbar ist. Charakteristisch sind tote kleinere Tiere, wie Ratten, Eichhörnchen, Schildkröten, Kröten, Schlangen, ferner Abfall, Exkremente von Tier und Mensch sowie Insekten. Insekten scheinen die einzige lebende Beute zu sein. Großes Aas spielt nur eine untergeordnete Rolle. Der schwache Schnabel kann aus eigener Kraft nur Augen, Zunge u. ä. erlangen und muß sich sonst mit kleineren Stückchen begnügen, die als Reste der großen Geier übrigbleiben.

Jagdtechnik

Sucht sehr ausdauernd seine Jagdreviere ab, dabei oft nur in 10–30 Meter Höhe fliegend. Er kann aber auch viele Kilometer (30–40) entfernt zu Gebieten mit reichlicher Nahrung fliegen.
Hat einen erstklassigen Blick. Man hat festgestellt, daß der Schmutzgeier aus 1 km Höhe Nahrung in einer Größe von nur 4–8 cm sehen kann.

Der Bestand des Schmutzgeiers in der Westpaläarktis

Portugal	?	Lokal verbreitet; Rückgang (1981)[1].
Spanien	ca. 2000 Paare (1981)[2]	Hiervon 5 auf den Balearen; Rückgang.
Frankreich	ca. 50 Paare (1981)[2]	20–25 Paare in der Provence, 35 Paare in den Pyrenäen. Stabil oder Rückgang.
Italien	35–45 Paare (1977)[26]	Fast ausgerottet auf dem Festland. Etwa 20 Paare auf Sizilien (1981)[2].
Jugoslawien	40 Paare (1982)[19]	Rückgang.
Albanien	?	Keine neueren Daten verfügbar.
Rumänien	4 Paare (1981)[2]	Anscheinend ca. 1966 ausgerottet[3]. Danach Wiederaussiedlung (?).
Bulgarien	> 50 Paare (1960er Jahre)	Stabil oder leicht wachsender Bestand (1974)[1].
Griechenland	ca. 250 Paare (1983)[84]	Rückgang. Die Zahlen scheinen sehr niedrig angesetzt (1978)[77].

Schmutzgeier, ad. beim Fressen.

Schmutzgeier/Gänsegeier

Sowjetunion Moldauische SSR Krim Kaukasus	 5–6 Paare 2–3 Paare >30 Paare (1979)[1]	
Türkei	100–999 Paare (1979)[1]	Häufigste Geierart.
Syrien	?	Rückgang, besonders in den großen Orten (1981)[1].
Libanon	?	
Israel	<50 Paare (1979)[1]	Rückgang.
Jordanien	?	
Ägypten	?	Früher zahlreich. Nun selten. Ständiger Rückgang (1979)[1].
Libyen	?	Ausgeprägter Rückgang.
Tunesien	?	Eine Zählung in einem Teil des Landes ergab 75 Paare (1975)[1].
Algerien	?	
Marokko	100–500 Paare (1982)[19]	
Mauretanien	?	
Kanarische Inseln	?	Ausgeprägter Rückgang, anscheinend wegen Nahrungsmangel (1979)[1].
Kapverdische Inseln	häufig (1984)[97]	

Verbreitung des Gänsegeiers.

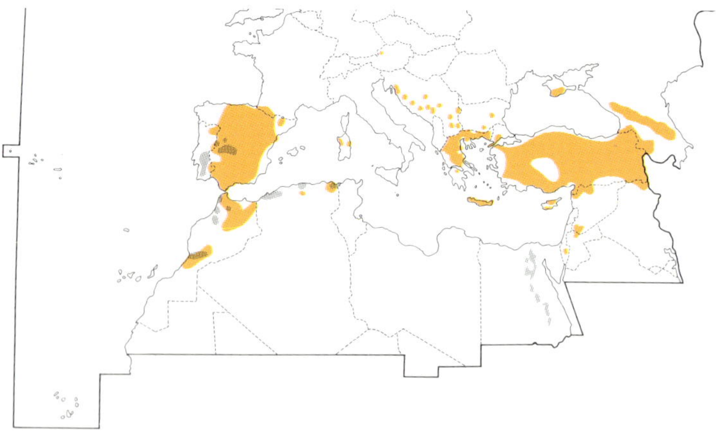

Gänsegeier

Gyps fulvus

Verbreitung

Außerhalb der in der Karte gezeigten Gebiete brütet der Gänsegeier (Nominatrasse) in Nordostafrika, der Arabischen Halbinsel und ostwärts durch Westasien bis Kaschmir und dem Altaigebiet. Hier wird die Nominatrasse durch *G.f.fulvescens* abgelöst, welche man vom nördlichen und zentralen Indien bis Assam findet.

Bestandsschätzung

Der westpaläarktische Bestand zählt ca. 5000-6000 Paare. Auch bei dieser Art nimmt Spanien eine ausgesprochen zentrale Position ein (Tabelle S. 96).

Bestandsentwicklung

Hat in früheren Zeiten eine wesentlich größere Verbreitung gehabt als heute. Im 13.-14. Jahrhundert brütete der Gänsegeier noch in Süddeutschland und sogar noch 1914 im südöstlichen Polen.

Aber wie für die europäischen Geier im ganzen gilt auch für den Gänsegeier, daß seine Lebensbedingungen sich wesentlich verschlechtert haben, und daß dies einen gewaltigen Bestandsrückgang verursacht hat. Eine Entwicklung, die sich in unserer Zeit fortsetzt (Tabelle S. 96).

Moderne Landwirtschaft und bessere

Hygiene reduzieren seine Nahrungsquellen (weniger Aas); Abschuß erfolgte im großen Stil (und geht anscheinend noch heute weiter) und viele starben offenbar durch vergiftetes Aas, in den meisten Fällen Wölfen und Füchsen zugedacht.
Zur positiven Seite des Bildes gehört, daß Wiedereinbürgerungsversuche in Gang gesetzt wurden (in Österreich, Frankreich), daß giftfreies Fleisch verfüttert wird (Pyrenäen, Sardinien und nördliches Jugoslawien), daß Naturschutzgebiete eingerichtet wurden (Pyrenäen, Südspanien, Nordgriechenland) und daß die Art nun total geschützt ist in Italien, Spanien, Frankreich und Griechenland.

Zug

Altvögel sind anscheinend Standvögel, juv. Strichvögel oder Teilzieher. Die Winterquartiere sind unbekannt, anscheinend weil sich die Vögel mit den dort einheimischen vermengen. Zug wird beobachtet über Gibraltar im Okt. und Nov. (in den Frühen 70er Jahren > 600) und dem Bosporus (max. 163 im Jahre 1969) im Sept./Okt. Gibraltar wird wiederum überflogen im Febr. (wenige), März bis Mai. Es ist klar, daß diese Zugvögel immat. sind, denn zu dieser Zeit brüten die alten.
Extrem selten sieht man heutigentags nördlich des Brutareals - April bis Oktober - hauptsächlich junge Vögel. Im vorigen Jahrhundert geschah das weit öfter.

Habitat

Stellt drei Hauptforderungen an sein Brutgebiet: Es sollen Felsen vorhanden sein für die Anlage des Horstes, reichlich Nahrung, und die Landschaft soll gute Möglichkeiten für thermische Aufwinde für den Segelflug besitzen. Dies ist besonders ausgeprägt der Fall in einer von Schluchten durchzogenen Landschaft oder in einer offeneren Ebene mit Stufen und verschiedenen Plateaus. Zieht Trockengebiete vor.
Die Horstplätze liegen in Europa in Höhen von 0 bis 1100 m (Pyrenäen) - im Kaukasus aber hoch bis 2750 m.

Stimme

Wird viel eingesetzt, wenn der Vogel im Trupp am Aas auftritt: fauchende (das dominierende Exemplar), keckernde, schluchzende und glucksende Laute.

Brutbiologie

Brütet auf Felsenvorsprüngen kolonieweise mit 2 bis über 100 Paaren; am häufigsten sind 15-20. Wo es viele Horstplatzmöglichkeiten gibt, kommen auch Einzelbrüter vor. Brütet erstmalig im Alter von 4-5 Jahren. Das Paar hält anscheinend lebenslang zusammen.
Zu den Verhaltensweisen in der Fortpflanzungszeit gehören Balzflüge, im allgemeinen in der Nähe des Brut- und Schlafplatzes ausgeführt. Die Ehepartner fliegen dabei mit synchronen Bewegungen entlang eines Felshanges, der eine knapp über dem anderen. Diese Phase wird von einem Kreisflug abgelöst, bei dem sich das Paar in sich verengenden Spiralen Seite an Seite hochschraubt.
Der Gänsegeier brütet zeitig im Jahr. In Südeuropa wird das einzige Ei Mitte Feb./Anfang März gelegt. Die Eltern helfen sich gegenseitig beim Horstbau, Brüten und Füttern des Jungen. Die Bebrütung dauert 52 (48-54) Tage, die Nestlingszeit 110-115. Noch einige Wochen danach ist der Jungvogel von seinen Eltern abhängig.

Nahrung

Lebt ausschließlich von Aas, vorzugsweise von mittelgroßen bis großen Säugetieren, aber in bestimmten Fällen auch von großen Vögeln und sogar Fischen.

Formationsflug des Gänsegeiers (ad.).

Nimmt auch ab und zu den Mutterkuchen von Schafen. Das hat zu der unbegründeten Anklage geführt, neugeborene Lämmer zu überfallen.

Jagdtechnik

Das folgende Vorgehen ist charakteristisch: Der Trupp startet, fliegt in die gleiche Richtung und verbreitet sich über das Gebiet. Gleichzeitig mit der Suche nach Beute hält jeder Einzelne genauen Blickkontakt mit dem nächst Fliegenden. Man beobachtet nicht nur Artgenossen, sondern auch andere Aasfresser wie Elstern, Krähen, Kolkraben und andere Geier.

Wird eine Beute entdeckt, so gleitet der Vogel steil herab, und gibt dadurch seinen Artgenossen das Zeichen, daß Nahrung festgestellt wurde. Alle folgen.

Der Gesichtssinn des Gänsegeiers ist erstklassig. Man hat festgestellt, daß er imstande ist, ein rund 30 cm großes Nahrungsstück aus 3690 Meter Höhe zu entdecken.

Der Bestand des Gänsegeiers in der Westpaläarktis

Portugal	spärlich (1982)[19]	Nur in den östlichen Gegenden. Geht anscheinend zurück.
Spanien	ca. 3240 Paare (1979)[32]	Geht ständig zurück. Gesamtbestand mit 9250 Individuen veranschlagt.
Frankreich	80 Paare (1982)[19]	Stabil. 1982 brütete ein Paar in den Cevennen als Ergebnis der Wiedereinbürgerung in diesem Gebiet.
Italien	20–30 Paare (1981)[2]	Auf dem Festland und auf Sizilien ausgerottet. Nur noch auf Sardinien brütend.
Österreich	1 Paar (1980)[33]	Ein frei fliegendes Paar aus dem Zoo Salzburg erbrütete 7 km entfernt 2 Junge. 20–30 Nichtbrüter übersommern alljährlich in den Alpen.
Jugoslawien	200 Paare (1982)[19]	
Albanien	?	Keine Daten aus neuerer Zeit.
Rumänien	ausgerottet	Letzter Brutnachweis ca. 1960 (1974)[3].
Bulgarien	ausgerottet?	Vielleicht brüten wenige Paare (1977)[1].

Griechenland	450 Paare? (1983)[84]	Rückgang im Flachland. Ca. 500 Vögel auf Kreta.
Türkei	500–1000 Paare (1982)[19]	Rückgang
Zypern	max. 20 Paare (1985)[108]	
Sowjetunion		
Krim	ca. 10 Paare	
Kaukasus	ca. 50 Paare (1979)[1]	
Syrien	?	Rückgang (1968)[1].
Israel	ca. 150 Paare (1978)[1]	Rückgang wegen starken Gifteinsatzes gegen Nagetiere und Wildschweine.
Ägypten	ausgerottet (1982)[19]	
Tunesien	ausgerottet (1979)[1]	
Algerien	spärlich (1982)[19]	
Marokko	10–100 Paare (1982)[19]	Rückgang; bedroht.

Gänsegeier und Mönchsgeier (Mitte) am Luder.

Ohrengeier an einem der sehr seltenen Brutplätze in Israel.

Ohrengeier
Torgos tracheliotus

Verbreitung
Brütet in der Westpaläarktis nur in Israel und Marokko. Ist darüber hinaus in großen Teilen Afrikas südlich des 20° N verbreitet und brütet in Arabien. Von einigen Ornithologen wird der Ohrengeier in 2 oder 3 Rassen aufgrund der Unterschiede in der Färbung und der Größe der Hautlappen eingeteilt. Andere glauben, daß dies individuelle Unterschiede sind.

Bestandsentwicklung
Ausgeprägter Rückgang im Nahen Osten und in Nordafrika. Die Ausrottung in der Westpaläarktis scheint nahe.

Zug
Standvogel. Jungvögel streifen umher. Aus Europa ein anerkannter Nachweis: Frankreich im 19. Jahrhundert.

Habitat
Brütet in Buschsteppen, Wüsten und Gebirgen, besonders in der Nähe von Haustieren und Wild.

Brutbiologie
Brütet frühestens im Alter von 4–5 Jahren. Das Paar hält das ganze Jahr zusammen und die Ehe scheint lebenslänglich zu sein. Im Gegensatz zu vielen anderen Geiern ist er Einzelbrüter mit einem großen Revier.
Das Nest steht auf der Spitze eines Baumes oder, wo Bäume fehlen, in einem Felsenhang. Das einzige Ei wird in Israel im Jan., in Marokko Nov. – März gelegt. Die Brutzeit beträgt ca. 55 Tage, die Nestlingszeit ca. 125. Die Zeit anschließender Führung durch die Eltern ist unbekannt, aber es gibt beschriebene Fälle, in denen es etliche Monate waren.

Nahrung
Bevorzugt Aas von Haustieren und größerem Wild. Kann selbst kleinere, hilflose Tiere und Vögel erbeuten.
Ein starker Geier, der das Aas selbst aufschneiden kann. Frißt oft die zähe Muskulatur. Am Aas ist er unter den versammelten Geiern normalerweise der dominierende.

Jagdtechnik
Suchflug über dem Revier in mittlerer Höhe.

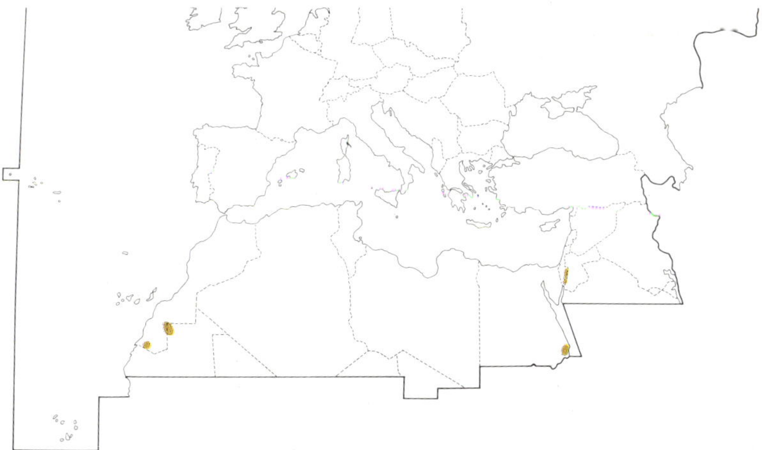

Der Bestand des Ohrengeiers in der Westpaläarktis

Israel	3–4 Paare (1980)[82]	1945 gab es 30–40 Paare (Negevwüste). Ursachen des Niederganges nicht bekannt, vielleicht Nahrungsmangel, Abschuß und Thalliumvergiftung zusammen.
Ägypten	einige Paare (1983)[82]	An der südöstlichen Grenze zum Sudan.
Tunesien	ausgerottet (1982)[19]	Brütete im vorigen Jahrhundert im Süden.
Algerien	ausgerottet ? (1962)[1]	Früher lokal häufig.
Marokko	einige Paare (1982)[19]	Brütet vermutlich in den Gebieten, die auf der Karte angegeben sind, vielleicht nur unregelmäßig.
Mauretanien	?	Brütete auf alle Fälle früher im Norden des Landes. Keine neueren Informationen (1962)[1].

Mönchsgeier

Aegypius monachus

Verbreitung

Außerhalb der Westpaläarktis in einem breiten Gürtel ostwärts bis China beheimatet.

Bestandsschätzung

Alle Bestandszahlen in der Tabelle S.103 stammen von 1983[31]. Der gesamte Bestand in der Westpaläarktis zählt somit 565–718 Paare. Davon entfallen auf Kleinasien und den Kaukasus 350–450. In Südeuropa gibt es nur noch 210–260 Paare.

Bestandsentwicklung

Die Art hatte in historischer Zeit eine bedeutend größere Verbreitung als heute, mit so nördlichen Brutplätzen wie Frankreich, Slowakei und Siebenbürgen.

Bis in die allerletzten Jahre ging der Bestand ständig gewaltig zurück, und am Überleben der Art auf der Iberischen Halbinsel und auf dem Balkan gab es berechtigte Zweifel.

Nun scheint eine Stabilisierung erreicht worden zu sein dank Fütterung mit giftfreiem Fleisch und Einrichtung von Schutzgebieten, u.a. mit dem Zweck, das Fällen der Brutbäume zu unterbinden.

Der Mönchsgeier muß aber als einer der meistgefährdetsten Arten Europas angesehen werden. Seine Lebensbedingungen haben sich drastisch verschlechtert durch die moderne Landwirtschaft und ihre Hygiene und durch den Niedergang der Schafhaltung – beides ergibt weniger Aas. Darüber hinaus gibt es direkte Verfolgung, und im bestimmten Umfang kommen ständig aufgrund von strychnin-vergiftetem Aas Todesfälle vor.

Zug

Stand- und Strichvogel. Die Altvögel verbleiben ganzjährig am oder nahe des

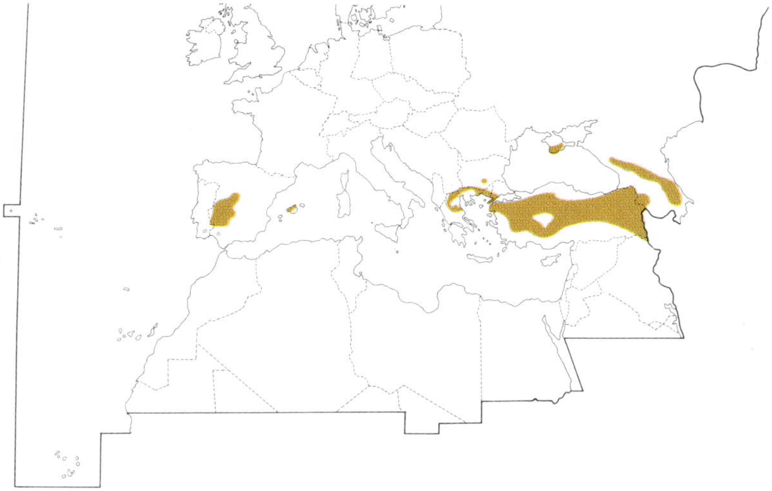

Brutplatzes. Die Jungen streifen mehr umher, aber nur einzelne entfernen sich weiter. Im vorigen Jahrhundert geschah das häufiger bei größeren Beständen. Heutigentags gelingt höchstens alle paar Jahre ein Nachweis in ganz Mitteleuropa.

Habitat

Bewohnt das Flachland, Hochebenen und Gebirge, dort wo es eine gute Nahrungsbasis in Form von großen Wild- oder Viehbeständen gibt. Bevorzugt Brutbäume auf Abhängen mit guten Aufwinden, so daß An- und Abflug

Mönchsgeier beim Sonnenbad. Gleichzeitig schützt er seine Jungen.

Mönchsgeier, ad.

ebenso wie der Balzflug gute Voraussetzungen haben.
Normalerweise einzeln brütend; es sind aber einige Fälle von loser Koloniebildung bekannt geworden.

Stimme

Ist normalerweise still.

Brutbiologie

Brütet gewöhnlich erstmals im Alter von 5–6 Jahren, gleichzeitig mit dem Anlegen des Erwachsenenkleides. Die Ehe ist lebenslänglich.
Im ersten Teil der Brutzeit kann man den Balzflug in der Nähe des Horstes bewundern. Ein Vogel fliegt über dem anderen. Der obere Vogel berührt mit seinen hängenden Fängen den Rücken des unteren, worauf dieser sich umdreht, sich einhakt und sie sich gemeinsam fallen lassen. Nach einem Sturz lösen sie sich noch in der Luft voneinander.
Bereits zeitig im Oktober erwacht bei den Vögeln das Interesse am Horst. Der Horst steht in 5–20 Meter Höhe auf einem Baum, ausnahmsweise (u.a. auf Mallorca) auf Felsen. Beide Eltern bauen. Das einzige Ei wird normalerweise Ende Feb./Anfang März gelegt. Beide Eltern brüten. Das Junge schlüpft nach 50–55 Tagen aus dem Ei; die Nestlingszeit beträgt 100–120 Tage. Wie lange danach noch das Junge von den Eltern geführt wird, ist unbekannt.

Nahrung

Lebt fast ausschließlich von Aas. Kann aber auch selber langsame oder sterbenskranke Tiere erbeuten. Aus Westsibirien und der Mongolei gibt es Berichte, daß der Mönchsgeier Schildkröten, Eichhörnchen, Murmeltiere und neugeborene Lämmer geschlagen hat. Doch sind das Ausnahmen. Auch Fischreste fand man am Nest. Eidechsenfang ist aus Griechenland bekannt.
Die Art bevorzugt Aas von Kleinwild. Kadaver von Großwild kann für Tage unberührt bleiben.

Jagdtechnik

Die bevorzugte Jagdweise ist ein tiefer Suchflug über bekanntem Gelände. Weniger häufig ist die Standjagd von einem Ansitz aus.

Der Bestand des Mönchsgeiers in der Westpaläarktis

Spanien		Kräftiger Rückgang in diesem Jahrhundert. Die Situation scheint auf dem Festland stabilisiert. Doch stetiger Rückgang auf Mallorca von 67 Vögeln 1967 auf 15-20 1982; Ausrottungsgefahr[89].
Festland	190-250 Paare	
Mallorca	15-20 Vögel[89]	
Portugal	0	Wahrscheinlich ausgerottet.
Italien	0	Brütet nicht mehr. 1-2 Vögel leben ständig auf Sardinien.
Jugoslawien	ausgerottet?	Vielleicht noch einige Paare nahe der albanischen Grenze.
Albanien	?	Aus unserer Gegenwart keine Angaben.
Rumänien	ausgerottet	Letzte Brut 1964.
Bulgarien	1-2 Paare?	Wahrscheinlich noch Brutvogel in den Rhodopen an der griechischen Grenze.
Griechenland	ca. 15 Paare	Die traurigen Reste der Balkan-Population.
Türkei	> 100 Paare	
Zypern	ausgerottet (1928)	
Israel	ausgerottet	
Sowjetunion		
Krim	5-8 Paare	
Kaukasus	200-300 Paare	
Armenien	ca. 50 Paare	

Eine Momentaufnahme von Gänsegeier, ad. (links) und Mönchsgeier ad. (rechts).

Bartgeier

Gypaetus barbatus

Verbreitung

Wie aus der Karte ersichtlich, brütet der Bart- oder Lämmergeier in Nordafrika, Südeuropa, Kleinasien, im Kaukasus und im Nahen Osten. Von dort erstreckt sich das Brutgebiet ostwärts bis zur Mongolei und China (Nominatrasse). Schließlich brütet die Art in Teilen Ost- und Südafrikas (in der kleineren Rasse *G. b. meridionalis*).

Bestandsschätzung

Der gesamte europäische Bestand zählt 79–101 Paare und im Ganzen 200–300 Vögel (siehe Tabelle S. 106).

Bestandsentwicklung

Noch im vorigen Jahrhundert, in gewissen Gebieten noch zu Beginn des jetzigen, war der Bartgeier ein recht häufiger Vogel in den Gebirgen vieler südeuropäischer Länder. Aber die Art ist verwundbar – es ist eindeutig der erste, der von den 4 europäischen Geiern ausstirbt, nachdem die Bedingungen sich durch Ausbleiben der Nahrung, massiven Abschuß und Auslage strychnin-vergifteten Aases zur Bekämpfung von Wolf und Fuchs verschlechterten. Dies führte zur Ausrottung in Österreich, der Schweiz, Italien, Rumänien und Bulgarien und – wie aus der Tabelle hervorgeht – ist die Art in anderen Ländern dicht vor dem Aussterben. Der Bartgeier ist daher heute mit Abstand der seltenste europäische Geier.

Bartgeier, ad.

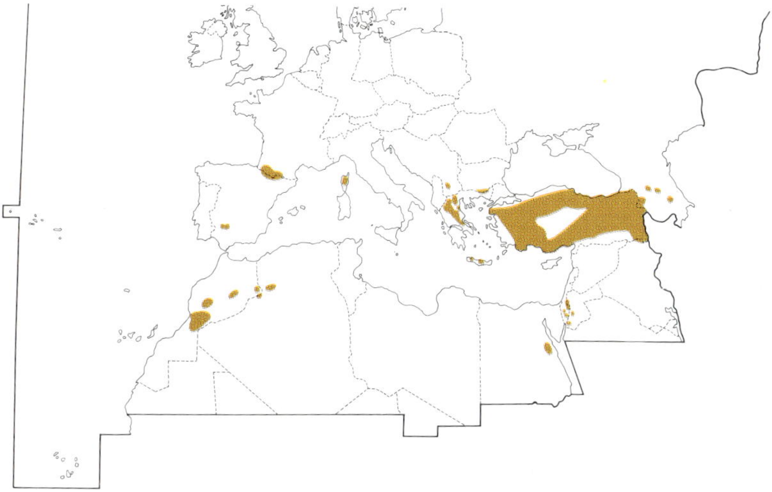

Man arbeitet seit einer Reihe von Jahren an der Wiedereinbürgerung des Bartgeiers in den Alpen - zuerst durch Aussetzen afghanischer Vögel (1974). Jetzt versucht man es durch Gefangenschaftsaufzuchten und denkt daran, die ersten Jungen 1986 im Nationalpark Berchtesgaden und in den Hohen Tauern freizulassen.

Zug

Standvogel. Bleibt im Brutrevier das ganze Jahr. Die Jungvögel streifen mehr herum, aber verlassen nur ausnahmsweise die Gebirge.

Habitat

Brütet in schluchten- und tälerreichen Hochgebirgen, wo sich gleichzeitig gute Bestände an Steinböcken, Gemsen, Wildschafen oder Almvieh finden. Es scheint für ihn notwendig zu sein, daß dort auch ein Bestand von Raubwild und großen Greifvögeln wie Wolf, Luchs und Steinadler besteht, von dem er einen Teil der Beute übernehmen kann. In Europa liegen die Brutplätze meist in 1000-2000 m Höhe.

Stimme

Weitgehend schweigsam. Beim Flugspiel hört man einen hohen, absteigenden Trillerlaut, auffallend schwach für einen so großen Vogel. Stimmfühlungslaut ist ein leises »pie«.

Brutbiologie

Brütet in der Regel frühestens im Alter von 5 Jahren - zeitgleich mit dem Anlegen des Erwachsenenkleides. Das Paar lebt in ständiger Ehe. In Südeuropa beginnen die Brutvorbereitungen früh. Bereits im Okt./Nov. zeigen die Vögel Interesse für ihren Brutplatz, und im Dez./Jan. kann man schon den Balzflug sehen. Dabei verfolgen sich die Ehegatten, übersteigen sich im Flug; der untere wirft sich auf den Rücken, und nachdem sich beide mit den Fängen gefaßt haben, lassen sie sich bis fast zur Erde trudeln.

Der Horst, der wahrscheinlich von den Eltern gemeinsam gebaut wird, ist unzugänglich in einer Felswand oder Kleinhöhle angelegt. 1-2 Eier werden von Ende Dez./Anfang Jan. (Südspanien) bis Ende Jan./Anfang Febr. (Py-

Bartgeier, ad.

renäen) gelegt. Beide Eltern brüten, das ♀ wahrscheinlich am meisten. Brutdauer 55-60 Tage, Nestlingszeit 100-110 Tage. Obwohl das 2er-Gelege die Regel ist, kommt normalerweise nur ein Junges hoch.

Nahrung - Jagdtechnik

Der Bartgeier weicht in seinem Nahrungsverhalten ab. Er zieht Frischfleisch von jüngst verstorbenen Tieren sowie Knochen vor. Falls darin Mangel besteht, kann er auch Aas und Abfälle fressen. Knochen werden geschluckt, denn der Magensaft ist imstande sie aufzulösen. Große Knochen werden aus 50-80 m Höhe fallengelassen und zersplittert. Bleiben sie heil, versucht der Vogel es nochmal. Die gleiche Technik verwendet er auch für lebende Landschildkröten.

Der größte Anteil der Nahrung kommt von tot aufgefundenen Tieren, doch kann der Bartgeier auch selber Beute schlagen. Man hat ihn mehrmals dabei beobachtet, wie er an steilen Abhängen schwache, kranke oder angeschossene Tiere durch Flügelschläge zum Absturz gebracht hat.

Die Beute wird beim regelmäßigen Territorial-Suchflug entdeckt. Oft jagt das Paar zusammen in rund 50 m Höhe. Dieser Suchflug geschieht mit einer solchen Regelmäßigkeit, daß man zur gleichen Zeit Tag für Tag den Vogel an derselben Stelle sehen kann.

Der Bestand des Bartgeiers in der Westpaläarktis

Spanien		Nach gewaltigem Rückgang jetzt stabil, sicher hauptsächlich aufgrund des geringeren Strychnin-Einsatzes.
Andalusien	3 Paare (1982)[30]	
Pyrenäen	28-35 Paare (1982)[30]	
Frankreich		In den Pyrenäen und auf Korsika stabil.
Pyrenäen	10 Paare (1979)[1]	
Korsika	7-10 Paare (1982)[30]	

Griechenland		In vielen Landesteilen ausgerottet. Auf dem Festland gefährdet durch vergiftetes Aas, das zur Bekämpfung von Füchsen und Wölfen ausgelegt wird. Auf Kreta stabil.
Festland	15–20 Paare (1982)[30]	
Kreta	10–12 Paare (1982)[30]	
Jugoslawien	1 Paar (1982)[30]	
Sowjetunion		
Kaukasus	5–10 Paare (1982)[1]	
Türkei	100–500 Paare (1982)[1]	
Israel	3–4 Paare (1979)[1]	
Irak	vielleicht einige Paare (1979)[1]	
Ägypten	selten (1979)[1]	
Algerien	selten (1979)[1]	
Marokko	10–100 Paare (1982)[19]	

Bartgeier, ad. zusammen mit Alpendohlen.

Schlangenadler

Circaetus gallicus

Verbreitung

Außerhalb des in der Karte ausgewiesenen Gebietes brütet der Schlangenadler in der Sowjetunion ostwärts bis zum Balschasch-See, in Teilen Irans sowie auf dem indischen Subkontinent. Keine Rassenbildung. Verwandte Populationen in Afrika, der Mongolei und Nordchina gelten heute meist als selbständige Arten.

Bestandsschätzung

Für ganz Europa nicht möglich, da u.a. die Zahlen aus der Sowjetunion fehlen (s. Tabelle S. 111). Außerhalb der Sowjetunion herrscht angemessene Klarheit über den Gesamtbestand: 4600 Paare, wiederum mit Spanien als Kerngebiet mit 3000 Paaren.

Der Vergleich dieser Zahl mit den im Herbst am Bosporus und in Gibraltar max. ca. 11000 durchziehenden Schlangenadlern ergibt eine gute Übereinstimmung.

Bestandsentwicklung

Das Brutgebiet ist in den vergangenen 100 Jahren wesentlich verkleinert worden. Die Nordgrenze lag im 19. Jahrhundert in Nordschleswig, wo der letzte Brutnachweis 1877 gelang. Die fanatische »Raubvogel«bekämpfung traf den Schlangenadler hart, und da sie mit einer tiefgreifenden Landschaftsveränderung zu Ungunsten der Art zusammen-

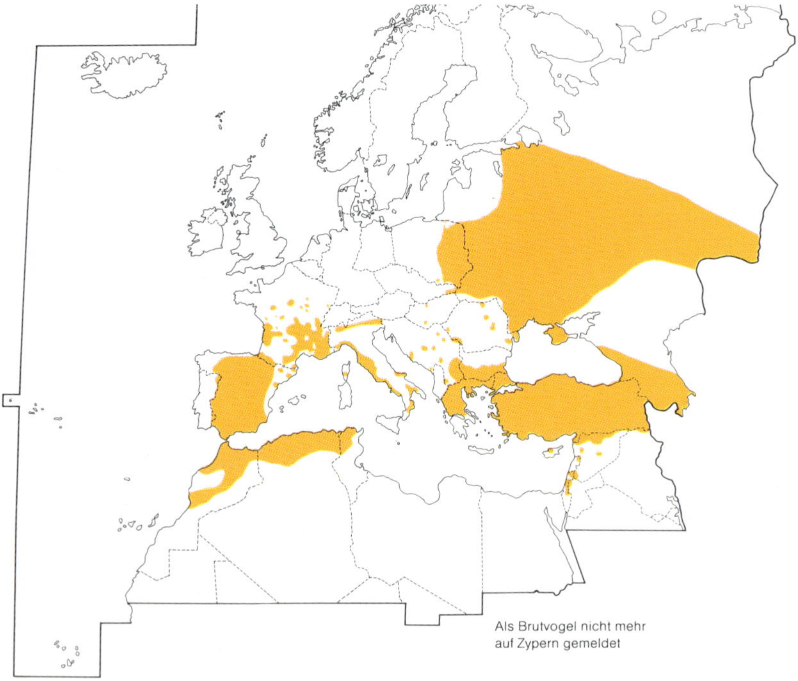

fiel, ging es schief. Die Art starb in Dänemark, Deutschland, Belgien, Schweiz und Österreich aus. In Westeuropa fiel die Grenze des Brutareals um 1000 km weiter nach Süden ab.
Heutzutage spielt die direkte Verfolgung nicht länger die entscheidende Rolle, selbst wenn sie örtlich noch ein großes Problem sein kann. Die Ursache für den ausgedünnten Bestand liegt in dem stark verringerten Nahrungsangebot. Kriechtiere gedeihen nicht in Gebieten mit intensiv betriebener Landwirtschaft. Wo die Landschaft nach wie vor die erforderlichen Qualitäten aufweist, scheint der Vogel sich ausgezeichnet zu entwickeln – wenn auch die Schutzmaßnahmen respektiert werden.

Zug

Ausgeprägter Zugvogel mit Winterquartier in Afrika südlich der Sahara. Einzelne Winterbeobachtungen stammen aus Südeuropa.
Folgt im Herbst fast ausschließlich den Leitlinien über Kaukasus, Bosporus und Gibraltar; mit maximal jeweils rund 250, 2350 und 9050 durchziehenden Vögeln, terminlich Mitte Aug. Mitte Okt. und mit Höhepunkt Mitte Sept./Anfang Okt.; bei Gibraltar beginnt der Zug bereits Anfang Aug.
Der Heimzug passiert den Nahen Osten, Gibraltar (häufiger als im Herbst) und (sekundär) Cap Bon/Tunesien im März/Mai mit dem Höhepunkt in der zweiten Märzhälfte.
Der Schlangenadler wird regelmäßig nördlich des Brutgebietes beobachtet. Aus Schweden, vor allem aus Schonen, liegen zusammen 31 Nachweise vor (Stand 1982), aus Dänemark 9 (1980), aus Schleswig-Holstein 17 (1981). Brutversuche bzw. wahrscheinliche Bruten gab es in Brandenburg 1953, 1969 und 1975.
Am Bodensee gelangen zwischen 1972 und 1982 14 Nachweise, im Rheinland hingegen seit 1930 nur 6.

Schlangenadler.

Habitat

Als Kriechtierspezialist an warmes und trockenes Klima gebunden. Im nördlichen Teil des Verbreitungsareal brütet er gerne dort, wo feuchtes Flachland mit Heide, Weiden und Wäldern abwechselt – im südlichen Teil dort, wo trockenes, steiniges oder sandiges Terrain mit Macchie bewachsen ist oder offene Landschaft mit Wäldern abwechselt. Hat eine Vorliebe für sanfte Berglandschaften, wo thermische Aufwinde herrschen. Hält sich nur schlecht in Gebieten, die intensiv kultiviert werden, da hier seine Beutetiere verschwinden.

Stimme

Hört man recht oft. Mannigfach zusammengesetzte, wohlklingende, flötende Laute, die des ♂ etwas an den Pirolruf erinnernd, andere an den Schrei der Sturmmöwe.

Brutbiologie

Brütet wahrscheinlich erstmalig in einem Alter von 3 bis 4 Jahren. Dieselben Vögel bilden oft Jahr für Jahr ein Paar, wenn sie sich im Frühjahr im gemeinsamen Revier wiedertreffen.

Der Balzflug, der zu Beginn der Brutzeit zu sehen ist, ist eine Art »Girlandenflug«, bei dem der Schlangenadler sich wellenförmig bewegt, aufwärts mit ausgebreiteten Flügeln, abwärts mit 1-2 Flügelschlägen.

Beide Eltern bauen den Horst; er steht normalerweise 6-10 m hoch in einem Baum. Das Gelege aus einem Ei wird Ende März (Südwesteuropa) - Ende Mai (Weißrußland) gelegt. Überwiegend brütet das ♀, 45-47 Tage. Die Nestlingszeit beträgt 70-80 Tage. Wie lange das Junge von den Eltern abhängig ist, weiß man nicht.

Nahrung

Auf Kriechtiere spezialisiert, mit klarer Vorliebe für Schlangen (bis zu 1,80 m Länge). Sucht sich ganz überwiegend ungiftige Arten, d.h. Nattern, fängt aber auch giftige wie unsere Kreuzotter. Von 34 Schlangen, die an einem Horst eingebracht wurden, war aber nur eine Kreuzotter. Man hat geschätzt, daß eine Schlangenadlerfamilie täglich mindestens 5 Schlangen verzehrt.

In regenreichen Sommern, in denen es witterungsbedingt nur wenig Reptilien gibt, können die Schlangenadler ihre Schlangenbeute durch Kleinsäuger und Jungvögel ersetzen, so daß das Junge nicht verhungern muß.

Jagdtechnik

Wendet einen rüttelnden Suchflug in 20-30 m Höhe an, aus dem er sich wie

Schlangenadler schlägt Kreuzotter.

Schlangenadler füttert sein Junges mit einer Schlange.

der Turmfalke fallschirmartig auf die Beute fallen läßt. Er kann sich aber auch aus großer Höhe (bis 400 m) im Sturzflug mit halbgeschlossenen Flügeln auf die Beute stürzen.
Vor allem im Winterquartier jagt er von einem Ansitz, etwa einem Leitungsmast, einem Baum oder Pfahl aus. Daneben sucht der Schlangenadler auch zu Fuß nach Beute.
Die Schlangen werden durch einen Nackengriff gefangen und getötet. Nur selten lebt die Schlange noch beim Transport zum Horst oder beim Verschlingen.
Der Schlangenadler ist gegen Schlangengift nicht immun, aber seine durch Schuppen gepanzerten Beine und das dichte Federkleid geben ihm einen gewissen Schutz.

Der Bestand des Schlangenadlers in der Westpaläarktis

Spanien	ca. 3000 Paare (1977)[27]	Vielleicht im Rückgang.
Portugal	häufig (1979)[50] gering an Zahl (1979)[1]	Uneinigkeit über Status der Art.
Frankreich	gut 1000 Paare (1984)[103]	Rückgang um 60–75% seit den 40er Jahren. Jetzt Bestand stabil.
Italien	120–160 Paare (1977)[26]	Rückgang.

Sowjetunion Lettland	selten (1979)[1] 5 Paare (1983)[34]	Rückgang. Gilt im europäischen Teil der Sowjetunion als bedroht.
Polen	15–30 Paare (1984)[80]	Anscheinend stabil.
Tschechoslowakei	wenige Paare (1977)[43]	
Ungarn	10–15 Paare (1977)[40]	Stabil.
Jugoslawien	selten (1979)[1]	Anscheinend stabil.
Albanien	?	Scheint Brutvogel zu sein.
Rumänien	ca. 30 Paare (1977)[42]	Geht gewaltig zurück.
Bulgarien	ziemlich häufig? (1971)[3]	
Griechenland	ca. 300 Paare (1983)[84]	Stabil.
Türkei	100–1000 Paare (1982)[19]	
Israel	50–100 Paare (1982)[19]	
Tunesien	> 200 Paare (1982)[19]	
Algerien	geringe Zahl (1982)[19]	
Marokko	> 1000 Paare (1982)[19]	

Rohrweihe, ad. Weibchen über dem Brutgebiet.

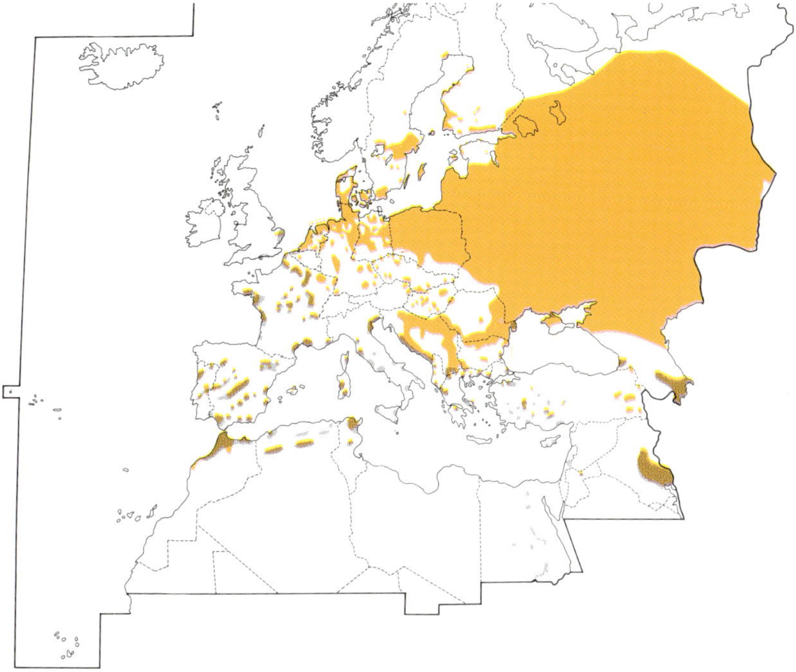

Rohrweihe

Circus aeruginosus

Verbreitung

Die Rohrweihe ist in der Westpaläarktis als Brutvogel weit verbreitet. Ostwärts verläuft das Brutgebiet in einem breiten Gürtel bis zum Pazifik.

Der größte Teil der Westpaläarktis wird von der Nominatrasse bewohnt, die in Nordafrika von *C. a. harterti* abgelöst wird, bei der das Männchen unterseits heller und oberseits dunkler ist, das Weibchen fast weiß am Kopf, auf Rükken und Brust. Vom Baikalsee und der nördlichen Mongolei an trifft man die Rasse *C. a. spilonotus*. Deren Männchen sind recht leicht erkennbar gegenüber der Nominatrasse durch das Weiß von Kopf, Hals, Unterseite und auf dem vordersten Teil des Rückens. Darüber hinaus 5 weitere Rassen: auf Madagaskar, Neuguinea, in Australien, auf Neuseeland und Inseln des Stillen Ozeans.

Bestandsschätzung

Ist für die Westpaläarktis als Ganzes nicht möglich, u. a. weil es an Zahlen aus der Sowjetunion mangelt. Für Europa ohne Sowjetunion sind die Angaben angemessen verläßlich (s. Tabelle S. 118). Auf Basis dieser Zahlen errechnet sich für diesen Raum ein Bestand von 7200–9500 Paaren. Die DDR und Polen bilden mit 3800 Paaren den Kern.

Bestandsentwicklung

Die Rohrweihe wurde von dem großen Vernichtungsfeldzug so hart betroffen, daß er zu Beginn unseres Jahrhunderts zur vollständigen Ausrottung auf den

Rohrweihe, ad. Männchen.

Britischen Inseln führte und in den letzten Jahrzehnten auch in Syrien (?) und Israel. In einer ganzen Reihe anderer Länder wurde der Bestand gewaltig reduziert, und die Art war in mehreren Ländern von der Ausrottung bedroht.
Neben der direkten Verfolgung war auch die Trockenlegung vieler Brutbiotope eine wesentliche Ursache der Abnahme. Selbst durch Unterschutzstellung der Art in den 50er und 60er Jahren wurde die negative Entwicklung nicht gestoppt. Aber Mitte der 70er Jahre geschah plötzlich einiges. Der Bestand wuchs so schnell, daß es die Fachleute verblüffte. Besonders in Dänemark stieg der Bestand an, von ca. 80 Paaren 1970 auf 310 Paare 1979 und 445 Paare 1982, das entspricht einem jährlichen Zuwachs von 8–23%. In Schleswig-Holstein blieb der Bestand konstant bei 250 Paaren mit einer vorübergehenden Spitze in 1979 von 350 Paaren. Auch der mecklenburgische Bestand hat sich gut gehalten mit 900–1100 Paaren. Positive Meldungen kamen auch aus Brandenburg, vom Bodensee, aus Schweden, den Niederlanden und England. Negative laufen ständig ein aus fast allen osteuropäischen Ländern und aus Südeuropa. Leider ist in einigen dieser Länder der Abschuß noch erlaubt, und die Biotopvernichtung geht munter weiter. Schilfernte und Störungen am Brutplatz verschärfen dort die Situation.
Es ist anzunehmen, daß die Zunahme in Nordeuropa auf das Ende der Jagd und auf die Umweltverbesserungen zu-

rückgeht. Die Jungvögel bekamen eine Lebenschance, was man daran sehen kann, daß in den letzten Jahren auch weniger optimale Biotope besiedelt wurden.

Zug

Die nördlichen und östlichen Bestände sind Zugvögel, ihre Winterquartiere liegen im Mittelmeerraum und in Afrika, überwiegend südlich der Sahara. Südlichere Populationen sind Teilzieher oder streifen umher, nordafrikanische Rohrweihen *(C. a. harterti)* anscheinend Standvögel.

Zieht nach Südsüdwesten bis Südwesten (skandinavische, mittel- und westeuropäische über Frankreich und Spanien), die finnischen nach Süden bis Südwesten über Italien und Malta und das westliche Mittelmeer.

Ist Breitfrontzieher, der sich nicht scheut, Wasser zu überqueren. Es gibt daher keine spektakulären Zahlen von den bekannten »Trichterorten«.

Die schleswig-holsteinischen Rohrweihen ziehen von Anfang Aug. bis Mitte Sept. ab, die meisten mecklenburgischen im Sept. Der Durchzug etwa am Bodensee beginnt Mitte Aug. und hat seinen Höhepunkt Mitte Sept. - Anfang Okt.; im Rheinland sind es Aug. und Sept.

Winterbeobachtungen in Mitteleuropa sind extrem selten. Der Heimzug im Frühjahr hat z. B. am Bodensee seinen Höhepunkt Ende März - Mitte April. Die mecklenburgischen Brutvögel kommen überwiegend zwischen 24.3. und 15.4. heim, die schleswig-holsteinischen überwiegend ab 3. Märzdekade und bis Mitte April.

Habitat

Konstante Brutplätze finden sich primär in großen, dichten Rohrwäldern mit gutem Nahrungsangebot und wenig Störungen, entweder an Seen, Mooren, Lagunen oder an großen Buchten. Schmale Rohrgürtel entlang Flüssen

Rohrweihe, ad. Weibchen mit Nistmaterial.

Rohrweihe, ad. Weibchen bringt Brassen zu den Jungen.

können aber auch als regelmäßige Brutplätze von der Rohrweihe genützt werden. Besetzt werden manchmal auch kleinere Rohrflächen, u. U. nur unregelmäßig.
Ausnahmsweise (?) wird der Erdhorst in Getreide- und Rapsfeldern angelegt, in Heide und Schonungen. Seit Beginn der 70er Jahre nehmen solche Nachweise zu, was auf eine Umprägung hindeuten könnte.

Stimme
Wird fast nur während der Brutzeit gehört. Beim Balzflug hört man vom Männchen ein kläglich klingendes, kiebitzartiges »kuäh« oder »klijäh«, als Revierverteidigungsruf »quik«, vom Weibchen ein »quebebebob«, von beiden als Warnruf ein schnelles »kikekike . . .«.

Brutbiologie
Wird normalerweise mit 2 oder 3 Jahren geschlechtsreif. Männchen können aber bereits als Einjährige brüten. Die Paarbildung erfolgt im Revier. Die Eltern können sich hier über mehrere Jahre erneut verpaaren, aber es scheint nicht häufig zu geschehen. Polygamie kommt vor.
Den Balzflug sieht man sofort nach Ankunft am Brutplatz. Die vom ♂ gezeigte Luftakrobatik in großen Höhen mit Sturzflügen, Scheinangriffen gegen das ♀ und Seitwärtskippen ist ein fesselndes Ereignis.
Der Horst, der normalerweise im dichtesten Rohrwald steht, wird überwiegend vom Weibchen gebaut. Das Männchen baut oft für Eigengebrauch eine Plattform als Ruhe- und Freßplatz.

Die 3–6 Eier (Nachgelege ab 2) werden in Südeuropa Ende März, in Schleswig-Holstein in der zweiten Aprilhälfte und Beginn Mai gelegt, an den nördlichsten Brutplätzen in Finnland Ende Mai/Anfang Juni. Nur das ♀ brütet; Brutdauer 31–34 Tage. Die Bebrütung beginnt mit dem 1. oder 2. Ei, selten mit dem 3. Wie bei vielen Greifvögeln schlüpfen die Jungen nicht gleichzeitig. In großen Gehecken sterben oft die jüngsten Jungen. Sie unterliegen dem Kampf um die knappe Nahrung.

Das Männchen versorgt das Weibchen während des Brütens und jagt auch in den ersten Lebenswochen der Jungen alleine. Die Beute wird auf die für Weihen typische Art übergeben: Das Männchen läßt sie fallen und das Weibchen fängt sie in der Luft.

Die Nestlingszeit beträgt 30–40 Tage, die Führungszeit weitere 15–25 Tage. Die letzte Aufzuchtphase bestreitet das Weibchen allein.

Viele Bruten gehen verloren: in Schleswig-Holstein von 219 34%. Die Jungenproduktion betrug 2,0; in der DDR und in Finnland 1,75 und 2,30 bzw. 2,29 pro Gelege.

Nahrung

Sehr vielseitig. Kann sich zur Brutzeit stark spezialisieren.

Die Zusammenstellung von 2146 Beutetieren aus mehreren Untersuchungen, die Glutz et al. vorgenommen haben, ergab 954 Kleinnager bis zur Größe von kleinen Wühlmäusen (44%), 302 Kleinvögel (14%), 194 größere Vögel (9%), 189 größere Nagetiere = Ratten, Hamster, Wühlmäuse, Maulwürfe (9%), 124 größere Singvögel und kleine Limikolen (6%) und 121 Frösche (6%).

Unsere schleswig-holsteinischen Rohrweihen haben einen ähnlich reichen Speisezettel: Von 1897 Beutetieren waren 32,2% Nagetiere und 57% diverse Vögel; Amphibien machten nur 2,3%

Rohrweihe, ad. Weibchen am Horst.

aus. Unter den Vögeln waren am stärksten betroffen Rohrammern (162), Feldlerche (142) und Star (111) = 21,8% der Gesamtbeute.
Die erbeuteten Vögel sind überwiegend Jungvögel; durch Überrumpelung kann die Rohrweihe auch erwachsene Bläßhühner und Rallen fangen. Enten sind zu schnell für sie.
Die Hauptbeute zur Brutzeit ergibt sich aus ihrer Häufigkeit vor Ort und wechselt daher regional erheblich: am Neusiedler See Ziesel, in den Niederlanden (2 Gebiete) Kaninchen und Frösche, in Ostpreußen und Südfinnland Singvögel, Wat- und Möwenvögel, in England Hühnervögel.

Jagdtechnik

Tiefer Suchflug über Rohrwäldern und allen angrenzenden offenen Geländen. Versucht die Beute durch plötzliches Erscheinen zu überrumpeln.
Über übersichtlichem Gelände wird die Jagd nach einem Fehlschlag schnell aufgegeben. Bei der Wasserjagd ermattet die Rohrweihe den Vogel, indem sie ihn ständig zum Wegtauchen zwingt.

Der Bestand der Rohrweihe in der Westpaläarktis

Dänemark	445 Paare (1982)[56]	War 1914 fast ausgerottet; seitdem langsame Erholung und ab 1970 fast explosionsartige Zunahme.
Schweden	ca. 520 Paare (1979)[9]	Geringe Zahl zu Beginn des Jahrhunderts. Ab Mitte der 70er Jahre deutlich wachsender Bestand.
Norwegen	unregelmäßiger Brutvogel	Erste Brut 1975.
Finnland	230 Paare (1985)[110]	Ca. 1890 eingewandert.
Sowjetunion Estland Lettland	? ca. 100 Paare (1976)[11] ca. 100 Paare (1983)[34]	Auf 270 000 km² in Zentralrußland wurden 200–1000 Paare geschätzt (1970)[3].
Polen	1500–2000 Paare (1984)[80]	Zunahme.
DDR	ca. 1500 Paare (1982)[90]	Zunahme nach Unterschutzstellung. Brandenburg: 650–700 Paare (1971)[36]. Mecklenburg: 900–1100 Paare (1975)[52].
Bundesrepublik Deutschland	max. 600 Paare (1981)[86]	Von den 40er Jahren an bis Mitte der 70er Rückgang um 60–80%. Danach positive Entwicklung.
Niederlande	725–850 Paare (1977)[53]	Kräftige Bestandssteigerung (1970: nur 60–90 Paare) aufgrund zeitweiliger Zunahme geeigneter Biotope (Eindeichungen).

Belgien	15–20 Paare (1979)[1]	War nicht häufig in neuerer Zeit.
Großbritannien	ca. 30 Paare (1981)[24]	Zu Jahrhundertbeginn ausgerottet. Wiederbesiedelung in den 20er Jahren. Der Bestand wächst z. Zt. sehr langsam.
Frankreich	700–1000 Paare (1984)[103]	Stabil oder vielleicht rückläufig.
Spanien	500 Paare (1982)[19]	Kräftiger Rückgang wegen Entwässerungen.
Portugal	geringe Zahl (1982)[19]	
Italien	25–35 Paare (1982)[19]	12–18 Paare auf Sardinien (1977)[41]. Ausrottung drohend wegen Entwässerung und Abschuß.
Tschechoslowakei	ca. 50 Paare (1977)[43]	
Ungarn	100–150 Paare (1977)[40]	Gewaltiger Rückgang.
Österreich	50 Paare (1977)[48]	Ausgeprägter Rückgang (Umweltgifte?).
Jugoslawien	häufig (1974)[3]	
Albanien	?	In den 30er Jahren häufig. Keine neuen Informationen.
Rumänien	einige hundert Paare (1979)[1]	Geht gewaltig zurück.
Bulgarien	ca. 100 Paare (1976)[1]	Gewaltiger Rückgang.
Griechenland	ca. 130 Paare (1983)[84]	Ausgeprägter Rückgang, ganz besonders durch die Trockenlegung der Flußmündungen.
Türkei	100–250 Paare (1982)[19]	
Syrien	ausgerottet? (1979)[1]	
Libanon	vielleicht ständiger Brutvogel (1979)[1]	
Irak	?	
Tunesien	50 Paare (1982)[19]	
Algerien	?	
Marokko	100–500 Paare (1982)[19]	

Kornweihe

Circus cyaneus

Verbreitung

Außerhalb des in der Karte ausgewiesenen Areals brütet die Kornweihe (Nominatrasse) in einem breiten Gürtel ostwärts durch die Sowjetunion bis zum Pazifik. Jenseits des Pazifik wird sie in der Nearktis (= USA + Kanada) durch die Rasse *C. c. hudsonicus* abgelöst. Desweiteren bewohnen zwei Rassen Südamerika. Einige Systematiker geben allen drei Rassen Artstatus.

Bestandsschätzung

Da aus der Sowjetunion kaum Daten vorliegen, können wir nur für die übrige Westpaläarktis den Bestand errechnen (s. Tabelle S. 124). Er beträgt 8000–10000 Paare.

Die Zahl müssen wir mit Vorbehalt betrachten, denn die Kornweihe gehört zu den Arten die schwer zu zählen sind. Zudem schwankt die Anzahl Brutpaare im Takt mit den Schwankungen des Kleinnagerbestandes.

Bestandsentwicklung

Die Kornweihe war in unserem Jahrhundert einem ausgeprägten Rückgang in den dicht besiedelten, industrialisierten und intensiv agrarwirtschaftlich genutzten Gebieten ausgesetzt und ist es leider noch heute. Die Bedrohung durch Abschuß hat stark nachgelassen. Eine Reihe von Brutgebieten sind dennoch aufgegeben worden: Belgien, Luxemburg, Österreich.

Daß der massive Abschuß in früheren

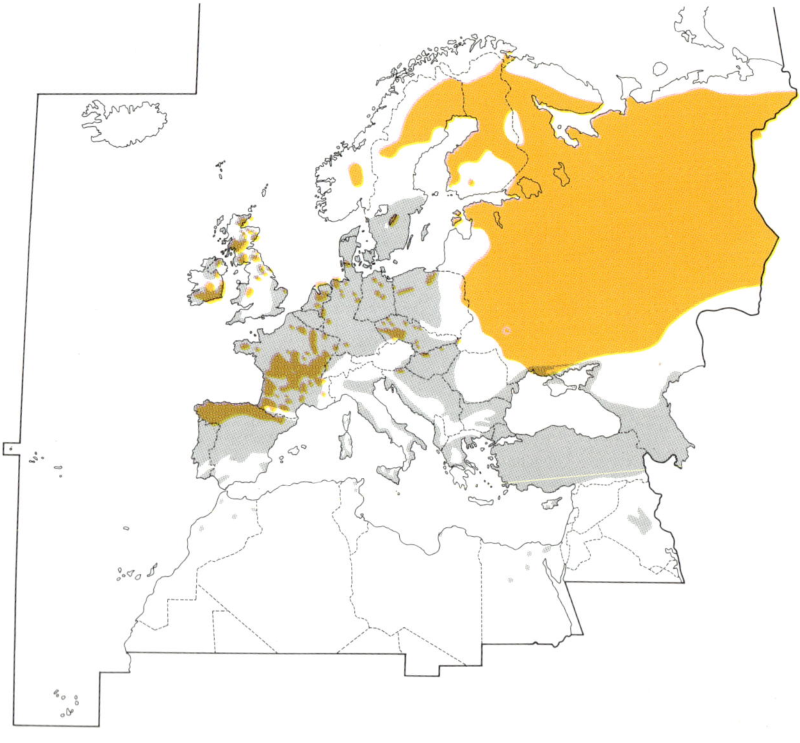

Kornweihe, ad. Männchen.

Zeiten eine wesentliche Ursache für die negative Entwicklung gewesen ist, illustrieren die Verhältnisse auf den Britischen Inseln. Hier wurde der Bestand nahezu ausgerottet und überlebte nur auf den Hebriden und den Orkneys. Nach der Unterschutzstellung Ende der 30er Jahre begann dann ein Aufwärtstrend, der, geschützt durch die Kriegsjahre, der Kornweihe ermöglichte, selbst den »chemischen Krieg« in den 50er und 60er Jahren expandierend durchzustehen.

In Deutschland brütet die Kornweihe nicht alljährlich in Schleswig-Holstein (bis zu 5 Paare), regelmäßig in Mecklenburg (ca. 20 Paare) und Brandenburg (45-50 Paare), in Niedersachsen (10-15 Paare), nicht mehr im Rheinland (seit 1967 ausgestorben) und in Bayern (seit 1956 ausgestorben).

Die Bestandsschwerpunkte der Art liegen in Schweden und Finnland, auf den Britischen Inseln, in Frankreich und Spanien. Diese 3 Gebiete beherbergen ca. 95% der Brutpaare der Westpaläarktis außerhalb der Sowjetunion.

Zug

Die südlichen Populationen sind Stand- oder Strichvögel, die nördlichen ausgeprägte Zugvögel, die von Aug. bis Okt. bevorzugt südwestwärts in ihre Winterquartiere in Südschweden, Mittel-, West- und Südeuropa und in die Türkei ziehen. Die britischen Vögel sind überwiegend Strichvögel.

Als echte Weihen sind auch die Kornweihen Breitfrontzieher, so daß kaum nennenswerte Zahlen an den bekannten Zugtrichtern beobachtet werden können.

Die Vögel räumen im allgemeinen die nördlichen Brutplätze Ende Aug.; bereits Mitte Aug. sieht man die ersten Vögel bei Falsterbo; in Mecklenburg verläuft der Zug von Mitte Aug. bis Mitte Nov., der Gipfel liegt im Okt.; am Bodensee erscheinen die ersten Ende Sept., und im Okt. läuft der Durchzug ab. Das gleiche gilt für das Rheinland. Im November kommen dann die Wintergäste in beiden Gebieten an.

Der Verlauf des Heimzuges in Mitteleuropa wird durch den späten Abzug (in einigen Gebieten, z. B. Schleswig-Holstein, Apr./Mai) sehr verschleiert. Mecklenburgische Kornweihen kommen überwiegend in der 1. Aprilhälfte heim. Im Rheinland geht der Frühjahrszug von Ende Febr. bis Mitte/Ende Apr. vor sich, mit Nachzüglern im Mai.

Das Verhältnis ausgefärbter Männchen zu den Weibchen und Jungvögeln im braunen Kleid war für das Rheinland 217 : 496 = 30,5 : 69,5%, zur Zeit des Frühjahrszuges je 50% (n = 53). In Bayern betrug es 304 : 737 = 29,3 : 70,7%. In Dänemark hingegen liegt der Anteil ad. ♂ zwischen 8 und 14%.

Habitat

Anpassungsfähiger als die anderen Weihen. Bevorzugt wird das offene Flachland in Form von Heide, Trockenrasen, Flachmooren und anderen Feuchtgebieten, brütet aber auch lokal in der Feldmark, z. B. in Schleswig-Holstein (in 9 von 12 Fällen). Die Art hat sich damit der Kultursteppe angepaßt.

Jagd meistens über Ackerland, Weiden und Feuchtgebieten. Wird im Winter regelmäßig in der Nähe bebauter Gebiete gesichtet.

Stimme

Überwiegend zur Brutzeit zu hören. Während des Balzfluges ruft das ♂ ein hastiges »kekekeke« und das ♀ höher »chick-ik-ik-ik-ik-ick«. Bei Übergabe am Horst ruft das ♂ ein dumpfes »guor-guork«. Beider Stimmfühlungslaut klingt wasserfroschartig »quorr«.

Brutbiologie

Brütet normalerweise erstmals im Alter von 2–3 Jahren. Gelegentlich brüten auch einjährige Vögel, besonders in nahrungsreichen Jahren.

Die Paarbildung erfolgt im Revier. Die meisten Paare leben in Einehe. In dichten, kolonieähnlichen Beständen (die Horste können voneinander in nur 50 m Abstand stehen) ist Polygamie ziemlich häufig. In diesem Falle ist ein Männchen mit 2–3 Weibchen gepaart, im Extrem mit bis zu 6.

Der Balzflug ist sehr auffallend. Das Männchen steigt in einem seeschwalbenartigen Flug auf große Höhe (20–30 m) und stürzt von dort mit abge-

Das Jüngste, gestorben durch Verhungern, wird zerteilt und an die übrigen Jungen verfüttert. Man beachte die Größenunterschiede der Jungen.

winkelten oder angelegten Flügeln erdwärts, fängt sich und steigt erneut zum nächsten Sturzflug auf; ein Spiel, das sich gut bis 20mal wiederholen kann. Purzelbäume rückwärts, Rollen und Trudeln gehören zum Repertoir. Die Rolle des Weibchens ist meist bescheiden. Sie kann aktiv teilnehmen, ist aber meistens nur Ziel der männlichen Sturzflüge. Diese »pariert« sie, indem sie sich herumwirft und ihm die Fänge entgegenstreckt.

Der Horst steht am Boden auf trockenem oder feuchtem Grund, im allgemeinen in recht hoher Vegetation. Das Weibchen ist der fleißigste Horstbauer.

Die (3) 4-6 (7) Eier werden in Mitteleuropa und in Schottland von Ende April bis Mitte Juni, am häufigsten in der 2. Maihälfte gelegt; in Skandinavien von Anfang Mai bis Mitte Juni. Die Gelegegröße hängt vom Nahrungsangebot an Kleinnagern ab.

Die Bebrütung, die mit dem 2., 3. oder 4. Ei beginnt, erfolgt durch das Weibchen und dauert 29-30 (39) Tage, für das einzelne Ei 29-37 Tage. Die Nestlingszeit beträgt 31-35 (42) Tage.

Das Männchen versorgt das brütende Weibchen mit Nahrung und fängt in den ersten Lebenswochen das Futter für die Familie allein. Das Weibchen jagt erst mit, wenn die Jungen älter geworden sind. Nachdem die Jungen flugfähig geworden sind, überläßt das Männchen dem Weibchen die weitere Betreuung für die 2-3 Wochen des Selbständigwerdens nach Verlassen des Horstes.

Das Weibchen fliegt zur Übernahme der Beute dem Männchen entgegen und bettelt das rufende Männchen laut an. Es übernimmt die vom Männchen gebrachte Beute nach Umdrehen auf den Rücken mit den Fängen.

Die Jungenproduktion variiert wie die Gelegestärke mit der verfügbaren Futtermenge. Am eingehendsten ist die Population der Orkney-Inseln untersucht worden, bei der die Anzahl der Jungvögel pro Jahr zwischen 0,7 und 2,2 (im Mittel 1,3) pro Gelege schwankt. Der Bestand ist dort recht dicht und stark polygam. Das ergibt erfahrungsgemäß eine geringere Jungenproduktion.

Norwegische Untersuchungen ergaben 2,25 Junge in guten Wühlmausjahren und 1,80 in schlechten pro erfolgreicher Brut.

Nahrung

Ausgesprochen spezialisiert auf Kleinsäuger und Kleinvögel, wobei bei windigem Wetter der Vogelanteil steigt und umgekehrt. Das gleiche gilt verstärkt bei Schneefall im Winter, wenn die Feldmaus nicht mehr erreichbar ist.

Unter den Kleinsäugern stellt die Feldmaus die Hauptbeute. In guten Feldmausjahren kann sie bis 90% der Nahrung ausmachen, in schlechten 21%. Lokal können junge Kaninchen die Hauptbeute stellen, etwa auf Terschelling.

An Vögeln werden besonders Bodenbrüter gefangen, wie Pieper, Lerchen, Ammern, außerdem u. a. Drosseln und Junge von Limikolen, Enten und Hühnervögeln.

Die Beuteliste kann an 4 zusammengestellten Untersuchungen, 2 deutschen, je 1 niederländischen und norwegischen, veranschaulicht werden. Von insgesamt 624 Beutetieren waren Kleinnager 346 (55%), Kleinvögel 150 (24%), junge Kaninchen und Hasen 55 (9%, gewichtsmäßig etwas mehr), Junge von Limikolen, Hühnervögeln und Enten 19 (3%). Die restlichen 3% bestanden aus größeren Nagern, Spitzmäusen, Insekten und Eidechsen.

Jagdtechnik

Tiefer Suchflug mit stetigen Flügelschlägen über offener Landschaft. Gelegentlich auch Standjagd ausübend von einer Erhöhung aus.

Der Bestand der Kornweihe in der Westpaläarktis

Dänemark	0-1 Paar (1981)[51]	An der dänisch-deutschen Grenze. Noch nicht regelmäßig brütend.
Schweden	1000-2000 Paare (1981)[9]	Die Zugzahlen in Falsterbo deuten auf eine Zunahme seit den 40er und 50er Jahren.
Norwegen	> 10 Paare (1971)[62]	Konstanter Brutvogel nur in Dovre und Finmarken.
Finnland	3000 Paare (1985)[110]	Zugbeobachtungen weisen auf wachsenden Bestand.
Sowjetunion Estland Lettland	? ca. 100 Paare (1976)[11] wenige Paare (1983)[34]	In einem 270 000 km² großen Gebiet Zentral-Rußlands 500-1000 Paare (1970)[3].
Polen	50 Paare (1984)[80]	Starker Rückgang wegen Biotopvernichtung.
DDR	< 100 Paare?[34+52]	Brandenburg: 45-50 Paare (1983)[36]. Mecklenburg: ca. 20 Paare (1979)[52]. Nach großem Rückgang zu Beginn des Jahrhunderts nun anscheinend stabilisiert. Voll geschützt.
Bundesrepublik Deutschland	15-20 Paare (1982)[86]	Ging durch Biotopvernichtung, Verfolgung und Störungen am Brutplatz stark zurück. Jetzt stabil. Voll geschützt.
Großbritannien und Irland	750-800 Paare (1977)[1]	Anfang des Jahrhunderts von Ausrottung bedroht. Nach Schutzbeginn starke Zunahme. Neuerdings Rückgang in Irland.
Niederlande	100-130 Paare (1979)[53]	Zunahme seit den 60er Jahren aufgrund zeitweiligem Zugang geeigneter Biotope durch Deichbauten.
Frankreich	2800-3800 Paare (1984)[103]	Rückgang von über 50% seit den 30er Jahren. Entwicklung negativ (?).
Spanien	500 Paare (1982)[19]	Wahrscheinlich Rückgang (Biotopvernichtung? Milieugifte? Abschuß).
Portugal	selten (1979)[50]	
Tschechoslowakei	geringe Zahl (1977)[43]	In Zunahme.

Jugoslawien	wenige Paare (1968)[3]	Soll nur im Norden des Landes brüten. Verfasser sah jedoch 1978 auf geeignetem Brutbiotop mehrere Männchen nahe der griechischen Grenze.

Kornweihe, ad. Männchen.

Wiesenweihe

Circus pygargus

Verbreitung

Das Brutareal der Wiesenweihe erstreckt sich ostwärts durch die Sowjetunion bis zum Jenissei. Keine Rassengliederung.

Bestandsschätzung

Da aus großen Teilen der Sowjetunion keine Bestandszahlen vorliegen, kann nur für den übrigen Teil der Westpaläarktis (siehe Tabelle S. 130–132) eine Schätzung erfolgen. Sie ergibt 7300–8800 Paare.

Die Bestandsschwerpunkte der Art liegen in Frankreich und Iberien mit 7000–8000 Paaren und in der Sowjetunion. Im übrigen Europa brüten danach bloß 600 Paare.

Bestandsentwicklung

Sie verlief untypisch. Noch während der Jagddruck zu Beginn des Jahrhunderts schwer auf dem gesamten Greifvogelbestand lastete, vermochte die Wiesenweihe nordwärts zu expandieren. Die Art brütete z. B. in Schleswig-Holstein erstmals 1870, in Dänemark erstmals 1900; in Mecklenburg war die Art 1939 nur an der Lewitz Brutvogel, 1975 brüteten in Mecklenburg 25–35 und 1968 40–50 Paare. Allgemein setzte in Europa in den 40er Jahren der Rückgang ein, trotz abnehmender Jagd.

Aber andere negative Faktoren kamen hinzu: Umweltgifte verheerten diese Jahre, das Entwässern und Trockenlegen guter Biotope florierte und das Abschießen während des Zuges durch Südeuropa ist ein kontinuierliches Problem. Viele Bruten wurden durch Erntemaschinen vernichtet.

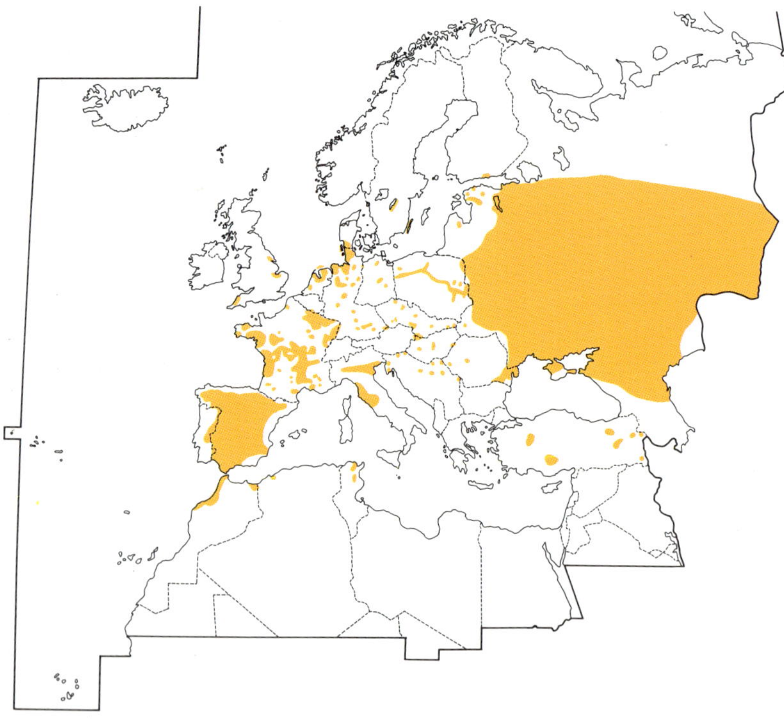

Zu diesen negativen Faktoren müssen wir anscheinend heute einen weiteren anfügen: die Vergiftung von Vögeln im Winterquartier, wo sie häufig in Baumwollplantagen, die mit Dieldrin gespritzt wurden, übernachten.
Das alles zusammen hat einen gewaltigen Bestandsrückgang gebracht, am intensivsten in den trockengelegten Gebieten - eine Entwicklung, die nicht gestoppt ist. Wie aus der Tabelle auf S. 130/132 hervorgeht, gehen heute alle Bestände außer denen der Sowjetunion, der Tschechoslowakei, Schwedens und Dänemarks zurück.
Die überraschende positive Entwicklung in Schweden kann wohl mit den relativ guten Verhältnissen im östlichen Teil des Verbreitungsgebietes zusammenhängen.
Das lokale Bild kann sehr unterschiedlich sein. Z. B. geht die Art in Frankreich deutlich zurück, der elsässische Bestand aber hat sich in den letzten Jahren fast explosionsartig vergrößert. Einiges weist darauf hin, daß der Zugang an geeigneten Brutbiotopen sehr entscheidend für die Entwicklung des Bestandes ist.
In Schleswig-Holstein wurde aber auch nachgewiesen, daß der Brutbestand durch den starken Nahrungsanteil von Kleinsäugern sehr schwankt. So brüteten in einem Schwerpunktgebiet 1975 auf dem Mäusegipfel 44-46 Paare, 1976 nach Zusammenbruch der Feldmauspopulation etwa 20 Paare.

Zug

Ausgeprägter Zugvogel mit Winterquartier südlich der Sahara. Die ad. Wiesenweihen verlassen die Brutplätze nach dem Selbständigwerden der Jungvögel in Schleswig-Holstein gegen Mitte Aug.; die juv. folgen etwas später. Der Durchzug ist Ende Sept. sowohl in Schleswig-Holstein als auch im Rheinland abgeschlossen. Wegen der enormen Bestimmungsschwierigkeiten der

Wiesenweihe, ad. Weibchen.

Weibchen- und Jugendkleider bleiben Einzelheiten des Herbstzuges weitgehend obskur. Die Art ist Breitfrontenzieher, schleswig-holsteinische Vögel wurden sowohl in Südfrankreich und Spanien erlegt, als auch auf Malta. Der Zug zeigt gegenüber anderen Weihenarten eine gewisse Konzentration auf den Zugtrichter Gibraltar (ca. 1700 in 1972) im September, die anderswo nicht auftritt.
Der Heimzug passiert Gibraltar Ende März und April. Die Ankunft in Schleswig-Holstein und Nordschleswig erfolgt etwa am 21.4.; die Masse trifft bis Anfang Mai ein, die letzten Mitte Mai.

Habitat

Ein Zwischending zwischen denen der Rohrweihe und der Kornweihe. Bevorzugt als Brutplatz breite Flußtäler, Moore, vor allem Flachmoore, feuchte Randzonen von Seen und Mooren. Hat sich der Kultursteppe angepaßt und brütet auch auf trockenen Arealen, z. B. in Grasfluren und Getreideäckern. Jagd über feuchter, offener Landschaft, Weiden, Heide, Kulturland und, besonders im Herbst, Weinfeldern.

Stimme

Hört man selten und fast nur nahe den Horsten. Beim Balzflug erklingt vom ♂ ein stakkatoartiges, schnelles, recht hohes »käkäkä«. Der Alarmruf ist ein hastiges »jick-jick-jick«. Der Bettelruf des ♀ bei Beuteübergabe ist ein durchdringendes »psiüü«.

Brutbiologie

Brütet normalerweise erstmals im Alter von 2 oder 3 Jahren. Gelegentlich sieht man einjährige ♀ auf dem Horst.
Die Paarbildung erfolgt im Revier. Die Vögel sind ortstreu, so daß wahrscheinlich die Eltern sich oft erneut verpaaren. Den Balzflug sieht man wie bei Rohrweihe und Kornweihe sofort nach der Ankunft.
Brütet einzeln, in guten Habitaten in lockeren Kolonien, mit Nestabständen von 10–100 m. Bigamie ist häufig und nicht auf Koloniebrüten beschränkt.
Der auf der Erde stehende Horst in hoher Vegetation wird überwiegend vom ♀ gebaut. Die (2) 3–6 Eier (höhere Gelegestärke deutet auf ein 2. ♀ hin) werden in Mitteleuropa in der Regel Mitte Mai bis Anfang Juni gelegt. In Schleswig-Holstein war das Mittel aus 59 Bruten der 24. Mai. Das ♀ brütet; die Jungen schlüpfen nach 28–40 Tagen (das Einzelei nach 27–30 Tagen). Die Jungen schlüpfen nicht gleichzeitig.
Das Männchen versorgt das Weibchen während der Bebrütungszeit und in den ersten zwei Lebenswochen auch die Jungen ganz allein. Die Beuteübergabe geschieht wie bei den Kornweihen.
Mit 28–42 Tagen sind die juv. flugfähig und 10–14 Tage später selbständig.
Die Jungenproduktion ist – gemessen an der Gelegestärke – gering. In der Lüneburger Heide gingen 20% der Gelege (n = 74) verloren, in Schleswig-Holstein (n = 36) 36% der Bruten. in Schleswig-Holstein lag der Bruterfolg bei 2,0 juv/Brut, in Brandenburg bei 1,09, in Bayern (n = 33) bei 1,48. Konsequenter Schutz ist daher notwendig.
Besonders in Jahren, in denen das Brutgeschäft aus klimatischen Gründen spät beginnt, ist die allergrößte Gefahr, daß die Felder abgeerntet werden, ehe die Jungen flugfähig sind. Instinktiv legen sie sich auf den Rücken, wenn die Maschinen nahen, und auf diese Art werden ihre Beine abgeschnitten.

Nahrung

Nimmt vorzugsweise kleinere Beute. In mehreren Untersuchungen (hauptsächlich französischen) verteilte sich die Beute (n = 2601) auf Kleinnager 41%, Insekten 37%, Kleinvögel 11%, Vogeleier kleiner Arten 4% und Eidechsen 4%. Die restlichen 3% waren Regenwürmer, Schnecken, Frösche, Schlangen, mittelgroße Vögel und Nager. Unter den Kleinnagern war die Feldmaus Hauptbeute. Die Wiesenweihe kann schon mittelgroße Nager kaum tragen. Von Insekten dominieren als Nahrung Laubheuschrecken, Libellen und Käfer, bei Vögeln jene offener Landschaften: Feldlerchen, Pieper und Ammern.
In eidechsenreichen, wärmeren Gebieten können diese, wie etwa in Kasachstan, bis 56% der Beute stellen, und im Winterquartier scheint der Speisezettel vor allem Heuschrecken, Eidechsen und Kleinvögel zu enthalten.

Jagdtechnik

Jagt wie alle Weihen in tiefem Suchflug über offener Landschaft. Ist sehr wendig beim Verfolgen der Beute und kann im Gegensatz zur Rohrweihe und Kornweihe auch im Flug fangen.

Wiesenweihe, ad. Männchen.

Der Bestand der Wiesenweihe in der Westpaläarktis

Dänemark	49 Paare (1982)[95]	Eingewandert ca. 1900. Rund 200 Paare in den 30er Jahren. Rückgang in den 40er - 60er Jahren, das Brutareal schrumpft auf Nordschleswig zusammen. Doch danach Stabilisierung und leichte Zunahme. Viele Horste werden jedes Jahr von Erntemaschinen vernichtet.
Schweden	55 Paare (1982)[57]	Den Bestand bildeten nur wenige Paare von der Einwanderung in den 20er Jahren bis etwa 1950. Danach ausgeprägte Zunahme, die anhält. Die Basis war Öland.
Finnland	0–3 Paare (1985)[110]	Einwandernd?
Bundesrepublik Deutschland	80–90 Paare (1982)[22]	Gewaltiger Rückgang durch Biotopvernichtung, Abschuß, Störungen und Gift-Auslegen. Voller Schutz seit ca. 1970 brachte eine leichte Zunahme. Bestandsschwerpunkte Niedersachsen und das westliche Schleswig-Holstein.

Melanistische Wiesenweihe, ad. Weibchen.

Wiesenweihe, ad. Männchen mit Kleinvogel in den Fängen.

DDR	< 100 Paare? (1983)[36+52]	Brandenburg: 46–54 Paare (1970)[36]. Mecklenburg: 25–35 Paare (1975)[52]. Bestand scheint rückläufig zu sein.
Polen	200–300 Paare (1984)[80]	Rückgang wegen Biotopvernichtung.
Sowjetunion Estland Lettland	? 50 Paare (1976)[11] einzelne Paare (1983)[34]	In einem 270 000 km² großen Areal gab es 500–1500 Paare (1981)[2]. Entwicklung positiv.
Großbritannien	ca. 10 Paare (1981)[24]	Ist wahrscheinlich immer selten gewesen. Erreichte ein Maximum in den 50er Jahren mit 40–50 (70–80?) Paaren. Danach Rückgang und jetzt Ausrottungsgefahr.
Niederlande	25–35 Paare (1981)[2]	Rückgehend. 30–50 Paare 1977.
Belgien	ca. 5 Paare (1981)[2]	Rückgang. 15–25 Paare 1967.
Frankreich	3000–4000 Paare (1984)[103]	Rückgang vor allem wegen Biotopzerstörung (?).
Spanien	3000 Paare (1982)[19]	Geht gewaltig zurück aufgrund Biotopzerstörung und Horstvernichtung.
Portugal	1000 Paare? (1981)[2]	Rückgang.
Italien	200 Paare (1982)[19]	Gewaltiger Rückgang durch Biotopvernichtung und unkontrollierten Abschuß.

Wiesenweihe/Steppenweihe

Schweiz	Vielleicht einige Paare (1980)[25]	Brütet unregelmäßig.
Österreich	5–10 Paare (1976)[2]	Im Rückgang begriffen.
Tschechoslowakei	15–25 Paare (1981)[2]	Bestand war immer gering. Anscheinend stabil.
Jugoslawien	selten (1981)[2]	Anscheinend rückläufig.
Bulgarien	1–2 Paare (1981)[2]	Brütet anscheinend nicht regelmäßig.
Albanien	?	Neue Daten fehlen. Bestand anscheinend klein.
Griechenland	10–20 Paare (1982)[19]	
Türkei	50–100 Paare (1982)[19]	
Tunesien	$<$10 Paare (1982)[19]	
Algerien	?	
Marokko	100–500 Paare (1982)[19]	

Steppenweihe, ad. Männchen auf Elefantenkot.

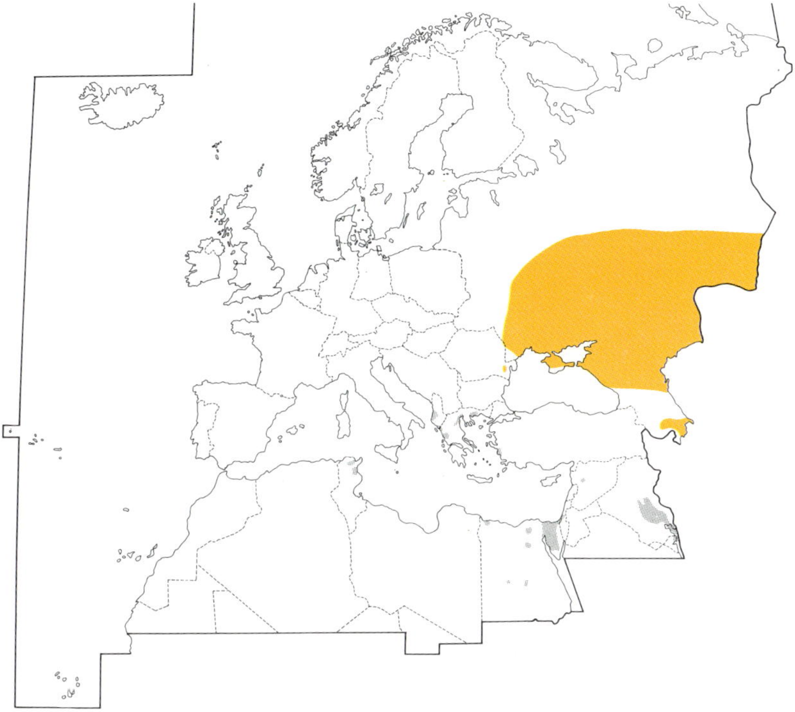

Steppenweihe

Circus macrourus

Verbreitung

Die Steppenweihe brütet innerhalb der Westpaläarktis nur in deren östlichen Teil. Ostwärts erstreckt sich ihr Brutgebiet durch die Sowjetunion bis an den Jenessei. Keine Rassenbildung.

Bestandsschätzung

Ist aufgrund des geringen Wissens nicht möglich.

Bestandsentwicklung

Die Kultivierung der sowjetischen Steppenareale Mittelasiens und der Waldeinschlag haben vielleicht die Verteilung geändert und die Grenze nordwärts verschoben.

Gelegentlich kommt es westlich des kompakten Brutareals zu Einzelbruten: z.B. in Schweden 5-6 Paare 1952 (Öland, Gotland), in der Bundesrepublik in etwa 120 Jahren (1850-1980) 5mal in 12 Paaren, in der DDR im selben Zeitraum 2mal in 3 Paaren. Aus Österreich sind Übersommerer im Burgenland bekannt geworden, in Ungarn hat die Art zweifellos gebrütet, wurde aber zu jener Zeit mit der Wiesenweihe verwechselt. Ansonsten ein äußerst seltener Irrgast in Mittel- und Westeuropa. Nach Schweden (bis jetzt gut 100 Nachweise), Norwegen (21 bis 1970) und Dänemark (21 bis 1980) gelangt er häufiger. 1952 kann für Schweden als Invasionsjahr angesehen werden; in diesem Jahr brüteten auch in Deutschland ein Paar auf Norderney und 2 Paare in Mecklenburg.

Zug

Ein ausgeprägter Zugvogel, der in Burma, Indien und in Afrika südlich der Sahara in offenen Landschaften überwintert: Sahelzone und östliches Afrika. Im Winter verbleiben einige im östlichen Mittelmeerraum und Nahost, eine Bearbeitung dieser Nachweise fehlt aber.

Die Steppenweihe ist Breitfrontzieher.

Der Herbstzug im östlichen Mittelmeerraum läuft Mitte Sept. - Okt. ab, erste Durchzügler am »Kaukasustrichter« Borcka erschienen bereits Ende August.

Der Frühjahrszug verläuft auch etwas über das mittlere Mittelmeer. Bei Cap Bon in Tunesien ziehen über 50 pro Frühjahr, in Malta bis 32 (von Ende Feb. bis Ende April); in Gibraltar wurde er noch nie gesehen. Aber im östlichen Mittelmeer ist er etwa auf Zypern von Mitte März bis April ein ziemlich häufiger Durchzügler.

Das äußerst seltene Auftreten in Deutschland und in ganz Westeuropa ist z. Zt. nicht erklärbar, eine wesentliche Ursache kann aber in den Bestimmungsschwierigkeiten, insbesondere der Schlichtkleider liegen.

Habitat

Offene Trockensteppe, Wiesensteppe, Getreidefelder und typische Wiesenweihenbiotope. Die Brutnachweise in Schweden und Deutschland stammen von solch typischen Wiesenweihenbiotopen.

Stimme

Selten benutzt außerhalb des Brutgebietes. Ist im Winterquartier stumm und »schwätzt« lediglich am Schlafplatz.

Brutbiologie

Brütet wahrscheinlich erstmals im Alter von 2-3 Jahren. Ausnahmsweise sah man auch einjährige Vögel am Nest.

Kommt gepaart am Brutplatz (Anfang - Ende April) an. Der Balzflug ähnelt

Steppenweihe, ad. Männchen.

sehr dem der Kornweihe. Wie bei Korn- und Wiesenweihe können die Horste auch bei der Steppenweihe dicht beieinander (100 m) in lockerer Kolonie stehen. Doch lebt die Steppenweihe immer in Einehe.
Der auf der Erde gebaute Horst steht gerne nahe bei Wasser und liegt geschützt im hohen Gras oder Sträuchern. Beide Eltern bauen. Die 3-5 (6) Eier werden Ende April (südlichst) bis Mitte Mai (nördlichst) gelegt und vom Weibchen 29-30 Tage bebrütet (pro Ei). Die Nestlingszeit beträgt 33-45 Tage, die anschließende Jungenführungszeit 15-20 Tage.

Nahrung

Hauptbeute sind Kleinnager, überwiegend der Steppenlemming, dann Wühlmäuse, Ziesel und Hamster, auch Waldmaus. Bodenvögel verachtet sie keineswegs und schlägt neben Lerchen, Piepern und Jungvögeln verschiedener Arten auch u.a. Enten und Hühnervögel. Gelegentlich frißt die Steppenweihe auch Eidechsen und Insekten. Die Nahrung im Winterquartier ist kaum bekannt.
Die Anzahl Brutpaare schwankt mit dem Zyklus ihrer Hauptbeute, den Kleinnagern.

Jagdtechnik

Tiefer Suchflug wie bei anderen Weihen. Aber auch darüber fehlt es an Studien.

Steppenweihe, ad. Weibchen.

Der Bestand der Steppenweihe in der Westpaläarktis

Sowjetunion	?	Häufig in den geeigneten Biotopen. Brütet gelegentlich im Baltikum (1951)[1].
Rumänien	wenige Paare (1979)[1]	Wieder eingewandert? War zuvor als ausgestorben gemeldet worden (1974)[3].
Bulgarien	wenige Paare? (1971)[1]	Etliche Male im Nordosten beobachtet worden.

Singhabicht auf Ansitz.

Singhabicht

Melierax metabates

Verbreitung

Brütet in der Westpaläarktis nur isoliert in Marokko und nur in geringer Zahl. Das eigentliche Verbreitungsgebiet bedeckt große Teile Afrikas südlich des 20° N sowie die Küstengebiete Südwestarabiens. In drei Rassen unterteilt, die marokkanischen Vögel sind *M.m. theresae.*

Bestandsentwicklung

Der marokkanische Bestand scheint von Ausrottung bedroht.

Zug

Die Marokkaner sind Standvögel. Einmal als Irrgast in Spanien, Juli 1963.

Habitat

Tropische und subtropische Savanne, lebt aber auch im dichteren Bewuchs wie in Plantagen und am Rande der Wüste. Brütet auf Bäumen, meist dornigen Akazien.

Stimme

Hat seinen Namen daher, daß das Männchen während der Balzzeit von einem Baum aus oder im Balzflug ein melodisches Pfeifen äußert. Außerhalb der Brutzeit stumm.

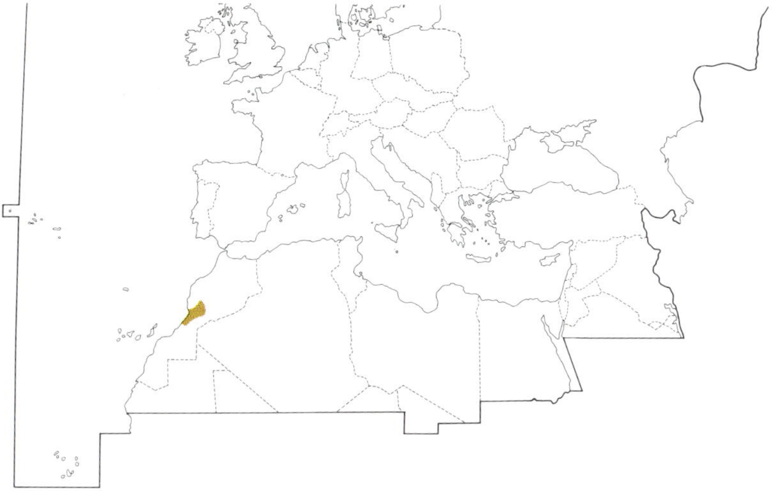

Brutbiologie

Eiablage in Marokko vermutlich Febr. - März. Die 1 (-2) Eier werden allein vom ♀ bebrütet. Bebrütungs- und Nestlingsdauer unbekannt.

Nahrung

Überwiegend Reptilien: Eidechsen, kleine Schlangen, Chamäleons. Ferner Vögel bis zur Größe von Kleintauben sowie Insekten und Kleinsäuger.

Jagdtechnik

Jagt von Baumspitzen, Pfählen, Termitenhügeln u.ä. aus. Jagt auch beim Laufen auf der Erde. Sehr wendig.

Singhabicht mit geschlagenem Webervogel.

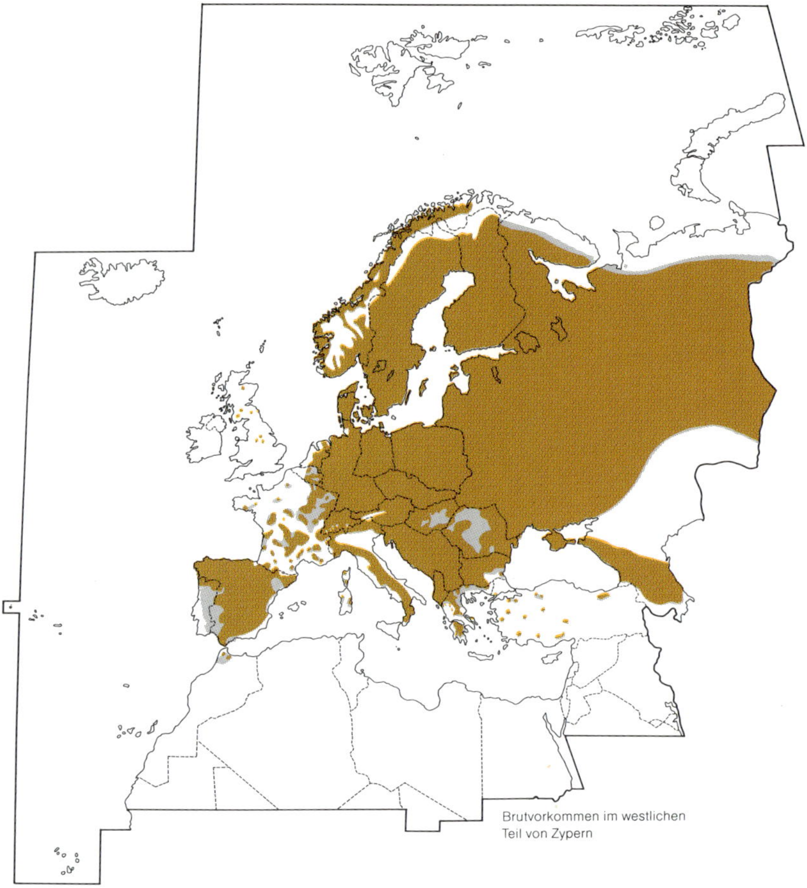

Habicht

Accipiter gentilis

Verbreitung

Brutvogel in fast der ganzen Westpaläarktis; Nord- und Südgrenze folgen im großen ganzen der Baumgrenze. Ostwärts erreicht das Brutgebiet den Stillen Ozean und setzt sich jenseits in Nordamerika fort.

Ist in 9 Rassen gegliedert, wovon die aktuelle die Nominatrasse ist, die den größten Teil der Westpaläarktis bewohnt. Die Rasse *A.g.arrigionii* kommt auf Korsika und Sardinien vor (sie ist klein, sehr dunkel und stark gestreift), *A.g.buteoides* von Nordschweden und Nordfinnland ostwärts bis zur Lena (heller, grauer und ein bißchen größer; juv. mit weißen Flecken auf der Oberseite).

Bestandsschätzung

Eine Gesamtschätzung (siehe Tabelle S. 144) ist nicht möglich. Für Europa ohne die Sowjetunion wird der Bestand mit 28 500–33 500 Paare bewertet.

Da der Habicht nicht leicht am Brutplatz zu zählen ist, viele Zählungen an der unteren Grenze des tatsächlichen Bestandes liegen werden, sind die Gesamtzahlen mit Vorsicht zu nehmen.

Bestandsentwicklung

Der Habicht ist vermutlich der Greifvogel Europas, der am härtesten der gewaltsamsten Verfolgung ausgesetzt war. Die Art schaffte das Überleben in dünn besiedelten Gegenden wie z. B. in den großen Wäldern Nordeuropas, nicht aber in dicht bevölkerten Landstrichen, wo die Horste verhältnismäßig leicht zu finden sind.

Statistiken über geschossene Habichte in Nordeuropa vom Ende des 19. und Beginn des 20. Jahrhunderts zeigen einen schwankenden, auf lange Sicht jedoch stabilen Bestand.

Zur gleichen Zeit war die Situation in den dicht bevölkerten Ländern wesentlich gefährlicher für den Erhalt der Art. Bis in die 60er Jahre unseres Jahrhunderts hinein wurde vielerorts Massenvernichtung betrieben, etwa an Fasanerien, von Taubenzüchtern und manchen Jägern. Lediglich die Jagdruhe von 1940 bis 1950 gab eine wichtige Verschnaufpause. Die Bestände brachen in den 50er und 60er Jahren abrupt zusammen, in den Niederlanden z. B. fast bis zur Ausrottung der 180–220 Paare von 1955 – vor allem aufgrund ungehemmter Anwendung von Umweltgiften in jenen Jahrzehnten.

Um 1970 wurden die schlimmsten Umweltgifte verboten und die Art weiträumig unter Schutz gestellt, die Bestände erholten sich danach schnell. Dank der stark reduzierten Verfolgung liegen die Habichtbestände heute in mehreren Ländern über dem Niveau der vorhergegangenen 100 Jahre. Auf einer Untersuchungsfläche (137 km^2) am Niederrhein nahm der Habichtbestand von 2,9 Brutpaaren/100 km^2 auf 13,1 Brutpaare/100 km^2 von 1963 bis 1976 zu.

Habicht, ad. Männchen auf Ansitz.

Die Siedlungsdichte beträgt heute in Schleswig-Holstein in großen Waldungen 3,1-5,9 Brutpaare/100 km²; in einem 2000 km² großen Untersuchungsgebiet bei Schleswig blieb von 1968 bis 1979 der Bestand an brütenden (51 Paare) und nicht brütenden Vögeln praktisch unverändert. Die Jungensterblichkeit ist nach wie vor in Schleswig-Holstein hoch und beträgt ca. 40% im 1. Lebensjahr. Auch in Südbayern deckte eine gründliche Untersuchung auf, daß sich der Bestand von 1968 bis 1980 nicht positiv verändert hat. Warum? Auf einer 364 ha großen Untersuchungsfläche gibt es 820 private Jagdreviere, nur in 33 von ihnen brüteten Habichte. Da ein Habichtpaar aber ein Revier von der Größe von 7 (!) Jagdrevieren besitzt, sehen 7 Jagdpächter in ihrem Revier Habichte. Die dadurch zustande kommende maßlose Überschätzung des Habichtbestandes gefährdet den Habicht bei uns nach wie vor sehr. Die Verluste in diesem südbayerischen Untersuchungsgebiet, verursacht durch den Menschen, waren 1960-1968 und 1969-1981 gleich hoch. Im Allgäu waren 1969-1981 die Verluste noch höher, wobei ca. 50% auf illegales Aushorsten durch Falkner entfiel. Hier wurde auch eine weitere bedrohliche Verlustquelle aufgedeckt: das Erschlagen hungernder, in Bauernhöfe eindringender Junghabichte im Winter. Alle modernen Untersuchungen haben eines bewiesen: der Habicht bedarf des unbedingten Schutzes ohne jegliche Ausnahme.

Zug

Überwiegend Stand- und Strichvogel, im Norden teilweise Zugvogel. Finnische Ringvögel wurden daher in 50% der Fälle mehr als 50 km entfernt vom Beringungsort rückgemeldet, deutsche nur zu 4%. Daher verlassen auch nur ganz wenige Habichte Europa; in Gibraltar werden jährlich ca. 30 gesehen und am Bosporus ziemlich wenige.

Habitat

Bevorzugt eine abwechslungsreiche und deckungsreiche Landschaft und als Brutbiotop reich gegliederte Wälder

Habicht, ad. Männchen mit geschlagenem Schneehuhn.

über 100 ha. Kann sich etwa in Schleswig-Holstein auch mit kleineren Wäldern zufrieden geben, ja selbst in Baumgruppen brüten (Jütland). Der Horst steht etwa zu gleichen Teilen auf Nadel- und auf Laubbäumen.

Stimme

Am ruffreudigsten zur Brutzeit. Drei Typen: a) ein schnelles, rhythmisches und durchdringendes »gig-gig-gig« am Horst als Alarm- und Stimmfühlungslaut. b) ein bussardähnliches »hi-e« als Kontaktruf des Weibchens zum Männchen. c) der kurze Abfluglaut »tsjitt«.

Brutbiologie

Normalerweise erstmals im Alter von 2-3 Jahren brütend, aber einjährige Vögel nehmen ebenfalls am Brutgeschäft teil, besonders, wenn die Verluste etwa durch Verfolgung oder nach strengen Wintern hoch sind. Von 1967 bis 1976 betrug der Anteil Einjähriger beim Brüten auf einer Kontrollfläche in Schleswig 7 (♂) bzw. 10 (♀) % (n = 591).

Die Ehe wird lebenslang geschlossen. In milden Wintern beginnen die Balzflüge schon Ende Jan./Anfang Febr., der Horst wird in milden Wintern im Febr. gebaut oder ausgebaut. Während dieser Zeit sieht man den Balzflug: entweder einen Kreisflug über der Horststätte mit langsamem Flügelschlag, den Schwanz ausgebreitet und die weißen Unterschwanzdecken »geflaggt«; der Girlandenflug - ein Flug mit hocherhobenen Flügeln, wie man ihn von Haustauben kennt; oder gewaltige Sturzflüge wie beim Mäusebussard.

Der Horst wird von beiden Eltern gebaut. Er steht meist 8-20 Meter hoch im unteren Kronenbereich. Die Eiablage erfolgt trotz klimatischer Unterschiede einigermaßen gleichzeitig in Mittel- und Nordeuropa, nämlich Ende März/Ende April (Anfang Mai). Das Gelege von 2-5 Eiern wird vom Weibchen in 35-42 Tagen erbrütet. Die Bebrütung

Habicht, ad. im Flug.

beginnt mit dem 1. oder 2. Ei, trotzdem schlüpfen sämtliche Junge in 48-60 Stunden.

Die Nestlingszeit dauert 35-40 Tage, es folgt das Ästlingsstadium in Horstnähe, und mit etwa 50 Tagen löst sich die Familie von der Horstumgebung. Die Familienauflösung erfolgt etwa im Alter von 70-80 Tagen.

Der Bruterfolg lag bei 384 schleswig-holsteinischen Bruten (1968-1979) bei 1,9 juv./Brut, bei 189 niederrheinischen (1974-1977) bei 2,53 juv/Brut und bei 1000 dänischen Bruten bei 2,1 juv./Brut.

Nahrung

Vielseitig. Fängt bevorzugt Vögel nach dem Prinzip, daß die zahlreichste Art in passender Größe am häufigsten gefangen wird. Dadurch entstehen große lokale Unterschiede.

In Nordeuropa dominieren als Nahrung Waldhühner (25-50%) und Krähenvögel (15–23%); in der Bundesrepublik (n = 18000) Wildtauben und Haustauben (20–45,5%), ebenso in Dänemark (37%); in einem Gebiet der DDR Wasservögel 35% (meist Bläßhühner und Enten). Eine ältere deutsche Zusammenstellung von 9022 Beutetieren enthielt 8309 Vögel in 123 Arten und 713 Säuger in 16 Arten. An Vögeln werden außer den Tauben alle erreichbaren mittelgroßen Arten vom Star über Drossel bis zu Kiebitz und Waldohreule genommen. Von den Säugern werden im wesentlichen Kaninchen, Junghasen, Eichhörnchen, lokal auch Murmeltiere erbeutet.

Eine Untersuchung aus Schleswig-Holstein (1950–1955) über die Nahrungszusammensetzung (3874 Beutetiere) ergibt eine gute Idee von der jahreszeitlichen Variation des Speisezettels. Stare: im Juni 20%, im Oktober 1%; Ringeltauben: im Juni 7%, im Oktober 40%; Krähenvögel: im Juni 16%, im Oktober 2%. Rebhühner waren am stärksten im April mit 15%, am geringsten im Oktober mit 3% betroffen; Haustauben machten generell ca. 20%, im August aber nur 11% der Beutetiere aus. Hier führten dagegen Kaninchen und Junghasen mit 23%, um bereits im September ihr Jahresminimum mit 11% zu erreichen.

Anhand einer Saarbrücker Beuteliste hat man auch die Schwerpunkte nach kg % (= % der Biomasse) ausgerechnet. Danach stellten im Großraum Saarbrücken die Tauben 47% der Biomasse, aber nur 37,1% der Beutetiere. Auch hier war die jahreszeitliche Schwankung ausgeprägt: Haustauben von Aug. – Nov. 32,6% der Biomasse, April – Juli 14,4%; Ringeltauben 9,1% bzw. 25% Biomasse.

Mit dem geringen Wissen früherer Zeiten um die Funktionen der Greifvögel in der Natur ist es nicht verwunderlich, daß der Habicht mit seiner Beutewahl in hohem Maße Anlaß zu Haß in Jägerkreisen und bei Bauern, unter Tauben- und Fasanenzüchtern gab.

In bezug auf Wildhühner und Tauben ist es in den letzten Jahren klar geworden, daß der Habicht vor allem kranke oder stark geschwächte Individuen schlägt. Eine schonische Untersuchung ergab, daß der Habicht in einem Jahr 25% der Fasanen schlug, die im Winter umkamen. Die Erklärung dafür war, daß die Fasanen an Tuberkulose litten und dadurch eine leichte Beute wurden. Im darauffolgenden Jahr mit einem gesunden Fasanenbestand und mehreren Habichten im Gebiet betrug ihr Anteil nur 8%.

Die Nahrungsreviere sind, wie schon oben gesagt, sehr groß. Im Schleswigschen ergaben neueste Untersuchungen an Habichten mit tragbaren Sendern (Telemetrie) Jagdreviere von 5 bis 64 km^2! Die niedrigsten Werte kamen vom Männchen während und kurz nach der Brutzeit, wenn das Nahrungsangebot optimal ist. Im Winter wurden die Jagdgebiete am größten.

In Nordeuropa ist glücklicherweise aufgrund des größeren Wissens und als Folge der vielseitigen Bedrohungen der »Raubvögel« ganz deutlich eine Gesinnungsänderung den Greifvögeln und damit auch dem Habicht gegenüber eingetreten. Immer mehr frühere Verfolger sehen ein, daß es inkonsequent ist, die ursprüngliche Tierwelt zu verfolgen, um z. B. einen eingeführten und künstlich am Leben gehaltenen asiatischen Hühnervogel zu schützen.

Es muß ganz klargemacht werden, daß, wenn man Fasanen, Haustauben oder Haushühner halten möchte, man sie entweder durch Käfige und Überspannungen gegen Gefahren schützen muß oder aber den natürlichen Preis an Greifvögel und Raubtiere zu zahlen hat. Aus modernem biologischen Denken heraus ist es in jedem Fall unmöglich, daß Beutefänger bestraft werden sollen.

Jagdtechnik

Wendet in der Regel den Überraschungsangriff an. Streicht oft ganz tief über den Boden, dabei jede Form der Deckung nutzend. Kann seine Geschwindigkeit kräftig erhöhen, doch hält er die Höchstgeschwindigkeit normalerweise nur 500 m durch. Auffliegende Vögel werden nur kurz verfolgt.

Der Habicht kann bei der Jagd auf Säuger auch einen langsamen, fast rüttelnden Flug sehr dicht über dem Boden anwenden.

Habicht, juv. mit geschlagenem Eichhörnchen.

Der Bestand des Habichts in der Westpaläarktis

Dänemark	ca. 500 Paare (1981)[51]	Früher unter starkem Jagddruck; in den 50er und 60er Jahren sicher auch Umweltgiften hart ausgesetzt. Teilweise geschützt seit 1967. Seitdem starke Zunahme.
Schweden	ca. 6000 Paare (1981)[9]	Bestandsentwicklung nur aus 2 Landesteilen bekannt.
Norwegen	häufig (1971)[62]	Anscheinend Rückgang in den 60er Jahren, möglicherweise aufgrund von Umweltgiften (1974)[3].
Finnland	ca. 10300 Paare (1981)[81] 6000 Paare (1985)[110]	Anscheinend stabil bei starkem Jagddruck und Horstplünderungen. Die große Zahl wurde anhand der geschossenen Habichte errechnet.
Sowjetunion	?	In einem 270000 km^2 großen Gebiet Zentralrußlands ca. 1600 Paare (1979)[1] und stabil. In Estland und Lettland aufgrund von Verfolgung Rückgang.
Polen	7000 Paare (1984)[80]	Zunahme.
DDR	1100 Paare (1982)[90]	Brandenburg: ca. 140 Paare (1983)[36]. Mecklenburg: ca. 400 Paare (1979)[52]. Nach kräftigem Rückgang nun Stabilisierung oder zunehmend.
Bundesrepublik Deutschland	2700–3200 Paare (1982)[22]	Schleswig-Holstein: ca. 400 Paare (1980)[59]. In den 50er und 60er Jahren Rückgang um 60–80%, meist durch Abschuß. Rheinland: 400–420 Paare (1981)[88].
Niederlande	400 Paare (1980)[87]	Nach fast erreichter Ausrottung (ca. 20 Paare 1963) deutlicher Anstieg in den letzten Jahren.
Belgien	150–250 Paare (1979)[1]	Scheint nicht den großen Schwankungen des Bestandes ausgesetzt gewesen zu sein. In Zunahme.
Luxemburg	ca. 20 Paare (1979)[3]	
Großbritannien	ca. 60 Paare (1981)[60]	Fast ausgerottet um 1900. Der jetzige Bestand scheint aus entflohenen Beizvögeln entstanden zu sein. Zunehmend.
Frankreich	ca. 4500 Paare (1984)[103]	Anscheinend 60%iger Rückgang seit den 30er Jahren. Entwicklung jetzt stabil[103].

Schweiz	ca. 600 Paare (1980)[25]	Nach gewaltigem Rückgang in den 50er und 60er Jahren (Umweltgifte) nun stabiler oder leicht wachsender Bestand.
Österreich	60-80 Paare (1977)[48]	Stabilisiert nach gewaltigem Rückgang.
Italien	150-200 Paare (1977)[26]	Gewaltiger Rückgang durch die Jagd (illegal und legal). Sardinien: 20-40 (50) Paare (1977)[41].
Spanien	ca. 3000 Paare (1977)[27]	Deutlicher Rückgang; im wesentlichen aufgrund zurückgehender Kaninchenbestände seit Einschleppen der Myxomatose.
Portugal	selten (1979)[50]	Regelmäßiger Brutvogel.
Tschechoslowakei	ca. 1000 Paare (1977)[43]	
Ungarn	200-300 Paare (1977)[44]	Geht gewaltig zurück.
Jugoslwawien	häufig (1982)[19]	
Rumänien	100-120 Paare (1977)[42]	Noch in den 50er Jahren in mehreren Gebieten häufig gewesen.
Bulgarien	wenige Paare (1971)[3]	Rückgang (1979)[1].
Albanien	?	Keine Daten.
Griechenland	sporadisch (1969)[3]	
Türkei	<500 Paare? (1979)[1]	
Marokko	10-100 Paare (1982)[19]	
Zypern	6-8 Paare (1985)[108]	

Habicht, ad., und Seeadler am ausgelegten Luder.

Sperber

Accipiter nisus

Sperber, juv.

Verbreitung

Der Sperber hat in der Westpaläarktis eine sehr weite Verbreitung. Ostwärts erstreckt sich das Brutareal in einem breiten Gürtel bis an den Stillen Ozean; isoliert im Himalaya.

Die Nominatrasse bewohnt den größten Teil der Westpaläarktis. Östlich davon brütet die etwas größere Rasse *A.n.nisosimilis;* im Himalaya-Gebiet die gleich große und etwas dunklere *A.n. melachistos;* auf Korsika und Sardinien die kleine, dunklere *A.n.wolterstorffi;* auf den Kanarischen Inseln und Madeira die kleine, dunkle *A.n.granti* – und schließlich in Nordafrika die große helle Rasse *A.n.punicus.*

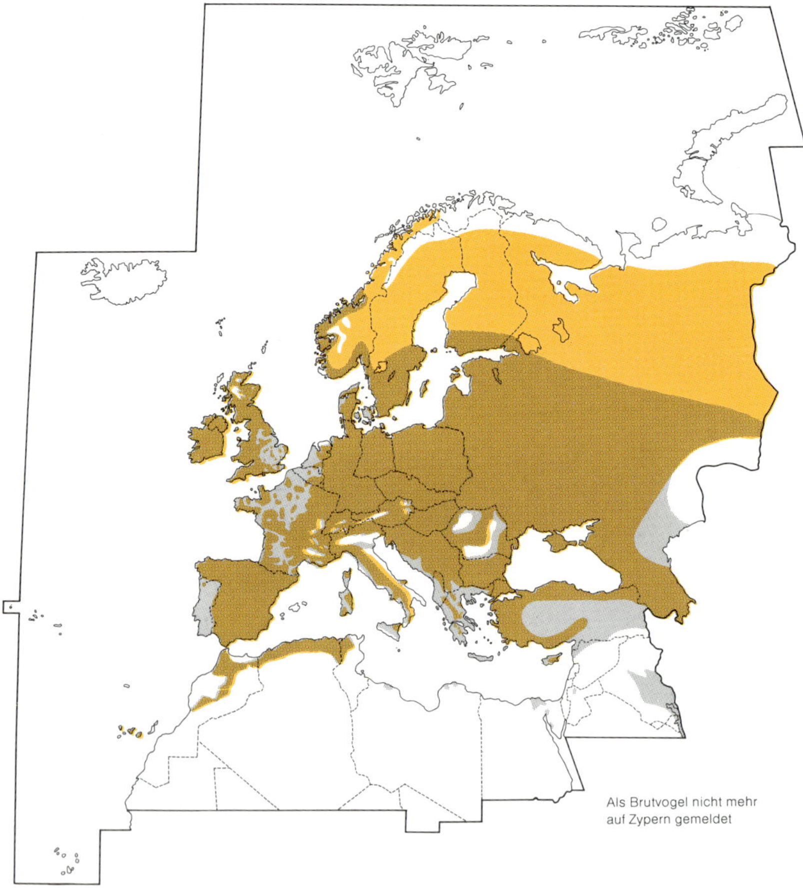

Bestandsschätzung

Der Sperber lebt schweigsam und versteckt seinen Horst oft überraschend gut. Daher werden im allgemeinen die Bestände unterbewertet.

Die zugänglichen Angaben (Tabelle S. 152) ergeben nur eine Möglichkeit für eine Schätzung des Bestandes ohne Sowjetunion. Dieser Bestand zählt zwischen 75 000 und 120 000 Brutpaaren.

Bestandsentwicklung

Über den Rückgang als Folge der allgemeinen Greifvogelverfolgung in den letzten Jahrhunderten hinaus war der Sperber eine der Arten, die in der großen Umweltgiftzeit der 50er und 60er Jahre gewaltsam ausgelöscht wurden. Charakteristisch waren Bestandsabnahmen von 60–90%, je nachdem, wie reichlich diese Pestizide benutzt worden waren.

An vielen Orten war der Sperber bis dahin der häufigste Greifvogel des Landes gewesen – dank seiner Stellung im ökologischen System als Kleinvogeljäger mit dementsprechend leichtem Beutezugang. Diesen Status hat die Art jedoch nicht halten können.

Mit der starken Abnahme des Gebrauches von DDT, PCB und Dieldrin hat sich die Situation bis heute wesentlich verbessert. In Nord- und Mitteleuropa hat der Sperber verlorenes Terrain wiedergewinnen können – ohne allerdings das frühere Niveau zu erreichen.

In Südeuropa hingegen gibt die Situation keinen Anlaß zum Optimismus. Hier kämpft man an vielen Orten ständig gegen die veralterte Auffassung vom Greifvogel als dem Feind jagdbaren Wildes – eine besondere Ungereimtheit, wenn es um den Sperber geht. Illegale Jagd und Horstplünderungen sind daher in Süd- und Osteuropa ständige und wirkliche Probleme.

Hinzu kommt, daß der Sperber in einer Reihe von Ländern ganz legal geschossen werden darf, in einigen von ihnen mit Vorbehalt: Dänemark, Finnland, DDR, Österreich, Tschechoslowakei, Kanalinseln, Bulgarien, Rumänien, Griechenland und Malta.

Zug

Abhängig von der geographischen Heimat entweder Zug-, Strich- oder Standvogel mit der allgemeinen Tendenz, daß die Anzahl Zugvögel gegen Nord und Nordost ansteigt (vgl. Karte).

Sperber, ad.

Deutsche Sperber ziehen im Spätsommer und Herbst (Hauptzug im Oktober) südwestwärts bis Spanien und Nordwestafrika. Einige verbleiben auch in der Heimat. Gleichzeitig ziehen durch bzw. kommen zum Überwintern in Mitteleuropa die Sperber Nordeuropas einschließlich Nordrußlands an. Auch hier liegt der Höhepunkt des Durch- und Zuzugs bei uns im Oktober.
An Zugtrichtern konzentriert sich der Zug: Bei Falsterbo zogen 1983 Ende Aug. - Mitte Nov. 13600 Sperber durch. Die Zahlen für Bosporus (max. 500) und Gibraltar (ca. 1000, Höhepunkt Sept.) zeigen, daß die Winterquartiere meist in Europa liegen.
Interessant ist, daß die Altersklassen und die Geschlechter zeitlich getrennt ziehen. Man hat das in Rossitten und auf Helgoland schön nachweisen können. Auf Helgoland beginnen juv. ♂ den Zug, es folgen die juv. ♀, danach alte ♀ und als letzte die alten ♂. Im Frühjahr läuft das Geschehen in umgekehrter Reihenfolge ab und die jungen ♂ bilden den Schluß.
Der Frühjahrszug beginnt recht früh: Die rheinischen Brutreviere z.B. werden vom zweiten Märzdrittel an besetzt. In Schleswig-Holstein setzt der Frühjahrszug mit dem letzen Märzdrittel ein, hat seinen Höhepunkt in der ersten Aprilhälfte und läuft dann im Mai aus.
Die Einheimischen besetzen ihre Brutreviere Ende März - Anfang April. Der Frühjahrszug der Skandinavier passiert Dänemark hauptsächlich von Anfang April bis Anfang Mai, mit einer Jahreshöchstzahl bei Skagen von 3800.

Habitat

Bevorzugt als Brutbiotop Gebiete, in der offenes Gelände mit Misch- und Nadelwald abwechselt, ideal eine Parklandschaft. Der Horst steht bevorzugt auf 20-45 jährigen Fichten, wo er gut versteckt werden kann, und nicht allzuweit weg vom Waldrand oder einer Lichtung. Die Wälder sind in der Regel über 5 ha groß. Laubbäume nimmt er nur äußerst selten als Horstbaum.
Die Wälder werden zur Winterzeit oft verlassen. Der Sperber jagt dann in offenen Landschaften, in denen die Menschen ja durch reichliche Winterfütte-

rung auch für seine unentbehrliche Nahrung - die Kleinvögel - sorgen. Ein im Garten bzw. vorm Fenster am Futterbrett jagender Sperber ist ein besonderes Naturerlebnis für den Städter.

Stimme

Während der Brutzeit viel in Horstnähe zu hören. Der Warnruf ist ein scharfes, schnelles »gigigig« oder »kikkikkik«. Beim Balzflug äußern beide Geschlechter ein weiches »jü gjü gjü gjü ...«. Am Horst locken sie sich mit gedämpften »wäk wäk wäk« bzw. »tjäck tjäck tjäck« und einem »kuä küäw küäw«.

Brutbiologie

Brütet normalerweise im Alter von 1-2

Sperber, ad. Männchen.

Sperber, ad. mit geschlagener Amsel.

Jahren. Die Ehe hält oft nur eine Brutsaison, doch in Gegenden, in denen sich die Vögel im oder nahe des Brutraumes das ganze Jahr hindurch aufhalten, ist es auch häufig, daß sie mehrere Jahre zusammenhalten. Es sind einzelne Fälle von Polygamie und von Polyandrie bekannt geworden.
Nicht alle Paare führen zu Beginn der Brutzeit über dem Horstplatz einen Balzflug vom Girlandentyp durch, ähnlich dem des Habichts. Andere ersetzen ihn durch Verfolgungsflüge im Walde.
Der Horst wird jedes Jahr neu gebaut. Er wird auf der Grenze zwischen den toten und den frischen Zweigen eines Nadelbaumes in 4-12 m Höhe stammnah angelegt.
Beide Eltern bauen, doch das ♀ am meisten. Die 3-6 (7) Eier werden normalerweise Ende April und im Mai mit jeweils 2 Tagen Zwischenraum gelegt und vom ♀ in 33-36 Tagen pro Ei (39-42 Tage pro Gelege) erbrütet. Die Nestlingszeit beträgt 24-30, die Jungenführungszeit danach 20-30 Tage.
Die Jungenproduktion war in den 50er und 60er Jahren sehr niedrig. Der Sperber scheint gegenüber Pestiziden besonders empfindlich. Der Prozentsatz an Gelegen, die verlorengingen, stieg deutlich an - die Anzahl Eier, deren verdünnte Schalen zerbrachen, stieg in England von 4 auf 30%.
Seitdem hat sich die Lage wesentlich verbessert. Neue dänische Untersuchungen z. B. zeigen, daß in den Jahren 1974-1976 ca. 2,3 Junge pro Brutpaar hochkamen, genug für eine Ausbreitung der Art. Aber viele Brutversuche schlagen fehl. 33-50% jährlich - oft dadurch, daß einer der Eltern umkommt. Rheinische Bruten ergaben 1977 (n = 27) 2,9 juv. pro Brut, wobei ca. 20% der Bruten erfolglos waren. In Schleswig-Holstein lag der Bruterfolg 1967-1980 in gleicher Höhe: 2,9 (139 Bruten) bzw. 3,0 (49 Bruten) juv. pro Brut.

Nahrung

Auf Kleinvogelfang spezialisiert. Die Zusammenstellung der Untersuchungen (Deutschland und Niederlande) von ca. 62000 Beutetieren während der Brutzeit zeigt, daß Kleinvögel ca. 97,5% der Beute ausmachen.
Die Untersuchungen ergaben folgende Häufigkeitsverteilung: Drosseln und Drosselartige (z. B. Rotkehlchen, Nachtigall) 17,4%, Spatzen 15,2%, Finkenvögel 12,3%, Grasmücken 8,6%, Meisen 8,3%, Lerchen 6,5%, Ammern 6,2%, Schwalben 5,2%, Stare 3,8%, Stelzen und Pieper 4,8% und Laubsänger 2%, zusammen 90,3%. Es wurden über 150 verschiedene Arten nachgewiesen.
Die 2,5% andere Beute bestand fast ausschließlich aus Wühlmäusen. Sogenanntes jagdbares Flugwild spielte keine Rolle: Tauben 0,7%, Rebhuhn und Fasan 0,2%.

Die Zusammenstellung der entsprechenden Winter-Untersuchungen (ca. 5000 Beutetiere) ergibt das gleiche Bild, doch verschiebt sich die Artzusammensetzung; schließlich sind viele Arten in ihre Winterquartiere abgezogen. Es dominieren dann als häufigste Beute die Spatzen mit 32,8%, gefolgt von den Finkenvögeln mit 26,1%, den Drosseln mit 14,1%, Meisen 5,9%, Staren 5,1% und Lerchen 4,2% = 88,2%. Der Säugeranteil geht runter auf 0,7%, so daß Vögel 99% der Nahrung im Winter stellen.

Der Sperber ist damit in Hinblick auf das jagdbare Wild harmlos. Sämtliche, auch hier nicht zitierte Untersuchungen festigen die Ansicht, daß Hühnervögel und Tauben nur ausnahmsweise als Beute in Betracht kommen. Gerade ausgeflogene junge Sperber nehmen ab und zu Fasanenküken als leichte Anfangsbeute. Aber sie werden für den Sperber schnell als Beute zu groß.

Der Nahrungsbedarf eines überwinternden Sperberweibchens wurde mit 1-2 Kleinvögeln pro Tag ermittelt.

Die antiquierte Vorstellung vom Sperber als Schädling der Kleinvögel kann heute ebensowenig gegen den Sperber ins Feld geführt werden wie die früher angenommene Jagdschädlichkeit. Aus modernem biologischen Denken ist das Töten des Sperbers absurd.

Jagdtechnik

Tiefer Suchflug unter Aussnutzung jeglicher Deckung mit Überraschungsangriff oder Ansitzjagd. Der Sperber verfolgt seine Beute mitunter so rasant, daß er tödlich verunglückt, wenn er einem Hindernis nicht rechtzeitig ausweichen kann.

Oft erreichen die Beutevögel eine Deckung. Der Sperber kann dann versuchen, sie herauszuscheuchen, etwa durch Schlagen gegen die schützenden Zweige oder bei Hecken durch mehrfaches dichtes Darüberfliegen. Normalerweise bleiben aber die Kleinvögel sitzen, und der Sperber verschwindet. Es scheint so, als ob er in weniger als 5% seiner Versuche Erfolg hat.

Sperber, ad. mantelt über der Beute.

Der Bestand des Sperbers in der Westpaläarktis

Dänemark	3500–5000 Paare (1981)[51]	Nach gewaltigem Rückgang (mindestens 65%) in den 50er und 60er Jahren (Pestizide) ist der Bestand deutlich angewachsen und scheint jetzt stabil zu sein.
Schweden	30 000 Paare (1977)[58] 14 000 Paare (1981)[9]	Große Uneinigkeit wegen der Bestandsgröße. Nach Rückgang in den 50er und 60 er Jahren (Pestizide) hat der Bestand erneut zugenommen.
Norwegen	recht häufig (1971)[62]	
Finnland	10 000 Paare (1985)[110]	Rückgang als Folge der Pestizide von ca. 80% in den 50er und 60er Jahren. Danach begann Erholung.
Sowjetunion Estland	? ca. 800 Paare (1976)[11]	In einem 270 000 km^2 großen Gebiet Zentralrußlands 4000 Paare (1977)[1]. Zunehmend. Die Zahlen erscheinen auffallend klein.
Polen	2000–4000 Paare (1984)[80]	Vermutlich Rückgang. Ursache unbekannt.
DDR	300 Paare (1982)[90]	Mecklenburg: 100 Paare (1979)[52]. Brandenburg: 40–50 Paare (1983)[36]. Nach gewaltigem Rückgang jetzt stabil.
Bundesrepublik Deutschland	1200–6600 Paare (1982)[22]	Ab 1950 Rückgang bis zu 80%, besonders durch Pestizide. In Schleswig-Holstein 300 Paare (1977)[59], Rheinland 160–210 Paare (1979)[88], Bayern über 2000 Paare (1981).
Niederlande	ca. 1200 Paare (1978)[53]	Nach Rückgang jetzt positive Entwicklung.
Belgien	200–300 Paare (1979)[1]	Nach Rückgang jetzt anscheinend stabil.
Luxemburg	ca. 50 Paare (1971)[3]	Gewaltiger Rückgang.
Großbritannien mit Irland	15 000–20 000 Paare (1976)[47]	Nach dem typischen Rückgang in den 50er und 60er Jahren (Pestizide und Verfolgung) nun Wiederbesiedlung.
Frankreich	10 000–20 000 Paare (1984)[103].	Gewaltiger Rückgang in den 50er und 60er Jahren[103].
Schweiz	?	Nach gewaltigem Rückgang jetzt anscheinend eine gewisse Wiederbesiedlung (1980)[25].

Sperber, ad. Männchen.

Österreich	?	Brutvogel in allen Ländern, vielleicht ausgenommen Wien (1977)[48].
Italien	800–1000 (1977)[26]	Sardinien: 100–200 Paare (1977)[41]. Bestand seit 1945 halbiert (Jagd, Pestizide, Falknerei).
Spanien	ca. 9000 Paare (1977)[27]	Rückgang durch Pestizide.
Portugal	spärlich (1982)[19]	
Tschechoslowakei	1000–2000 Paare (1977)[43]	Rückgang.
Ungarn	150–200 Paare (1977)[40]	Ausgeprägter Rückgang.
Rumänien	100–120 Paare (1977)[42]	Die angegebene Zahl unterscheidet nicht zwischen Sperber und Kurzfangsperber.
Bulgarien	spärlich (1971)[3]	
Jugoslawien	spärlich (1974)[3]	
Albanien	?	Keine neuen Daten. Wahrscheinlich Brutvogel.
Griechenland	>3000 Paare (1982)[19]	
Türkei	1000 Paare ?(1982)[19]	
Zypern	–	Kein Brutvogel [108].
Tunesien	>100 Paare (1982)[19]	
Algerien	?	
Marokko	500–1000 Paare (1982)[19]	
Madeira	?	Wahrscheinlich Rückgang (1965)[1].
Kanarische Inseln	lokal zahlreich (1970)[1]	Vermutlich Rückgang.

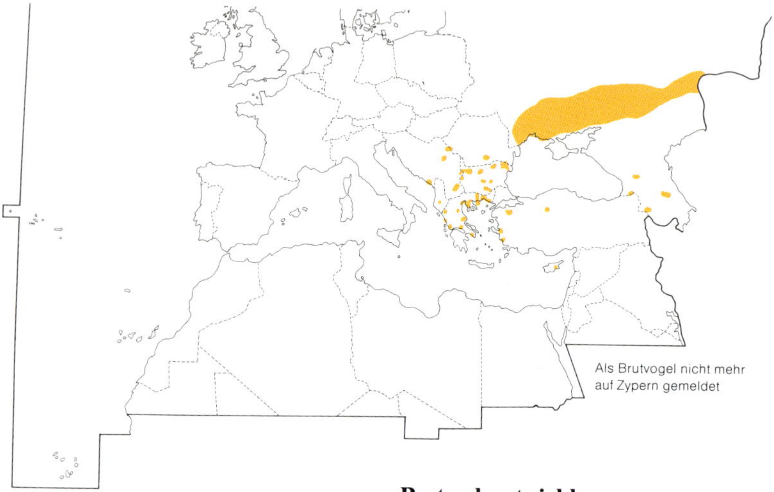

Kurzfangsperber

Accipiter brevipes

Verbreitung

Siehe Karte. Außerhalb der Westpaläarktis Brutvogel Nord- und Westirans.

Bestandsschätzung

Die zugänglichen Angaben erlauben keine Schätzung des Gesamtbestandes (siehe Tabelle S. 156). Hingegen können die Zugzahlen einen Fingerzeig geben. Das Maximum am Bosporus betrug 1978 in der Zugzeit von Mitte/Ende Sept. insgesamt 7150 durchziehende Kurzfangsperber (eigene Beobachtung Gensbøl). Diese stammen vom Balkan und vermutlich aus dem größten Teil des sowjetischen Brutgebietes und repräsentieren somit einen sehr großen Teil der gesamten Population. Ein kleiner Teil zieht über den kaukasischen Zugtrichter Arhavi/Borcka südwärts, so im Herbst 1976 290 Vögel. Rechnet man die Jungvögel ab, ergeben diese 7440 Vögel bei vorsichtiger Schätzung ca. 2100 Brutpaare. Der Bestand ist also größer als bisher angenommen.

Bestandsentwicklung

Unbekannt.

Zug

Ausgeprägter Zugvogel. Die Winterquartiere sind unbekannt. Bisherige Nachweise stammen aus dem Süden von Niger, Tschad und Sudan und aus dem Westen Abessiniens. Einzelne wurden auch von der Arabischen Halbinsel gemeldet.

Der Zug konzentriert sich im Herbst am Bosporus und läuft von Mitte Aug. bis Anfang Okt., der Höhepunkt ist die 2. und 3. Septemberwoche. Die Kaukasusroute hat, wie oben gezeigt, wesentlich weniger Bedeutung. Einiges deutet darauf hin, daß der größte Teil des sowjetischen Bestandes den Bosporustrichter benutzt. Auch das müßte näher untersucht werden.

Im Frühjahr sieht man den Zug in Israel und im nördlichen Sinai hauptsächlich ab Mitte April, am Bosporus Ende April.

Für den Kurzfangsperber ist es im Gegensatz zum Sperber typisch, daß der Zug sehr konzentriert abläuft. Die Hauptanzahl der ganzen Population zieht oft in ganz wenigen Tagen durch.

Habitat

Im Gegensatz zum Sperber ein ausgeprägter Laubwaldvogel. Zieht kupiertes Gelände vor, das nicht zu baumarm sein darf und zumindestens einzelne Feldgehölze oder Buschwerk beherbergt. Liebt die Nähe von Wasser.

Stimme

Sie ist deutlich anders als die des Sperber und erinnert entfernt an die des Wendehalses: Ein »kwuik kwuik kwuik« als Stimmfühlungs- und Erregungslaut. Stakkato »kewék-kewék-kewék ...« beim Balzspiel in der Luft und am Boden.

Kurzfangsperber, ad. Weibchen.

Kurzfangsperber, ad. Männchen.

Brutbiologie

Weitgehend unerforscht. Kann im Alter von 1 Jahr brüten; inwieweit das allgemein üblich ist, wissen wir nicht. Der Horst steht auf Laubbäumen in 4-20 m Höhe. Die 3-5 Eier werden Mitte Mai bis Ende Juni gelegt und vom Weibchen in 30-35 Tagen (pro Ei) erbrütet. Die Nestlingszeit beträgt anscheinend 40-45 Tage, die Jungenführungszeit danach ca. 15 Tage.

Nahrung

Vielseitiger als beim Sperber: Zur Brutzeit sind Kleinsäuger und Eidechsen die wichtigste Beute; Kleinvögel werden wenig gejagt; in der Dämmerung Jagd auf Fledermäuse. Große Insekten sind vorübergehend wichtig.

Jagdtechnik

Weihenähnlicher Suchflug und Rütteljagd. Die Beute wird in blitzschnellem Stoß vom Boden oder Büschen aufgenommen. Auch Ansitzjäger.

Der Bestand des Kurzfangsperbers in der Westpaläarktis

Sowjetunion	?	Unklarer Status. Rückgang? (1979)[1].
Ungarn	selten	Unregelmäßiger Brutvogel? (1977)[40].
Jugoslawien	selten (1982)[19]	Zu Jahrhundertbeginn lokal zahlreich[3].
Albanien	?	Brutvogel. Status unbekannt.
Rumänien	selten (1977)[42]	
Bulgarien	spärlich (1979)[1]	
Griechenland	ca. 400 Paare (1983)[84]	Stabil.
Türkei	10–100 Paare (1982)[19]	

Schikra

Accipiter badius

Verbreitung

Brütet in der Westpaläarktis nur unregelmäßig. Der einzige Brutnachweis stammt aus Azerbeidschan (1933). Das eigentliche Brutgebiet liegt im westlichen Zentralasien, in Südasien sowie in Afrika. Mehrere Rassen.

Zug

Der nördliche Bestand zieht im Sept./Okt. in die Winterquartiere von Iran bis Nordwestindien und ist wieder im April/Mai an den Brutplätzen zurück. Man sieht ihn südlich des Kaspisees auch im Winter[81], so daß vielleicht einige Altvögel nicht wegziehen.

Habitat

Brutvogel in Steppen, Savannen, Wüstengrenzen und Oasen; findet sich aber auch häufig in Kulturlandschaft, Baumgruppen um Höfe, auf Friedhöfen und Galeriewäldern.

Nahrung

Bevorzugt Reptilien, große Insekten und Vögel (u.a. Küken von Hühnervögeln), ferner Kleinsäuger, Froschlurche und Fledermäuse.

Schikra, juv.

Mäusebussard

Buteo buteo

Verbreitung

Der Mäusebussard brütet fast im ganzen europäischen Teil der Westpaläarktis. Das Verbreitungsgebiet reicht ostwärts durch den ganzen Waldgürtel bis zum Stillen Ozean.

Eingeteilt in zahlreiche Rassen: Die Nominatrasse bewohnt den größten Teil der Westpaläarktis; *B.b.arrigonii* Korsika und Sardinien (heller und etwas kleiner); *B.b.rothschildi* die Azoren; *B.b.insularum* die Kanaren; *B.b. harterti* Madeira; *B.b.bannermani* die Kapverdischen Inseln; *B.b.vulpinus* (als Falkenbussard bekannt) das nördliche Skandinavien, Finnland, den größten Teil der Sowjetunion und das östliche Polen; *B.b.menestriesi* u.a. die Krim, den Kaukasus und Nordanatolien (diese Rasse ähnelt stark dem Falkenbussard).

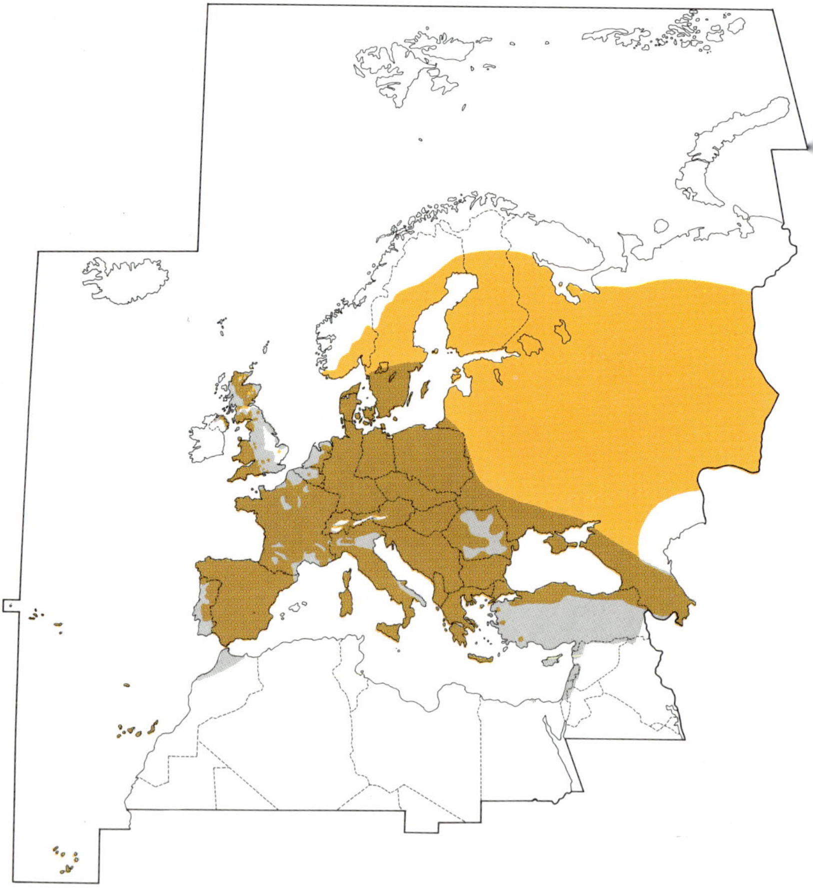

Bestandsschätzung

Für Europa ohne Sowjetunion (Zahlen fehlen) kann nach den vorliegenden Unterlagen mit einem Brutbestand von 210000–250000 Paaren gerechnet werden. Damit ist der Mäusebussard der zweithäufigste Greifvogel des Gebietes.

Bestandsentwicklung

Der Mäusebussard ist einer der robustesten Greifvogelarten der Westpaläarktis. Das sieht man u.a. daran, wie schnell er auf die verbesserten Lebensbedingungen in den letzten 10–15 Jahren reagiert hat: verstärkte Schutzmaßnahmen und eine sauberere Umwelt.
Die schematische Übersicht zeigt auf, daß in einigen Gebieten die Entwicklung negativ ist. In Italien und auf dem Balkan, wo illegale Jagd ein ständiges Problem ist, ebenso wahrscheinlich auch die Pestizide.
In vielen anderen Gebieten haben wir jedoch eine Zunahme des Bestandes. Lokal (etwa in Dänemark) nähert man sich dem Zustand, wo die Vögel die alten Brutplätze wiederbesiedelt haben, auf denen sie aus Jagdinteresse früher abgeschossen worden waren. Trotzdem gibt es stellenweise noch ausgezeichnete Brutbiotope, die leerstehen. Die einzige Erklärung dafür ist der Abschuß.
Es wird interessant sein, die Entwicklung in den nächsten Jahren zu verfolgen. Durch den verminderten Jagddruck ist der Mäusebussard im allgemeinen weniger scheu geworden, und die Art gedeiht ausgezeichnet in Menschennähe. Die am wenigsten Scheuen haben natürlich Zugang zu weiteren Futterquellen, wie totgefahrenem Wild, und haben dadurch vielleicht eine höhere Überlebenschance im Winter als die Scheuen. Noch vor wenigen Jahren galt es als absurd anzunehmen, daß der Mäusebussard nahe an Dörfern brüten könnte. Das ist es wohl nicht mehr, wenn der Vogel geschützt wird.
Schutz genießt er jedoch nicht überall.

Mäusebussard, juv.

In folgenden Ländern ist dieser jagdlich recht harmlose Greifvogel nicht voll geschützt: Dänemark, DDR, Bundesrepublik Deutschland, Österreich, Schweiz, Tschechoslowakei, Jugoslawien und Griechenland. Der Abschuß ist in diesen Ländern oft in der Umgebung von Fasanerien und Hühnerzuchten erlaubt, wenn der Mäusebussard Schaden verursacht.
Hier hat das moderne biologische Denken noch nicht Fuß gefaßt. Man bestraft die urtümliche Fauna, weil sie auf Versuchungen reagiert, anstatt daß man den Interessenten die Auflage macht,

dafür zu sorgen, ihre Haustiere gegenüber Greifvögeln zu schützen.

Zug

Die Inselrassen sind Standvögel, die Nominatrasse und *B.b.menestriesi* teils Kurzstreckenzieher, teils Stand- und Strichvögel, der Falkenbussard *(B.b. vulpinus)* Langstreckenzieher mit Winterquartieren im tropischen Afrika und Arabien.

Nominatrasse: Die nördlichen Bestände sind Zugvögel mit Südwesteuropa als Winterquartier, hauptsächlich nördlich der Pyrenäen. Nord- und mittelschwedische Vögel überwintern bevorzugt in Frankreich, besonders im Pariser Becken; südschwedische schon im erheblichen Ausmaß in Dänemark; dänische, von denen 43% als Zugvögel gelten, überwintern südwärts bis Nordwestdeutschland, den Niederlande, Belgien und Nordfrankreich. Ähnliches gilt für Schleswig-Holstein.

Eine dänische Untersuchung hat gezeigt, daß Jungvögel weiter ziehen als Erwachsene - 216 km im Durchschnitt gegenüber 160 km. Darüber hinaus kann generell gesagt werden, daß junge Mäusebussarde häufiger Zugvögel sind als Altvögel.

Der Mäusebussard ist ein typischer Leitlinienzieher, der in starkem Umfang die Meere an den kürzesten Passagen kreuzt. Bei Falsterbo beginnt der Herbstzug langsam Ende Aug., kulminiert Mitte Sept. - Mitte Okt. und ebbt Anfang Nov. ab. Das Maximum einer Zugsaison waren 36600 (1950) wegziehende Mäusebussarde - in neuerer Zeit 17200 (1974).

Der Zug verläuft in der Verlängerung der Falsterbo-Nase oder über den Öresund durch Dänemark (Stignaes: Höchstziffer 1980 31300) und weiter in einem rund 50 km breiten Korridor über die Insel Fehmarn und Ostholstein Richtung Hamburg Mitte Sept. - Mitte Okt.

Mäusebussarde passieren auch Gibral-

Mäusebussard und Fasanenhahn im friedlichen Beisammensein.

tar (1972 und 1974: 2700 bzw. 2800). Ihr Ziel ist unbekannt. Ein norwegischer Vogel wurde aus Marokko zurückgemeldet.
Der Zug des in Afrika überwinternden Falkenbussards verläuft weit konzentrierter. Am Bosporus registriert man ihn nur vom 10.9. bis 15.10. Höchszahlen für eine Saison sind hier 32900 (1969) und für die Kaukasus-Route (Borcka-Arhavi in der Nordosttürkei) 250000 (1976) mit der eindrucksvollen Tageshöchstzahl von ca. 135000 Ziehern am 28.9.
Der Frühjahrszug des Falkenbussards zeigt sich kräftig bei Eilat in Israel (ca. 31600 im Jahre 1977) und passiert den Bosporus in der Zeit von Ende März - Mitte April.
Der große Mäusebussardzug skandinavischer Vögel passiert das östliche Schleswig-Holstein und Dänemark Ende März - Mitte Mai, Höhepunkt ist die dritte Märzdekade. Der Zug passiert hauptsächlich Fehmarn, die dänischen Inseln, bei östlichem Wind auch Jütland. Viele Vögel sieht man dann beim Abzug über Skagen (max. 5500, 1974).

Habitat
Bevorzugt eine abwechslungsreiche Landschaft, in der Wälder (bevorzugt kleine) abwechseln mit offenem, kupierten Gelände. Bewohnt nahezu ausschließlich die Randzone des Waldes. Große kompakte Waldungen ohne Lichtungen beherbergen nur wenige Paare. Das Nahrungsrevier des Mäusebussards ist das offene Land. Während der Winterzeit kann man ihn in völlig baum- und waldlosen Gegenden vorfinden.

Stimme
Braucht sie fast ausschließlich im eigenen Territorium und am meisten während der Brutzeit. Am bekanntesten ist das miauende »hi-äe«. Man hört es u. a.

Mäusebussard mit geschlagener Wühlmaus.

bei Störungen in der Nähe des Horstes und während des Paarungsspieles.

Brutbiologie
Brütet normalerweise erstmals im Alter von 2-3 Jahren, kann aber schon als Einjähriger brüten. Unter den Standvögeln scheint die lebenslängliche Ehe am verbreitesten zu sein. Die Revierbesetzung wird durch Kreisflüge und Rufen angezeigt. Zu Beginn der Brutzeit sieht man den Balzflug regelmäßig. Aus großer Höhe werfen sich die Vögel im Sturzflug auf 30 - 40 m herab und steigen danach fast lotrecht zu einem neuen Sturzflug hoch. Ab und zu macht der Höchstfliegende einen Ausfall gegen den anderen, der sich dann dreht und mit den Fängen pariert. Für einen kurzen Augenblick können die Fänge gekoppelt werden.
Baut normalerweise jedes Jahr ein neues Nest, kann aber auch eines vom vorigen Jahr ausbessern. Beide Partner bauen. Das Nest steht in einem Baum normalerweise in 6-27 m Höhe.

Mäusebussard, ad. mit Kaninchen in den Fängen.

Die Eiablage beginnt in Mitteleuropa ab 23. März (ihr Höhepunkt liegt Mitte April) und Ende April in Nordskandinavien. Die 2-4 (5-6) Eier werden mit 2-3 Tagen Abstand gelegt. Beide Eltern brüten 33-38 Tage auf den Eiern. Die Nestlingszeit beträgt 50-55 Tage, und nach weiteren 40-55 Tagen sind die Jungen selbstständig.
Die jährliche Jungenproduktion ist stark abhängig von der verfügbaren Futtermenge - nach einer westdeutschen Untersuchung (1960-1971, 1740 Gelege) mit einer Variationsbreite von 0,42 bis 2,13 Junge pro Brutpaar.
In Schleswig-Holstein betrug der Bruterfolg 1971-1976 (133 Bruten) 1,6 Junge/Brut, mit jährlichen Schwankungsbreiten von 1,0 bis 2,13 Junge/Brut.

Nahrung

Überwiegend kleinere Nager und andere Kleinsäuger, aber auch Vögel, Reptilien, Amphibien, große Insekten und Regenwürmer. Vier mitteleuropäische Untersuchungen zeigen wie die Anteile sein können. Der Anteil an Kleinsäugern schwankte zwischen ca. 70 und 98%, an Vögeln zwischen 2,5 und 24%, Reptilien 0-15,4%, Amphibien 2,8-10,7%. Insekten und Regenwürmer wurden nicht berechnet.
Der Mäusebussard bevorzugt die Jagd über offenem Gelände. In der Liste der Kleinsäuger dominieren daher verschiedene Arten von Wühlmäusen, lokal auch Kaninchen, wenn diese zahlreich sind. Darüber hinaus werden regelmäßig u.a. auch Maulwürfe, junge Hasen, Spitzmäuse, Waldmäuse, Eichhörnchen und Ratten genommen.
Die schnelle Jagd ist nicht die Sache des Mäusebussards. Die Vogelbeute besteht daher in hohem Maße aus jungen

und frischausgeflogenen Vögeln, vor allem aus Staren, Drosseln, Krähen, Meisen, Finken, Ammern, Lerchen und Spechten, erst in zweiter Linie aus Küken von Fasan, Rebhuhn sowie Haustauben. An Reptilien werden hauptsächlich Eidechsen und Blindschleichen genommen, in zweiter Reihe Schlangen (verschiedene Nattern und Kreuzottern), an Amphibien sowohl Frösche als auch Kröten, an Insekten eine große Artenzahl von Heuschrekken, Käfern, Bienen und Schmetterlingen, normalerweise jedoch nicht als wesentlicher Bestandteil der Nahrung. Dagegen können Regenwürmer eine bedeutende Rolle spielen. Aas wird in der Zeit von Okt. - Febr. aufgenommen und kann dann einen großen Teil der Nahrung ausmachen. Es stammt in der Regel von Fallwild, aber er nimmt auch gerne ausgelegte Schlachtabfälle.
Aufgrund zahlreicher Magenuntersuchungen hat man die gewichtsmäßige Zusammensetzung der Nahrung ausgerechnet: Verschiedene Mäusearten 46%, Maulwurf 14%, übrige Säuger 16%, Reptilien, Amphibien und Fische 10%, Vögel 9% und Aas 5%.
Die Kräfte des Mäusebussards reichen aus, um eine Beute von einem Gewicht bis 500 g zu nehmen. Sieht man ihn daher an schwerer Beute, so handelt es sich um Aas oder um Beute in stark geschwächtem Zustand.

Jagdtechnik
Überwiegend Standjagd - in der Regel von einem Pfahl oder einem Ast aus, oft in geduldigem Warten. Ist eine Beute entdeckt, streicht der Mäusebussard im Gleitflug zur Erde und schlägt die Fänge in die Beute.
Sucht ferner in niedrigem Flug die Landschaft ab, u.a. rüttelnd, und spaziert oft auf dem Boden herum.

Mäusebussard auf ausgelegten Schlachtabfällen.

Der Bestand des Mäusebussards in der Westpaläarktis

Dänemark	4500–5500 Paare (1981)[51]	Nach harter Belastung durch direkte Verfolgung ist der Bestand deutlich gewachsen – seit 1970 lokal um ⅓. Noch stehen geeignete Biotope permanent leer durch Abschuß.
Schweden	18000 Paare (1981)[9]	Rückgang vermutlich durch Biotopveränderungen (Waldanbau).
Norwegen	spärlich (1971)[62]	Nach ausgeprägtem Rückgang in diesem Jahrhundert jetzt anscheinend positive Entwicklung.
Finnland	8000 Paare (1985)[110]	Seit den 30er Jahren Rückgang um 50%. Jetzt (1977)[10] stabil.
Sowjetunion Estland Lettland	? > 1000 Paare (1976)[11] häufig (1983)[34]	In einem 270000 km² großen Gebiet Zentralrußlands 16000–18000 Paare. Langsame Zunahme seit Unterschutzstellung (1979)[1].
Polen	32000 Paare (1984)[40]	Zunahme seit den 40er Jahren durch Schutz.
DDR	10000–20000 Paare (1982)[90]	Mecklenburg: 5280 Paare (1979)[52]. Der häufigste Greifvogel.
Bundesrepublik Deutschland	50000–90000 Paare (1982)[22]	Schleswig-Holstein: Abhängig von der Nahrungsmenge schwankt der Bestand zwischen 1700 und 3600 Paaren (1981)[59]. Rheinland: 2000–2300 Paare (1975–79)[88].
Niederlande	1650–2000 Paare (1980)[53]	Ausgeprägte Zunahme seit 1970.
Belgien	1200–2000 Paare (1979)[1]	Ausgeprägte Zunahme seit Anfang der 70er Jahre.
Luxemburg	1000–4000 Paare (1979)[3]	
Großbritannien	8000–10000 Paare (1970)[1]	Ereichte ein Maximum in den 50er Jahren. Der Zusammenbruch des Kaninchenbestandes (Myxomatose) brachte den Rückgang. Jetzt stabil?
Irland	1–10 Paare (1973)[1]	Ausgerottet in den 1880er Jahren. Versuch der Widerbesiedlung in den 50er Jahren.
Frankreich	45000–50000 Paare (1984)[103]	Nach Rückgang jetzt positive Entwicklung (1977)[1].
Spanien	15000 Paare (1977)[27] 5000 Paare (1979)[1]	Große Uneinigkeit über die Bestandsgröße.
Portugal	häufig (1982)[19]	Zusammen mit dem Turmfalken der häufigste Greifvogel (1979)[52].
Schweiz	häufig (1970)[25]	Zusammen mit dem Turmfalken der häufigste Greifvogel. Stabiler Bestand seit ca. 1960.

Italien	> 1500 Paare (1977)[26]	Der Bestand seit 1945 halbiert durch Abschuß, vergiftete Köder und Pestizide (?). Sardinien: 250-350 Paare (1977)[41]. Sizilien: 1000 - 1500 Paare (1982)[19]. Gesamtzahl zu niedrig angesetzt.
Österreich	häufig (1977)[48]	Stabil seit Mitte der 60er Jahre. Zusammen mit dem Turmfalken häufigster Greifvogel.
Tschechoslowakei	1000-3000 Paare (1977)[43]	
Ungarn	600-700 Paare (1977)[40]	Nach Verbot der gefährlichen Pestizide nun Zunahme.
Jugoslawien	häufig (1982)[19]	Ausgeprägter Rückgang in diesem Jahrhundert.
Albanien	?	Keine Angaben vorhanden.
Rumänien	240-300 Paare (1977)[42]	Ausgeprägter Rückgang.
Bulgarien	spärlich (1974)[2]	
Griechenland	5000 Paare (1982)[19]	Anscheinend Rückgang in diesem Jahrhundert.
Türkei	1000-5000 Paare (1982)[19]	
Azoren	max. 400 Paare[93]	Unbesiedelt sind Flores und Corvo Inseln.
Madeira	nicht selten[86]	
Kanarische Inseln	?	Nach Rückgang jetzt Zunahme auf einigen Inseln (1979)[1].
Kapverdische Inseln	wenige (1984)[97]	100 Vögel (1963 - 68)[94], nicht auf allen Inseln und evtl. temporär nach Westafrika ziehend[94].

Zwei sich um die Beute schlagende Mäusebussarde.

Rauhfußbussard

Buteo lagopus

Rauhfußbussard, juv.

Verbreitung

Verbreitet am Nordrand der Westpaläarktis. Von dort aus erstreckt sich das Brutgebiet ostwärts überwiegend durch die Tundrazone bis zum Stillen Ozean, wo es südwärts entlang der Küste bis Sachalin reicht. Auf der anderen Seite des Pazifiks setzt es sich entlang des Nordrandes Nordamerikas fort. Die Verbreitung ist daher zirkumpolar.
Die Nominatrasse deckt die Westpaläarktis ab. Im Gebiet des Jenissei wird diese von der etwas größeren und helleren *B.l.menzbieri* abgelöst, die ein verbreiteter Wintergast in Süd- und Südosteuropa ist. Darüber hinaus zwei weitere Rassen.

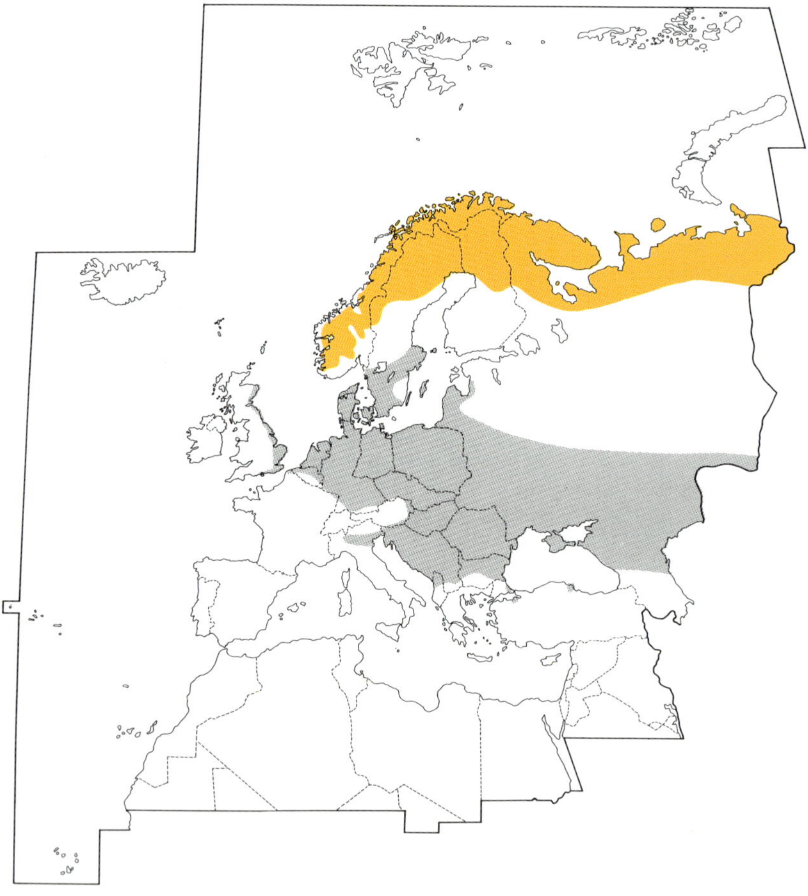

Bestandsschätzung

Für Fennoskandien ergibt sich ein Bestand von ca. 15 500 Paaren. Diese Zahl ist wahrscheinlich zu niedrig, da die norwegischen Zahlen aus einer Zeit stammen, in der die Bestände anscheinend niedriger als heute waren.

Es kann außerdem nicht ausgeschlossen werden, daß in einem gewissen Grad eine Bestandsverschiebung zwischen diesen Ländern stattfindet, da die Nagermaxima nicht gleichzeitig überall auftreten.

Bestandsentwicklung

Anhand von Zugzahlen in Finnland und Schweden (Falsterbo) entwickelt sich der nordeuropäische Bestand positiv. Die Zahlen deuten auf einen deutlich wachsenden Bestand im Vergleich zu den 50er und 60er Jahren hin, wo die Art offensichtlich (anhand der Zugzahlen) einem beträchtlichen Rückgang ausgesetzt war. Dieser Rückgang hatte vermutlich seine Ursache in den Pestiziden.

Die Ursache der Zunahme ist unbekannt, aber es ist denkbar, daß sie auf den geringen Jagddruck, die reiner gewordene Umwelt und sehr große Nagervorkommen in den Jahren 1973/74 und 1977/78 zurückgeht. Seit den 30er Jahren hatte es keine so starke Massenvermehrung der Nager in Nordeuropa mehr gegeben.

Zug

Ausgeprägter Zugvogel. Wie aus der Verbreitungskarte ersichtlich, liegt das Winterquartier deutlich südlich des Brutgebietes. Einzelne Vögel können aber in Norwegen und Südfinnland überwintern.

Die Brutplätze werden ab Ende Aug. verlassen und die ersten Vögel werden in Südschweden gesehen. Hauptzugrichtung ist Süd bis Südsüdost, wodurch sich der Zug etwa in Falsterbo nicht so wie bei anderen Leitlinienziehern konzentriert. Torhamns Udde, die Südspitze Blekinges, zählt mehr Durchzieher (ca. 3200) als Falsterbo. Konsequenterweise hat dann auch Bornholm einen nennenswerten Durchzug (17.–19. 10. 78 : 1151).

Deutschland erreichen die Rauhfußbussarde im Herbst in Schleswig-Holstein von Falsterbo über Fehmarn in der zweiten Septemberhälfte, spätestens Anfang Okt.; viele kommen erst

Rauhfußbussard, ad. nähert sich seinem Horst.

im November an. In Mecklenburg Ankunft frühestens ab Mitte Sept., die meisten aber erst im Okt. und bis Mitte Nov.; sie kommen über die Ostsee. In Bayern kommen sie im Okt. an, im Rheinland wohl erst im Nov.
Der Abzug der Überwinterer ist im Rheinland spätestens Ende März beendet, in Mecklenburg verlassen die ersten das Land im Febr. und die Mehrheit im März. Der Durchzug südlicher überwinternder Vögel beginnt im März und ist in der Regel Ende April beendet. In Schleswig-Holstein ist der Rauhfußbussard wintersüber der zweithäufigste Greifvogel der Niederungen. Der Heimzug setzt frühestens Ende März ein und läuft im April ab. Die spätesten ziehen Anfang Mai weg. Im Frühjahr ist Skagen, die Nordspitze Jütlands, der beste Zugtrichter (max. 2336, 1978). Winterortstreue ist mehrfach nachgewiesen worden.

Habitat
Bevorzugt als Brutbiotop die Tundren sowie die Übergangszone zur Waldzone – in Skandinavien jene Gegenden, wo die Waldgrenze im Fjäll verläuft und das Brutgebiet über ihr liegt.
In guten Lemming- und Wühlmausjahren brütet die Art auch in eindeutigen Waldbiotopen mit großen, offenen Lichtungen und dehnt damit in solchen

Jahren ihr Brutgebiet weit nach Süden aus.
Außerhalb der Brutzeit ein Charaktervogel der offenen Landschaften. Jagt über feuchten und trockenen Arealen.

Stimme
Wird fast nur bei Störungen im Horst gehört. Erinnert sehr an den Ruf des Mäusebussards, ist aber in der Regel doppelt so lang und in höherer Tonlage.

Brutbiologie
Ab Ende März führt der Rauhfußbussard bei klarem Wetter in Schleswig-Holstein noch vor dem Abzug Balzspiele aus.
Brütet wahrscheinlich erstmals im Alter von 2–3 Jahren. Lebt in Saisonehe, die bereits im Winterquartier geschlossen wird, so daß die Vögel bereits verpaart am Brutplatz ankommen. Bei der Kürze des nordischen Sommers eine sinnvolle Einrichtung.

Der Brutbestand verändert sich in Relation zu einem 4jährigen Nagetierzyklus. In einem 32 km² großen Gebiet in der Lule Lapmark, Schweden, gab es 1970 –1978 folgende Ausschläge: 9, 0, 0, 8–10, 11, 7, 0, 6 und 11 brütende Paare. Es gibt demnach Jahre, in denen der Rauhfußbussard überhaupt nicht brütet. Dies ist jedoch noch nicht zufriedenstellend geklärt: Russische Untersuchungen haben gezeigt, daß der Rauhfußbussard weit umherstreifen kann, und einiges deutet darauf hin, daß sie in Jahren mit wenig Nagetieren andere Gebiete aufsuchen können, wo dann bessere Nahrungsbedingungen herrschen, und dort brüten.
Kurz nach Einnahme des Brutreviers führt der Rauhfußbussard seinen mäusebussardähnlichen Balzflug aus, doch im Gegensatz zu diesem ohne Gebrauch der Stimme.
Der Horst wird im Fjäll am häufigsten auf einer Felsenklippe angebracht, im

Fast flügge Rauhfußbussard-Junge

Rauhfußbussard, juv. auf Ansitz.

Wald auf einem Baum und in der Tundra direkt auf der Erde. Die 3-5 (2-7) Eier - die größere Anzahl in nagerreichen Jahren - werden Ende Mai - Mitte Juni gelegt und vom Weibchen in ca.

Rauhfußbussard, juv. im Flug.

31 Tagen (pro Ei) ausgebrütet. Die Nestlingszeit dauert 34-43 Tage und die Jungenführungsperiode einige Wochen.

Nahrung

Überwiegend kleine Nager. Diese stellen, nach Brutzeit-Untersuchungen, 80 -95% der Nahrung in reichen Jahren. Es sind Erd- und Sumpfmäuse, der Berglemming sowie die Tundra-Rötelmäuse. Nebenher werden auch junge Schneehasen und Hermeline gefangen. Norwegische Daten an 2114 Beutetieren ergaben nur 11% Vögel gegenüber 88,5% Säugern.
Im Winterquartier (schleswig-holsteinische Untersuchungen) waren unter 1425 Wirbeltieren nur 19 Vögel, aber 1348 Mäuse (95%). Nimmt gern im Winter Aas an.

Jagdtechnik

Rüttelt häufig aus 10-15 m Höhe für jeweils 4-20 Sek., ehe er zum nächsten Rüttelhalt weiterfliegt.
Wird eine Beute erspäht, senkt sich der Vogel, oft in Etappen, im moderaten Tempo nieder und versucht die Beute mit vorgestreckten Fängen zu greifen. Bei Nahrungsmangel vom Ansitz aus jagend.

Der Bestand des Rauhfußbussards in der Westpaläarktis

Norwegen	>6000 Paare (1961)[61]	Durchschnittswert guter und schlechter Jahre.
Schweden	7000 Paare (1981)[9]	Gewaltige Fluktuationen. Zahl aus guten Brutjahren.
Finnland	<2500 Paare (1985)[110]	Kräftige Fluktuationen.
Sowjetunion	?	

Adlerbussard

Buteo rufinus

Verbreitung

Außerhalb des in der Karte ausgewiesenen Gebietes brütet der Adlerbussard ostwärts in der Sowjetunion bis zur Mongolei, in Teilen Irans sowie verteilt auf der Arabischen Halbinsel. Die Vögel Nordafrikas bilden eine besondere Rasse: *B.r.cirtensis*. Sie ist kleiner und hat einen helleren Kopf und Schwanz.

Bestandsschätzung

Nicht möglich (siehe Tabelle S. 174). Der Balkanbestand scheint weniger als 100 Paare zu zählen (1975)[1].

Bestandsentwicklung

Nicht klar. Im vorigen Jahrhundert kannte man den Adlerbussard in Europa nur aus Rußland, Süd- und Mittelgriechenland. Wahrscheinlich erfolgte seitdem eine langsame Expansion in Südosteuropa nordwärts. In der Sowjetunion hingegen scheint das Areal in unserer Zeit geschrumpft zu sein.

Zug

Stand- und Strichvogel, nördliche Bestände aber Zugvögel mit Winterquartieren vorzugsweise in Afrika südwärts bis zum 10° N. Überwintert auch in Griechenland, der Türkei und Zypern.

Obwohl der Vogel ein Leitlinienzieher ist, wird er auffallend spärlich sowohl am Bosporus (max. 11, 1973) als auch bei Borcka (je 5 im Jahre 1976 und 1977) beobachtet. Es könnte sein, daß an beiden Orten der eigentliche Zug noch nicht vorüber war, als die Dauerbeobachtungen aufhörten. Denn bei Suez wurden 1981 1816 ziehende Adlerbussarde gesehen, vor dem 15.10. jedoch nur spärlich, und viele Adlerbussarde zogen noch am 5.11. durch, als die Beobachtungen beendet wurden.

Der Frühjahrszug ist in Israel Mitte Feb. - Ende April konstatiert worden; Zugbeobachtungen von mehr als 10 Vögeln in Zypern stammen vom 26.4. und 1.-3.5. 1972. Die türkischen Brutplätze werden Ende März besetzt, die bulgarischen ebenso und die im südlichen Rußland Mitte April.

Nördlich Südosteuropa ist der Adlerbussard auch heute noch nur ein Irr-

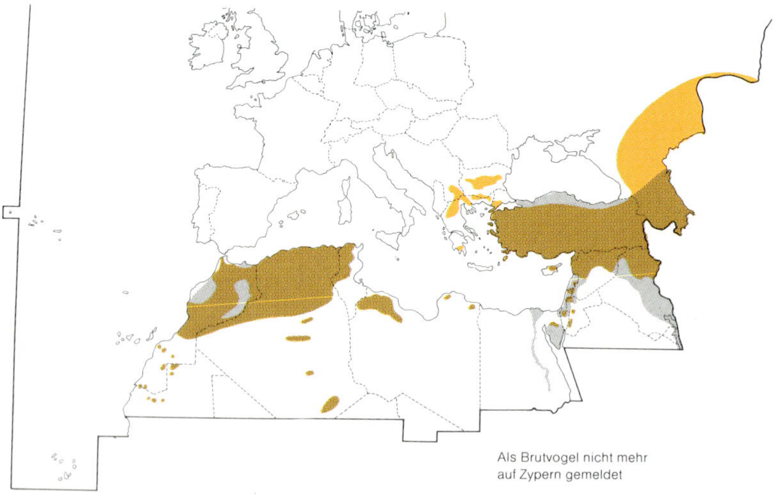

Als Brutvogel nicht mehr auf Zypern gemeldet

Adlerbussard, ein sehr heller Vogel.

gast. Im Rheinland wurde 1 Vogel 1893 erlegt, aus Bayern gibt es 6 Nachweise (1916–1977), in Österreich 17 (1856–1968), in der Tschechoslowakei immerhin 27; in Schleswig-Holstein 1 (1959), in Niedersachsen 2 (1962, 1968) und in Baden-Württemberg 3 (1890, 1902, 1930); in der Schweiz bisher 6 Vögel.

Habitat

Trockensteppen und Halbwüsten – auch ausgeprägte Wüstengebiete, in denen die Nahrung stimmt und Wasser in der Nähe ist. Auf dem Balkan außerdem in waldreichen, hügeligen Gebieten und flacheren Bergen mit Felswänden zur Horstanlage und offenen Flächen für die Jagd.

Stimme

Ruft sehr selten. Erinnert an Mäusebussard. Stimme ist aber kürzer und höher, evtl. auch lauter.

Brutbiologie

Brütet vermutlich erstmals wie der Mäusebussard im Alter von 2–3 Jahren.

Der Balzflug gleicht dem des Mäusebussards. Den Horst, oft auf einer kleinen Felswand oder an Schluchträndern auf Büschen und Bäumen plaziert, bauen beide Eltern. Die Eiablage auf dem Balkan erfolgt Ende März – Ende April. Die 3–4 (2–5) Eier werden in ca. 28 Tagen ausgebrütet.

Im Übrigen ist vieles unerforscht. In Nordwestafrika lebt er so wie bei uns der Mäusebussard.

Nahrung

Bevorzugt kleinere und mittelgroße Säugetiere: Wühlmausarten, Hamster, Rennmäuse, Erdhörnchen und Großohrigel, aber auch junge Hasen, Maulwürfe, Wiesel und Ziesel.

Reptilien und Insekten spielen eben-

falls eine große Rolle, weniger Amphibien und ausnahmsweise Bodenvögel (Lerchen bis Fasane).
Eine russische Untersuchung (1961-1962) von 279 Gewöllen ergab Reste von 222 Säugetieren, 105 Reptilien, 82 großen Insekten, 32 Froschlurchen und 30 Vögeln.

Im Winter nimmt der Adlerbussard gerne Aas an und nutzt die Grasratten und Maulwurfsratten als Grundnahrung.

Jagdtechnik

Ansitzjäger sowie Kreisflug in ca. 30 m Höhe. Rüttelt kaum oder gar nicht. Jagt auch zu Fuß.

Der Bestand des Adlerbussards in der Westpaläarktis

Sowjetunion	?	Das Brutareal scheint zu schrumpfen und im ganzen ostwärts zu wandern (1979)[1].
Bulgarien	spärlich (1971)[3]	Nur wenige Daten erhältlich, brütet aber anscheinend in vielen Teilen des Landes.
Jugoslawien	selten (1982)[19]	Anscheinend nur im südlichsten Teil vorkommend. Keine Anzeichen einer Expansion nach Norden.
Albanien	?	Brütet wahrscheinlich spärlich (1972)[1].
Griechenland	ca. 60 Paare (1983)[84]	
Türkei	1000-5000 Paare (1982)[19]	Brütet zerstreut (1979)[1].
Syrien	?	
Libanon	?	Ziemlich wenige Brutnachweise (1979)[1].
Israel	häufig (1982)[19]	Rückgang. Betroffen von Pestiziden.
Jordanien	?	
Ägypten	1-10 Paare (1982)[19]	
Libyen	?	Brütet; anscheinend in den Gebieten, die die Karte ausweist, aber vielleicht auch weiter südlich (1979)[1].
Tunesien	400 Paare (1982)[19]	
Algerien	häufig (1982)[19]	
Marokko	1000 Paare (1982)[19]	Lokal anscheinend Rückgang.
Mauretanien	?	

Adlerbussard, ad. mit Eidechse für die Jungen.

Steinadler
Aquila chrysaetos

Verbreitung
Der Steinadler brütet außer in der Westpaläarktis in großen Teilen Asiens ostwärts bis zum Stillen Ozean sowie in Nordamerika (Rasse *A.c.canadensis)*. Der größte Teil der Westpaläarktis wird von der Nominatrasse bewohnt, die ostwärts bis zum Altai vorkommt. Auf der Iberischen Halbinsel, in Nordafrika, auf Kreta, in Nahost, im Kaukasus und Iran brütet die kleinere und etwas dunklere Rasse *A.c.homeyeri*. Darüber hinaus finden wir in Asien *A.c.daphanea* in den Gegenden von Turkestan bis zur Mandschurei und Südostchina; *A.c.kamtschatica* vom Altai und östlich davon - und schließlich *A.c.japonica* in Korea und Honshu.

Bestandsschätzung
Von Europa ohne die Sowjetunion sind

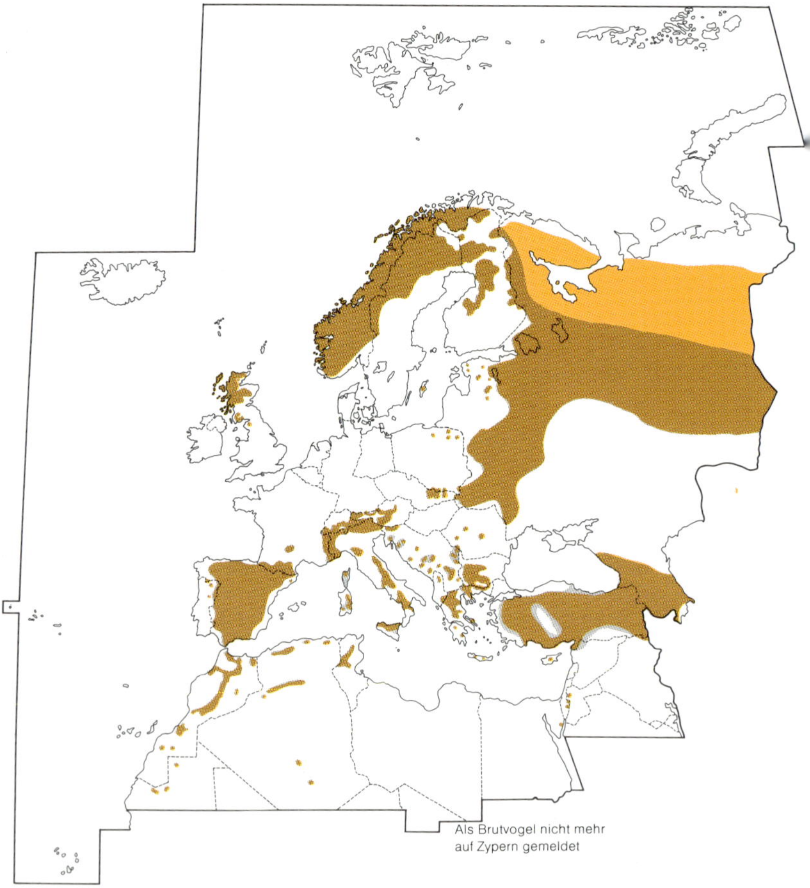

Steinadler, Paar am Horst.

fast alle Populationen in ihrer Paaranzahl bekannt. Das ergibt einen Bestand von 2500–3000 Paaren, was auf den ersten Blick nicht besonders imponierend wirkt bei einem derart großen Raum. In dieser Zahl ist berücksichtigt, daß der Alpenbestand unterschätzt worden ist (zusammen 500 Paare (1979)[45]).

Bestandsentwicklung

Während des großen Ausrottungsfeldzuges im vorigen Jahrhundert hatten die Adler die wenig beneidenswerte Rolle der gehaßten und am meisten verfolgten Beute und Trophäe inne. Eine solche Einstellung bei großen Teilen der Bevölkerung hatte natürlich Konsequenzen für die Verbreitung und Bestandsdichte. Allgemein gesehen wurde der Steinadler in den leicht zugänglichen Flachländern ausgerottet und überlebte nur in den dünn besiedelten und der Verfolgung schwieriger zugänglichen Gebirgen. So wurde z. B. der isländische Bestand völlig aufgerieben (1910); in Deutschland rottete man den Vogel im Flach- und Hügelland aus, und er hielt sich nur in den bayerischen Alpen – und selbst dort ebenso wie im übrigen unzugänglichen Alpengebiet kämpfte er ums Überleben. Die österreichischen Alpen bewohnten daher um 1900 nur noch 2–3 Paare Steinadler. In Schweden brütete die Art ursprünglich im größten Teil des Landes, aber durch die Abschießerei konnte er nur in den Fjällgebieten des Nordens überleben – diese Beispiele sollen nur für viele andere stehen.

Vor allem unter dem Eindruck der Pestizidwirkungen auf Greifvögel in den 50er und 60er Jahren geschah ein entscheidender Gesinnungswandel. Der Steinadler und die Mehrheit der anderen Greifvögel wurden im größten Teil Europas unter vollen Schutz gestellt, und, was wichtig ist, in vielen Ländern mit Unterstützung der Bevölkerung, am ausgeprägtesten in Nordeuropa.

Das Resultat dieses Sinneswandels sieht man in der Tabelle. In ganz Nord- und Mitteleuropa besitzt man heute sta-

Steinadler, juv.

bile oder wachsende Bestände. So gut sieht es im Süden nicht aus. Hier ist die Entwicklung in mehreren Ländern konstant negativ. Hier wird das Abschießen, die Horstplünderung (sowohl durch »Freunde« als auch Feinde), Vergiftung und Trophäenhandel immer noch geduldet - Phänomene, die zwar auch noch im übrigen Europa bekannt sind, aber nicht in dem Umfang, daß der Bestand zurückginge.

Der Steinadler hat offenbar keine großen Probleme, sich in der modernen Gesellschaft zurechtzufinden. Es sieht so aus, als ob er auch in der Kultursteppe gute Lebensbedingungen vorfindet. Es wird daher spannend sein, in den kommenden Jahrzehnten zu beobachten, in welchem Umfang diese Art das verlorene Terrain zurückerobern kann. Das hängt vielleicht davon ab, ob wir den Abschuß der vertrauensseligsten Individuen verhindern können. In Schweden hat der Steinadler inzwischen Gotland wiederbesiedelt (10 Paare 1983).

Zug

Im allgemeinen sind erwachsene Steinadler Standvögel, die Jungen Strichvögel. Jungvögel aus Nord und Ost ziehen am meisten umher und können fast als Zugvögel betrachtet werden, auf alle Fälle die Einjährigen. Finnische Jungvögel überwintern daher oft in Weißrußland und der Ukraine, schwedische in Mittel- und Südschweden. Aber nur einzelne verlassen das Land (0-4 pro Jahr in Falsterbo) und überwintern in Ostdänemark (5-10), Schleswig-Holstein (1-4) oder Mecklenburg (1- 2). In harten Wintern ziehen auch schwedische Altvögel einige hundert Kilometer südwärts und kommen dann vereinzelt bis nach Schonen.

Habitat

Brütet heute im größten Teil der Westpaläarktis in den Gebirgen. Wo die Bevölkerungsdichte gering und daher die Störungen selten sind, trifft man ihn ebenfalls im Flachland (z.B. in Rußland, Schweden und Finnland).
Benutzt alternativ mehrere Horste, entweder in überhängenden Felswänden oder in alten Bäumen - in Schweden mit einem festgestellten Durchschnittsalter von 320 Jahren!
Jagt gerne oberhalb der Waldgrenze oder in Landschaften mit abwechslungsreichen offenen Flächen und verlangt je nach Nahrungsbasis Reviere von unterschiedlicher Größe: in Schottland 40-75 km^2 und in den Alpen 75-191 km^2 (n = 51).

Stimme

Selten gebraucht, selbst während der Brutzeit. Zwei Lautarten: ein schrilles Kläffen, u.a. während des Balzfluges, und ein bussardähnliches »hiiä« als Warnruf und während des Balzfluges. Kann aber, wo mehrere Vögel zusammen überwintern, recht »gesprächig« sein.

Brutbiologie

Brütet im allgemeinen erstmals, wenn die ad.-Kleidung angelegt wird - in einem Alter von ca. 5 Jahren. Individuen im Jugendkleid sieht man ausnahmsweise verpaart am Horst: in den Graubündener Alpen waren von 50 Paaren 1978-81 nur viermal Weibchen subad. = 1%, bzw. 2% der Weibchen. Die Ehe ist lebenslänglich.

Steinadler, juv. (rechts im Hintergrund Kolkrabe).

Die Reviere werden ganzjährig und lebenslang bewohnt, jahreszeitlich zwar unterschiedlich genutzt, immer aber energisch verteidigt. Den Balzflug sieht man in zwei Formen: einen Sturzflug mit tiefer fliegendem Ehepartner, der sich auf den Rücken dreht und mit vorgestreckten Fängen abwehrt – und den Girlandenflug mit kurzen Abschwüngen und anschließendem Aufstieg.

Hat mehrere, alternativ benutzte Horste, meistens 2–3, man hat aber schon bis zu 14 gezählt.

Die 1–3 Eier werden Anfang März – Anfang April mit 3–4 Tagen Intervall gelegt und vom Weibchen allein erbrütet in 43–45 Tagen (pro Ei). Die Nestlingsdauer beträgt 65–80 Tage. Die Jungen verbleiben lange im elterlichen Revier, in Schottland und Skandinavien oft bis Okt., in den Alpen bis in den ersten Winter, längstens Jan.

In den Alpen Graubündens und Sondrios (Norditalien) war die Paaranzahl über Jahre hindurch konstant, und jeder geeignete Platz war mit einem Paar besetzt. Die Paare brüten jedoch nicht immer erfolgreich, manchmal Jahre hintereinander ohne Erfolg. Bei dieser Alpenpopulation lag der Bruterfolg 1973–1982 (n = 121) bei 0,43 Junge/Brut, die Anzahl erfolgreicher Bruten bei 0,34/Paar und Jahr. In ungünstigen Revieren (n = 28) betrug der Bruterfolg 0,07 Junge/Brut, und 46% der Paare brüteten nicht.

Steinadler werden sehr alt. Die Lebenserwartung der graubündener/sondrioser verheirateten Steinadler-Weibchen beträgt mindestens 20 Jahre. Der Bestand kann sich daher mit dieser geringen Aufzuchtrate recht gut erhalten, wenn er vom Menschen in Ruhe gelassen wird.

Steinadler, ad. landet mit Fuchswelpe im Fang auf dem Horst.

Nahrung

Sehr vielseitig und abhängig von den Möglichkeiten. Lokal können folgende Arten dominieren: Murmeltier (Sommernahrung in den Alpen), Ziesel, Hase, Kaninchen, Schildkröten (in Bulgarien im Sommer ca. 20% der Nahrung), Waldhühner, junge Gemsen, Hirsche, Rentiere und Rehe, diverse Haustiere sowie geschwächte Großtiere und Aas (Lawinenopfer).

An Säugetieren werden auch erbeutet: Jungfüchse, junge Dachse und Luchse; in anderen Gegenden Eichhörnchen, Wiesel, Marder, Lemminge, Igel, Katzen, Ratten, Wühlmäuse und Maulwürfe; an Vögeln: Enten, Watvögel, Möwen, Tauben, Reiher, Kraniche, Kormorane und Greifvögel aller Größen. In Südeuropa spielen Reptilien eine wesentliche Rolle.

Junge Paarhufer können bis zu 15 kg Gewicht geschlagen werden, Beute die schwerer ist, ist als Aas angefallen. Der Steinadler kann ein Rehkitz in wenigen Sekunden überwältigen. Doch die Prozentzahl erfolgreicher Beuteangriffe ist sehr gering, bei einem Männchen in den Alpen betrug sie 9%, bei einem Paar je 17%.

Bei dem übergroßen Schalenwildbestand würde sich der Steinadler auch in unserer Kulturteppe halten, wäre er dort nicht schon ausgerottet.

Bei dieser Beuteliste wundert es nicht, daß der Steinadler früher energischer Verfolgung ausgesetzt war. Glücklicherweise ist es heute Allgemeinwissen (und unbestreitbar richtig), daß der Steinadler wie andere Greifvögel auch in hohem Maße geschwächte Individuen nimmt (Gesundheitspolizei), so daß in unserer Natur selbstverständlich auch für ihn Platz ist. Die 3 unterengadiner Paare entnahmen in 4 Wintermonaten aus ihrem Schalenwildbestand von 300 -400 Tieren 4 aktiv und fraßen 6 als Aas. Deshalb braucht man ihn nicht zu verurteilen.

Steinadler, juv.

Jagdtechnik

Wendet häufig die Ansitzjagd von einem Aussichtsposten aus an. Sucht in niedrigem Suchflug (Baumspitzenhöhe) das Gelände ab. Die Beute wird dann im Stoßflug gegriffen, entweder am Boden oder im Auffliegen. Größere Säugetiere werden im tiefen Gleitflug verfolgt, ehe sie geschlagen werden.

Der Steinadler lernt mit der Zeit und wird mit zunehmendem Alter erfolgreicher in seiner Jagd. Ein Steinadler, der zur Jagd abgerichtet war, war anfangs bei der Hasenjagd nur bei jeder 20. Jagd erfolgreich, im Alter war er so ge-

Steinadler, ad.

schickt geworden, daß er die Hasen noch im Sitzen überraschte und sie schlug. Wildernde Katzen lernte er schnell als leichte Beute kennen, während er für Fasanen und Rebhühner aufgrund geringen Jagderfolges sein Interesse ebenso schnell wieder verlor.

Der Steinadler kann maximal zwischen 4 und 5 kg heben, weshalb er oft die Beute zerteilt, ehe er sie zum Horst transportiert. Noch größere Beute wird nicht verfrachtet, sondern mehrfach besucht, um von ihr zu fressen. An einer Beute frißt immer nur ein Adler zur Zeit. In einem gesunden Bestand warten aber schon in angemessener Entfernung mehrere Junggesellen darauf, daß der Altvogel abstreicht. Notfalls fliegen sie Sturzflugangriffe, um ihn endlich zu vertreiben. So sättigt eine große Beute mehrere Adler und - etwa im Winter - für längere Zeit.

Der Bestand des Steinadlers in der Westpaläarktis

Großbritannien	425 Paare und 87 Einzelvögel (1982/83)[102]	Nach gewaltigem Rückgang Erholung nach 1945, unterbrochen von neuem Rückgang durch die Verwendung von Dieldrin in der Schafzucht in den 60ern. Später erneute Zunahme. Nur 2 Paare in England, alle anderen in Schottland.
Norwegen	250–500 Paare (1977)[49]	Erst seit 1971 geschützt. Bis dahin starker Rückgang. Nun anscheinend stabiler Bestand.

Schweden	300–400 Paare (1983)[28]	Früher fast im ganzen Land verbreitet. Brütet jetzt nur in abgeschiedenen Gegenden. Bestand stabil.
Finnland	200 Paare (1985)[110]	Früher gewaltig verfolgt, u. a. von Rentierzüchtern. Jetzt stabiler Bestand.
Sowjetunion Estland Lettland Litauen	? 20 Paare (1983)[108] 5 Paare (1983)[34] ausgerottet (1964)[1]	Für das ganze Land, inkl. des asiatischen Teiles, rechnet man mit einigen tausen Paaren (1983)[6]. Geht anscheinend zurück im Süden (europäischer Teil) und expandiert vielleicht im Norden.
Polen	10 Paare (1984)[80]	Anscheinend stabil.
Tschechoslowakei	25–30 Paare (1977)[43]	Zunahme seit 1945.
Österreich	39–51 Paare (1977)[48]	Nachdem er der Ausrottung nahe war, jetzt in Zunahme begriffen.
Schweiz	100–120 (150) Paare (1980)[25]	Um 1900 selten. Nach Schutz 1952 Zunahme bis zur Sättigung und gesunde Bestände.
Bundesrepublik Deutschland	12–25 Paare (1982)[22]	Nach Rückgang und Schrumpfen des Brutgebietes jetzt stabilisiert.
Frankreich	190–236 Paare (1982)[102]	Nach Rückgang jetzt stabil. Pyrenäen: 36–39 Paare (1981)[39]. Korsika: ca. 16 Paare (1977)[14].
Italien	250 Paare (1983)[102]	Anscheinend stetiger Rückgang durch Abschuß, Nestplünderung und Vergiftung. 10–12 Paare.
Spanien	ca. 400 Paare (1977)[27]	Geht gewaltig zurück durch Biotopveränderungen, Verfolgung, Myxomatose der Kaninchenbestände und durch Vergiftung.
Portugal	ca. 5 Paare (1982)[44]	Von Ausrottung bedroht (1982)[19].
Jugoslawien	spärlich (1974)[3]	Rückgang.
Rumänien	30 Paare (1977)[42]	
Bulgarien	200 Paare? (1975)[1]	Anscheinend zunehmend nachdem die Verfolgungen abgenommen haben.
Albanien	?	Keine neueren Daten, aber wahrscheinlich Brutvogel.
Griechenland	ca. 250 Paare (1983)[84]	Rückgang (1974)[3].
Türkei	100–1000 Paare (1982)[19]	
Israel	10 Paare (1975)	Zunahme. Erster Horstfund 1972.
Ägypten	1–2 Paare (1982)[19]	
Tunesien	16 Paare (1975)[1]	
Algerien	spärlich (1982)[19]	
Marokko	100–500 Paare (1982)[19]	

Kaffernadler

Aquila verreauxii

Verbreitung

Das eigentliche Brutgebiet liegt außerhalb der Westpaläarktis in Ost- und Südafrika. Der Kaffernadler hat aber ohne Erfolg (1-2 Paar) mehrere Male versucht in Israel zu brüten, und vielleicht ist er fester Brutvogel im Sinai (1979)[1].

Zug

Nach den bisherigen Erkenntnissen Standvogel, aber Jungvögel können auch weit umherstreifen.

Habitat

Felsige Landschaften mit weniger als 750 mm Regen/Jahr und entfernt von Ortschaften.

Brutbiologie

Der Horst wird auf Felsenkliffs angelegt, ausnahmsweise auf einem Baum. Die Eiablage erfolgt im Sudan Dez. - März. Die 2 (1-3) Eier werden von beiden Eltern in 43-47 Tagen erbrütet. Die Nestlingszeit beträgt 84-99 Tage. Die anschließende Jungenführungszeit kann bis zu 6 Monaten währen. Nur ein Junges wird groß. Das Jüngere wird vom Älteren durch Hacken getötet.

Nahrung

Bevorzugt mittelgroße Säugetiere, am allerliebsten Klippschliefer (bis 98%), die max. 3,5 kg wiegen. Seltener Bodenvögel und gelegentlich Aas nehmend. Tagesbedarf etwa 400 g.

Jagdtechnik

Alle Beute wird am Boden geschlagen. Am häufigsten systematischer Suchflug, weniger Ansitzjagd.

Kaffernadler, ad.

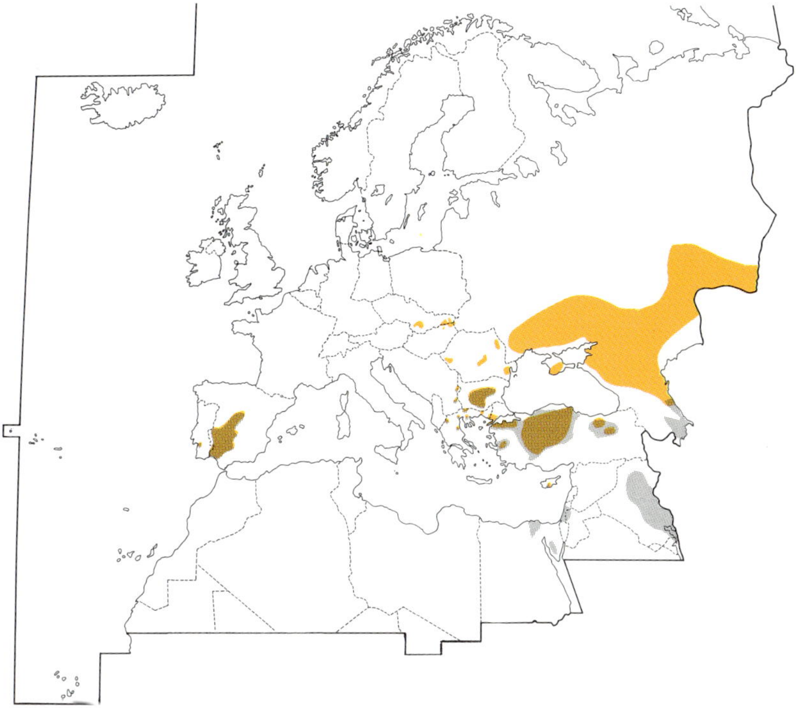

Kaiseradler

Aquila heliaca

Verbreitung

Ostwärts über den Kartenrand hinaus brütet der Kaiseradler im Steppengürtel bis hin zum Baikalsee-Gebiet. Die Vögel der Iberischen Halbinsel gehören einer besonderen Rasse an: *A.h.adalberti.*

Bestandsschätzung

Da aus der Sowjetunion die Angaben weitgehend fehlen (siehe Tabelle S. 189) kann lediglich der Bestand für Europa ohne die Sowjetunion geschätzt werden: 180 -208 Paare.

Bestandsentwicklung

Ein trauriges Kapitel: Von z.B. einem Brutbestand mehrerer tausend Paare in Bulgarien, mit einem Paar auf jeden 3. km längs der Donau in Rumänien (1925) und in Griechenland etwa allein in der Umgebung von Saloniki (1940er Jahre) 25-40 Paaren, sind wir heute in der Situation, nur noch einen Gesamtbestand von ca. 200 Paaren in Europa (ohne Sowjetunion) zu haben.
Es ist offensichtlich, daß die Verfolgung ein wichtiger bestandsreduzierender Faktor gewesen ist (und ständig in bestimmten Gebieten noch ist). Aber in welch hohem Maße auch Biotopveränderungen eine Rolle gespielt haben, wissen wir nicht. Der bevorzugte Biotop der Art, die unbestellte, recht flache, offene Landschaft, ist auf alle Fälle über viele Jahre durch Kultivierung gewaltigen Veränderungen ausgesetzt worden. In welchem Umfang Pestizide bei der Vernichtung mitgewirkt haben,

Kaiseradler, juv. auf dem Horst.

wissen wir ebenfalls nicht. Aber es ist bekannt, daß in den Räumen, in denen der Kaiseradler brütet, nicht besonders vorsichtig oder einschränkend Pestizide verwendet wurden.

In fast jedem Lande ist die Rede von rückgehenden Beständen. Soll die Art in Europa gerettet werden, ist es allerhöchste Zeit, sie auch wirksam zu schützen.

Der Kaiseradler gilt heute als der gefährdetste Adler Europas. Selbstverständlich ist es eine besonders bedenkliche Situation, daß die iberische Rasse nur noch aus 30-40 Brutpaaren besteht.

Zug

Iberische Rasse: Die Altvögel sind Standvögel, die Jungen im gewissen Umfang Strichvögel (gelegentlich bis Marokko). Die Nominatrasse: Zugvogel oder teilweise Zugvogel, der am Rande des Brutgebietes überwintern kann, aber generell sein Winterquartier in Ägypten und Sudan (südwärts maximal bis Kenia), Arabien, im Nahen Osten und Iran sowie in Süd- und Ostasien hat. Jungvögel ziehen am weitesten. In strengen Wintern wird Europa anscheinend ganz geräumt. Die Altvögel ziehen normalerweise nicht weit.

Bereits im August beginnen die Jungvögel umherzustreifen. Der eigentliche Zug läuft Mitte Sept. - Ende Okt. ab. Dieser konzentriert sich nur schwach am Bosporus und bei Borcka im Nordosten der Türkei. Es sind geringe Zahlen: 18 (1966-1975) bzw. 29 (1976-1977). Suez wird Ende Sept. - Mitte Okt. passiert.

Im Frühjahr passieren die Altvögel Mitte Febr. - Mitte März den Nahen Osten, Jungvögel hauptsächlich Ende März/Anfang April.

Nach Beobachtungen (Verfasser Génsböl), in Bharatpur in Indien an dort überwinternden sibirischen Vögeln, scheinen die Familien zusammen zu bleiben und gemeinsam zu überwintern.

Extrem selten gelangen Jungvögel auf ihren Wanderungen auch nach Polen, Deutschland, die Niederlande, Schweden und Dänemark.

Habitat

Bevorzugt als Brutbiotop Flachland parkartigen Charakters, d. h. die Waldsteppe und die Steppe, die in ihren Senken Wald trägt. Schlecht bewirtschaftetes Kulturland mit großen Einzelbäumen.

Im Winter werden ähnliche Biotope aufgesucht, jedoch mit einer stärkeren Bindung an Gewässer.

Stimme

Wird am meisten zur Brutzeit gebraucht, aber auch im Winterquartier gehört, u. a. wenn andere Greifvögel in das eigene Nahrungsrevier eindringen; am häufigsten ist ein rabenartiges, bellendes »grrr-grrr-grrr ...« im Halbsekundenrhythmus.

Brutbiologie

Der Kaiseradler ist im Alter von 4–5 Jahren ausgefärbt und brütet vermutlich erstmals in diesem Alter. Jüngere Vögel sieht man ausnahmsweise verpaart. Scheint auch dort, wo die Art Zugvogel ist, das Jahr über zusammenzuhalten und eine lebenslängliche Ehe zu führen.

Zu Beginn der Brutsaison – in Spanien Jan., in Südosteuropa März – sieht man den eindrucksvollen Balzflug.

Kaiseradler, *adalberti*-Paar auf dem Horst, das Weibchen rechts.

Kaiseradler, juv.

Die Vögel können beim stundenlangen Kreisen über dem Revier laut rufen und sich in gewaltigen gemeinsamen Sturzflügen in Richtung Erde stürzen, wobei sie sich an den Fängen festhalten.
Der Horst befindet sich auf 10–25 m hohen Bäumen und wird von beiden Gatten gebaut. Das Gelege von (1) 2–3 (4) Eiern wird in Spanien Mitte Feb. – Ende März, in Osteuropa Ende März – Ende April gelegt. Beide Eltern brüten; die Jungen schlüpfen nach 43 Tagen (pro Ei). Die Bebrütung beginnt mit dem ersten Ei, so daß die Jungen zu verschiedenen Zeiten schlüpfen. Die Nestlingszeit beträgt 65–77 Tage. Die Führungszeit der Jungen ist unbekannt, aber die Familien verbringen gemeinsam die Zeit im Winterquartier, und im Burgenland gelang einmal der Nachweis des Übersommerns einer Familie mit 2–3 imm.
In der Regel kommen jeweils 2–3 Junge hoch. Eine slowakische Untersuchung von 17 Paaren mit durchgeführter Brut ergab den hohen Durchschnittswert von 1,94 juv./Gelege (5 mit 3 Jungen, 6 mit 2 und 6 mit 1 Jungen).
Kaiseradler können sehr alt werden, das bisher älteste Exemplar wurde 44½ Jahre alt.

Nahrung

Mittelgroße Säugetiere und Vögel, Aas und ausnahmsweise Frösche und Schildkröten. Die Hauptbeute der Nominatrasse sind Ziesel sowie lokal Hamster, dann Junghasen, die der Iberier Kaninchen. Andere wesentliche Beutetiere sind Wühlmäuse, junge Murmeltiere und junge Boden- und Wasservögel.
Eine spanische Analyse aus einem wassernahen Biotop ergab ca. 42% Säugetiere, ca. 55% Vögel, ca. 3% Reptilien und 0,2% Fische.
Im Winterquartier werden Säugetiere bis zu 2 kg Gewicht, Schlangen und Echsen, Vögel sowie gerne Aas gefressen.

Jagdtechnik

Die meiste Beute wird am Boden geschlagen. Zur Vogeljagd ist er im Grunde zu groß und zu schwer; er schlägt Vögel daher am Boden oder im Auffliegen. Ansitzjagd von Bäumen, Heuschobern u. ä. aus. Wendet gleich häufig den Sturzflug aus dem Kreisen an. Übt auch die Bodenjagd im Laufen auf Frösche, Reptilien und Insekten aus.
Oft sieht man zwei Vögel während der Jagd zusammenarbeiten. Der eine scheucht die Beute auf und fängt deren Aufmerksamkeit ein, der andere schlägt die Beute im Überraschungsangriff.

Der Bestand des Kaiseradlers in der Westpaläarktis

Spanien	30–40 Paare (1982)[19]	Früher gewaltiger Rückgang. Scheint jetzt den Bestand zu halten trotz Biotopvernichtung.
Portugal	ausgerottet (1981)[2]; 1 Paar, vielleicht mehrere (1979)[1]	
Tschechoslowakei	10–15 Paare (1981)[2]	Rückgang.
Ungarn	8–10 Paare (1981)[2]	Rückgang.
Jugoslawien	2-3 Paare? (1981)[2]	Von Ausrottung bedroht (1982)[19].
Rumänien	100–110 Paare (1981)[2]	Früher gewaltiger Rückgang. Nun stabil?
Bulgarien	3 Paare (1979)[96]	Gewaltiger Rückgang von 2000 Vögeln Ende vorigen Jahrhunderts auf 3 besetzte Horste 1979[96].
Griechenland	ca. 20 Paare (1982)[19]	Rückgang.
Sowjetunion Moldauische SSR	? ca. 10 Paare (1979)[1]	In der ganzen Sowjetunion (einschließlich der asiatischen Gebiete): Einige hundert Paare (1983)[6]. Rückgang im europäischen Brutgebiet, Stabilität im asiatischen.
Türkei	50–150 Paare (1982)[19]	
Zypern	7 Paare (1985)[86]	1958 etwa 12 Paare[85].

Kaiseradler, juv.

Steppenadler

Aquila nipalensis

Wird von einigen Wissenschaftlern als selbständige Art angesehen, von anderen als Rasse des Raubadlers, *Aquila rapax.* Viele Literaturangaben zur Biologie sind daher überprüfungsbedürftig, da nicht eindeutig zuordenbar.

Verbreitung

Jenseits der Kartenbegrenzung ostwärts durch die Steppenzone Asiens bis zur Mandschurei. Die europäischen und westasiatischen Vögel gehören zur Rasse *A.n.orientalis.* Vom Baikalsee-Gebiet an wird sie durch die Nominatform abgelöst.

Die westlichsten Brutplätze liegen mit nur wenigen Paaren in der Ukraine. Das eigentliche Verbreitungsgebiet findet sich heute weiter östlich in den Gegenden nördlich des Kaspischen Meeres. Hier gibt es einen ständigen, dichten Bestand; im ganzen rechnet man dort mit ca. 5000 Paaren (1983)[6] im europäischen Teil des Brutgebietes mit in gewissen Gegenden einer Dichte von 3-5 Paaren auf 100 km^2.

Bestandsentwicklung

Das letzte halbe Jahrhundert mit seiner intensiven Kultivierung der Steppen hat das Verbreitungsgebiet kräftig verkleinert. Noch in der 1. Hälfte unseres Jahrhunderts brütete der Steppenadler in Moldawien (letzter Brutnachweis 1958) und großen Teilen der Ukraine.

Viele Steppenadler sind darüber hinaus an Hochspannungsleitungen tödlich verunglückt.

Habitat

Bewohnt zur Brutzeit die charakteristische, offene, flache Grassteppe sowie Halbwüsten. Die östliche Rasse ist stärker Bergvogel, unsere hält sich an das Tiefland. Im Winterquartier ebenfalls in offener, trockener Landschaft, meistens Savannen.

Zug

Langstreckenzieher (westliche Rasse) mit dem Winterquartier überwiegend

Verbreitung von Steppenadler und Raubadler.

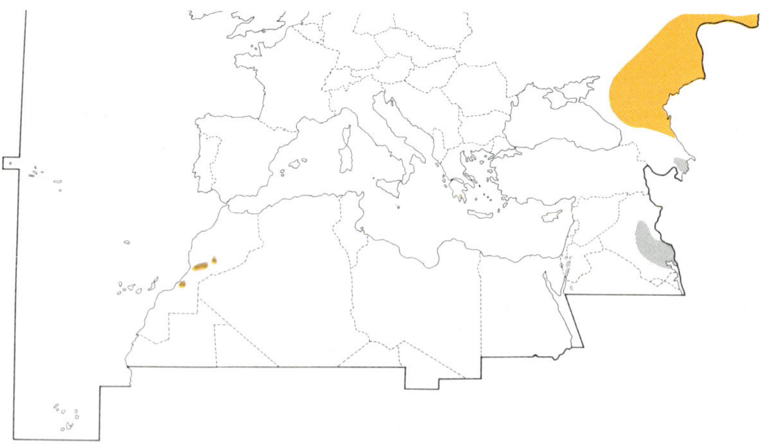

Steppenadler, ad.

im östlichen Afrika. Die Altvögel überwintern am nördlichsten: in Afrika bis zum Sudan und in Arabien. Die Jungvögel trifft man hauptsächlich in Ostafrika und südwärts bis Sambia, Malawi und Zimbabwe.
Ende Aug. - Anfang Okt. werden die Brutplätze verlassen, und die Vögel ziehen im Breitfrontenzug durch die Türkei, Armenien, Aserbeidschan, Nahost, dem nördlichen Iran und Afghanistan süd- bis südwestwärts. Die letzten ziehen hier Anfang Nov. durch. Interessanterweise gibt es bisher keine Nachweise aus Zypern.
Der Frühjahrszug verläuft im Nahen Osten konzentrierter: in der Zeit Mitte Feb. - Ende April, mit Spitze für die Altvögel Ende Feb./Anfang März und für imm. Ende März/Anfang April. Bei Eilat in Israel hat man die imponierende Anzahl von ca. 29000 Steppenadlern (1977) gezählt.
Nach Mittel- und Nordeuropa verirren sich extrem selten einzelne Jungvögel, und mancher davon war ein entflohener Käfigvogel.

Brutbiologie
Im Detail unbekannt - Geschlechtsreife unbekannt. Der Vogel ist im Alter von 6 Jahren ausgefärbt.

Kommt oft paarweise ab Mitte März am Brutplatz an. Die Reviergröße wechselt stark wegen ihrer Abhängigkeit von der verfügbaren Nahrungsmenge (Zieseldichte). Die Horste werden in guten Zieseljahren mit Minimalabständen von 300 m gefunden.
Der Horst wird in ungestörter Umgebung auf einer Erhöhung im Gelände angebracht, mit steigender Kultivierung und Verfolgung oft auf Heustacks oder in Bäumen. Beide Gatten bauen den Horst. Die 1-3 Eier werden Mitte April - Anfang Mai gelegt. Das Weibchen brütet allein ca. 45 Tage. Die Nestlingszeit beträgt ca. 60 Tage. Mehr ist nicht bekannt.
In guten Zieseljahren kommen pro Paar 2-3 Junge hoch. Doch sind die Brutverluste aufgrund des Bodenbrütens sehr hoch. In einem Jahr hatten von 21 beobachteten Paaren nur 3 Erfolg bei der Aufzucht.
Steppenadler können sehr alt werden. Der älteste Nachweis bisher war ein Alter von 41 Jahren.

Nahrung

Ganz ausgeprägter Nahrungsspezialist im Brutgebiet: ausschließlich Ziesel fressend. Andere Kleinsäuger werden nur ausnahmsweise genommen. Das gleiche gilt für junge Bodenvögel, Reptilien und Heuschrecken. Aas wird angenommen.
Im Winterquartier ist die Nahrung des Steppenadlers vielseitiger, von Aas bis zu schwärmenden Termiten. Da er bis vor 13 Jahren nur als Rasse des Raubadlers angesehen wurde, der in Afrika Standvogel ist, fehlt es an verläßlichen Angaben zur Nahrung.

Jagdtechnik

Am häufigsten Ansitzjagd; der Vogel schlägt seine Beute nach kurzer Jagd. Jagt auch aus Kreisflug heraus mittels Sturzflug und ist ebenfalls gut zu Fuß.

Steppenadler, immat.

Steppenadler, immat.

Raubadler

Aqulia rapax

Wird oft als Rasse des Steppenadlers angesehen, was jedoch nicht haltbar ist. Unser biologisches Wissen ist deshalb spärlich.

Verbreitung

Kommt in der Westpaläarktis - wie aus der Karte S. 190 ersichtlich - nur in Marokko vor: die Rasse *A.r.belisarius*. Diese brütet, außer in Südwestarabien, in großen Teilen Afrikas südwärts bis zum Äquator, wo sie von der Nominatrasse abgelöst wird. Kommt darüber hinaus in Nordindien und Burma vor: Rasse *A.r.vindhiana*.

Bestandsentwicklung

Der Raubadler ist in Nordafrika gewaltig zurückgegangen (siehe Tabelle S. 194). Die Ursachen sind unbekannt.

Habitat und Zug

Bergland und Savanne. Standvogel.

Brutbiologie

Anscheinend ähnlich Steppenadler. Ist jedoch schon mit 4 Jahren ausgefärbt. Horst auf Bäumen. Eiablage in Nordafrika: Mitte/Ende März.

Nahrung

Vielseitiger als die des Steppenadlers; raubt von anderen Greifvögeln Nahrung; Abfallfresser in Dörfern und in Krals.

Der Bestand des Raubadlers in der Westpaläarktis

Tunesien	ausgerottet? (1979)[1]	Brütete im vorigen Jahrhundert. Vielleicht noch im Süden des Landes lebend.
Algerien	ausgerottet ?(1982)[19]	Häufig im vorigen Jahrhundert. Nur ein Brutnachweis aus neuerer Zeit.
Marokko	10–100 Paare (1982)[19]	Brütet wahrscheinlich in den auf der Karte angegebenen Gebieten. Bedroht (1982)[19], evtl. durch sein Anschlußbedürfnis an Menschen und die bessere Hygiene, d. h. weniger Aas und Abfall.

Raubadler, helle Farbvariante.

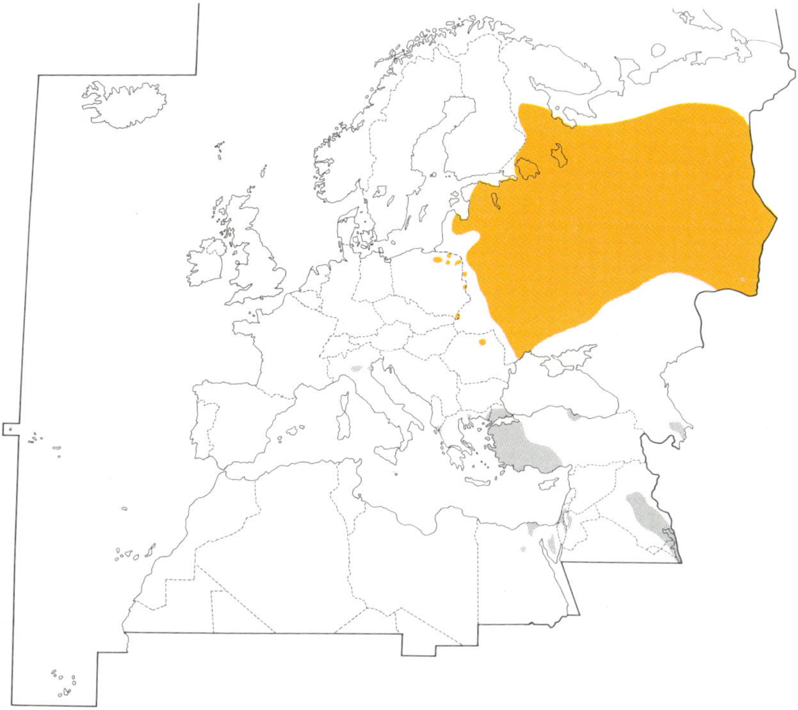

Schelladler
Aquila clanga

Verbreitung
Außerhalb der Westpaläarktis brütet der Schelladler in einem breiten Gürtel ostwärts durch die Waldzone bis zum Stillen Ozean.

Bestandsentwicklung
Es gibt nur wenige zugängliche Angaben zur Bestandsentwicklung (siehe Tabelle S. 198). Früher war der Abschuß ohne Zweifel der reduzierende Faktor. Ein möglicher Rückgang heute könnte auf die Abnahme geeigneter Brutbiotope beruhen.
Es liegen Meldungen über Bruten vor von Norbotten in Schweden (1973 und 1974), von Südfinnland (bis zu den 40er Jahren), Tschechoslowakei (1877, 1945-1950?, 1956?), Ungarn (1949-1951), Jugoslawien (1905, 1954) und Israel (bis ca. 1960). Diese Bruten sind eher das Resultat zufälliger Vorstöße. Sie sind nicht Ausdruck einer einstmals größeren Verbreitung. Auch die Artbestimmung wird mitunter falsch gewesen sein (z. B. Israel, wo der Schreiadler wahrscheinlicher ist).

Zug
Überwiegend Zugvogel, aber nicht im selben Ausmaß Langstreckenzieher wie der Schreiadler. Die Winterquartiere liegen hauptsächlich in Nordostafrika (südwärts bis Kenia, etwa 10 Nachweise) sowie im Nahen Osten. Überwintert aber auch am Rande des Brutgebietes, im westlichen Anatolien sowie in Süd-

Schelladler, ad.

und Westeuropa, ja selbst in Schonen (1-5 Vögel jährlich).
Die Brutplätze werden im Sept./Okt. verlassen. Der Schelladler ist Breitfrontenzieher. Im März/April ist der Vogel wieder am Brutplatz zurück.
Gelegentlicher Streifgast in Mittel- und Nordeuropa; die Daten sind aber, wegen der früher sehr unterschätzten Schwierigkeit Schell- und Schreiadler sicher zu unterscheiden, weitgehend unbrauchbar bzw. müßten alle überprüft werden. Überprüft sind: In Schleswig-Holstein liegen 25 gesicherte Nachweise aus 100 Jahren vor (Ende April - Okt.), aus Dänemark aus der Zeit 1962 -1980 20 (Ende März/Anfang Mai und Anfang Sept./Ende Okt.). Aus Bayern gibt es 15 Nachweise, aus Brandenburg 5. In Mitteleuropa zeigt sich übrigens ein Maigipfel, der von den weit herumstreifenden Jungvögeln herrühren kann.

Habitat

Als Brutbiotop werden große Wälder bevorzugt, besonders wenn sie mit Seen, Wiesen und Heide durchsetzt sind. Kommt aber auch in kleinen Wäldern vor und kann sogar auf Einzelbäumen brüten. Ist ganzjährig stark an Gewässer gebunden. Brütet nicht höher als 1000 m ü. M.

Stimme

Im Winterquartier stumm. Zur Brutzeit ein bellendes »kjäck-kjäck«, etwas tiefer als die Stimme des Schreiadlers und heller als die des Raubadlers. Im Halbsekunden-Rhythmus vorgetragen.

Brutbiologie

Im Detail nicht bekannt. Brütet wahrscheinlich erstmals gleichzeitig mit dem Anlegen des Alterskleides: im Alter von 4 Jahren.
Kurz nach der Ankunft, die in Polen und im Baltikum zwischen 22.3. und 28.4. erfolgt, vollführen die Vögel ihre Balzflüge in der für Greifvögel häufigen Form mit gewaltigen Sturzflügen und eifrigem Rufen.
Der Horst wird in einem Baum gebaut, überwiegend in einer Höhe von 8-12 Metern sowohl in Laub- als auch in Nadelbäumen. Die Eiablage erfolgt normalerweise in der ersten Maihälfte. Die 2 (1-3) Eier werden vom ersten Ei an bebrütet, so daß die Jungen zu verschiedenen Zeiten schlüpfen. Das Weibchen brütet 42-44 Tage, die Nestlingszeit beträgt 60-65 Tage und die anschließende Führungsperiode 20-30 Tage.

Das kleinste Junge stirbt oft, aber nicht selten werden auch 2 Junge flugfähig. Das »Kainsmal« (das große Junge hackt das kleine tot) ist bei dieser Art nur ausgesprochen selten beobachtet worden.
Eine russische Untersuchung an 43 Gelegen (1938-1951) ergab einen Bruterfolg von 0,67 flugfähigen Jungen pro Gelege.

Nahrung

Vielseitig. Richtet sich anscheinend sehr danach, was lokal zugänglich ist. In Jahren mit vielen Wühlmäusen machen diese die Hauptbeute aus, in anderen Jahren können es Vögel sein. Lediglich Ergänzungsrollen spielen Reptilien, Amphibien, Fische, Insekten und Aas.

In ihrem afrikanischen Winterquartier fressen Schelladler insbesondere Insekten.
Eine russische Untersuchung von 357 Beutetieren ergab 58,3% Säugetiere, davon Feldmaus (34,2%), Ziesel (8%) und Maulwurf (5%) die bedeutendsten; 34,7% Vögel, davon fast die Hälfte junge Saatkrähen, weiter Jungvögel von Fischreiher, Schwarzmilan, Blauracke und Turteltaube; 3,6% Reptilien und 2,5% Aas; Amphibien und Fische unter 1%.
Andere Untersuchungen ergaben, daß Wühlmäuse den Löwenanteil der Beute bilden können und daß Reptilien bis zu 24% ausmachen können (meistens kleinere Schlangen).
Wie gezeigt, kann der Schelladler in Vogelkolonien als energischer Nestplün-

Schelladler, immat.

derer auftreten. Das geschieht z. B. bei verschiedenen Reiherarten und bei der Lachmöwe.
Rund 70% der geschlagenen Vögel sind nicht flugfähige Jungvögel.
Nimmt »jagdbares Wild«, wie Enten, Waldhühner, Wachteln und Hasen, nur in geringem Umfang.

Jagdtechnik
Verwendet wie der Schreiadler drei Jagdformen: Kreisflug in mittlerer Höhe (30–50 m), Ansitzjagd und Jagd zu Fuß. Jagt gerne am offenen Wasser und sitzt dort am Ufer an. Ist sehr geschickt im Schlagen von Bläßhühnern im Wasser.

Der Bestand des Schelladlers in der Westpaläarktis

Finnland	ca. 2 Paare (1985)[110]	
Polen	15–30 Paare (1984)[80]	Rückgang (?) wegen Vernichtung des Brutbiotops.
Sowjetunion		
Estland	ca. 12 Paare (1976)[11]	
Lettland	ca. 10 Paare (1983)[34]	
Litauen	selten (1975)[35]	
Zentral-Rußland	1000–1500 Paare (1974)[3]	
Rumänien	5 Paare (1981)[2]	

Schelladler, juv., helle Farbvariante.

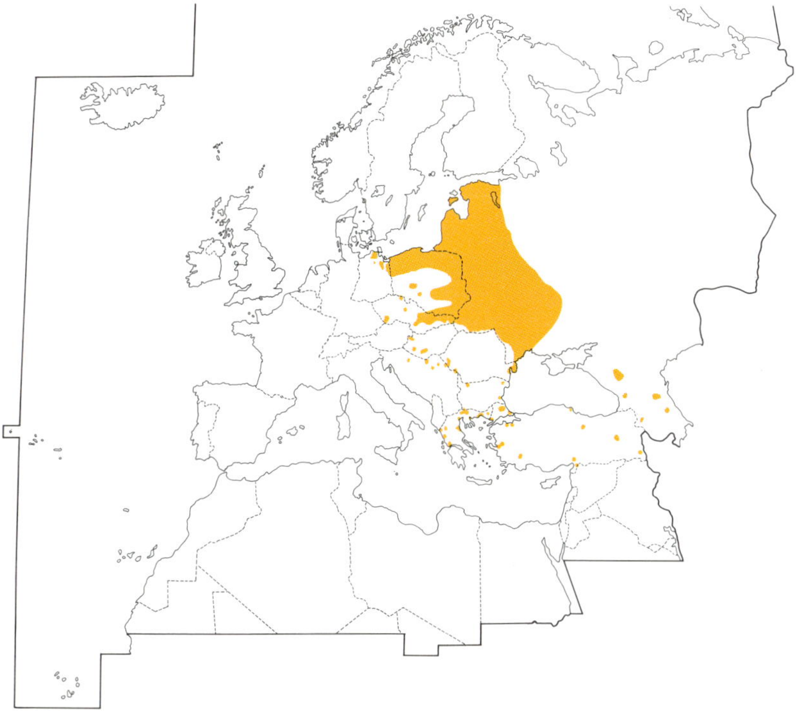

Schreiadler

Aquila pomarina

Verbreitung

Abgesehen von einem kleinen Gebiet auf der Südseite des Kaspischen Meeres geht die gesamte Verbreitung der Nominatrasse aus der Karte hervor. Darüber hinaus brütet der Schreiadler in der Rasse *A. p. hastata* in Nordindien, Bengalen, Bangladesch und Nordburma. Ihr fehlen beim Jungvogel die typischen weißen Felder auf der Flügeloberseite.

Bestandsschätzung

Mit der Bestandszahl für Europa ohne die Sowjetunion (Tabelle S. 203: ca. 1000 Paare) ist nichts anzufangen. Doch passiert der russische Bestand den Nahen Osten während des Zuges. Hier zählte man im Herbst 1982 ca. 90000 Schreiadler über Tel Aviv. Veranschlagt man, daß etwa die Hälfte von ihnen Jungvögel verschiedenen Alters sind, sollte das einen westpaläarktischen Gesamtbestand von ca. 20000–25000 Paaren ergeben. Der russische Bestand ist demnach sehr dicht.

Darüber hinaus können auch die Zahlen anderer Länder zu gering sein, da der Schreiadler am Brutplatz sehr heimlich lebt.

Bestandsentwicklung

Hartnäckige Verfolgung (Abschuß, Eierraub usw.) führte im 19. und zu Beginn des 20. Jahrhunderts zu einem gewaltigen Rückgang des Bestandes, und

die westlichen Vorposten gingen verloren. Der schleswig-holsteinische Bestand erlosch um 1885/1890, der in Niederösterreich 1853.
Heute ist die Situation deutlich stabilisiert, und es wird überwiegend über gute und gesunde Bestände gesprochen. Im allgemeinen wird der Schreiadler als genauso anpassungsfähig an die Kulturlandschaft angesehen wie der Mäusebussard. Aber einige Pessimisten fürchten, daß die Vernichtung der Idealbiotope einen negativen Einfluß auf die Bestandsgröße ausüben kann.
Der Bestand scheint jedoch heute in gewissen Gegenden einen Überschuß für eine langsame Expansion zu besitzen. In der DDR füllt er Bestandslücken in westlicher Richtung aus.

Zug

Langstreckenzieher (Schmalfrontenzieher) mit Winterquartieren in den ostafrikanischen Savannen vom Äquator an südwärts. Hauptgebiete sind Sambia, Zimbabwe, Malawi und Tanzania.
Die Brutgebiete werden Mitte Aug. - Mitte Okt. verlassen. Der Zug umgeht das Mittelmeer im Osten und konzentriert sich im hohen Maße am Bosporus. Eine zweite, kleinere Schmalfront verläuft am Ostufer des Schwarzen Meeres (1976: 736 Vögel). Am Bosporus variierten die Jahresziffern 1966-1978 zwischen 4300 und 19000. Der Zug beginnt hier Ende Aug./Anfang Sept., kulminiert Ende Sept. und schließt Ende Okt. ab. Die Tagesziffer kann bis 9000 Vögel betragen.
Verglichen mit den Zahlen von Tel Aviv fällt auf, daß vieles vom Zug noch unaufgeklärt ist.
Im Frühjahr hat man in Ruanda einen regulären Durchzug im März beobachtet und bis zu 130 Vögel/Jahr gezählt. Den Nahen Osten durchziehen sie vom März an, mit der Spitze Ende März/Anfang April. Die Spitze des Bosporus-Durchzuges liegt um den 1. April.
Schreiadler trifft man regelmäßig (nord)westlich ihres Brutgebietes einzeln an. So gab es in Dänemark von 1966 bis 1980 19 Nachweise, die meisten von März - Ende Juni. In Schleswig-Holstein (1945-1976: 64 gesicherte und ungesicherte Daten) liegt der Schwerpunkt ebenfalls April - Mai. Im Rheinland gab es in den letzten 30 Jahren nur 5 Nachweise. Die Häufung der Frühjahrsnachweise deutet auf ansiedlungssuchende Jungvögel hin.

Habitat

Brütet entweder in Wäldern mit Mooren, Weiden und größeren Lichtungen oder am Rande kleinerer Wälder mit Feuchtgebieten in der Nähe. In Südosteuropa und im Kaukasus brütet die Art auch in trockenen Bergwäldern bis 1800 m (2200 m) Höhe. Nutzt zur Nahrungssuche gerne die feuchten Areale seines Reviers, ebenso gerne aber auch Grasland. Überwintert in der Savanne, braucht auch dort Wassernähe.

Stimme

Der Schreiadler benutzt seine Stimme häufiger als andere Greifvögel. Am meisten hört man einen Ruf, der höher im Ton liegt als der des Schelladlers: ein klangvolles »jück« oder »jüb« im Halbsekunden-Rhythmus.

Brutbiologie

Es ist anzunehmen, daß die Geschlechtsreife mit dem Anlegen des Erwachsenenkleides im Alter von 4 Jahren einhergeht. Das Paar ist streng revierbehauptend und anscheinend lebenslänglich verheiratet.
Die Ankunft am Brutplatz erfolgt in Polen/Baltikum zwischen 6.-27.4., in der DDR 10.-15.4.; sofort danach beginnen die Balzspiele, bei denen sich die

Schreiadler, fast flügge Junge.

Schreiadler, ad.

Männchen, stetig rufend, beim besonderen Pendelflug in gewaltigen Sturzflügen fallen lassen.
Der Horst steht in 4–30 m Höhe (Durchschnitt 15 m) auf einem Baum und wird von beiden Gatten gebaut. Die 2 (1–3) Eier werden in der DDR und Polen Ende April/Anfang Mai gelegt und vom Weibchen alleine in 38–41 Tagen pro Ei ausgebrütet. Die Bebrütung beginnt mit dem 1. Ei. Das Junge ist flugfähig nach 51–58 Tagen im Horst und selbständig nach weiteren 20–30 Tagen.
Ganz bemerkenswert ist für den Schreiadler, daß nur ein Junges aufwächst. Die Jungen sind bis zum Alter von 6 Wochen so aggressiv, daß der Schwächere durch psychischen Terror vom Stärkeren getötet wird. Ohne diesen Mechanismus könnte die Art nicht überleben, da das Nahrungsangebot für die optimale Aufzucht von 2 Jungen ebensowenig ausreicht wie die in Europa verhandene Aufzuchtzeit. Denn der Zugweg ist extrem lang, und das Junge muß genügend Fettdepots in kürzester Zeit anlegen können. Für die Aufzucht eines jungen Schreiadlers wird etwa soviel Nahrung benötigt wie für die Aufzucht von 2 Mäusebussarden.
Über die Einführung der Geschwistertötung als Selektionsmerkmal entstand aus dem Schelladler allmählich die neue Art Schreiadler, die dadurch für den Schelladler verschlossene Waldgebiete erfolgreich besiedeln konnte. Sie hat dann später ihr Brutgebiet auch nach Osten in das Brutgebiet der Stammart, des Schelladlers, ausgedehnt und scheint auch dort auf Dauer die erfolgreichere Art zu werden.
Der Bruterfolg lag in der Slowakei bei 0,76 (n = 17) und in Rußland bei 0,6 Jungen/Gelege (n = 35).

Nahrung
Vielseitig und in hohem Maße abhängig von den lokalen Möglichkeiten. Die Hauptnahrung bilden die Wühlmäuse, die zweitwichtigste Nahrung sind in den feuchten Biotopen Amphibien. In trockenen Biotopen (z. B. Ostslowakei) hingegen kehrt sich das Verhältnis um: Rein zahlenmäßig überwiegen zwar die Wühlmäuse die Junghasen (68,1 : 7,9%), aber gewichtsmäßig brachten die Junghasen das 2½fache ein (56,7 : 18,5%). Grasfrösche ergaben nur 6,8% an Zahl und lediglich 1% an Gewicht (n = 88).
Die Vögel spielen eine geringe Rolle. Es werden praktisch nur unbeholfene und nicht flügge Junge von Bodenvögeln geschlagen. Manch Vogel ist auch anderen Greifvögeln abgejagt worden.
Auch Reptilien und Insekten werden

vom Schreiadler gefressen. Untersuchungen im Bialowitzer Urwald von 1946 bis 1958 haben die Fähigkeit des Schreiadlers erwiesen, den Speisezettel je nach Klima (trockene oder feuchte Sommer) und dem entsprechenden Beuteangebot umzustellen: In den sehr feuchten Jahren 1956 und 1957 war der Beuteanteil der Amphibien verglichen mit dem der Säugetiere 64,1 und 58,8% zu 26,6 und 32,6%. In den trockenen Jahren mit hoher Wühlmausdichte 1946-1948 war das Verhältnis von Amphibien zu Säugern auf dem Speisezettel 15% zu 78,6%.
Die Nahrung im Winterquartier ist kaum bekannt; es scheint, als ob dort die Insekten eine größere Rolle spielen.

Schreiadler, ad. mit Beute.

Jagdtechnik

Benutzt drei verschiedene Jagdtechniken: den Kreisflug in 30-50 m Höhe als Suchflug, die Ansitzjagd und die Jagd zu Fuß. Die Jagd zu Fuß wird häufig von Schell- und Schreiadler ausgeübt, die lange, gering befiederte Gangbeine ausgebildet haben, am ausgeprägtesten der Schreiadler.

Der Bestand des Schreiadlers in der Westpaläarktis

DDR	ca. 80 Paare (1983)[36]	Guter stabiler Bestand. Tendenz zur Ausbreitung nach Westen hin.
Polen	ca. 600 Paare (1984)[80]	Stabil.
Sowjetunion Estland Lettland	? 50 Paare (1976)[34] 10 Paare (1983)[34]	Nach kräftigem Rückgang soll der Bestand nun stabil sein.
Tchechoslowakei	80-100 Paare (1977)[43]	
Ungarn	15-20 Paare (1970-75)[40]	
Jugoslawien	?	Von Ausrottung bedroht (1982)[19].
Rumänien	40-50 Paare (1977)[42]	War früher der häufigste Greifvogel Rumäniens.
Bulgarien	?	Ausgeprägter Rückgang (1971)[1].
Griechenland	ca. 70 Paare (1983)[84]	Lokaler Rückgang aufgrund von Waldvernichtung.
Türkei	30-50 Paare (1982)[19]	Erscheint deutlich unterschätzt.

Zwergadler

Hieraaetus pennatus

Verbreitung

Außerhalb der auf der Karte gezeigten Brutgebiete brütet der Zwergadler ostwärts in einem recht schmalen Gürtel bis zur Mandschurei und ganz isoliert in der Kap-Provinz Südafrikas. Keine Aufteilung in Rassen.

Bestandsschätzung

In Europa ohne die Sowjetunion beträgt der Gesamtbestand ungefähr 10000 Paare – dabei Spanien als dominierendes Land mit 9000 Paaren.

Bestandsentwicklung

Zeigt das generelle Bild einer Bestandsabnahme durch die letzten zwei Jahrhunderte. Inwieweit diese Rückgangskurve gebrochen ist, bleibt unklar, insbesondere für Südosteuropa.
In unserer Zeit scheinen die Gefahren für den Zwergadler am häufigsten in der Biotopveränderung (Waldfällung) zu liegen, erst an zweiter Stelle im Abschuß und (in einigen Gebieten) den Pestiziden.
Die Art ist nicht direkt bedroht, aber der Bestand ist in einer Reihe von Ländern so klein, daß es Besorgnis erregt. Er ist zudem sehr kritisch in der Wahl des Brutplatzes und geht nicht eins mit der modernen Waldnutzung.

Zug

Ausgeprägter Zugvogel mit Winterquartieren der Europäer in Afrika südlich der Sahara und Schwerpunkten in den Savannen und Waldsteppen. Eini-

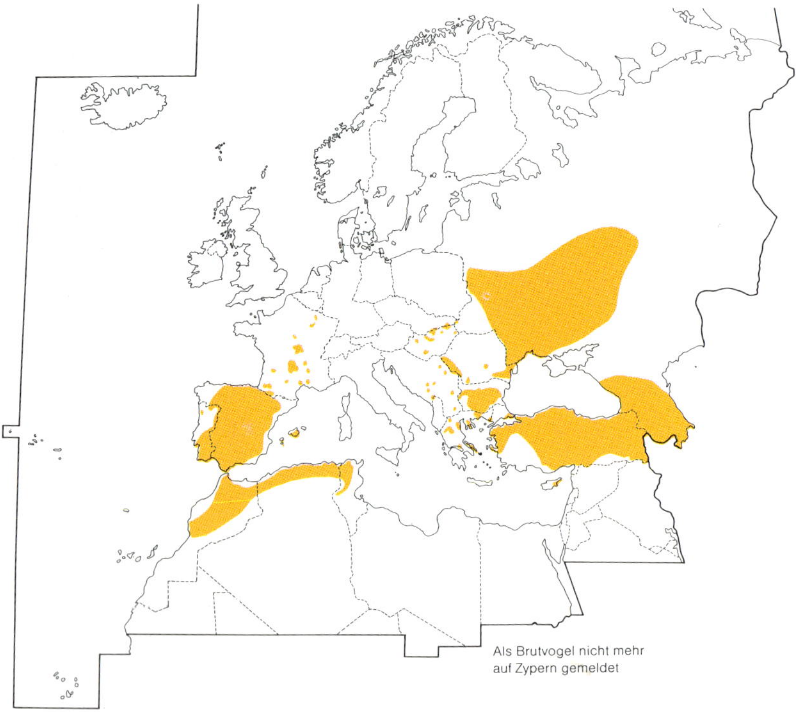

Zwergadler, dunkle Farbvariante.

Habitat

Bevorzugt als Brutbiotop stark kupiertes Hügelland oder entsprechende Berggebiete, in denen helle, offene Wälder mit Gebüsch und offenem Land abwechseln. Der beliebteste Brutplatz ist ein warmer und trockener Eichenwald an einem Abhang. Weniger gerne bewohnt er Kiefernwälder, lokal aber auch häufiger.

Brutbiologie

Über die Geschlechtsreife weiß man nichts. Die Ehe ist offenbar lebenslänglich, evtl. aufgrund von Nistplatztreue, da der Zwergadler im Winterquartier einzeln lebt. Der Zwergadler ist bisher wenig erforscht.

Nach Ankunft im Brutrevier beginnen

Zwergadler, helle Farbvariante.

ge wenige Zwergadler überwintern ausnahmsweise in Südeuropa (z. B. auf Mallorca). Als ausgeprägter Schmalfrontzieher passieren sie auf dem Zug Kaukasus, Bosporus und Gibraltar und meiden die Meeresüberquerung. Die Zahlen sind ca. 475 (1976), ca. 525 (1971) und ca. 15100 (1972); die Termine Ende Aug. – Anfang Okt. mit Spitzen 10.–26. Sept. an allen drei Zugtrichtern.

Den Frühjahrszug sieht man am Bosporus und in Gibraltar Anfang März – Anfang Mai mit einer Spitze Ende März/Anfang April.

Gelegentlich werden einzelne Zwergadler in Mittel- und Nordeuropa gesehen, etwa in Bayern in 100 Jahren 6, im Rheinland 2, in Mecklenburg 2 und in Brandenburg 1, in den Niederlanden 2, in Dänemark 1.

Zwergadler.

die Balzflüge. Die Zwergadler schrauben sich in engen Spiralen in große Höhen (500–800 m) hinauf, kreisen dort einige Male wackelnd und stürzen sich mit angewinkelten Flügeln in die Tiefe, fangen sich auf und steigen wieder steil hoch, bis sie auf dem Rücken liegen. Unter Rufen »gwi-gwi« stürzen sie sich erneut in die Tiefe. Bei alledem rufen sie viel: »wi-wi-wi-wü-ü-ü-ü«.
Beide Gatten bauen den Horst, der in 6–16 m Höhe in einem Baum steht. Die (1) 2 Eier werden Mitte April – Ende Mai gelegt und weitgehend vom Weibchen allein in 36–38 Tagen ausgebrütet. Die Nestlingszeit beträgt 50–60 Tage. Rund 14 Tage nach dem Ausfliegen sind die Jungen flugfähig und folgen den Eltern max. weitere 47 Tage. Die Jungen ziehen ca. 2 Wochen vor den Eltern ab.

Beim Zwergadler ist eine Geschwistertötung unbekannt, so daß durchaus beide Jungvögel aufgezogen werden und ausfliegen können.

Nahrung
Vielseitig. Richtet sich danach, was sein Revier an Reptilien (überwiegend große Echsen), Vögeln (kleine bis mittelgroße wie Lerchen, Spatzen, Stare, Drosseln, Tauben und Hühnervögel) sowie Kleinsäugern (besonders Ziesel, aber auch Hamster, Ratten, Wühlmäuse und Jungkaninchen) bietet. In Spanien ergaben neue Untersuchungen einen Anteil an Rothühnern von 12,8% (n = 213) und einen hohen Anteil an Kaninchen.
Fängt ferner Insekten als Zukost; in besonderen Fällen aber können sie bis zu 20% der Beute stellen. Plündert auch Nester anderer Vögel (z. B. in Reiherkolonien).

Jagdtechnik
Benutzt den Suchflug mit Sturzflügen aus großer Höhe oder einen turmfalkenartigen Flug mit langsamerem Absinken bis auf ca. 20–30 m über der Beute, um dann auf sie zu stoßen.
Vögel werden gerne auf Habichtart geschlagen – also im flachen Flug über der Erde. Rütteln kommt vor, aber ist selten. Nutzt auch die Ansitzjagd, z. B. an einer Waldlichtung. Zur Insektenjagd geht er zu Fuß.
Im Winterquartier jagt er zusätzlich auch schwärmende Termiten.

Der Bestand des Zwergadlers in der Westpaläarktis

Spanien	ca. 9000 Paare (1981)[2]	Stabiler oder vielleicht leicht ansteigender Bestand.
Portugal	häufig (1982)[19]	Geht zurück. Jetzt wahrscheinlich selten (1981)[2].
Frankreich	max. 239 Paare (1984)[103]	Nach Rückgang jetzt wahrscheinlich stabil.
Polen	1–10 Paare (1984)[80]	Wahrscheinlich stabil.

Sowjetunion	?	Lokaler Rückgang festgestellt (1977)[1]. Breitet sich nach N und NW aus (1979)[1].
Tschechoslowakei	2–5 Paare (1977)[43]	Eingewandert in den 60er Jahren.
Ungarn	10 Paare (1981)[2]	Eingewandert.
Jugoslawien	spärlich (1982)[19]	
Albanien	brütet vielleicht (1981)[2]	
Griechenland	ca. 250 Paare (1983)[84]	
Rumänien	<5 Paare (1977)[42]	Noch 1966 wurde der Vogel als häufig eingestuft[1].
Bulgarien	spärlich (1971)[1]	
Türkei	100–500 Paare (1979)[1]	
Tunesien	>200 Paare (1982)[19]	
Algerien	häufig (1982)[19]	
Marokko	500–1000 Paare (1982)[19]	

Zwergadler, helle Farbvariante.

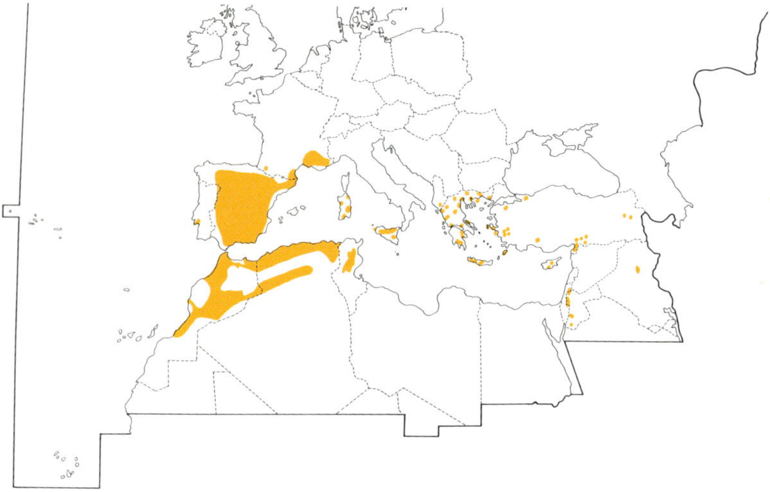

Habichtsadler

Hieraaetus fasciatus

Verbreitung

Außerhalb des in der Karte gezeigten Areals brütet der Habichtsadler ostwärts durch den Iran und Indien bis ins südliche China. Ein isolierter Bestand auf den Kleinen Sunda-Inseln bildet eine eigene Rasse: *H.f. renschi.*
In Afrika südlich der Sahara lebt eine nahe verwandte Art, *H. spilogaster.*

Bestandsschätzung

Die europäischen Populationen des Habichtsadlers zählen zusammen rund 600 Paare, wovon Spanien schon mehr als die Hälfte stellt. Die nordafrikanischen Zahlen sind zu ungenau, um hinzugerechnet werden zu können.

Bestandsentwicklung

Der Habichtsadler ist über Jahrzehnte hinweg stark verfolgt worden, das hat natürlich zu einem charakteristischen Rückgang des Bestandes geführt. Auch heute noch sind die Bestände in den meisten Ländern rückläufig.

Die Art ist in ihrem gesamten europäischen Brutgebiet geschützt, aber es hapert anscheinend sehr mit der Einhaltung dieser Bestimmungen.
Außer durch illegalen Abschuß hat der Rückgang seine Ursachen in Horstplünderungen (Eier- und Jungenraub), Störungen durch Touristen und (vielleicht) Pestizidanwendung. Nicht unterschätzt werden darf der Nahrungsmangel, der durch die Myxomatose bei Kaninchen entstanden ist.
Wenn auch der Habichtsadler in Europa nicht unmittelbar von Ausrottung bedroht ist, muß doch seine allgemeine Situation mit Sorge betrachtet werden. Abgesehen von Spanien und Marokko sind die Bestände in allen anderen Ländern beunruhigend klein.

Zug

Stand- und Strichvogel. Die Altvögel verbleiben ganzjährig in der Nähe ihrer Reviere. Die Jungen streifen umher und werden dann selbst in Frankreich, Italien und Jugoslawien gesehen.
Aus Deutschland und aus Nordeuropa gibt es je einen Mai-Nachweis; in der Bundesrepublik aus Oberbayern (1976),

in der DDR (Kreis Aschersleben 1976) und aus Dänemark (Skagen 1974). Belgien und die Niederlande haben einige mehr.

Habitat

Ist in der Westpaläarktis an die Übergangszonen zwischen den subtropischen Wüsten und den regenreichen, gemäßigten Hartlaub-Vegetationszonen gebunden, das Gebiet, dessen typische Vegetation die Macchie ist. Innerhalb dieses Biotops bewohnt der Habichtsadler bevorzugt die offenen Berggebiete und wählt zum Brutplatz eine Steilwand.
Die Jagd erfolgt in buschsteppenartiger Umgebung oder in den Randzonen der Kulturlandschaft.
Außerhalb der Brutzeit bevorzugt der Habichtsadler dagegen Feuchtgebiete wie Flußmündungen, Sümpfe, kleine Seen usw.

Brutbiologie

Wann Geschlechtsreife eintritt, weiß man nicht, aber die Art ist im Alter von 3-4 Jahren ausgefärbt. Die Ehe ist lebenslänglich.
Die Brutvorbereitungen beginnen früh, der Horst wird schon im Nov./Dez. gebaut bzw. ausgebaut. Die Flugbalz wird im Okt./Nov. und wieder Febr. - April ausgeführt. Der Balzflug ist vom Mäusebussardtyp und mit wiederholten Sturzflügen.
Die 2 (1-3) Eier werden Mitte Feb./Anfang März gelegt und hauptsächlich vom Weibchen in 37-40 Tagen ausgebrütet. Die Nestlingszeit beträgt 50-65 Tage. Die Jungvögel können sich im Revier noch mehrere Monate nach dem Flüggewerden aufhalten.
Der Bruterfolg betrug in der spanischen Sierra Morena 1975-1978 bei 30 Gelegen zwischen 1,5 und 2,0 Junge/Gelege (Durchschnitt 1,7 Junge/Gelege).

Habichtsadler, Weibchen den Jungen Schatten spendend.

Nahrung

Sehr vielseitig und veränderbar je nach den gegebenen Möglichkeiten. Die Analyse von Daten spanischer, südfranzösischer und italienischer Paare ergab, daß von Mai bis Juli Säugetiere und ganz besonders Kaninchen 50% der Beutetiere stellen. In den anderen 9 Monaten sind es Vögel mit 80%, wobei das Rothuhn die Hauptbeute ist. Eine Untersuchung in der spanischen Sierra Morena an 10 Brutpaaren des Habichtsadlers (1975-1978) ergab eine Relation Säuger: Vögel von 48,6: 44,3%, wobei Kaninchen 41,4%, Rothühner 10,0% und Ringeltauben 11,4% stellten (n = 70). Der Gewichtsanteil der Kaninchen kann bis zu 92% betragen (bei 51 von 72 Beutetieren). Reptilien sind gelegentliche Zukost.

Jagdtechnik

Ein schneller und behender Jäger. Schlägt die meisten Vögel beim Auffliegen, kann aber auch wie ein Habicht die Vögel über längere Strecken, auch zwischen Büschen und Bäumen, verfolgen und sie dann von unten binden. Patrouilliert oft jeden Tag dieselbe Route ab.
Benutzt auch häufig die Ansitzjagd und jagt ausnahmsweise zu Fuß.

Der Bestand des Habichtsadlers in der Westpaläarktis

Spanien	300-400 Paare (1982)[19]	Rückgang. Oft illegal geschossen.
Portugal	gelegentlich (1982)[19]	

Habichtsadler, juv. von Ast abfliegend.

Habichtsadler, ad.

Frankreich	30–50 Paare (1982)[19]	Seit den 30er Jahren Rückgang um 70–75%. Trotz illegalen Abschusses ist der Bestand jetzt stabil.
Italien Festland: Sizilien: Sardinien:	15–30 Paare (1982)[19] sehr selten (1981)[2] ca. 10 Paare (1981)[2] 10–20 Paare (1981)[2]	Anscheinend ständiger Rückgang. Ist geschützt, aber illegale Jagd erfolgt offenbar ständig im großen Umfang.
Griechenland	ca. 60 Paare (1983)[84]	Der größte Bestand auf Kreta und den größeren Ägäischen Inseln.
Albanien	?	Keine neueren Informationen.
Türkei	50 Paare ? (1982)[19]	
Zypern	10 Paare (1985)[108]	Rückgang von ca. 50 Paaren in den 50er Jahren (1971)[1].
Israel	19 Paare (1979)[1]	Fast ausgerottet durch Vergiftung mit Thalliumsulfat: 1971 nur noch 1–2 Paare. Seitdem Wiederbesiedelung.
Tunesien	> 100 Paare (1982)[19]	Früher häufig. Anscheinend abnehmend.
Algerien	?	
Marokko	500–1000 Paare (1982)[19]	

Fischadler

Pandion haliaetus

Verbreitung

Der Fischadler lebt nahezu weltweit. Er brütet in Nord- und Mittelamerika, Nord- und Osteuropa, an einigen Küsten des Mittelmeeres, in großen Teilen Asiens bis zum Stillen Ozean, in Teilen Afrikas sowie an den Küsten Australiens. In Mitteleuropa brütet der Fischadler in Mecklenburg und in Polen.

Die weltweite Verbreitung hat zur Rassenbildung geführt. Die Nominatrasse *P. h. haliaetus* ist am verbreitetsten und lebt in Eurasien, südwärts bis Taiwan. Auf den Philippinen und in Indonesien, ostwärts bis Neukaledonien und Nordaustralien treffen wir *F. h. melvillensis*. Diese Rasse wird im übrigen Australien und auf Tasmanien abgelöst durch *P. h. cristatus*. In Amerika deckt *P. h. carolinensis* den größten Teil des nordamerikanischen Festlands ab. Die

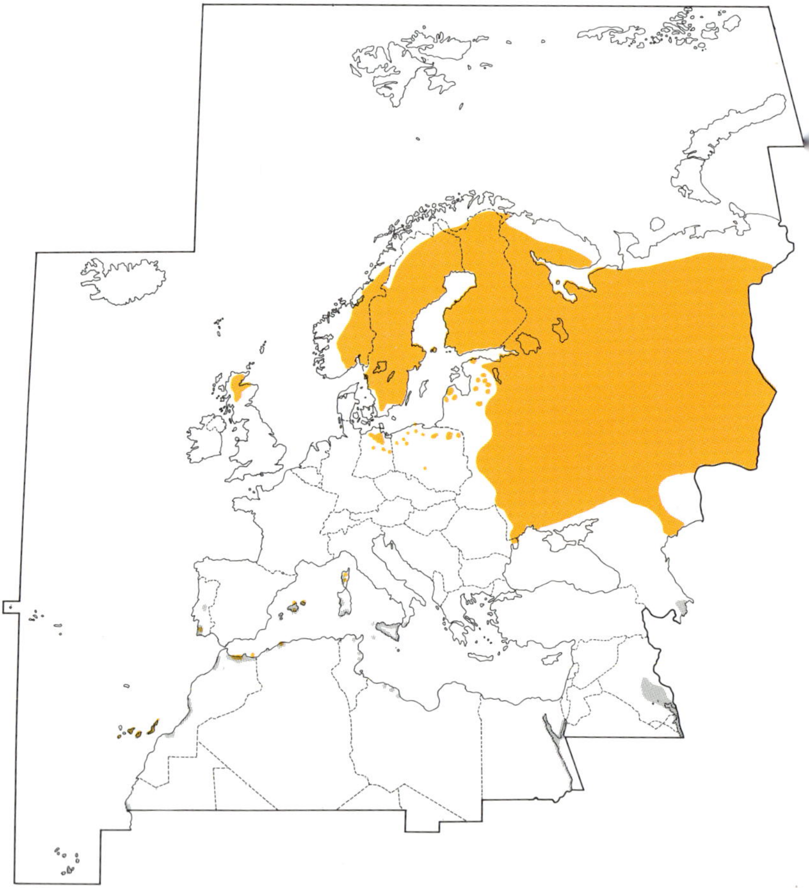

Vögel von den Bahamas, von Kuba und der Yukatan-Halbinsel sind *P. h. ridgwayi*.

Bestandsschätzung

Die zugänglichen Angaben (Tabelle S. 222) weisen einen westpaläarktischen Bestand von rund 5000 Paaren aus. Davon entfallen allein ca. 3000 Paare auf Nordeuropa.

Bestandsentwicklung

Noch im 19. Jahrhundert war der Fischadler in den meisten Gebieten Europas ein häufiger Brutvogel. Da die Art ohne Argwohn ist, ist sie schnell Verfolgungen ausgesetzt und erlitt bei der großen Greifvogelausrottung um die Jahrhundertwende schwere Verluste. Der Fischadler starb aus in Großbritannien (1910), Island (Beginn des 19. Jahrh.), Westdeutschland (Ende des 19. Jahrh.), Schweiz (1911), Italien (1956), Österreich (30er Jahre), Tschechoslowakei (Mitte des 19. Jahrh.), Ungarn (Ende des 19. Jahrh.), Jugoslawien (50er Jahre), Griechenland (1966), Rumänien (60er Jahre) und Dänemark (Falster, 1916). Einige Länder haben seither verschiedene Brutversuche erlebt, und in Schottland klappte die Neuansiedlung ab 1954.

Die Verfolgung ist nicht vorbei: Der Mittelmeer-Bestand ist kurz vor der Ausrottung, der mitteleuropäische und der sowjetrussische gehen fortgesetzt zurück. Der nordeuropäische hingegen expandiert langsam.

Das ist sehr wichtig für die Zukunft der Art! Es gibt verantwortungsbewußter Naturpflege vielleicht die Möglichkeit, einen möglichen Überschuß an Jungvögeln in unbesetzten Gebieten wieder anzusiedeln. Keinswegs darf die gute Entwicklung in Nordeuropa unsere Aufmerksamkeit schwächen. Die gewaltige Ausweitung des Freizeitlebens an Binnenseen stört im hohen Maße die Fischadler. Darüber hinaus ist die Art offenbar Pestiziden gegenüber wesentlich empfindlicher als der Durchschnitt der Greifvögel, wie man besonders in den USA erfahren hat.

Fischadler, ad.

Zug

Der Fischadler ist ein ausgeprägter Zugvogel, dessen europäische Populationen weitgehend in Afrika überwintern. Im Mittelmeerraum wird ebenfalls überwintert, und in milden Wintern wird er sogar ausnahmsweise in Ungarn angetroffen.

Der Fischadler ist Breitfrontenzieher und scheut nicht die Überquerung von Meeren und Wüsten. Unter den breitflügeligen Greifvögeln ist der Fischadler derjenige, der am wenigsten die Zugtrichter Südeuropas benutzt. Die

Überwinterung erfolgt besonders in großen Flußsystemen, sekundär an Küsten.
Die Winterquartiere und die Zugwege sind für die verschiedenen Populationen unterschiedlich. Die schwedischen Fischadler durchziehen Europa überwiegend südsüdwestwärts, die finnischen dagegen generell nach Südsüdosten.
Die skandinavischen Vögel verlassen die Brutplätze ab Mitte August. Schleswig-Holstein erreichen die Fischadler über den Fehmarnweg. Sie setzen ihren Zug entlang der ostholsteinischen Seenketten Richtung Hamburg fort. 50% der Herbstzugbeobachtungen fallen auf die ersten 20 Tage des Sept. Der Zug ins Winterquartier läuft sehr schnell ab, und die ersten erreichen den Äquator schon im August; die Masse kommt im Sept./Okt. an.
Brandenburgische Fischadler verlassen die Brutplätze bereits Ende Juli - Mitte August; Zugspitze auch hier im Sept. Je ein beringter mecklenburgischer und brandenburgischer Fischadler wurden aus Westafrika zurückgemeldet. In Westafrika überwintern auch die skandinavischen, während die sowjetrussischen wahrscheinlich in Ostafrika überwintern.
Die Brutvögel verlassen ihr Winterquartier wieder im März und überqueren das Mittelmeer normalerweise in der 2. Märzhälfte. Bereits Ende März treffen die Vögel in Brandenburg und in Mecklenburg an ihren Horstplätzen ein. Der Durchzug durch Mitteleuropa erreicht seinen Höhepunkt in der 1. Aprilhälfte sowohl im Rheinland als auch in Schleswig-Holstein, in Bayern zu Anfang April.
Die einjährigen Fischadler übersommern im Winterquartier oder im Mittelmeerraum, das gleiche gilt für einen Teil der 2jährigen. Die 2jährigen, die heimziehen, kommen ca. einen Monat nach den Altvögeln zu Hause an. Einige bummeln in Mitteleuropa herum.
Skagen ist im Frühjahr ein guter Zugtrichter. Von 1972 bis 1982 wurden zwischen 43 und 378 (durchschnittlich 166) durchziehende Fischadler gezählt.

Habitat
Der hoch spezialisierte Fischadler stellt an seinen Brutplatz den Anspruch, daß dort reichlich mittelgroße Fische vorkommen, die sich nahe an der Wasseroberfläche im klaren, nicht verunreinigten Wasser aufhalten. Ob es sich dabei um Süß-, Brack- oder Salzwasser handelt, spielt eine geringere Rolle.
In Nord- und Mitteleuropa trifft man die Art während der Brutzeit hauptsächlich an waldumkränzten Seen und ruhigen Flußläufen, aber in gewissem Umfang auch an waldbestandenen Meeresküsten mit Flachwasser und ruhiger See, so daß der Vogel die Beute lokalisieren kann. Die Mittelmeervögel sind dagegen ausschließliche Küstenbewohner.
Während des Zuges kann der Fischadler auch an kleineren fischreichen Gewässern erscheinen.

Stimme
Wird fast ausschließlich zur Brutzeit gehört: in Verbindung mit dem Balzflug, Störungen am Horst und beim Kontakt zwischen den Gatten. Sehr variabel, aber meistens kurze Pfiffe, rhythmisch vorgetragen, sowohl langsam als auch schnell: »jip-jip-jip-jip ...«. Alarmruf am Horst ein schrilles »pjück pjück pjück ...«. Die Stimme des ♀ ist tiefer als die des ♂. Am Horst hört man auch grunzende Laute vom ♀ als Verteidigungsruf.

Brutbiologie
Im Alter von 3-5 Jahren brütet der Fischadler das erste Mal. Die einzelnen

Fischadler, ad. mit Beute.

Vögel sind sehr brutortstreu, und diese Bindung führt dazu, daß die Gatten »zusammenhalten« so lange sie leben.

Am selben Tag, an dem das Männchen am Brutplatz ankommt, beginnen die Balzflüge, teils um das Revier zu markieren, teils um die Aufmerksamkeit des Weibchens zu erregen. Das Weibchen kommt oft später als das Männchen in der Heimat an.

Das Männchen beginnt seinen Balzflug mit einem Aufstieg in große Höhen - oft über 300 m hoch. Das Spiel wird mit einigen hastigen Flügelschlägen eingeleitet, der Körper wird dann nahezu lotrecht gehalten und dann vornüber gekippt. Er steilt dann 10 m abwärts, erreicht danach mit kräftigen Flügelschlägen die Ausgangshöhe und wiederholt die Übung mehrfach. Oder aber der Vogel steilt in Etappen zum Nest herunter, nach jeden 10 m Abfall innehaltend und kurz rüttelnd. Während des Balzfluges ruft das Männchen die ganze Zeit sein durchdringendes »jip-jip-jip-jip ...« in schneller Reihung mit 15-18 Rufen auf 10 Sekunden.

Der Horst wird normalerweise in der Spitze eines großen Baumes angebracht, selten auf einem Seitenast. Am beliebtesten ist die Kiefer. Beide Gatten bauen mit. Das Männchen ist der fleißigere beim Heranschaffen des Baumaterials, während das Weibchen vor allem baut. Wie bei den Greifvögeln häufig üblich, setzt auch der Fischadler das Herbeischleppen von Nestmaterial

Fischadlerpaar am Horst.

Fischadler bei der Paarung.

während der ganzen Brutzeit fort, aber nach Beginn des Brütens ist es hauptsächlich das Weibchen, das diese Arbeit ausführt.

In Mittel-, Nord- und Osteuropa bauen die Fischadler fast immer die Horste in Bäumen, in einigen Fällen aber auch auf Hochspannungsmasten (erstmals 1938 bei Templin).

In Südeuropa sind hingegen Felsenhorste die häufigsten, bis 130 m hoch über dem Meere angebracht. Die Baumhorste stehen normalerweise 11-30 m hoch, in Sumpfgebieten Skandinaviens oft bloß 3-10 m hoch. Das Anlegen der Horste auf der Erde kennt man u. a. von Inseln des Roten Meeres. Seit einigen Jahren hat man begonnen, künstliche Horste für Fischadler herzurichten durch Bau von Plattformen in Bäumen und Gerüsten in Seen - wenn geeignete starke Horstbäume nicht zur Verfügung stehen.

Der einmal gebaute Horst wird Jahr für Jahr benutzt und wird nur nach wiederholten Zerstörungen aufgegeben.

Das Gelege besteht aus 3 (1-4) Eiern. In Deutschland beginnt die Eiablage Mitte April, in Nordeuropa Ende April/Anfang Mai. Im Mittelmeerraum geschieht sie bereits Mitte März und im Roten Meer so zeitig wie Dezember.

Das einzelne Ei wird normalerweise im Abstand von 2 Tagen gelegt. Überwiegend brütet das Weibchen. Das Männchen löst nur ab, wenn das Weibchen

die Beute verzehrt, die es dem Weibchen mitbrachte. Die Bebrütung dauert 37-41 Tage.
Das Männchen ist verantwortlich für die Ernährung der Familie bis die Jungen flugfähig sind. Die Nahrung wird normalerweise direkt zum Horst gebracht und wird hier in kleinen Bissen an die Jungen verteilt, bis diese 5-6 Wochen alt sind.
Im Alter von 7-8 Wochen sind die Jungen flugfähig, aber die Familie kann sich noch lange Zeit in Nähe des Horstes aufhalten. Es wurde beobachtet, daß ein Junges 2 Monate nach dem Flüggewerden noch auf dem Horst gefüttert wurde. Die Familien können gemeinsam abziehen und an geeigneten Gewässern mitunter länger verweilen, ehe sich die Familienbande ganz lösen. Ausgeflogene Jungvögel betteln mit langen Reihen von 30-40 »kli-kli-kli-kli . . .«-Lauten.
Der Bruterfolg des Fischadlers wurde in den letzten Jahren mehrfach untersucht. In den Jahren 1971-1973 kamen in Schweden im Schnitt 1,48 Junge auf jedes Gelege, 2,05 auf jede geglückte Brut. 1978 waren die Zahlen 1,45 bzw. 2,01. In Pommern ergaben 1932-1937 73 Bruten im Schnitt 2,6 Junge auf jede geglückte Brut. 51 brandenburgische Bruten in den Jahren 1959-1969 ergaben 1,8 Junge pro Gelege, bzw. 2,21 je erfolgreiche Brut; 30 Bruten von 1970-1976 ergaben 1,93 Junge pro Gelege. Bei 88 mecklenburgischen Bruten der Jahre 1973-1975 war das Ergebnis 1,8 Junge pro Gelege.

Nahrung

Der Fischadler trägt seinen Namen zu Recht. Nur wenn Eis, Regen, Nebel oder trübes Schmelzwasser ihn am Fischen hindert, schlägt er auch andere Beute: Kleinsäuger, vor allem Kleinnager, Vögel, Reptilien, Amphibien, Krebse und Käfer. Doch das bleibt stets die Ausnahme.
Welche Fischarten sie nehmen, hängt anscheinend nur davon ab, welche leicht zugänglich sind. Wenn eine bestimmte Fischart in einem Gebiet seinen Speisezettel dominiert, so ist das gleichzeitig der Beweis dafür, daß diese Art in reichlicher Menge vorkommt und leicht zu fangen ist.
Eine mecklenburgische Untersuchung an 5 Horsten ergab die folgende Verteilung (n = 416): Hechte 36,8%, Plötze 18,5%, Brachsen 11,6%, Barsche 10,6%, Güster 3,8% und Karauschen 2,9%. Die restlichen 16% verteilten sich auf weitere 13 Fischarten.
Man hat den täglichen Verbrauch an Nahrung aufgezeichnet anhand der Beute, die das Männchen dem Weibchen bringt. Im Schnitt bringt das Männchen während der Bebrütung 1,7-1,8mal täglich, während einer 2er und einer 3er Brut 3,8 bzw. 4,6mal täglich Futter heim. Während der Aufzuchtperiode erhält jedes Junge am Tag 800-830 g Fisch. Adulte Vögel auf dem Zug scheinen am Tage ca. 2 Fische zu fangen und benötigen zusammen ca. 500 g täglich.
Eine Untersuchung an 496 gefangenen Fischen von mecklenburgischen und brandenburgischen Bruten ergab, daß diese Fische zwischen 7 und 57 cm maßen, wobei die kleinsten die häufigsten waren. Von 251 Fischen wogen 75% bis 200 g, 17% bis 500 g und 7% waren gute 500 g schwer; die restlichen 1% verteilten sich auf einen Fisch von 700 g, zwei von 1 kg und einem von 1,5 kg.

Jagdtechnik

Der Fischadler fixiert normalerweise seine Beute von 20-30 m Höhe im Rütteln. Hat er sie gesehen, sturztaucht er mit halbgeschlossenen Flügeln. Kurz bevor er das Wasser erreicht, streckt er die Fänge weit vor und durchbricht die Oberfläche in einer Wasserfontäne, wobei er häufig fast unter Wasser verschwindet. Der Fang wird in den Kral-

Fischadler, ad. Beute kröpfend.

len transportiert und in der Regel auf einen bevorzugten Kröpfplatz auf einem bestimmten Baum verzehrt.
Ist der Fisch zu groß, um gehoben und transportiert zu werden, läßt der Fischadler ihn los. Wenn sich der Fischadler nicht mehr befreien kann, wird er in die Tiefe gezogen und ertrinkt. Seine Arbeit ist also keineswegs ungefährlich.
Die Jungadler können gleich nach dem Flüggewerden selbst fischen, aber aufgrund mangelnder Erfahrung gehen viele Angriffe fehl. Es dauert einige Zeit, bis sie das Schlagen der Fische unter der Wasseroberfläche perfekt gelernt haben. Auch dauert es, bis der Jungvogel jegliche Wasserscheu abgelegt hat. Diese Jugendperiode ist daher im Leben des Fischadlers sehr gefährlich, und mancher schafft es nicht.

Der Bestand des Fischadlers in der Westpaläarktis

Norwegen	27 Paare (1974)[1]	Stabil.
Schweden	ca. 2000 Paare (1981)[9]	Stabil oder langsam zunehmend. Lokal aber auch Rückgang festgestellt, wahrscheinlich wegen Unruhe an den Brutplätzen.

Die Fangtechnik des Fischadlers. Verschiedene Vögel sind abgebildet.

Der Bestand des Fischadlers in der Westpaläarktis

(Fortsetzung der Tab. von S. 219)

Finnland	1000 Paare (1985)[110]	Nach einer Reihe von Jahren mit Abnahme scheint der Bestand jetzt stabil zu sein.
Dänemark	0-1 Paar (1982)[15]	Mehrere Brutversuche seit den 60er Jahren. Letzte Brut 1981. Adulte und Jungvögel übersommern hier.
DDR	80 Paare (1982[90]	Stabil.
Polen	30-40 Paare (1984)[80]	Geringer Bruterfolg, anscheinend wesentlicher Mangel an geeigneten Horstbäumen. Doch anscheinend stabil.
Sowjetunion Estland Lettland Litauen	ca. 2000 Paare (1983)[6] ca. 20 Paare (1976)[11] ca. 30 Paare (1983)[34] ca. 20 Paare (1971)[12]	Rückgang des Bestandes. Es mangelt an Horstbäumen. Versuche mit künstlichen Plattformen.
Großbritannien	ca. 25 Paare (1982)?	1910 ausgerottet, aber 1954 erschien ein Paar in Schottland. Unter kolossalem öffentlichem Interesse und Einsatz ist der Bestand langsam gewachsen. Nur im schottischen Hochland.
Spanien	10-15 Paare (1982)[19]	Ausgeprägter Niedergang; Brütet nicht mehr auf dem Festland.
Portugal	2 Paare (1980)[13]	Ausrottung nahe, vermutlich durch Verfolgung und Pestizide.
Frankreich	8 Paare (1978)[14]	Bedroht durch viele Jahre; brütet nur noch auf Korsika.
Türkei	1-5 Paare (1982)[19]	
Israel	20 Paare (1982)[19]	
Algerien	selten (1982)[19]	
Marokko	3-4 Paare (1982)[19]	
Kanarische Inseln	8-10 Paare (1976)[1]	
Kapverdische Inseln	ca. 50 Paare (1969)[1]	Nahezu ausgerottet durch direkte Verfolgung (1984)[92]. Fast auf allen Inseln beobachtet (1982)[97].
Ägypten	> 100 Paare (1982)[19]	Davon 45 Paare im Sinai entlang der Küste. Der Bestand ist bedroht.

Gerfalke

Falco rusticolus

Verbreitung

Der Gerfalke ist an die nördlichsten Landstriche der Westpaläarktis gebunden. Er ist zirkumpolar verbreitet.

Große Uneinigkeit herrscht wegen der Rasseneinteilung. Einige Systematiker meinen, daß die klimaparallel verlaufende Verbreitung der Farbtypen keine Rassengliederung erlaube, andere, daß die lokalen Besonderheiten deutlich genug sind, um Rassen zu unterscheiden. Zur Orientierung geben wir G. Dementiews Aufteilung in 6 Rassen wieder: Nominatrasse: Nordeuropa ostwärts bis zur Kanin-Halbinsel; dunkle Variante und kleinste Rasse. *F. r. intermedius:* von dort ostwärts bis zur Jennessei-Mündung; ein wenig größer und heller, überwiegend graue Variante, aber auch einige der weißen. *F. r. grebnitzkii:* von dort ostwärts bis zur Beringstraße; wiederum etwas größer, gleichmäßige Verteilung von grauer und weißer Variante. *F. r. obsoletus* (Labradorfalke): südlicher Teil des amerikanischen Verbreitungsgebietes samt Südgrönland; dunkle Variante (die dunkelste überhaupt) sowie graue Variante. *F. r. candicans* (Grönlandfalke): nördlich von *obsoletus;* weiße Variante. *F. r. islandicus:* Island; graue Variante.

Bestandsschätzung

Der Gerfalke ist nicht leicht zu registrieren: dafür lebt er zu diskret. Gründ-

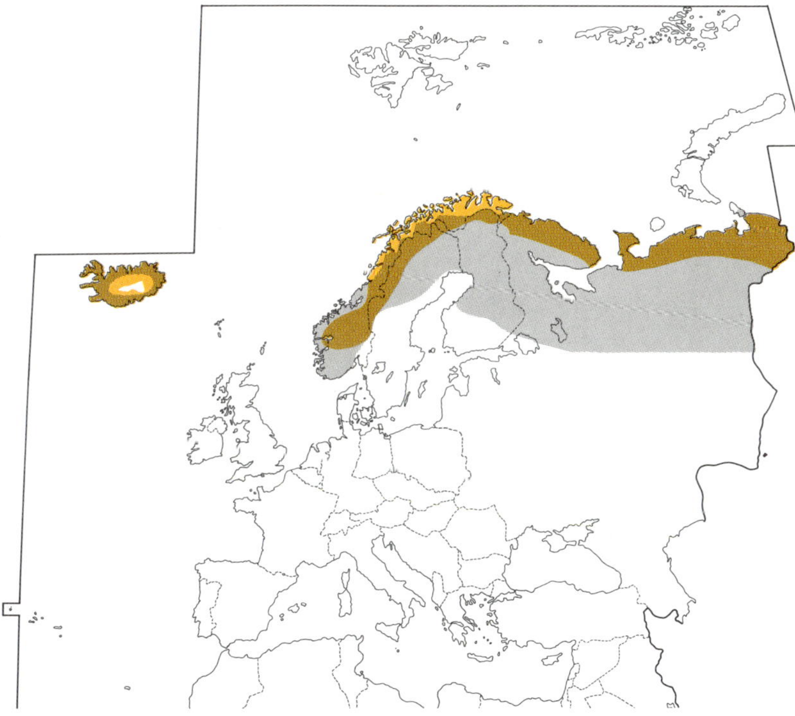

liche Untersuchungen der letzten Jahre haben zu der Erkenntnis geführt, daß die Art nicht so spärlich ist wie angenommen. In Norwegen schätzte man Mitte der 70er Jahre den gesamten Bestand auf 10-12 Paare, heute auf 200-500, in Schweden und Island hat man die Zahlen um rund 100% heraufkorrigiert.

Die Gesamtzahl der Brutpaare der Westpaläarktis (minus Sowjetunion) dürfte nach den neuesten Bewertungen bei 600-1000 Paaren liegen (Siehe Tabelle S. 227).

Bestandsentwicklung

Scheint früher als andere Greifvögel vom Niedergang betroffen worden zu sein - wahrscheinlich Folge der umfangreichen Horstplündereien. Gerfalken sind über Jahrhunderte das begehrteste Falknerobjekt gewesen.

Die südliche Verbreitungsgrenze dieser Art scheint in unserem Jahrhundert nach Norden gerückt zu sein; sicher eine Folge der Klimaänderung zu Beginn des Jahrhunderts, aber auch aufgrund der Verfolgung.

Zug

In der Westpaläarktis Stand- und Strichvogel; russische Vögel aber überwiegend Zugvögel, die sich dabei von der Tundra- in die Taigazone begeben. Die Altvögel halten sich in Skandinavien oder nahe dem Revier oft ganzjährig auf, während die Jungvögel mehr umherstreifen. Im übrigen geht die Winterverbreitung aus der Karte hervor.

Der Gerfalke wird spärlich, aber regelmäßig südlich seines Winterquartiers angetroffen. In Schweden werden jährlich außerhalb des Fjälls 10-20 Vögel gesehen, 1-2 davon im südlichen Schonen. In Dänemark ist er ein sehr selte-

Gerfalke, ad., grönländische dunkle Farbvariante - identisch mit den isländischen Gerfalken.

Gerfalke, ad., weiße Farbvariante auf Grönland.

ner und unregelmäßiger Gast. So liegen für 1963 bis 1980 nur 6 Nachweise vor (Ende Sept. - Anfang April). Nach Schleswig-Holstein kommt er noch seltener: in 115 Jahren (1864-1979) gab es 16 Nachweise (Okt. - Mitte April), davon 11 in den letzten 30 Jahren. In Mecklenburg kamen 1953-1975 18 Vögel zur Beobachtung (Sept. - April), in Brandenburg aber bisher nur ein Vogel und im Rheinland keiner.
Jungvögel scheinen unter diesen Weiterziehern zu überwiegen: In Dänemark waren von 24 altersbestimmten Nachweien 21 juv. und 2 ad., in Schleswig-Holstein sind es 5 juv. und 1ad.; in Mecklenburg aber waren von 8 altersbestimmten 7 ad. und 1 juv.
Als Irrgast tritt der Gerfalke bis Südeuropa auf. Die britischen Inseln, vor allem der Nordteil, werden öfter besucht, besonders von weißen (grönländischen) Vögeln.

Habitat

Bevorzugt die offene, arktische Tundra und die arktische Felsküste.
Drei Haupttypen: 1) Tundra mit felsgesäumten Flüssen. 2) Felsküsten, besonders die großen Seevogelkolonien. 3) Fjällgebiete oberhalb der Baumgrenze mit Steilklippen.
Ziehende und umherstreifende Vögel bevorzugen Küsten oder Moore, Steppen und offene Kultursteppe.

Stimme

Offenbar nur am Brutplatz rufend. Ein lautes »kjak-kjak-kjak« sowie - etwas seltener - »gik gik« und jauchzend »giiiiii«.

Brutbiologie

Brütet wahrscheinlich erstmals im Alter von 2 Jahren. Bereits im Januar oder Anfang Februar beginnt das ♂ sein Revier aktiv zu verteidigen. Falls das ♀

Gerfalke, juv. skandinavischer Herkunft.

nicht im Revier überwintert hat, taucht es Mitte Febr. - Anfang März auf.
Den Balzflug sieht man zu Beginn der Brutzeit. Der Vogel schraubt sich in große Höhen hinauf und sturzfliegt zum Horst unter hellen Rufen.
Der Horst wird oft auf einer unzugänglichen Felsenklippe angebracht unter schützendem Überhang - in der Waldtundra in Bäumen, häufig in einem alten Rauhfußbussardhorst. Die 3-5 (2-7) Eier werden Anfang April - Mitte Mai, hauptsächlich Mitte/Ende April gelegt und vor allem vom Weibchen in rund 35 Tagen ausgebrütet. Die Nestlingszeit beträgt 49-56 Tage und die Jungenführung anschließend mindestens weitere 30 Tage.
Die Anzahl der Brutpaare hängt von der verfügbaren Nahrungsmenge ab und ist korreliert mit der Anzahl der Schneehühner. In einem Beobachtungsgebiet in Alaska schwankte die Anzahl Brutpaare von 3-12 pro Jahr.
Die durchschnittliche Anzahl Junger je erfolgreicher Brut liegt bei rund 2,5.

Nahrung

Im Binnenland ist die Hauptbeute das Schneehuhn *(Lagopus lagopus* und *L. mutus)* mit einem Gewichtsanteil von bis zu 92%. Doch kommen lokale Abweichungen vor. Selbst in Küstengebieten, wo Möwen, Enten und Alken die Hauptbeute stellen, sind in der Regel die Schneehühner noch eine Art Sperrminorität. In Jahren mit Übervermehrung von Lemmingen und Zieseln können diese einen sehr beträchtlichen Teil ausmachen.
Eine Reihe kleinerer Untersuchungen demonstrieren alle die Dominanz der Schneehühner. Von 702 Beutetieren mehrerer Paare auf der Kola-Halbinsel waren 408 Vögel, 262 Säugetiere, 4 Fische, 2 Grasfrösche und 26 Insekten. Gewichtsmäßig schlugen die Vögel noch kräftiger zu Buch: 91,3%. Und von diesen waren 67,7 Gewichts-% Schneehühner, 9,5 Gewichts-% Möwen, 4,7 Gewichts-% Enten. Die 261 Säugetiere (=37,3%) erreichten nur 8,7 Gewichts-%.

Jagdtechnik

Der Gerfalke sucht in 150-300 m Höhe die Landschaft im Kreisflug oder in einem Pirschflug in 7-20 m Höhe ab. Vögel werden oft nach kurzem Verfolgungsflug gefangen, doch kann er auch über mehrere Kilometer verlaufen. Seine Geschwindigkeit ist rasant, sein steiles Hochziehen bei der Verfolgung unschlagbar.
Eine weitere, oft angewandte Technik ist die tiefe Überraschungsjagd unter Ausnutzung des Geländes. Gerne betreibt der Gerfalke auch Ansitzjagd.
Im Winter sieht man die Gerfalken über Weidengebüsch rütteln, um die Schneehühner aufzujagen. Manchmal jagen zwei Vögel auch zusammen.
Wirkt mit seinem langsamen Flügelschlag etwas schwer. Doch das ist eine Täuschung. Er kann in geradem Flug einen Wanderfalken einholen.

Der Bestand des Gerfalken in der Westpaläarktis

Island	300-400 Paare (1982)[65]	Rückgang seit ca. 1930 durch Eier- und Jungenraub. Jetzt stabil, doch abhängig vom Schneehuhnbestand.
Norwegen	200-500 Paare (1980)[64]	Anscheinend stabil.
Schweden	100 Paare (1981)[9]	Die südlichen Brutplätze sind verlassen. Bestand jetzt anscheinend stabil.
Finnland	30 Paare (1985)[110]	Wahrscheinlich seit 1900 um 90% reduziert durch Eier- und Jungenraub. Jetzt stabil.
Sowjetunion	selten (1951)[1]	Anscheinend Rückgang (1977)[1].

Gerfalke, juv. skandinavischer Herkunft.

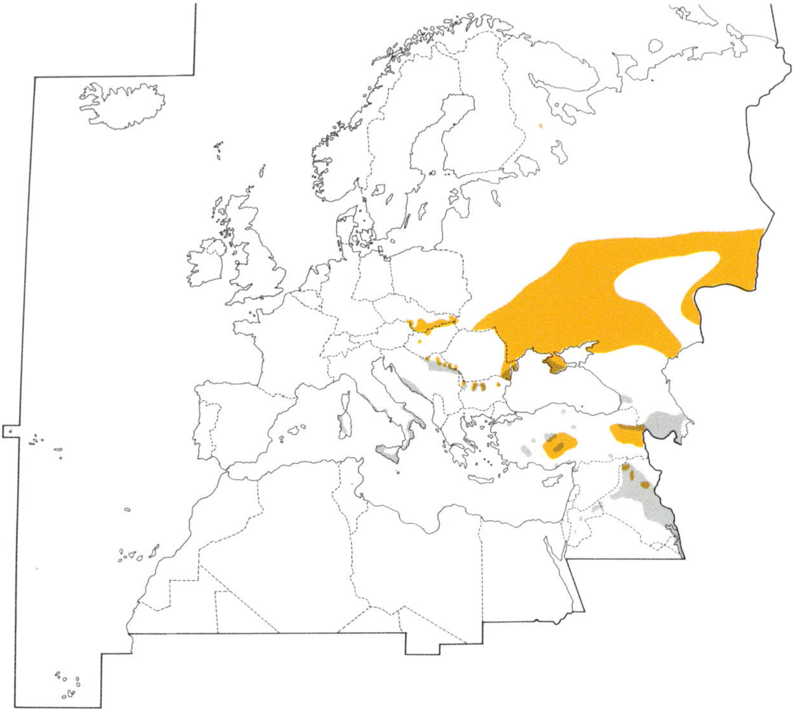

Würgfalke

Falco cherrug

Verbreitung

Der Würgfalke brütet außerhalb des in der Karte dargestellten Gebietes ostwärts in den Steppen und Waldsteppen in großen Teilen Zentralasiens bis nach China hin.

Zwei Rassen: die Nominatrasse u.a. in der Westpaläarktis; *F. ch. milvipes* in Zentralasien, mit rostrotem Band oberseits und ausgeprägter Zeichnung der Unterseite.

Bestandsschätzung

Der europäische Bestand außerhalb der Sowjetunion beträgt 100–150 Paare.

Bestandsentwicklung

Rückgang, verursacht durch Abschuß, Jungenraub und möglicherweise Pestizide. Ferner werden viele Jungvögel im Winterquartier (Naher Osten) eingefangen um für die Falknerei abgerichtet zu werden.

Die Art war aber nicht zu unserer Zeit einem Bestandszusammenbruch ausgesetzt, so wie es beim Wanderfalken geschah – vielleicht, weil ihre Beutetiere (hauptsächlich Ziesel) nicht im gleichen Grad von Pestiziden betroffen wurden.

Zug

Zugvogel (russische Vögel) und Teilzieher. Einzelne überwintern schon in der Tschechoslowakei, in Österreich und in Ungarn. Das eigentliche Überwinterungsgebiet liegt aber, wie aus der Karte ersichtlich, im Nahen Osten, im Kaukasus und in Nordostafrika.

Russische Vögel sind normalerweise vom Brutplatz abwesend von Ende Sept./Anfang Okt. bis März/Anfang April, rumänische oft nur im Dezember und Januar. Fernzieher sind vor allem die Jungvögel.

Am Bosporus wird der Würgfalke während des Herbstzuges nur spärlich gesehen (max. 13, 1971). Frühjahrszug am Cap Bon in Tunesien in einer Größenordnung von 25 Vögeln.

Außerhalb seines Brutgebietes ist der Würgfalke in Mittel- und Nordeuropa ein extrem seltener Irrgast. In der Bundesrepublik Deutschland gibt es Nachweise aus Schleswig-Holstein (2 juv. 1972), Bayern (12, 1887–1965) und Baden-Württemberg (1, 1961). Aus der DDR nur 5 uralte von vor ca. 100 Jahren aus Sachsen. In Großbritannien gibt es 2 Nachweise (1978, 1979), in Schweden 1 (1900).

Habitat

Bevorzugt als Brutbiotop Waldsteppen und bewaldete Kulturlandschaft, Brache und Steppen. Im Osten seines Brutgebietes auch bergige Halbwüsten und Berge bis 4700 m Höhe. Sein Anspruch an das Brutrevier ist ein guter Bestand an tagaktiven Kleinsäugern, in Europa an Zieseln.

Außerhalb der Brutzeit mit Vorliebe an Flüssen, Sümpfen, Meeresbuchten und anderen Biotopen mit größeren Vogelansammlungen.

Stimme

Kann am Brutplatz recht laut sein. Die Stimme ähnelt der des Wanderfalken, ist aber gröber: ein lautes »gijäk« zur Balzzeit sowie ein scheckerndes »käk-käk-käk« bzw. »gijäk ...«.

Brutbiologie

Brütet wahrscheinlich erstmals im Alter von 2–3 Jahren, aber man hat schon

Würgfalke am Horst.

Einjährige am Horst gesehen. Das Paar hält den größten Teil des Jahres zusammen, auch lange noch, nachdem die Jungen selbständig geworden sind. Die Ehe scheint lebenslänglich zu sein.
Zu Beginn der Brutzeit sieht man den Balzflug: Der Vogel steigt mit steifen Flügeln und breit gefächertem Schwanz im Winde auf große Höhe und wirft sich im Sturzflug laut wiehernd zum Horst hinunter.
In der Westpaläarktis brüten die meisten Paare in Bäumen, gerne in alten Greifvogelhorsten; einzelne wählen auch steile Felsklippen.
Die 3-5 (2-6) Eier werden in Mitteleuropa Mitte/Ende März - Anfang April gelegt und in ca. 30 Tagen besonders vom Weibchen ausgebrütet. Die Nestlingszeit dauert 45-50 Tage, die Führungszeit der Jungen bis zur Selbständigkeit 30-45 Tage.

Nahrung

Zieselarten stellen die Hauptbeute. Weitere typische Beutetiere der Würgfalken sind Springmaus, Wühlmäuse, Wüstenratte, Maulwurf, Lemming und Hamster.
Der Würgfalke jagt auch Vögel von Lerchengröße bis zu Reihern und Trappen, im Winterquartier und auf dem Zug bevorzugt Limikolen und Wasservögel. Während der Brutzeit können Vögel 30-50% der Beute darstellen, normalerweise aber dominieren Ziesel. Eidechsen, Frösche und Insekten sind als Beikost einzustufen.

Jagdtechnik

Sitzt gerne an, etwa auf Bodenerhebungen, von denen er einen weiten Rundblick hat. Entdeckt er eine Beute, greift er im Tiefflug direkt an und nutzt wie der Habicht die Überraschung aus.
Ebenso benutzt er einen Suchflug in 10-20 m Höhe. Zu Fuß jagt er vor allem nach Käfern.
Wird zur Gazellenjagd als Hilfe abgerichtet.

Der Bestand der Würgfalken in der Westpaläarktis

Österreich	ausgerottet? (1981)[2]	War anscheinend nie sehr zahlreich. Letzter Brutnachweis 1973[66].
Tschechoslowakei	10-30 Paare (1981)[2]	Stabil oder leicht wachsender Bestand.
Ungarn	ca. 30 Paare (1981)[2]	
Jugoslawien	10-15 Paare (1982)[19]	
Rumänien	ca. 20 Paare (1981)[2]	Deutlicher Rückgang.
Bulgarien	30-50 Paare (1977)[1]	
Sowjetunion Moldauische SSR Krim	selten (1983)[6] ca. 20 Paare (1983)[6] 5-6 Paare (1983)[6]	Scheint im europäischen Teil abzunehmen, aber im asiatischen stabil zu sein. Für die gesamte Sowjetunion rechnet man mit mehr als 1000 Paaren.
Griechenland	?	Brütet vielleicht (1982)[19].
Türkei	100 Paare (1981)[2]	
Irak	?	

Würgfalke, juv. im Flug.

Feldeggsfalke

Falco biarmicus

Verbreitung

Außerhalb der Westpaläarktis brütet der Feldeggsfalke oder Lanner im übrigen Afrika ohne die Urwaldzonen.
Rassengliederung: *F.b.feldeggi:* Europa und Kleinasien. *F.b.erlangeri:* Marokko bis Tunesien; hellste und kleinste Rasse. *F.b.tanypterus:* Libyen bis Jordanien; etwas größer als *erlangeri* und gelegentlich dunkler.

Bestandsschätzung

Nach den zugänglichen Angaben (siehe Tabelle S.234) brüten 200-250 Paare in Europa. Über die Aussagekraft dieser Zahl herrscht Uneinigkeit. Pessimistische Schätzungen gehen davon aus, daß in Europa nur ziemlich wenige Paare übriggeblieben sind.

Bestandsentwicklung

Seit etwa 1960 gewaltiger Rückgang. Die Ursachen sind unbekannt, aber es ist naheliegend, auf Pestizide hinzuweisen (parallel zum Wanderfalken), auf Horstplünderungen und direkte Verfolgung. Ein deutscher Falkner horstete z.B. auf Sizilien 23 Junge aus. Das kann ein notleidender Bestand nicht überleben.
Der Feldeggsfalke ist vielleicht der gefährdetste Greifvogel Europas. In Afrika ist er der häufigste Falke.

Zug

Standvogel, vielleicht in gewissen Fällen Strichvogel (Jungvögel). Es gibt jahreszeitlich bedingte Zugbewegungen vom Gebirge ins Flachland.
Nördlich seines Brutgebietes ist der Feldeggsfalke ein extrem seltener Irrgast. Es gibt nur 2 Nachweise aus der Tschechoslowakei (1906, 1931), 1 aus Nordostfrankreich (1855) und einige von der Iberischen Halbinsel (z.B. 4 von Gibraltar).

Habitat

In Nordafrika Brutvogel der Halbwüsten und Wüsten und der trockenen Savannen. Die europäischen Brutplätze

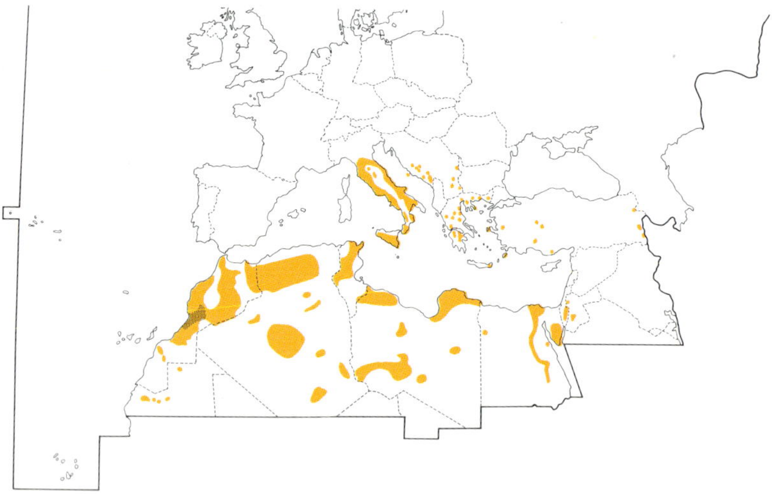

Feldeggsfalke, ad. mit geschlagenem Hühnervogel.

liegen in Felsgegenden mit Steilwänden – in Sizilien in der Regel dort, wo Steilwände sich über großen Weiden und Ackergebieten erheben. Brütet auch in Küstenfelsen.

Stimme

Höhere Tonlage als beim Wanderfalken. Ruft am Brutplatz. Ein schrilles »kri-kri, kirr-iii«.

Brutbiologie

Nicht besonders gut erforscht. Geschlechtsreife? Das Paar ist wahrscheinlich lebenslänglich verheiratet und bleibt das Jahr über zusammen.
Der Horst steht normalerweise auf einem Felsvorsprung oder auf einem Baum. Übernimmt dabei immer den alten Horst eines anderen Greifvogels oder ein Krähennest.

Die 3-4 (2-5) Eier werden auf Sizilien Ende Febr. - Mitte März gelegt, auf dem Balkan vermutlich etwas später. Sie werden von beiden Eltern in 30-35 Tagen ausgebrütet. Die Nestlingszeit beträgt 35-43 Tage, und die Jungen benötigen weitere 28-42 Tage bis sie selbständig sind.
Der Bruterfolg fünf sizilianischer Bruten betrug 2,8 Junge/Brut, eine hohe Zahl.

Nahrung

Überwiegend kleine und mittelgroße Vögel - vom Spatzen bis zum Rötelfalken und dem Steinhuhn, in Afrika bis zu Perlhuhn und kleinen Trappen.
Kleinsäuger, Reptilien und Insekten sind lediglich Beikost. So waren von 73 Beutetieren an sizilianischen Ruheplätzen 66 Vögel, aber nur 3 Eidechsen, 2 Kleinsäuger, 1 Erdkröte und 1 Laufkäfer. Unter den Vögeln dominierten Dohlen (23), Rötelfalken (12) und Felsentauben (7).
In Afrika gern schwärmende Termiten.

Jagdtechnik

Fliegt schnelle, äußerst wendige Überraschungsangriffe auf fliegende Vögel. Einzeln scheinen sie nur Kleinvögel jagen zu können, größere Vögel jagen sie zu zweit. Bei dieser Kombinationsjagd stöbert das Weibchen die Beute auf, und das seitwärts in einigem Abstand folgende Männchen schlägt sie. Aber eine solche Jagd kann sich lange hinziehen und viele Fehlstöße ergeben. Von 16 in Sizilien beobachteten Jagdflügen waren nur 2 erfolgreich. Fliegen zum Aufstöbern durch Felsenhöhlen und jagen gerne in der Dämmerung.
In Wüstengebieten mit Vorliebe an Wasserstellen jagend.

Der Bestand des Feldeggsfalken in der Westpaläarktis

Italien	100-150 Paare (1982)[19]	Deutlicher Rückgang. Sizilien: 20-40 Paare.
Jugoslawien	sehr selten (1981)[2]	Rückgang.
Albanien	?	Hat früher gebrütet; keine neueren Informationen.
Bulgarien	?	Vielleicht Brutvogel im Südwesten.
Griechenland	30 Paare (1983)[84]	Geht gewaltig zurück.
Türkei	ca. 20 Paare (1982)[19]	
Syrien	?	Brütet vielleicht unregelmäßig (1979)[1].
Israel	?	Lokal ausgerottet durch Thalliumsulfat-Gebrauch (1979)[1].
Ägypten	> 100 Paare (1982)[19]	
Libyen	?	Müßte häufig sein.
Tunesien	> 200 Paare (1982)[19]	
Algerien	häufig (1982)[19]	
Marokko	> 1000 Paare (1982)[19]	

Wanderfalke

Falco peregrinus

Verbreitung

Aus Schutzgründen machen mehrere Länder keine präzisen Angaben. Daher weist die Karte die Verbreitung nur in groben Zügen aus. Außerhalb der Westpaläarktis brütet der Wanderfalke in vielen Teilen Asiens, Afrikas, Australiens und Amerikas.

Unterteilt in zahlreiche Rassen, von denen uns hier nur interessieren: Nominatrasse: größter Teil Europas und ostwärts bis zum Jenissei. *F. p. calidus:* die Tundra von der Varanger-Halbinsel ostwärts bis zur Lena; etwas größer, heller und oberseits blauer. *F. p. brookei:* vom Mittelmeerraum bis zum Kaukasus; kleiner als Nominatrasse, unterseits dunkler und mit rostfarbener Nackenzeichnung. *F. p. madens:* hat lediglich ein kleines Verbreitungsareal auf den Kapverdischen Inseln.

Wanderfalke, ad. Weibchen am Brutfelsen.

Bestandsschätzung

Für die gesamte Westpaläarktis ist ein Bestand von 7000 Paaren ausgewiesen.

Bestandsentwicklung

Seit einigen Jahrhunderten ist der Wanderfalke Ziel ständiger Horstplünderungen durch Eiersammler und »Falkner« und Abschußziel für Jäger, Taubenzüchter und Jagdaufseher. Je nach Aufwand führten diese Verfolgungen zu größeren Verlusten im Bestand. Der Wanderfalke schaffte es jedoch zu überleben.

Aber etwa ab 1950 wurde es ernst! Die Pestizide kamen in Gebrauch. Wir wurden in den nächsten zwei Jahrzehnten Zeuge eines ungewöhnlichen totalen Zusammenbruchs eines an sich lebenskräftigen Bestandes in den hoch industrialisierten Ländern der nördlichen Halbkugel, sodaß der Brutbestand nun über 90% abnahm.

Zu Beginn dieser Katastrophe stand man vor einem Rätsel - man kannte ja die Ursachen nicht. Aber Anfang der 60er Jahre fanden u.a. britische Forscher heraus, daß die Schuld bei den Pestiziden, allen voran dem DDT lag.

Das führte dazu, daß in vielen Ländern DDT und andere Pestizide mit starker Einwirkung auf die Umwelt in den dar-

auf folgenden Jahren verboten oder ihre Anwendung stark eingeschränkt wurde. Und langsam wendete sich das Schicksal.
Heute können wir eine Wiederansiedlung in den schwerst getroffenen Ländern erleben: in Großbritannien, Irland, der Bundesrepublik Deutschland, Schweiz und Finnland. Unter Einsatz vieler Ornithologen und beträchtlicher Geldsummen ist man seit Jahren in der Bundesrepublik Deutschland und in Schweden dabei, durch künstliche Aufzucht und anschließende Auswilderung sowie durch Horstüberwachung diesen Prozeß zu unterstützen oder überhaupt erst zu ermöglichen.
In der Bundesrepublik arbeiten zwei Vereine zum Schutze des Wanderfalken: die Arbeitsgemeinschaft Wanderfalkenschutz im Deutschen Bund für Vogelschutz (direkte, permanente Überwachung der Horste) und der Deutsche Falkenorden (künstliche Aufzucht und Auswilderung). Baden-Württemberg hat den besten Bestand. 1984 brachten über 80 Paare mehr als 120 Junge hoch. In Bayern waren von 27 Brutpaaren 14 erfolgreich, dabei kamen 28-32 Junge hoch. Rheinland-Pfalz erbrachte 1984 die 2. erfolgreiche Brut, ebenso hatte Hessen einen ersten Bruterfolg eines ausgesiedelten Paares. Auf einem Leuchtturm im Wattenmeer brütet ein Paar; die Eier waren aber bis incl. 1985 so pestizidbeladen, daß sie mit Eiern bzw. Jungen aus der berliner Zuchtstation ausgetauscht werden mußten. In der DDR brüteten erstmals 1983/84 drei ausgesiedelte Paare im Harz, doch nur 1 Paar war 1983 erfolgreich. Die letzten Bruten erfolgten 1977-1978 in der Lausitz.
Die südeuropäischen Bestände litten in der schweren Zeit weniger - offenbar aufgrund geringerer Giftbelastung. Andererseits hat man heutigentags in Südeuropa andere Probleme: Der Abschuß wird noch ständig im weiten Umfang praktiziert. Aber die größte Belastung scheint von den Falknern auszugehen. Die Falknerei hat leider eine Renaissance erfahren, und Wanderfalkenjunge werden massenweise gestohlen. Man rechnet daher damit, daß allein mindestens 200 Junge Jahr für Jahr aus Italien nach Westdeutschland geschmuggelt werden. Eine Kontrolle von 30 Horsten in Süditalien und auf Sizilien (1981) ergab, daß diese nur 2 Junge enthielten. Die anderen ca. 100 Jungen waren von Falknern geraubt worden.
Eine solche gewaltige Belastung kann kein Bestand aushalten, und es ist kein Wunder, daß die südeuropäischen Bestände ebenfalls zurückgehen.

Zug

Die nördlichen und nordöstlichen Populationen sind Zugvögel, die mittel- und westeuropäischen meistens Strichvögel und die südlichen Standvögel, ihre Jungen im bestimmten Umfang Strichvögel.
Skandinavische Wanderfalken ziehen im Herbst nach Südwesten und überwintern in Südschweden, Dänemark, Norddeutschland, Benelux, Frankreich, England und Spanien.
Die Jungvögel Mitteleuropas verteilen sich nach dem Ausfliegen in alle Himmelsrichtungen, und etwa 70% von ihnen trifft man im 1. Jahr mehr als 100 km vom Brutplatz entfernt an. Die Altvögel verbleiben hingegen im Brutrevier und seiner Umgebung.
Wie stark die Bestände dezimiert wurden, zeigt sich auch an den Durchzugszahlen von Falsterbo, Südschweden. 1942 sah man dort 110 abziehende Wanderfalken, 1973-1983 nur 1-5 in jedem Herbst (Ende Aug. - Ende Okt.).

Habitat

Nicht besonders spezialisiert. Zwei Bedingungen müssen erfüllt sein: ein gutes Nahrungsangebot (reiches Vogelleben) und ein sicherer Brutplatz. Der

Brutplatz liegt im größten Teil der Westpaläarktis auf steilen Felsklippen, sowohl an der Küste als auch im Binnenland. Aber die von anderen Greifvögeln, Reihern oder Krähen übernommenen Horste können auch in einem hohen Baum stehen - hauptsächlich im Norddeutschen Tiefland und in Osteuropa - oder am Boden in unwegbaren Hochmooren angelegt werden, u.a. in Nordschweden, Finnland, Nordrußland und Estland.
Er braucht freies Land für seine Jagd und einen unbeschwerten Zugang zum Horst. Der Wanderfalke vermeidet daher große, geschlossene Waldgebiete.

Stimme

Am Brutplatz ein schnelles, keckerndes »kek-kek-kek« sowie ein rauhes »grä-grä-grä ...« und weitere Rufe.

Brutbiologie

In seltenen Fällen schon als Einjähriger am Horst gesehen. Die meisten brüten erstmals im Alter von 2-3 Jahren. Die Ehe wird anscheinend lebenslang geschlossen.
Zu Beginn der Brutsaison sieht man den Balzflug: Die Vögel kreisen zusammen in großer Höhe, worauf (in der Regel) das Männchen in einem Sturzflug einen Ausfall gegen das Weibchen macht. Sie dreht sich auf den Rücken, und die Gatten berühren sich mit den Fängen. Sie können im Schwebeflug sich auch mit dem Gefieder oder den Schnäbeln berühren (»Luftküssen«).
Die Eiablage erfolgt auf den Britischen Inseln, in Mittel- und Nordeuropa Ende März - Mitte April. Die 3-4 (1-6) Eier werden von beiden Eltern in 29-32 Tagen ausgebrütet. Die Nestlingszeit beträgt 35-42 Tage, die Jungenführungszeit ungefähr 2 Monate.
In den 50er und 60er Jahren war die Jungenproduktion sehr niedrig. Viele Paare bekamen in dieser Zeit überhaupt keine Jungen. Britische Untersuchungen von vor 1950 ergaben 2,55 Junge pro erfolgreichem Paar gegenüber 2,09 in 1971, also vor und nach der Pestizidkatastrophe. In Bayern betrug 1984 der Bruterfolg (27 Paare) 2,0-2,2 Junge/Brut. In Baden-Württemberg kamen 1984 - wie schon gesagt - auf über 80 Paare mehr als 120 Junge, die bisher höchste Jungenzahl seit 20 Jahren, was etwa 1,5 Junge/Brut entspräche. Auch die schwedischen Wanderfalken haben jetzt nur 1,2-1,4 Junge/Brut, während die finnischen auf die notwendige Norm: 2,4-2,5 Junge/ Brut kommen.

Wanderfalke, ad. Weibchen auf Brutfelsen.

Nahrung

Fast ausschließlich Vögel. Vom Goldhähnchen bis zum Fischreiher. In Großbritannien wurden 132 Vogelarten, in Mitteleuropa sogar 210 Arten als Beute nachgewiesen. Es hängt sehr vom Biotop ab, welche Vogelarten die Hauptbeute stellen.
In Großbritannien waren von 4130 Beutevögeln ein Drittel Haustauben, gewichtsmäßig aber 50%. Es folgten auf dem zweiten Platz die Moorschneehühner mit 8,7% (359), danach der Star mit 7% (289). Die von Uttendörfer zusammengestellten Beutelisten überwiegend mitteleuropäischer Bruten ergaben unter 6410 Beutevögeln 31,9% Haustauben, 18,9% Stare, 9,6% Drosseln, 7,5% Kiebitze, 5,5% Rabenvögel und 4,6% Feldlerchen.
Haustauben spielen dort die größte Rolle, wo sie am häufigsten sind, das heißt in der Nähe dichter Bebauung. Doch solch Eingriff des Wanderfalken in eine bevorzugte Beute bleibt allemal äußerst gering. Berechnungen an schottischen Moorschneehühnern ergaben, daß selbst bei anzunehmenden 142 Schneehühnern pro Wanderfalkenfamilie pro Jahr dies lediglich 1,0 bis 3,6% der Schneehuhnpopulation entspricht.

Jagdtechnik

Fängt fast ausschließlich fliegende Vögel. Dabei bevorzugt er die Ansitzjagd von einer erhöhten Warte aus. Früher oder später wird eine passende Beute vorbeifliegen. Der Wanderfalke startet dann sofort. Ist die Beute weiter weg, nutzt er den weiten Weg zur Erhöhung seiner Geschwindigkeit, er dreht dann richtig auf: Geschwindigkeiten bis 380 Stundenkilometer sind gemessen worden. Das Schlagen der Beute erfolgt auf unterschiedliche Weise, der Aufprall auf die Beute ist heftig. Die hohe Geschwindigkeit ist andererseits aber oft die Rettung für die Beute. Denn sie sieht den Wanderfalken ebenfalls sehr schnell und versucht auf jede Art, ihm zu entkommen. Ein scharfes Wendemanöver im rechten Moment läßt den Wanderfalken vorbeizischen, denn er kann aus der hohen Geschwindigkeit heraus seine Richtung nicht so schnell ändern. In Schweden wurde konstatiert, daß der Wanderfalke nur in 19 von 252 Jagden erfolgreich war, d.h. 7,5% der Jagden! Doch scheint der Wanderfalke nicht immer ernsthaft darauf aus zu sein, die Beute zu schlagen. Die Vögel spielen offenbar zur Übung. Ernsthaft jagende, hungrige Wanderfalken an der Küste von Cornwall hatten bei 45 Jagden in 60% der Fälle Erfolg; alle beobachteten 58 Jagden (auch nicht hungriger Tiere) ergaben 30 Beuten = 52% Erfolg.

Mit Vorliebe jagen die Wanderfalken – sieht man von der Zeit der Jungenversorgung ab – früh morgens oder am Abend. Hat ein Vogel eine größere Beute geschlagen, etwa eine Haustaube, so reicht sie für zwei Tage! Bei der Jagd auf geschlossene Verbände konzentriert sich der Wanderfalke auf abgesprengte Vögel, der Angriff direkt auf den Schwarm wäre zu gefährlich für ihn.

Der Bestand des Wanderfalken in der Westpaläarktis

Schweden	8–15 (1983)	Von ca. 1000 Paaren 1900, 350 Paaren 1945 auf 35 Paare 1965 und 8–15 Paare 1983 zurückgehend – eine katastrophale Bilanz. Auswilderung gezüchteter Falken.
Norwegen	ca. 30 Paare (1982)[57]	Wie Schweden.
Finnland	70 Paare (1985)[110]	In den 40er Jahren: 1000–2000 Paare, in den 60ern: 90 Paare, 1970: 35 Paare, 1975: 20 Paare. Heute ist die Jungenproduktion des Restes gut.
Sowjetunion	1000 Paare (1982)[65]	Rückgang, die Südgebiete »aufgegeben«. Im Baltikum ausgerottet (1983)[6, 109].
Polen	1 Paar (1983)	Früher ein weit verbreiteter Brutvogel.
DDR	3 Paare (1984)[98]	1939: häufig, 1960: 80 Paare, 1968: 14–21 Paare (nur 2 Junge), 1978/79: 1 Paar.

Wanderfalke, ad mit geschlagenem Kuckuck in den Fängen.

Bundesrepublik Deutschland	115 Paare (1984)[98]	Ca. 400 Paare 1950. Rückgang jetzt gestoppt durch energische Schutz- und Zuchtmaßnahmen.
Großbritannien	750 Paare (1983)[68]	Zunehmend nach kräftigem Rückgang in den 50er und 60er Jahren. Heute über der Zahl von 1940.
Irland	225 Paare (1983)[68]	Davon 111 Felsbruten. Der Bestand hat sich erholt[99].
Frankreich	ca. 250 Paare (1982)[19]	Rückgang um 80% seit den 50er Jahren. Jetzt stabil.
Schweiz	ca. 100 Paare (1984)	Nach Zusammenbruch des Bestandes gab es 1971 nur noch ein Paar. Überraschend schnelle Erholung, u.a. durch besondere Schutzmaßnahmen.
Österreich	5–8 Paare (1977)[48]	Gewaltiger Rückgang.
Italien	300–350 Paare (1982)[19]	Am meisten durch Falkner gefährdet. Man rechnet, daß jährlich 90% der Horste geplündert werden. Sardinien: 110–130 Paare.

Wanderfalke/Wüstenfalke

Spanien	ca. 2000 Paare (1981)[2]	Rückgehend.
Portugal	spärlich (1982)[19]	Wahrscheinlich ständiger Brutvogel in einigen Gebieten (1981)[2].
Tschechoslowakei	10–20 Paare (1981)[2]	Deutlicher Rückgang seit Mitte der 60er Jahre.
Ungarn	ausgerottet? (1981)[2]	War anscheinend nie zahlreich.
Jugoslawien	wenige Paare (1974)[3]	War anscheinend nie häufig.
Albanien	?	Keine neueren Informationen. Spärlicher Brutvogel in den 30er Jahren.
Rumänien	< 5 Paare (1981)[2]	War anscheinend nie häufig.
Bulgarien	sehr selten (1979)[1]	War anscheinend nie zahlreich.
Griechenland	150 Paare (1983)[84]	Abnehmend.
Türkei	100–500 Paare (1979)[1]	
Zypern	5–10? Paare (1985)[108]	
Malta	1 Paar (1982)[19]	
Tunesien	> 200 Paare (1982)[19]	
Algerien	häufig (1982)[19]	
Marokko	> 1000 Paare (1982)[19]	
Kapverdische Inseln	sehr selten (1982)[94]	

Wüstenfalke, ad.

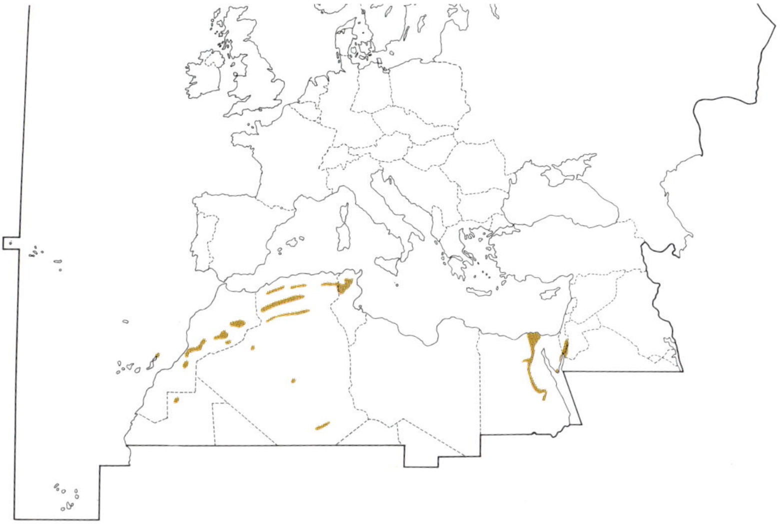

Wüstenfalke

Falco pelegrinoides

Verbreitung

Da die Art leicht mit dem Wanderfalken verwechselt wird, ist die Verbreitung nur unvollständig bekannt.

Außerhalb der Westpaläarktis finden sich einige wenige bekannte Brutplätze im Grenzgebiet von Algerien mit Mali und Niger sowie an der atlantischen Küste Westafrikas. Brütet ferner in West- und Zentralasien vom Iran bis zum Tianshan.

Zwei Rassen: Die Nominatrasse bewohnt die Westpaläarktis und *F. p. babylonicus* Asien; letztere ist u. a. größer und rostfarbener auf Scheitel und Nakken.

Der Wüstenfalke wurde lange Zeit als Rasse des Wanderfalken betrachtet, mit dem er in der Tat sehr nah verwandt ist.

Bestandsschätzung

Die Bestandsgröße ist schwierig zu schätzen, da häufig eine Verwechslung mit dem verwandten Wanderfalken erfolgt, der im selben Gebiet brütet.

Man hat früher den Wüstenfalken (besonders die asiatische Rasse *babylonicus*) als spärlich bis selten eingestuft. Aber hauptsächlich aufgrund der hohen Zahl der zur Falkenjagd abgerichteten Jungvögel schätzt man heute den Bestand beider Rassen auf jeweils mehrere hundert Paare (1982)[65].

Zug

Wahrscheinlich Strichvogel, aber unser Wissen ist mangelhaft. Die Altvögel werden im Brutgebiet das ganze Jahr über angetroffen und sind vielleicht Standvögel. Ägyptische Wüstenfalken aber sind Zugvögel, die außerhalb der Brutzeit im Sudan die Hauptzeit des Jahres leben (9½–10 Monate).

Habitat

Bewohnt unfruchtbare Landschaften, besonders Halbwüsten mit Felspartien. Brütet aber auch in den Felsen der Meeresküste (Atlantik und Rotes Meer) und entlang Flüssen wie z. B. dem Nil.

Wüstenfalke, ad. Männchen.

Brutbiologie
Nur unvollständig bekannt. Da das Paar ganzjährig im Brutrevier zusammenhält, kann man eine lebenslängliche Ehe vermuten.
Der Horst steht auf Felsen oder auf Gebäuden. Die 3 (2-5) Eier werden März - Anfang April gelegt.

Nahrung
Fast ausschließlich kleine und mittelgroße Vögel; Tauben und Enten bilden die (normale) Obergrenze.
In Nordafrika sind Flughühner und kleine Tauben die Hauptbeutetiere, an der Meeresküste die Felsentaube. Fängt gelegentlich auch Fledermäuse.

Jagdtechnik
Sehr ähnlich der des Wanderfalken. Scheint jedoch noch schneller und wendiger zu sein.

Der Bestand des Wüstenfalken in der Westpaläarktis

Israel	häufig (1979)[1]	Brütet westlich des Toten Meeres und südwärts bis Eilat.
Ägypten	?	Brütet auf dem Sinai, entlang der Küste des Roten Meeres und am Nil.
Libyen	spärlich? (1976)[1]	
Tunesien	53 Paare (1975)[1]	
Algerien	häufig? (1982)[65]	Lokale Falkner kennen viele Brutplätze, es ist aber nicht klar, ob sie immer zwischen Wander- und Wüstenfalken unterscheiden.
Marokko	häufig? (1982)[65]	Lokale Falkner kennen viele Brutplätze, es ist aber nicht klar, ob sie immer zwischen Wander- und Wüstenfalken unterscheiden.
Mauretanien	?	
Kanarische Inseln	?	Status unklar. Auf vielen Inseln gesehen worden, aber es gibt nur sehr wenige Brutnachweise (1979)[1].

Eleonorenfalke

Falco eleonorae

Verbreitung

Brütet nur in der Westpaläarktis.

Bestandsschätzung

H. Walter[71] hat 1978 den Weltbestand mit 4400 Paaren veranschlagt - mit einer möglichen Spannweite zwischen 2000 und 7000 Paaren. Die Unsicherheit rührt teilweise daher, daß nicht in allen Kolonien im jeweils selben Jahr gezählt wurde, teilweise daher, daß bisher unbekannte Kolonien ständig hinzukommen. Im ganzen kennen wir heute knapp 100 Brutkolonien. Rund 65% des Gesamtbestandes lebt in den griechischen Gewässern (Ägäis).

Bestandsentwicklung

Die Entwicklungstendenzen sind nicht eindeutig. Es wurde lokal sowohl Abnahme (Kanarische Inseln) als auch Zunahme (z. B. Mallorca) registriert.
Obwohl die Eleonorenfalken wie die Wanderfalken Kleinvögel fangen, scheinen sie nicht von Pestiziden betroffen zu sein. Man nimmt an, daß sie es dem Umstand verdanken, daß sie den größten Teil des Jahres von Insekten leben und nur 4 Monate die gifthaltigen Kleinvögel fressen. Da zudem ein großer Teil der erbeuteten Vögel Insektenfresser sind, wie z. B. Pirol und Wiedehopf, ist das Giftproblem sicherlich nicht so groß.
Früher wurden die Horstjungen lokal als Menschennahrung genutzt. Diese Sitte scheint heute zu verschwinden. Dafür sind die Störungen durch Touristen ein wachsendes Problem.
In bezug auf Eiersammler und Falkner ist die Art durch ihr kolonieweises Brüten verwundbar, da das Einsammeln leichter geht. Doch dürfte die Gefahr von Falknern nicht allzu groß sein, da sich die Art nicht als Beizvogel eignet.

Zug

Zugvogel mit Winterquartieren im ostafrikanischen Hochland, Madagaskar und den Inseln Mauritius, Reunion, Rodriguez. Neuere Beobachtungen von überwinternden Trupps in der südlichen Ägäis bedürfen der Bestätigung.
Man nimmt an, daß der Zug vom Mittelmeer her entlang des Roten Meeres

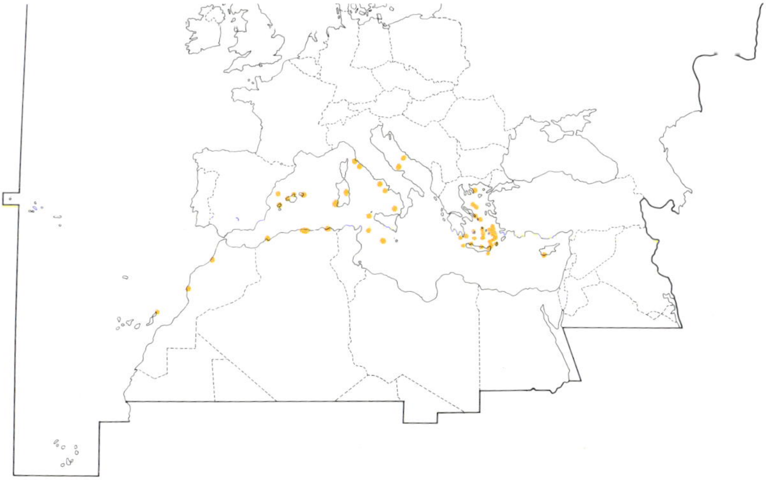

und entlang der ostafrikanischen Küsten nach Madagaskar verläuft. Ob die nordwestafrikanischen Vögel und die der Kanaren diesen Weg nehmen, weiß niemand. Denkbar wäre auch eine Überquerung des afrikanischen Kontinents in großer Höhe (unsichtbar für uns) und in der Nacht. Denn am 5. November 1978 wurde kurz vor Sonnenaufgang in einer nebeligen Zugnacht im Tsavo Nationalpark in Kenia ein klatschnasser Eleonorenfalke am Boden aufgelesen und beringt.

Die ersten Vögel sind ab Ende April an ihren Brutplätzen zurück, weitere kommen im Mai und Juni heim.

Kleine Trupps sieht man im Sommer oft weit entfernt von den Brutplätzen, z. B. beim Insektenfang landeinwärts im Gebirge.

Nördlich des Mittelmeerraumes ist die Art nur ein extrem seltener Irrgast. Es gibt zwei Nachweise aus Großbritannien (8.-9. 8. 1977; 18. 8. 1980), zwei aus Schweden (17. 7.; 27.-30. 7./4. 8. 1983).

Habitat

Brütet in Kolonien, normalerweise auf unbebauten Inseln im Mittelmeer. Kann auch auf größeren bewohnten Inseln brüten, wo unzugängliche Steilküsten vorkommen (z. B. Zypern). Das Winterquartier-Biotop ist unbekannt.

Stimme

Bei Störungen am Brutplatz hört man ein schnelles, rhythmisches »ke-ke-ke-ke . . .«, nicht so stark wie das der Großfalken, aber auch nicht so hoch und klangvoll wie z. B. des Baumfalken.

Eleonorenfalke, ad., dunkle Farbvariante, mit Beute.

Brutbiologie
Brütet erstmalig im Alter von 2 Jahren, gelegentlich schon einjährig. Lebenslängliche Ehe?
Wohnt in Kolonien von bis zu 200 Brutpaaren.
Da die Jungenaufzucht auf den herbstziehenden Kleinvögeln basiert, beginnt die Brutperiode spät - die Eiablage ab Mitte Juli. Zu Beginn der Brutzeit sieht man die Balzspiele, bei denen die Vögel in gewaltigen Sturzflügen Scheinangriffe gegeneinander spielen. Auch sieht man gemeinsame Insektenjagd.
Die Horste stehen im Fels zwischen großen Steinen, in kleinen Höhlen, zwischen Büschen oder offen. Die 2-3 (1-5) Eier werden von beiden Eltern in ca. 28 Tagen pro Ei ausgebrütet. Die Nestlingszeit beträgt 35-40 Tage, und bereits 15 Tage danach sind die Jungen selbständig.

Nahrung
Während der Brutzeit hoch spezialisiert. Lebt dann hauptsächlich von nachts ziehenden Kleinvögeln, die auf dem Zug von Europa in ihre afrikanischen Winterquartiere sind.
Die Beuteliste ist lang, lokal aber dominieren bestimmte Arten: Auf einem Brutplatz im Ägäischen Meer waren es Laubsänger, Neuntöter, Braunkehlchen und Dorngrasmücke; in Marokko Rotkopfwürger, Dorngrasmücke, Nachtigall und Gartenrotschwanz. Sie machten an beiden Orten jeweils gut 50% aus. Die Beuteliste dieser Orte zählte insgesamt 52 bzw. 37 Arten.
Eine Familie benötigt zur Brutzeit (75 Tage, Marokko) im Durchschnitt 8,9-16 kg Vögel (1-4 Junge), die ganze Mogadir-Kolonie 2153 kg/Brutsaison. Bei einem durchschnittlichen Beutegewicht von 24 g entspricht diese Zahl 98 708 Kleinvögeln pro Brutsaison. Die 4400 Brutpaare fangen dann in einer Brutsaison ca. 1,6 Millionen Kleinvögel, täglich 26 700.
Auf den Gesamtstrom der im Herbst nach Afrika ziehenden Vögel berechnet (5 Milliarden Vögel), machen diese 1,6 Millionen 0,03% aus. Der Eleonorenfalke bedeutet daher keine ernsthafte Gefahr für die ziehenden Arten.
Außerhalb der Brutzeit werden anscheinend nur Insekten gefangen: Käfer, Heuschrecken, Libellen, Schmetterlinge, Zikaden sowie schwärmende Ameisen.

Jagdtechnik
Die Jagdtechnik beim Vogelfang hängt von den äußeren Umständen ab. Im Ägäischen Meer läuft die Jagd im Morgengrauen ab, wenn der Nachtzug abebbt. Die Falken bilden hier eine charakteristische Frontlinie in 800 bis 1000 m Höhe, etwa 10-20 Falken im jeweiligen Abstand von 100-200 m. Gegen den kräftigen Wind stehen sie auf der Stelle und warten darauf, daß ihnen die Zugvögel entgegenkommen. Die Beute wird im schnellen Angriff von oben geschlagen. Schlägt der Falke fehl, ist schon der »Nachbar« dabei, die Beute zu fangen. Die Jagd wird dadurch sehr effektiv. Nur die Hälfte der ziehenden Vögel kommt heil durch.
Bei Mogador/Marokko wurde eine andere Taktik beobachtet. Aufgrund des größeren Abstandes zum europäischen Festland kommen hier die Vögel von Norden den ganzen Tag hindurch an. Die Nachtzieher erreichen das Land nicht zur »normalen« Zeit. Daher jagen die Falken hier den ganzen Tag über. Kräftiger Wind kommt hier nur selten vor, so daß die Falken die aktivste Jagd tief über dem Wasser ausführen. Auch hier natürlich mit großer Effektivität. Die ziehenden Vögel sind vermutlich müde, und sie können in dieser niedrigen Höhe nicht nach unten ausbrechen, ohne dabei ins Wasser zu fallen.
Die Insekten werden im Fluge gefangen. Kann auch rütteln und die Insekten auf der Erde schlagen.

Der Bestand des Eleonorenfalken in der Westpaläarktis

Kanarische Inseln	ca. 60 Paare (1971)[1]	Rückgang (1976)[1].
Marokko	75 Paare (1982)[19]	Rückgang.
Algerien	> 100 Paare (1982)[19]	
Tunesien	60 Paare(1982)[19]	
Spanien	?	Die letzte zugängliche Schätzung nennt 300 Paare (1977)[27]. Inzwischen beherbergt Mallorca allein rund 300 Paare (1981)[69]. Hier nimmt die Art zu.
Italien	400–430 Paare (1982)[19]	Davon auf Sardinien 200–300 Paare (1977)[41].
Jugoslawien	selten (1982)[19]	
Griechenland	ca. 2875 Paare (1978)[71]	Die Zahlen sind nicht genau, es werden von 1120 bis 4550 Paare angegeben.
Zypern	110–120 Paare (1983)[85]	
Türkei	30–50 Paare (1982)[19]	

Eleonorenfalke, ad., helle Farbvariante.

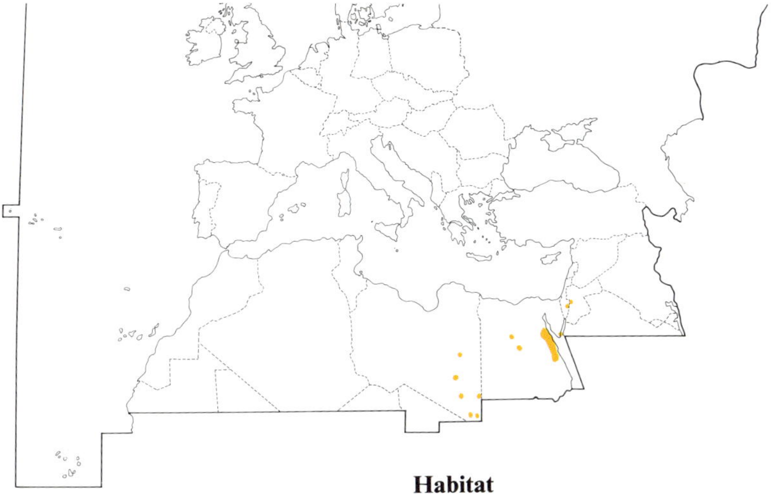

Schieferfalke

Falco concolor

Verbreitung

Wenig bekannt. Außerhalb der in der Karte ausgewiesenen Brutgebiete sind nur Brutplätze bekannt geworden von den Küsten und Inseln des Persischen Golfes und des Roten Meeres.

Bestandsschätzung

Aufgrund der Beobachtungen im Winterquartier wird der Gesamtbestand mit etwa 20000 angegeben (1982)[65]. Man kennt jedoch bis heute nur wenige der Brutplätze (wohl unentdeckte in Arabien und im nördlichen Afrika). In Israel brüten 30–50 Paare (1982)[19].

Zug

Zugvogel. Überwintert auf Madagaskar und entlang der Küste von Mozambique und in geringer Zahl von Natal.
Im Brutgebiet lebend bis Okt./Nov. und im Winterquartier von Nov. bis März. Der Frühjahrszug beginnt Ende Febr. und läuft den März über durch.

Habitat

Brütet in sehr warmen und trockenen Gegenden ohne Bäume, oft in der eigentlichen Wüste. Bewohnt ferner Felseninseln.

Brutbiologie

Kaum bekannt. Brütet gern in Kolonien (bis zu 100 Paare), sie sind jedoch lockerer als die der Eleonorenfalken. Brütet aber auch einzeln. Die Eheschließung scheint im Winterquartier zu erfolgen.
Der Horst wird in Hohlräumen und Felsennischen angelegt in Fels und unter Büschen. Die 2–3 (1–4) Eier werden Ende Juli und im Aug. gelegt. Die Jungen verlassen den Horst Anfang Okt.

Nahrung

Sehr ähnlich der des Eleonorenfalken. Hat wie dieser eine ökologische Nische gefunden, wobei er seine Jungen mit Kleinvögeln auf dem Herbstzug atzt.
Die Beutetiere variieren von Ort zu Ort in Abhängigkeit von der Zusammensetzung des Zuges. Im allgemeinen sind es Vögel von Laubsängern bis Wiedehopf. Die kleinen Sänger überwiegen.
Auf einem Brutplatz am Roten Meer in Äthiopien von Mitte Aug. bis Mitte

Schieferfalke, ad. fliegend.

Sept. (also frühe Zugsaison) waren die häufigsten Arten zwei Bienenfresser, danach der Pirol und der Wiedehopf.
Im Winterquartier werden fast ausschließlich Insekten gefangen. Dabei überwiegen Heuschrecken, fliegende Ameisen, Termiten und Libellen. Auf dem Zug durch Ostafrika jagt er gerne die Blutschnabelweber (*Quelea* sp.). Nimmt auch Fledermäuse.

Jagdtechnik

Gruppenjagd auf Zugvögel (wie beim Eleonorenfalken) kommt vor. Normalerweise jagen einige Männchen oder ein Paar zusammen.
Jagt die Zugvögel am häufigsten in der Dämmerung und im Morgengrauen und dabei sehr tief über dem Boden. Die Jagd während des Tages kommt vor, doch dann in größerer Höhe.

Schieferfalke, ad. ansitzend.

Baumfalke

Falco subbuteo

Verbreitung

Brütet im größeren Teil der Westpaläarktis. Von hier aus erstreckt sich das Brutgebiet in einem sehr breiten Gürtel durch Asien bis zum Stillen Ozean, dort südwärts bis Hokkaido.

Die chinesische Population wird als besondere Rasse geführt: *F. b. streichi.*

Bestandsschätzung

Die angegebenen Zahlen sind Schätzungen. Da der Baumfalke zur Brutzeit ein recht heimliches Leben führt, ist es schwer ihn zu zählen. Die Zahlen werden sich daher in der Zukunft noch sehr verändern.

Da es an Zahlen für große Areale fehlt (siehe Tabelle S. 255), kann für die Westpaläarktis keine Schätzung gemacht werden. Der Bestand in Europa ohne die Sowjetunion scheint bei 15000–21000 Brutpaaren zu liegen.

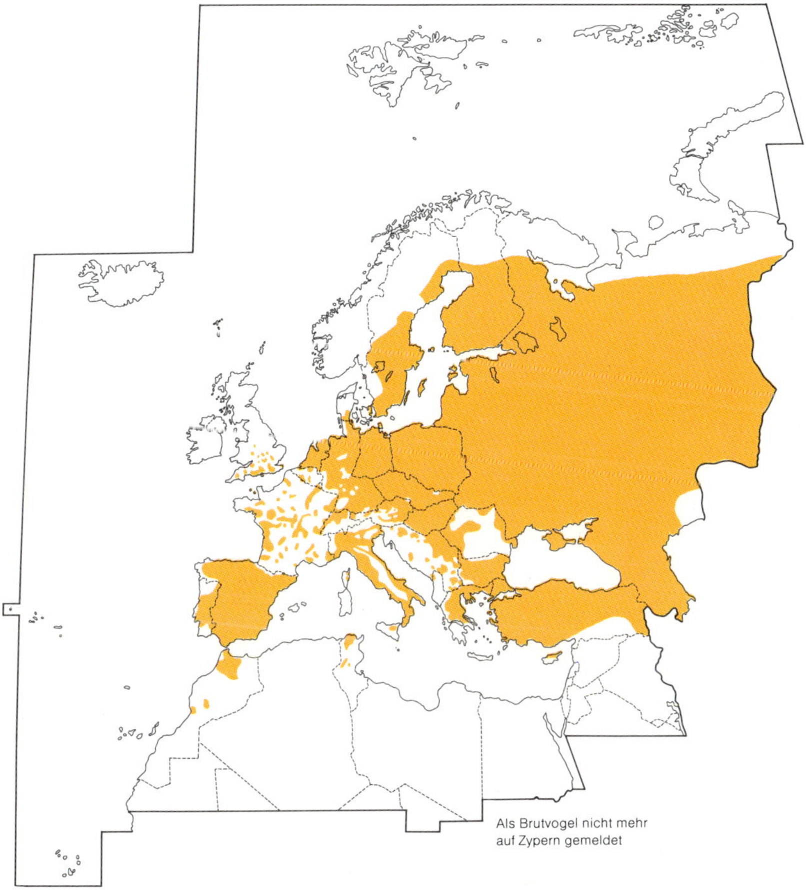

Bestandsentwicklung

Kein klares Bild erhältlich. Wahrscheinlich erfolgte Ende des 18. Jahrhunderts ein Rückgang auf ein niedrigeres Niveau, vielleicht aufgrund von Biotopveränderungen in Form von Trockenlegung, Drainage und Veränderung des Waldbestandes zu dichter wachsenden Arten.

Die Art war in den 50er und 60er Jahren nicht einem Bestandszusammenbruch durch Pestizide ausgesetzt. Die Ursache kann darin liegen, daß der Baumfalke sich im hohen Maße von Insekten ernährt. In manchen Gebieten kam es aber zu Bestandsabnahmen, die vielleicht den Pestiziden angelastet werden können.

In bestimmten Ländern war die starke Verfolgung durch den Menschen der Begrenzungsfaktor für die Größe des Bestandes.

Die Art neigt zu starken Bestandsschwankungen im Takt mit witterungsbedingten Änderungen des Nahrungsangebotes, so daß eine Bewertung der Bestandsentwicklung schwierig ist.

Zug

Zugvogel. Überwintert im tropischen Afrika südlich des Äquators. Ist dort dann mitunter der häufigste Kleinfalke. Wird in Mittel- und Südeuropa im Winter nur ganz ausnahmsweise gesehen.

Breitfrontzieher über Meer und Sahara. Ein ausgesprochen guter Flieger. Keine Konzentrationen an den bekannten Zugtrichtern.

Der Herbstzug beginnt Ende Aug. und kulminiert in Europa im Sept. Der Zug ebbt Mitte Okt. ab. Nach Anfang Okt. werden die Beobachtungen in Nordeuropa, im Nov. in Mitteleuropa sehr selten.

Im Winterquartier Ankunft Ende Okt.-Nov. Sein Südzug ist eindeutig verbun-

Baumfalke, ad.

Baumfalke, ad.

den mit den südwärtsziehenden Regenfronten der Innertropischen Konvergenzzone.
Im Frühjahr verlassen die Baumfalken ihre Winterquartiere im Jan./Febr. und passieren Kenia und Somalia Ende März - Anf. April; wiederum Regenfronten begleitend. Sie überqueren das Mittelmeergebiet Mitte April - Mitte Mai, und die Art kommt normalerweise bei uns in Mitteleuropa in der zweiten Aprilhälfte, manchmal erst Anfang Mai an. Der Zuzug verläuft den ganzen Mai hindurch. Die Jungen scheinen zu den Nachzüglern zu gehören.

Habitat

Bevorzugt zur Brutzeit warme Gegenden mit reichem Insekten- und Kleinvogelleben, am liebsten feuchte Wiesen, große Sümpfe und Heide. Als Horst wird oft ein altes Krähennest benutzt, am liebsten in einem kleineren Wald. Bewohnt auch größere Wälder, die von Lichtungen und Feldern durchbrochen sind. Im übrigen scheint der Baumfalke Wälder auf sandigem Grund zu bevorzugen.
Im Winterquartier besonders im Brachystegia-Waldgürtel lebend, dabei Regenstürme zur Termitenjagd aktiv aufsuchend. Meidet trockene Gegenden.

Stimme

Der häufigste Ruf ist ein wendehalsartiges, schnelles, metallisches »kikikik«

und zur Brutzeit ein sanftes »gji gji« oder »düiii düiii«. Im Winterquartier still.

Brutbiologie

Brütet normalerweise erstmalig als 2jähriger, einzelne Weibchen bereits mit 1 Jahr. Das Paar kann mehrere Jahre zusammenleben; wie oft das der Fall ist, weiß man jedoch nicht. Die Eheschließung scheint im Winterquartier oder während des Zuges zu erfolgen, da die Paare am Brutplatz gemeinsam ankommen.
Die Flugspiele sind verschieden. Sie können Sturzflüge vom Männchen zum Weibchen hin sein oder ein Flugspiel, an dessen Ende das Männchen eine Beute schlägt und sie dem Weibchen überreicht. Oder es ist ein Pendelflug vor dem auf einem Ast sitzenden Weibchen.
Kein Falke baut seinen Horst selbst. Der Baumfalke benutzt besonders alte Krähennester, am liebsten jene, die in Kiefern stehen.
Die Eiablage beginnt spät. In Mitteleuropa frühestens Mitte Mai, oft im Juni, in Schleswig-Holstein frühestens Ende Mai, normalerweise in den ersten 10 Junitagen. Die 3 (2-4) Eier werden ausschließlich vom Weibchen bebrütet, die Jungen schlüpfen nach 28-31 Tagen. Die Nestlingszeit beträgt 28-34 Tage. Nach weiteren 30-40 Tagen sind die Jungen selbständig.
Der Horst des Baumfalken wird nicht selten geplündert, besonders von Krähen. Nach deutschen Untersuchungen kann es fast die Hälfte des Bestandes in einem Gebiet betreffen. Darüber hinaus ist der Bruterfolg vom Wetter abhängig.
Brandenburgische (n = 17) und schleswig-holsteinische (n = 53) Bruten ergaben jeweils 2,0 ausgeflogene Junge pro erfolgreiche Brut. Die Berliner Population hatte 2,4 Junge pro erfolgreiche Brut (n = 277).

Nahrung

Hauptsächlich Kleinvögel und Insekten. Gelegentlich werden Fledermäuse, Kleinnager und Spitzmäuse, Maulwürfe und kleine Kaninchen gefangen, ausnahmsweise auch Reptilien; in den mittelasiatischen Steppen können Reptilien jedoch die Hauptnahrung stellen.
Mehr als 70 verschiedene Vogelarten sind als Beute nachgewiesen, bevorzugt Vögel der offenen Landschaft. Deutsche Untersuchungen an 74 Horsten ergaben 1395 Wirbeltiere als Beute. Davon waren nur 11 Säugetiere und 1 Eidechse. Alles andere waren Vögel: Schwalben 35%, Feldlerche 15,7%, Spatzen 14,9%. Diese 3 Arten machen bereits zwei Drittel der Beute aus.
Der Baumfalke ist fähig, selbst den schnellen Mauersegler zu schlagen; in obigem Material waren es 57 = 0,4%, in Ost-Berlin sogar die zweithäufigste Beute nach Spatz und vor dem Wellensittich (!).
Die Insekten scheinen rund 50% der Beute auszumachen, doch sind die lokalen und individuellen Unterschiede sehr groß. Unter den Insekten dominieren große, fliegende Arten. Das Spektrum aber ist groß: große Käfer, Kiefernschwärmer, Nachtfalter, Kohlweißlinge, Libellen, Wassermotten, Eintagsfliegen, schwärmende Ameisen, Schnaken und viele andere mehr.
Im Winterquartier bilden anscheinend hauptsächlich Termiten die Nahrung. Sie schwärmen bei Gewitterregen. Bisher wurde niemals ein Vogel als Beute im Winterquartier nachgewiesen.

Jagdtechnik

Der Baumfalke ist ein sehr schneller und wendiger Jäger. Jedoch benützt er bei der Vogeljagd in der Regel den Überraschungsangriff, wobei er tief über dem Boden angeflogen kommt oder plötzlich hinter Gebäuden, Hekken, Waldrändern auftaucht. Wahr-

Baumfalke, juv. verzehrt Libelle in der Luft.

scheinlich ist es dieser Taktik zuzuschreiben, daß der Baumfalke in der Lage ist, so schnelle Vögel wie Schwalben und Mauersegler zu fangen.
Insekten werden im langsamen Suchflug nach kurzer Verfolgung gefangen. Im afrikanischen Winterquartier werden die schwärmenden Termiten in ziemlicher Höhe in der Luft mit den Füßen gegriffen, von dort zum Schnabel geführt, vom harten Thorax und Kopf befreit und sofort verzehrt.
Die Kleinsäuger scheinen überwiegend dem Turmfalken geklaut zu sein. Kann wie ein Turmfalke rütteln. Geht auch zu Fuß auf Insektenjagd.

Der Bestand des Baumfalken in der Westpaläarktis

Dänemark	> 10 Paare (1982)[15]	Häufig Ende des 18. Jahrhunderts. Die starke Abnahme kann klimatisch bedingt sein und Folge großer Biotopveränderungen.
Schweden	ca. 1000 Paare (1981)[9]	Entwicklung unklar.
Finnland	2000 Paare (1985)[110]	Rückgang in den 60er Jahren. Vielleicht Halbierung des Bestandes seit den 30er Jahren (1977)[10].
Sowjetunion Estland Lettland	? ca. 500 Paare (1976)[11] häufig (1983)[34]	In einem 270 000 km^2 Gebiet in Zentralrußland ca. 2500 Paare. Wahrscheinlich zunehmend durch Schutz (1977)[1]. In Lettland der häufigste Falke.
Polen	2300 Paare (1984)[34]	Stabil?
DDR	100 Paare (1982)[90]	Rückgang?

Baumfalke

Bundesrepublik Deutschland	950-1450 Paare (1982)[22]	Lokal gab es in den 50er, 60er und zu Beginn der 70er Jahre einen Rückgang um 50%. Schleswig-Holstein: schwankend zwischen 100 und 200 Paaren (1981)[59]. Rheinland: im optimalen Sommer 1976 100-130 Paare, in schlechten Jahren (1974) dagegen nur die Hälfte[88].
Niederlande	1000-1100 Paare (1979)[53]	Starke jährliche Schwankungen, dennoch Zunahme in den letzten 20-30 Jahren.
Belgien	ca. 65 Paare (1977)[76]	Abnahme.
Luxemburg	6-8 Paare (1981)[106]	
Großbritannien	ca. 100 Paare	Stabil oder leichter Rückgang.
Frankreich	1500-2300 Paare (1984)[103]	Gewaltige Abnahme, lokal um 80%.
Schweiz	155 Paare[100]	Stabil.
Österreich	spärlich (1974)[3]	Anscheinend stabil.
Italien	100-300 Paare (1982)[19]	Seit den 40er Jahren Bestand halbiert durch Abschuß und evtl. Pestizide.
Spanien	ca. 5000 Paare (1982)[19]	Wahrscheinlich Rückgang.
Portugal	spärlich (1979)[50]	Anscheinend stabil.
Tschechoslowakei	200-500 Paare (1977)[43]	
Ungarn	200-300 Paare (1977)[40]	Rückgang.
Jugoslawien	häufig (1982)[19]	Rückgang?
Albanien	?	
Rumänien	100-120 Paare (1977)[42]	
Bulgarien	spärlich (1971)[1]	
Griechenland	100 Paare (1982)[19]	Abnehmend (1983)[84].
Türkei	500-1000 Paare (1982)[19]	
Zypern	evtl. max. 5 Paare (1985)[108]	
Libanon	?	War verbreiteter Brutvogel (1968)[1]. Vielleicht ausgerottet (1974)[1].
Israel	50 Paare (1982)[19]	
Tunesien	20-30 Paare (1982)[19]	

Algerien	?	Unregelmäßiger Brutvogel (1982)[19].
Marokko	500-1000 Paare (1982)[19]	

Baumfalke, ad.

Rotfußfalke

Falco vespertinus

Verbreitung

Eine kontinentale Art, deren Verbreitungsgebiet sich ostwärts in einem breiten Gürtel durch die Sowjetunion bis in die Gegend der Lena erstreckt.

Bestandsschätzung

In Europa (siehe Tabelle S. 262) 700-800 Paare ohne Sowjetunion. T. Cade hat 1982[65] den Weltbestand des Rotfußfalken auf 20000 Paare geschätzt.

Bestandsentwicklung

In unserem Jahrhundert erfolgte lokal eine kräftige Abnahme der Bestände - in Ungarn wohl Folge der gewaltigen Biotopveränderungen (Landkultivierung). Noch in den 20er und 30er Jahren gab es dort Kolonien mit 500-600 Paaren. Heute zählen in Ungarn Kolonien max. 50 Paare. Da der Rotfußfalke in Ungarn seine Westgrenze erreicht, können auch natürliche Ursachen zu dem Rückgang beigetragen haben.

In den letzten Jahren ist die Art westlich und nördlich ihres Brutgebietes wieder häufiger erschienen, was auf eine Zunahme hoffen läßt.

Ganz gelegentlich bleiben einzelne Paare im Westen zurück und brüten. In den letzten drei Jahrzehnten geschah das in Bayern (1954 Donauried bei Tapfheim, 1956 Gersthofen bei Augsburg), Baden-Württemberg (1964 Donauried bei Ulm), Mecklenburg (1976 Schwielochsee, Kr. Beeskow), Sachsen-Anhalt

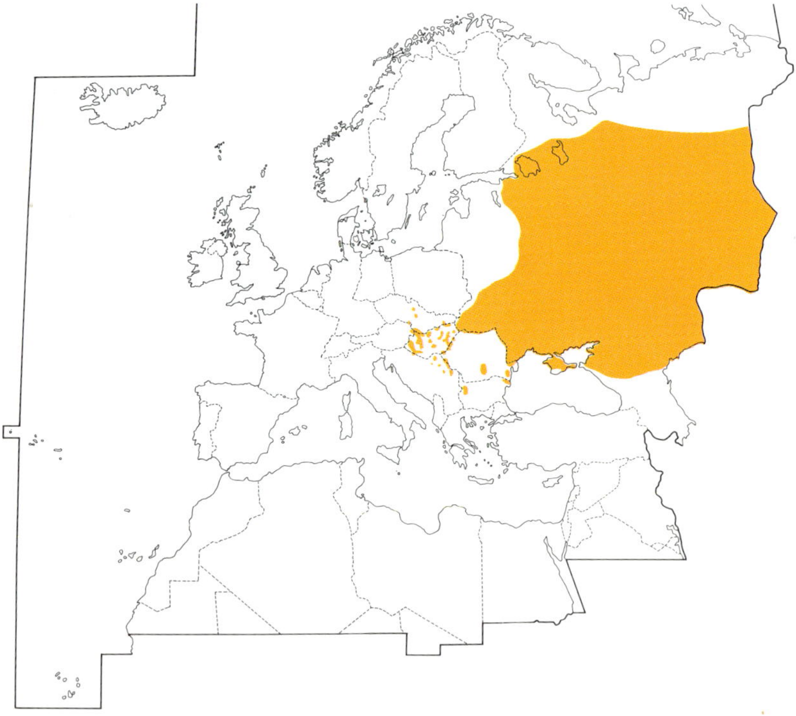

(1978 Mansfelder Seen), Frankreich (1977), Italien (1978 bei Pisano), Dänemark (1974 Bornholm)[72], Schweden (1974, 1975, 1976 Öland) und mehrfach in Finnland.

Zug

Zugvogel. Die Winterquartiere liegen in Botswana, Südwestafrika, Südafrika und dem Westrand Zimbabwes.

Die Brutplätze werden im August verlassen. Der Breitfrontenzug (Mitte Aug. - Okt.) verläuft westwärts bis Rumänien und schwenkt dort um über die Balkanhalbinsel und das östliche Mittelmeer (Sept./Anfang Nov.) nach Süden. Regelmäßig kommen Rotfußfalken auch übers Baltikum im Aug./Sept. nach Norddeutschland, Südschweden und Dänemark und schwenken erst hier nach Süden um. Schweden meldet jetzt durchschnittlich 60-80 Vögel pro Jahr, Dänemark 25-50 Vögel, Schleswig-Holstein in Invasionsjahren beträchtliche Zahlen (im Herbst 1968 1493 Vögel); in Mecklenburg alljährlich im Aug./Sept. ca. 35 Nachweise, teilweise mit vielen Vögeln. Da der Zug sehr hoch abläuft, wird er nur selten beobachtet.

Invasionen in den Ostseeraum erfolgten im Herbst der Jahre 1927, 1968, 1973, 1975, 1979. Es wurden 1975 649 und 1979 746 Vögel in Nordeuropa gezählt; in Mecklenburg wurden 1979 Tagesziffern von bis zu 80 Vögeln notiert. Diese Invasionen folgen heißen Luftströmen aus Südost bei Hochdruckwetter. Diese Vögel halten sich mitunter 3-4 Wochen bei uns auf, ehe sie weiterziehen.

Der Frühjahrszug verläuft westlicher. Die Art ist daher im Frühjahr selbst in Tunesien und Algerien häufig, und starker Zug wurde aus Nordnigeria gemeldet. Das Mittelmeer wird Mitte April - Mitte Mai überquert, und bereits Mitte April sind die ersten Vögel an ihren Brutplätzen in der Südukraine.

Rotfußfalke, ad. Männchen.

Bei diesem Schleifenzug wird Oberbayern alljährlich durchflogen (max. 63 Vögel); es bildet gewissermaßen die Nordwestecke der Ostschwenkung beim Frühjahrszug. Die Masse wird bereits im Mittelmeerraum (über Italien und Griechenland etwa) nach Nordosten abbiegen, wie Ringfunde tunesischer Durchzügler aus Italien, Rumänien und der Tschechoslowakei zeigen.

Frühjahrsnachweise im übrigen Mittel- und Nordeuropa gibt es deutlich weniger als im Sommer/Herbst; in Schleswig-Holstein beträgt das Verhältnis 35:1651.

Rotfußfalke, juv. auf Ansitz.

Habitat

Bevorzugt in der Brutzeit Gras- und Waldsteppen, aber ist auch häufig in großen Hochmooren, in Flußtälern und Waldlichtungen. Entscheidend aber ist, daß reichlich Nahrung (vor allem an Insekten) im Brutrevier vorhanden ist. Bei uns sieht man den Rotfußfalken oft bei der Insektenjagd über Gewässern im Binnenland.

Stimme

Als Koloniebrüter sehr mitteilsam. Erregungsruf ein hohes klägliches »giv-giv-giv«, auch am winterlichen Schlafplatz.

Brutbiologie

Ist bereits mit 1 Jahr fortpflanzungsfähig, doch wie häufig er in diesem Alter bereits brütet, ist unbekannt. Die Ehe wird für eine Saison geschlossen. Koloniebrüter; brütet bevorzugt in Nestern von Saatkrähen und Elstern. Wo Nahrung knapp ist sowie an den Verbreitungsgrenzen auch Einzelbrüter.

Der Balzflug ähnelt sehr dem des Turmfalken - mit gemeinsamen Kreisflügen und Ausfällen des ♂ gegenüber dem ♀. Ist das ♂ allein in der Luft, stürzt es laut rufend zum sitzenden ♀ herab.
Die 3-4 (2-6) Eier werden Mitte Mai - Anfang Juni gelegt und von beiden Gatten in rund 28 Tagen pro Ei ausgebrütet. Die Nestlingszeit beträgt 27-30 Tage, die Selbständigkeit erreichen die juv. bereits nach weiteren 7-14 Tagen.
Es gibt keine neuere Untersuchung über Brutbiologie und Bruterfolg.

Nahrung

Bevorzugt Insekten - es überwiegen Heuschrecken, Käfer und Ameisen; regelmäßig werden Libellen, Eintagsfliegen, Wespen, Hummeln, Zikaden, große Fliegen und Mücken genommen. Im Winterquartier bilden schwärmende Termiten und Heuschrecken die Hauptnahrung.
Die Jungen aber werden überwiegend mit Wirbeltieren aufgezogen: Frösche, Eidechsen, ausgeflogene Jungvögel, Kleinnager und Spitzmäuse. Auch bei der 1968er Invasion fraßen die Rotfußfalken in den Marschen Schleswig-Holsteins viele Mäuse.

Jagdtechnik

Ansitzjagd von Telegrafendrähten, Pfosten oder Bäumen aus. Kehrt nach Erfassen der Beute meist auf den Ansitz

Rotfußfalke, juv. beim Beuteschlagen.

Rotfußfalke, immat. Weibchen.

zurück. Auch Suchflug tief über offenem Gelände, dabei gleiten und rütteln. Jagt auch zu Fuß. Insekten werden oft in der Luft verzehrt.

Hauptjagdzeiten sind für ihn die Morgenstunden und der Spätnachmittag bis in den Abend hinein.
Schmarotzt bei Turm- und Rötelfalken.

Der Bestand des Rotfußfalken in der Westpaläarktis

Tschechoslowakei	ca. 50 Paare (1977)[43]	1945–1960 Bestand anwachsend, seither abnehmend.
Ungarn	500–600 Paare (1977)[40]	Rückgang, besonders westlich der Donau: 1957 waren es noch 2000–2500 Paare.
Österreich	5–10 Paare (1977)[48]	Brutvogel östlich des Neusiedler Sees.
Jugoslawien	spärlich (1974)[3]	Brütet nur in Serbien.
Rumänien	100–120 Paare (1977)[42]	Abnehmend.
Bulgarien	spärlich (1974)[3]	
Sowjetunion	?	Rund 400 Paare in einem 270000 km² großen Gebiet Zentralrußlands (1979)[1].

Merlin

Falco columbarius

Verbreitung

Brutvogel im nördlichen Teil der Westpaläarktis. Von dort aus erstreckt sich das Brutgebiet des Merlin ostwärts, überwiegend durch die Nadelwald- und Waldtundragürtel, über Asien bis nach Nordamerika.

In 10 Rassen eingeteilt, von denen hier folgende interessieren: *F. c. subaesalon* in Island und auf den Faröern (wenig Nachweise aus Mitteleuropa vorliegend), dunkler und etwas größer als *F. c. aesalon* in der übrigen Westpaläarktis und ostwärts bis zum Jenessei. Dort wird sie abgelöst von der helleren, etwas größeren *F. c. insignis*. Darüber hinaus der nochmals hellere *F. c. pallidus* in Südwestsibirien und dem nördlichen Kasachstan. Die zwei letztgenannten sind Wintergäste im südöstlichen Teil der Westpaläarktis. Die Nominatrasse bewohnt Nordamerika.

Merlin, ad. Weibchen.

Bestandschätzung

Lebt während der Brutzeit zurückgezogen und ist daher schwer zu zählen. Die angegebenen Zahlen sind daher nur mit Vorsicht zu verwenden.

Außerhalb der Sowjetunion zählt der westpaläarktische Bestand 8000-10000 Paare.

Bestandsentwicklung

War während unseres Jahrhunderts ständiger Abnahme ausgesetzt, anscheinend aufgrund von Biotopveränderungen. Außerdem wurde der Merlin von den Pestiziden in den 50er und 60er Jahren hart getroffen - sicherlich eine Folge seiner nahezu ausschließlichen Vogelnahrung, die im hohen Grade DDT akkumuliert.

Lokal hat auch direkte Verfolgung am Brutplatz und im Winterquartier zum Niedergang beigetragen, neuerdings auch der ansteigende Tourismus.

Nach der Eindämmung der Pestizide haben sich die Bestände stabilisiert und lokal auch teilweise erneuert. Doch waren die Pestizidrückstände in Eiern aus Wales auch 1977-1978 noch sehr hoch.

Zug

Überwiegend Zugvogel - die britischen, faröischen und isländischen Populationen sind aber zum Teil Standvögel. Breitfrontzieher. Die Winterquartiere sind aus der Karte ersichtlich.

Norwegische und schwedische Vögel ziehen nach Südwesten und Südsüdwesten, hauptsächlich also nach Westeuropa - finnische überlappen diese im Winterquartier, werden aber auch östlicher angetroffen (z.B. in Franken (2 Ringfunde) und in Jugoslawien). Britische und irische Merline kreuzen nur selten den Kanal und überwintern an den eigenen Küsten; Isländer ziehen nach Westeuropa, falls sie nicht auf

Island verbleiben, faröische scheinen Standvögel zu sein.
In Schleswig-Holstein ziehen wohl hauptsächlich nordeuropäische Merline durch oder überwintern, wenn auch die 2 Ringfunde aus Finnland und Schottland stammen. Der Herbstdurchzug hat in Schleswig-Holstein und Mecklenburg seinen Höhepunkt in der ersten Oktoberhälfte, in Falsterbo in der dritten Septemberdekade. Im Januar erfolgt wahrscheinlich wegen Kälteeinbruchs ein erneuter Zuzug nach Mecklenburg und Brandenburg.
Das mitteleuropäische Binnenland wird überwiegend im Oktober durchzogen. Ein norwegischer Merlin wurde im Okt. aus dem Kreis Düren zurückgemeldet. Die Zahl der in Mitteleuropa überwinternder Merline ist äußerst gering.
Der Frühjahrszug durch Mitteleuropa ist ausgesprochen unauffällig; er setzt im März ein und dauert den April über. Konzentrationen sind nur von Skagen bekannt, etwa 22./23.4. 73 mit über 100 Merlinen. Im Mai läuft der Zug aus.

Habitat

Brütet in Gegenden mit gutem Kleinvogelbestand und in offener, baumarmer Landschaft - auf Hochmooren, Heiden, in der Waldtundra, der Birkenzone des Fjälls, den Randzonen lichter Kiefernwälder und baumlosen Küsten - in Skandinavien am häufigsten in der Birkenzone, in Großbritannien und Irland überwiegend auf den großen Heiden.
Überwintert in Marschengebieten und offener Trockenlandschaft mit geringem Baumbestand.

Merlin, ad. Männchen auf dem Horst.

Merlin, ad. Weibchen.

Stimme

Wird normalerweise nur am Horst gehört. Beide Geschlechter rufen sehr schnell und hoch »ki-ki-ki-ki-ki« und »ke-ke-ke-ke« (♀), sehr ähnlich Turmfalke. Als Warnung und Angriffslaut benutzt.

Brutbiologie

Die Weibchen scheinen oftmals bereits als 1jährige zu brüten, die Männchen erst als 2jährige. 1jährig brütende Männchen sind Ausnahmen. Führen Saisonehe.

Der Horst steht entweder auf der Erde (in Großbritannien zu 75%), auf Felsen oder in Bäumen (häufigst in Skandinavien); am liebsten ist es ein altes Krähennest. Seltener brütet der Merlin in Spechthöhlen und großen Nistkästen.

Die 3-5 (-7) Eier werden in Nordeuropa Ende Mai/Anfang Juni gelegt, auf den Britischen Inseln ab Anfang Mai und werden von beiden Gatten in 28-32 Tagen (26 Tage pro Ei) ausgebrütet. Die Nestlingszeit beträgt 28-32 Tage, die Führungszeit bis zur Selbständigkeit einen weiteren Monat.

Eine britische Untersuchung aus Wales ergab für 37 Bruten 1,95 Junge/Brut (1967-1978), ein Drittel der Bruten waren erfolglos. In Schottland ergab eine Studie 1982 für 14 Bruten ca. 1,8 Junge/Brut. Interessanterweise sind Merline, die in Wacholderdrosselkolonien brüten, erfolgreicher als Einzelbrüter. In der Birkenzone Schwedisch-Lapplands kamen 1971-1976 von 91 Koloniebruten 62 Junge (=0,68 pro Brut), bei 34 Einzelbruten aber nur 8 Junge hoch (=0,24 pro Brut).

Die Brutresultate sind in jedem Fall erschreckend gering. Sie zeigen die Notwendigkeit, den Pestizidgebrauch noch weiter einzuschränken.

Nahrung

Hauptsächlich Kleinvögel, speziell Arten der offenen Landschaften. In vielen Gegenden dominiert der Wiesenpieper (bis zu 90%). Häufige Beute sind ferner Drosseln, Steinschmätzer, Ammern, Finken auf dem Zuge, Regenpfeiferarten und andere Limikolen.

Eine schwedische Untersuchung hat gezeigt, daß der Merlin seine Jungen im starken Maße mit Nestjungen aufziehen kann und mit gerade ausgeflogenen Jungvögeln (wobei der Fitis Hauptbeute war).

Fängt auch mitunter Kleinsäuger; nach einer norwegischen Untersuchung rund 5%. In guten Nagerjahren kann der Anteil auf fast 10% zugehen. Fängt auch Fledermäuse.

Insekten stellen einen bescheidenen Anteil der Beute. Es sind Libellen, Käfer, Schmetterlinge und Netzflügler. Junge fangen mit Insektenjagd an.

Jagdtechnik

Jagt über offenem Land. Sitzt gern auf einem Ausguck. Hat der Merlin eine Beute erspäht, fliegt der Vogel ganz tief (etwa 1 m hoch) und versucht die Beute überraschend zu schlagen. Mißglückt der Angriff, wird die Beute über längere Strecken verfolgt.
Scheucht gerne die Beute auf; dabei jagen oft zwei zusammen, von denen der erste den Kleinvogel aufscheucht, der zweite ihn schlägt.
Die Beute wird in der Regel am Boden oder in sehr niedriger Flughöhe geschlagen. Bei 343 erfolgreichen Jagden wurde die Beute 273mal am Boden, 49mal in der Luft und 16mal auf einem Zweig u. ä. geschlagen.

Merlin, ad. Weibchen mit geschlagener junger Lerche.

Der Bestand des Merlins in der Westpaläarktis

Island	?	Im Norden recht häufig, spärlich im Süden (1979).
Faröer	< 10 Paare (1981)[78]	Abnehmend.
Schweden	ca. 5000 Paare (1981)[9]	Scheint abzunehmen.
Norwegen	recht häufig (1971)[62]	Ausgeprägter Rückgang (1974)[3].
Finnland	2000 Paare (1985)[110]	Seit den 30er Jahren Bestand vielleicht halbiert. Jetzt stabil (1979)[10].
Sowjetunion Estland Lettland	spärlich (1961)[1] ca. 1600 Paare (1958)[55] spärlich (1983)[34]	
Großbritannien und Irland	600–800 Paare (1976)[47]	In Irland rund 100 Paare. Nach gewaltigem Rückgang durch Pestizide, Verfolgung und Störungen zur Zeit stabiler oder leicht wachsender Bestand.

Turmfalke, ad. Weibchen.

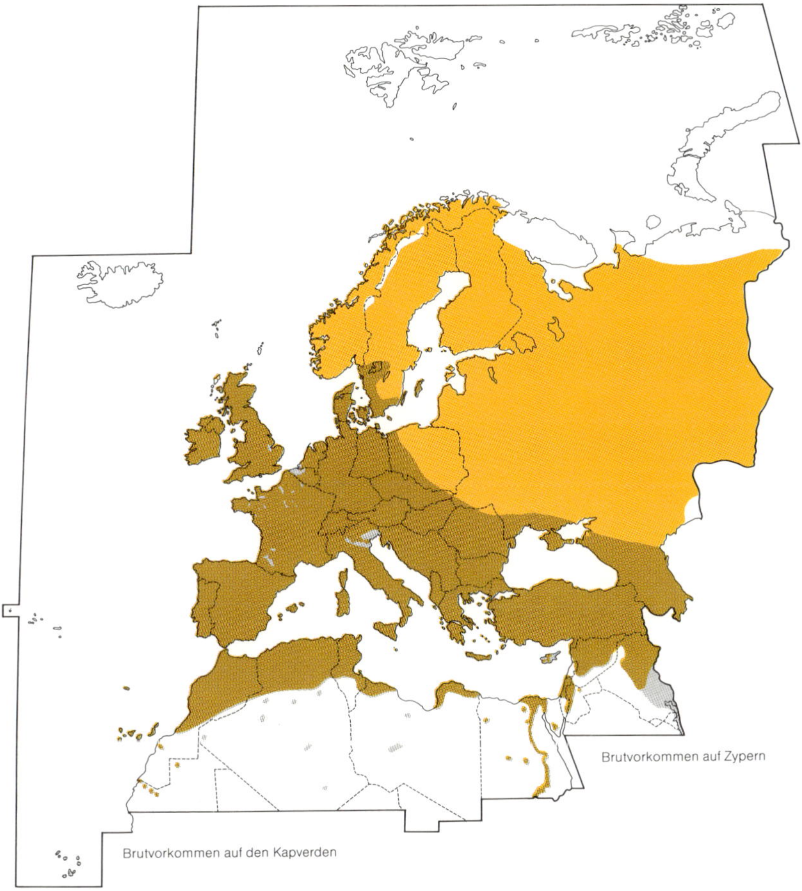

Turmfalke

Falco tinnunculus

Verbreitung

Außerhalb der Westpaläarktis brütet der Turmfalke im größten Teil Asiens und in großen Teilen Afrikas.
In zahlreiche Rassen eingeteilt, von denen folgende interessieren: Nominatrasse: Westpaläarktis und ostwärts bis Nordostsibirien. *F. t. canariensis:* westliche Kanarische Inseln und Madeira. *F. t. dacotiae:* östliche Kanarische Inseln. *F. t. neglectus:* nördliche Kapverden. *F. t. alexandri:* südöstliche Kapverden. *F. t. rupicolaeformis:* Ägypten bis Nordsudan und Arabien; kleiner und mit kräftigeren Farben.

Bestandsschätzung

Für Europa ohne Sowjetunion wird der Bestand auf 275 000–300 000 Paare geschätzt. Damit ist der Turmfalke häufigster Greifvogel der Westpaläarktis.

Turmfalke, ad. Männchen.

Bestandsentwicklung

Verglichen mit dem 19. Jahrhundert scheint der Bestand generell zurückgegangen zu sein. Vermutlich eine Folge der intensiven Kultivierung feuchter Areale und der Äcker und Wiesen.

In den 50er und 60er Jahren gab es an vielen Orten der Westpaläarktis ausgeprägte Bestandsrückgänge. Es war die Zeit, in der die Pestizide ein großes Problem darstellten. Charakteristischerweise haben die Bestände seitdem - auf alle Fälle in Nordeuropa - eine gewisse Erholung erlebt. Hingegen nehmen die Bestände in Südeuropa an vielen Orten ständig ab aufgrund von Pestiziden (?), starkem Abschuß und Biotopveränderungen.

Die Bestandsdichte ist aber lokal auch abhängig von schwankenden Kleinnagerbeständen, so etwa in Schleswig-Holstein mit Ausschlägen um rund 400%. Außerdem sterben viele Turmfalken in strengen Wintern, was sich im darauf folgenden Jahr im Bestand bemerkbar macht.

Zug

Stand-, Strich- oder Zugvogel. Die nord- und osteuropäischen Populationen sind Zugvögel. Schleswig-holsteinische sind sowohl Zug- als auch Strich- und Standvögel. Bayerische und die schweizerischen Turmfalken sind fast ausschließlich Zugvögel. Die Anzahl der (erwachsenen) Standvögel nimmt nach Süden hin zu, und die atlantischen Inselpopulationen sind ausschließlich Standvögel. Auch die Stadtpopulationen sind im starken Maße Standvögel.

Die Jungvögel vieler Populationen verstreichen nach dem Verlassen des Horstes in alle Himmelsrichtungen.

Die Karte weist die Winterquartiere in der Westpaläarktis aus. In nicht geringem Umfang ziehen Turmfalken bis Arabien und Afrika südlich der Sahara (vor allem östliche Populationen). Der Südraum beherbergt somit im Winterhalbjahr mehr Turmfalken als im Sommerhalbjahr.

Kontinentale Turmfalken erreichen im

Winter selbst Madeira: ein schweizer wurde im Februar zurückgemeldet.
Der Herbstzug verläuft in südwestlicher und südlicher Richtung. Ringfunde ergaben, daß finnische Vögel daher in einem weiten Raum von Portugal bis Bulgarien überwintern, bayerische ab Oktober von Malta über Tunesien bis Spanien und schleswig-holsteinische Turmfalken von Oberitalien bis Spanien einerseits und von Westschweden/Dänemark bis Belgien/Niederlande und Frankreich andererseits, nicht wenige zudem in der DDR. Der Äquator wird frühestens am 10. Oktober erreicht.
Der Turmfalke ist Breitfrontenzieher und daher nicht an Zugtrichter gebunden. Die Durchzugszahlen sind daher entsprechend gering: Falsterbo ergab 513 Vögel (1982) und Skagen im Frühjahr max. 661 (1975).
Der Frühjahrszug beginnt in Südeuropa im Februar, in Afrika Anfang März, zieht sich aber dort lange hin, wie u.a. auf Cap Bon in Tunesien in der ersten Maihälfte beringte bayerische Turmfalken zeigen. Auf Malta beginnt der Zug Anfang März, die Hauptzugzeit ist von Mitte März bis Mitte Mai.
Da der Turmfalke Breitfrontenzieher ist, läßt sich über den Ablauf des Heimzuges für Mitteleuropa nichts aussagen.

Turmfalke, ad. Männchen.

Habitat

Sehr weitgespannt und abhängig vom Vorkommen der Feldmaus bzw. anderer Wühlmäuse; in südeuropäischen Populationen auch vom Eidechsenvorkommen.

Brutvogel der Kultursteppe (Dörfer und Städte, Autobahnen- und Landstraßenumgebung sowie Flughäfen), Trockenrasen, Heiden, Feuchtgebiete. Wichtig ist auch das Vorhandensein geeigneter Niststätten: in alten Baumnestern etwa von Krähen, auf Felsklippen, in Gebäuden, besonders Kirchtürmen, oder Nistkästen.

Ein typischer Brutbiotop ist bei uns die abwechslungsreiche Kulturlandschaft mit Äckern und Feldgehölzen, wobei die Brut in einem Krähennest aufgezogen wird.

Außerhalb der Brutzeit in allen offenen Biotopen anzutreffen.

Brutbiologie

Brütet bereits einjährig. In Standvogel-Populationen bleibt das Paar ganzjährig zusammen und ist anscheinend lebenslang verheiratet. Zugvögel wechseln offenbar häufig den Gatten. Doch kennt man auch gemeinsam ziehende Paare.

Der Turmfalke zeigt zwei verschiedene Balzspiele: Das Männchen führt kurze, kreisförmige Angriffe gegen das sitzende Weibchen aus; sie duckt sich und nimmt eine Haltung mit erhobenem Schwanz ein, wobei sie intensiv ruft. Oder das Männchen vollführt einen Balzflug mit abwechselnden ruckartigen Flügelschlägen und Gleiten, mit Schrägwenden des Körpers und »Kix«-Rufen und landet am Ende unmittelbar auf dem Weibchen und vollzieht die Kopula.

Baut als typischer Falke seinen Horst nicht selbst. Übernimmt den Horst von anderen Arten (am häufigsten von Krähen) oder benutzt einen Felsvorsprung, ein Gebäude (z. B. Kirchturm, Siloturm, Hochhaus, Fabrikanlage, Ruine, Brükke oder große Scheune), einen Hochspannungsmast, einen Nistkasten oder aber einen hohlen Baum als Nistplatz. Dort wo dies alles fehlt, etwa auf einer Insel, brütet er auch auf dem Boden.

Wählt er einen Baumhorst, so befindet dieser sich entweder am Waldesrand, in einem Feldgehölz oder auf einem freistehenden Baum.

Die Eiablage erfolgt in Deutschland in der Regel ab Mitte April, im Norden und in höheren Lagen erst ab Ende April/Anfang Mai. Stadtturmfalken sind eher dran, und allgemein spielt die Witterung eine große Rolle. Die 3-6 (8) Eier werden vom Weibchen in 27-29 Tagen pro Ei ausgebrütet. Die Jungen schlüpfen innerhalb 3-5 Tagen. Die Nestlingszeit beträgt 27-32 Tage, die Jungenführungszeit danach rund 30 Tage. Gelegentlich bleiben die Jungen den Winter hindurch im Revier, doch normalerweise löst sich die Familie nach den 30 Tagen auf.

Der Bruterfolg schwankt mit dem Massenwechsel der Wühlmäuse: bei 60 schleswigschen Bruten lag er daher zwischen 2,1 (1971) und 3,6 (1970) Junge/Brut. In Jahren mit hohem Feldmausbestand kommt es dann mitunter zu kolonieartigem Brüten; so gab es z. B. 1965 im Erdinger Moos den vierfachen Bestand eines Normaljahres.

18 Stadtbruten aus München hatten 2,6 Junge/Brut.

Nahrung

Bevorzugt Kleinsäuger, speziell die Feldmaus. Fängt außerdem - normalerweise nur als Beikost - Kleinvögel, Reptilien, Amphibien, Insekten und Weichtiere. Vögel können eine große Rolle spielen, wenn Kleinnager nicht in ausreichender Anzahl zur Verfügung stehen. In Südeuropa sind Insekten und Eidechsen wesentliche Nahrungsquellen. Weitgehend unerforscht ist die Beute in afrikanischen Winterquartie-

ren. Sie scheint dort sehr vielseitig zu sein, abhängig vom lokalen Angebot (von Ratten bis zu schwärmenden Termiten).
Von den Kleinsäugern sind es besonders Feldmaus und im weitaus geringerem Grad die Rötelmaus, lokal auch andere Arten - so auf Amrum die Schermaus. Hausmaus und Waldmaus werden ebenfalls regelmäßig geschlagen, spielen aber nur eine ganz untergeordnete Rolle. In den Niederlanden ist die Zwergmaus eine ständige Beute (152 = 6,18% von 2458 Beutetieren). Mehr zufällig werden Ratten, Spitzmäuse, Maulwürfe, Wiesel und Fledermäuse gefangen. Im östlichen Europa übernehmen andere Kleinnager lokal die Hauptrolle als Beute.
Die geschlagenen Vögel sind überwiegend Nestjunge oder gerade ausgeflogene Jungvögel von bodenbrütenden

Turmfalke, ad. Weibchen mit geschlagener Wühlmaus.

Turmfalke, ad. Weibchen rüttelnd.

Kleinvögeln, vorzugsweise Stare, Hausspatzen, Feldlerchen, Finken, Ammerarten, Pieper und Drosseln – sekundär auch flügge gewordene junge Möwen, Limikolen und Hühnervögel. Die maximale Beutegröße stellen Kiebitz und Turteltaube dar, normalerweise aber schlägt der Turmfalke wesentlich kleinere Beute.
An Insekten fängt er bevorzugt große Käfer sowie Heuschrecken und Grillen.
Viele Nahrungsuntersuchungen bestätigen die große Bedeutung der Kleinnager für den Turmfalken. In einer norddeutschen Untersuchung (516 Mägen) vom Beginn unseres Jahrhunderts fand man 642 Mäuse (überwiegend Feldmäuse), eine junge Ratte, 1 jungen Hasen, 3 Spitzmäuse, 20 Vögel (Feldlerche, Spatzen, Goldammer, Zaunkönig), 9 Eidechsen und eine Blindschleiche. In 125 Mägen waren ferner Insektenreste nachweisbar. Die Nager machten 95% der Wirbeltierbeute aus, die Vögel 3% und die Eidechsen gute 1,5%.
Eine kleinere Untersuchung an Turmfalken Korsikas demonstriert die Unterschiede zwischen Mittel-/Nordeuropa und Südeuropa. Dort stellten Säugetiere 59%, Reptilien 30% und Kleinvögel 11% der Wirbeltierbeute. Ferner wurden viele Insekten verzehrt.

Jagdtechnik

Am häufigsten nutzt er beim Jagen das Rütteln aus 10 bis 40 m Höhe. Ferner Ansitzjagd von einem Weidezaun, einem E-Mast und dergleichen. Zum Fang fliegender Vögel ist er nicht besonders geeignet. Vogeljagd geschieht in der Regel als Überraschungsangriff. Jagt auch zu Fuß auf Insekten, Regenwürmer und Schnecken.

Der Bestand des Turmfalken in der Westpaläarktis

Dänemark	1500–2000 Paare (1978)[74]	Kräftiger Rückgang zu Beginn dieses Jahrhunderts, sicher Folge der intensiven Austrocknung der Felder und Weiden. Bestand scheint z. Zt. stabil.
Schweden	ca. 3000 Paare (1981)[9]	In Schonen ca. 500 Paare. Vielleicht rückläufig.
Norwegen	?	Im Süden häufig, im Norden spärlich (1974)[3].
Finnland	1500 Paare (1985)[110]	Früher der häufigste Greifvogel. Geht stark zurück u. a. aufgrund strenger Winter.
Sowjetunion	?	In einem 270 000 km² großen Gebiet Zentralrußlands: rund 3500 Paare. Nimmt dort leicht zu als Folge des Schutzes (1977)[1].
Polen	1000–2000 Paare (1984)[80]	Rückgang.
DDR	2800 Paare (1982)[90]	Mecklenburg: ca. 600 Paare (1979)[52]. Nach dem Mäusebussard der häufigste Greifvogel.
Bundesrepublik Deutschland	41 000–90 000 Paare (1982)[22]	Lokal wurde ein Rückgang um 75% in den 30er Jahren festgestellt. Schleswig-Holstein: Der Bestand pendelt – abhängig von der Nahrungsmenge – zwischen 300 und 1300 Paaren (1981)[59]. Rheinland: 1500–1800 Paare (1982)[88].
Niederlande	5000–6500 Paare (1979)[53]	Nach kräftigem Rückgang ist eine gewisse Erholung in den letzten zwei Jahrzehnten eingetreten.
Belgien	ca. 750 Paare (1977)[76]	Große Bestandsschwankungen.
Luxemburg	2000–2500 Paare (1971)[3]	Die Zahlen erscheinen reichlich hoch.
Großbritannien	> 100 000 Paare (1976)[47]	Der Bestand schwankt mit der Nahrungsmenge. Der häufigste Greifvogel in England.
Frankreich	38 000–50 000 Paare (1984)[103]	Schwankender Bestand in Relation zu strengen Wintern und Nahrungsangebot.

Turmfalke

Schweiz	?	Nach Rückgang in den 60er Jahren Bestand jetzt stabil. Lokal der häufigste Greifvogel (1980)[25].
Österreich	?	Der Bestand ist klein, aber anscheinend stabil (1977)[48].
Italien	5000 Paare (1977)[26]	Gewaltiger Rückgang. Sardinien: 2000–8000 Paare (1977)[71]. Häufig auf Sizilien (1977)[46].
Spanien	ca. 30000 Paare (1977)[27]	Der häufigste Greifvogel nach dem Rötelfalken. Rückgang durch Abschuß, Pestizide und Biotopveränderungen.
Portugal	?	Recht häufig. Rückgang aus den gleichen Ursachen wie in Spanien (1979)[50].
Tschechoslowakei	> 3000 Paare (1977)[43]	
Ungarn	600–700 Paare (1977)[40]	Nach gewaltigem Rückgang durch Pestizide nun positive Entwicklung.
Jugoslawien	häufig (1982)[19]	
Albanien	?	
Rumänien	240–300 Paare (1977)[42]	Ausgeprägter Rückgang.
Bulgarien	?	Ausgeprägter Rückgang, aber ständig der häufigste Greifvogel des Landes (1974)[3].
Griechenland	ca. 3000 Paare (1982)[19]	Der häufigste Greifvogel (1983)[84].
Türkei	500–5000 Paare (1982)[19]	
Zypern	ca. 200 Paare (1985)[108]	Häufig (1983)[85].
Israel	1000–2000 Paare (1982)[19]	In den 50er Jahren sehr zahlreich. Danach radikaler Rückgang durch Vergiftung mit Thalliumsulfat. Jetzt Erholung (1979)[1].
Ägypten	1000 Paare (1982)[19]	
Tunesien	600 Paare (1982)[19]	
Algerien	?	
Marokko	> 1000 Paare (1982)[19]	
Kanaren	teilweise häufig	
Madeira	sehr häufig[86]	
Kapverdische Inseln	sehr häufig (1982)[94, 97]	

Rötelfalke

Falco naumanni

Verbreitung

Außerhalb der Westpaläarktis (siehe Karte) brütet der Rötelfalke ostwärts bis zum Altai und stellenweise noch weiter östlich in Steppen und Halbwüsten.

Bestandsschätzung

Der Bestand in Europa ohne die Sowjetunion liegt bei rund 60000 Paaren. In Afrika überwintern nach Schätzungen an Schlafplätzen rund 155000 Rötelfalken.

Bestandsentwicklung

Wie aus der Tabelle S. 282 ersichtlich, scheint die Entwicklung eindeutig negativ zu verlaufen. Die Ursachen sind nicht ausschließlich die naheliegendsten: Pestizide, Verfolgungen und Biotopveränderungen, auch wenn diese, nach allem was wir wissen, eine wesentliche Rolle spielen.

Es ist sehr wahrscheinlich, daß die Pestizide und die modernen Landbaumethoden generell die Anzahl der Insekten dezimiert haben, so daß allein schon aus diesem Grund der Gesamtbestand zurückgehen muß.

Ein sehr bedeutender Faktor bei der registrierten negativen Entwicklung können die klimatischen Bedingungen sein. Der Bestand hat nämlich bedeutende Schwankungen durchgemacht. In den Zeiträumen 1830(?)-1850, 1885-1915 und 1940-1955 erreichte die Art sowohl

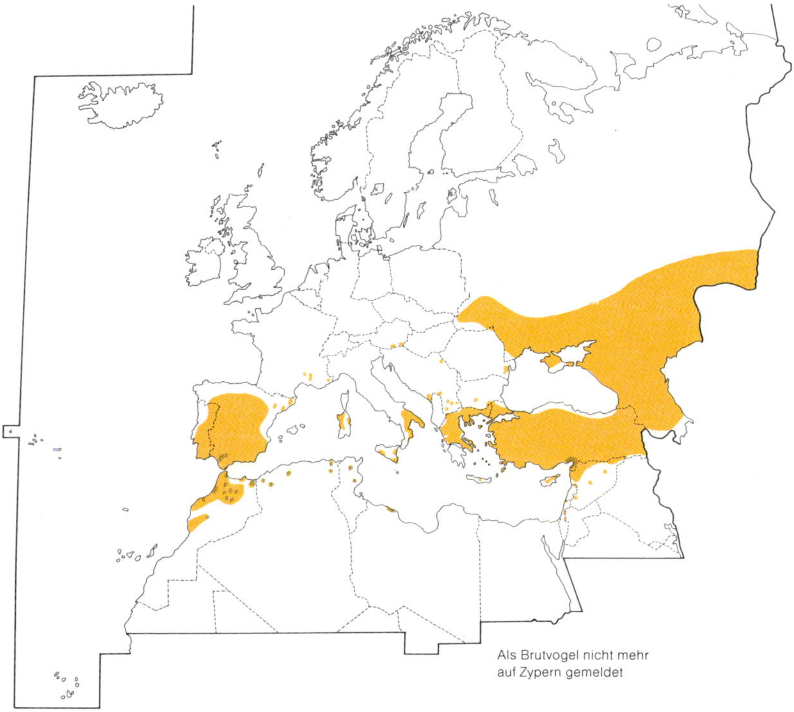

ihre größte Ausdehnung als auch ihren höchsten Bestand.
Die Zwischenzeiten waren jeweils durch Schrumpfung des Brutareals und durch deutliche Bestandsabnahmen gekennzeichnet.
Vielleicht ist es vor dem klimatischen Hintergrund erklärlich, daß der Rötelfalke in Polen, der Tschechoslowakei und in Ungarn heutzutage nur unregelmäßig brütet - Gebieten, in denen er früher Brutbestände besaß.
Interessanterweise ergibt sich auch aus den Meldungen aus dem afrikanischen Winterquartier kein Hinweis auf einen Bestandsrückgang in den letzten Jahren. Es scheint, als ob er durch landwirtschaftliche Maßnahmen im Winterquartier eher begünstigt wurde.

Zug

Zugvogel mit Winterquartieren in großen Teilen Afrikas südlich der Sahara. In großer Zahl überwintert der Rötelfalke in Transvaal, Orangefreistaat und in der Kapprovinz. Altvögel halten lokal im geringen Maße in Nordafrika, Südspanien und der Türkei über Winter aus (siehe Karte).
Die Brutplätze werden Ende Juli/Anfang Aug. zu einem ungerichteten Zwischenzug verlassen. Ende Aug./Anfang Sept. beginnt der eigentliche Herbstzug, der im Mittelmeerraum um den 1. Oktober kulminiert.
Der Rötelfalke ist Breitfrontenzieher, so daß es an den bekannten Zugtrichtern nur zu geringen Konzentrationen kommt. Im übrigen läuft der Abzug im

Rötelfalke, ad. Weibchen.

großen ganzen unbemerkt ab. Man sieht sie erst wieder im nördlichen Teil des Überwinterungsgebietes. Daraus entstand die Theorie, daß die Vögel einen 2500 km Direktflug über das Mittelmeer und die Sahara vornehmen. In Malta ist er ein recht häufiger Herbstdurchzügler, der recht hoch und mit langen Gleitphasen zieht.

Die Winterquartiere im südlichen Afrika beherbergen sie von Ende Okt. bis Febr.; dort Abzug im März. Die Masse der Vögel verläßt den afrikanischen Kontinent in der ersten Aprilhälfte.

Der Frühjahrszug wird eher gesehen. Kleinere Trupps sieht man regelmäßig auf ihrem Zug nach Norden. Die Ankunft erfolgt in Nordafrika Mitte Febr., in Spanien, Süditalien und Griechenland im März, in Mitteleuropa und großen Teilen der Sowjetunion im April.

Nördlich seines Brutgebietes ist er ein äußerst seltener Irrgast. In Mecklenburg wurden Anfang Mai 1968 die Reste eines am 18. 7. 67 in Hainfeld/Österreich beringten Jungvogels gefunden; aus dem Rheinland, Brandenburg und Schleswig-Holstein gibt es seit gut 75 Jahren keine Nachweise, aus Baden-Württemberg und aus Bayern je etwa ein halbes Dutzend. Seit 1955 6mal in Schweden und einmal in Dänemark.

Habitat

Trockene und zugleich warme Steppen und Halbwüsten-Gebiete, in denen die Vegetation den Boden nicht völlig bedeckt, so daß der Vogel unbeschwert seine Nahrung fangen kann. Verlangt ferner einen Hohlraum für sein Nest – entweder in einem Felsen, einem Steilhang, in Bäumen oder in Gebäuden und Mauern. Bildet oft Kolonien in Dörfern.

Der Rötelfalke verlangt, daß sein Nahrungsrevier dicht beim Brutplatz liegt, denn normalerweise jagt er in höchstens 1 km Entfernung vom Nest.

Den Winter verbringt er in offenen afrikanischen Landschaften, wobei er nomadenartig einzeln oder in Schwärmen dem Nahrungsangebot folgt. Auf südafrikanischen Schlafplätzen können bis zu 70000 gleichzeitig übernachten.

Rötelfalke, ad. Weibchen.

Stimme

Weicht stark von der des Turmfalken ab. Besteht teils aus heiseren »tscheh-tscheh-(tscheh)«, teils aus wohlklingenden, etwas limikolenartigen »gji gji« oder »düiii düiii«. Ferner ein schnelles, metallisches »kikikik«. Im Schwarm und am gemeinsamen Schlafplatz im Winterquartier sehr ruffreudig.

Brutbiologie

Brütet erstmals im Alter von 1–2 Jahren. Führt eine Saisonehe und brütet

Rötelfalke, ad. Männchen mit erbeutetem Insekt.

in Kolonien. Kolonien von 100 bis 200 Paaren sind nicht selten. Kann aber auch einzeln brüten.
Anscheinend kommt das Männchen als erster am Brutplatz an. Es beginnt sofort mit der Suche nach Nistmöglichkeiten. Übrigens nimmt die Art auch Nistkästen an.
Mit der Ankunft des Weibchens beginnen die Balzspiele, die sehr denen der Turmfalken ähneln, doch ist das Vorspiel zur Kopula anders. Die Eiablage beginnt im Mittelmeerraum Mitte April, auf dem Balkan und in Nordafrika Ende April und im östlichen Mitteleuropa Anfang Mai. Die 3-5 (2-6) Eier werden von beiden Eltern in 28-29 Tagen pro Ei ausgebrütet, allerdings ist der Anteil des Männchens gering (5-10%). Die Nestlingszeit dauert 28-29 Tage. Über die Aufzucht ist wenig bekannt. Die Führungszeit ist unbekannt. In Frankreich leiden die Bruten unter der Nistplatzkonkurrenz der Dohlen.

Nahrung

Insekten: Heuschrecken und Käfer bringen die Hauptbeute. Im Frühjahr, wenn die Heuschrecken noch weitgehend fehlen, frißt der Rötelfalke zusätzlich Kleinsäuger, in der Mongolei Reptilien. Häufig sind auch Skolopender in der Nahrung. Im Winterquartier anscheinend fast ausschließlich von Insekten lebend; hier bilden schwärmende Termiten und Raupen des Heerwurms *Spodoptera exempta* beachtliche Nahrungsquellen. An der Front eines Buschfeuers nimmt er auch kleine Eidechsen.
Aufsammlungen von 25097 Beuteresten österreichischer Rötelfalken zeigten folgende Gewichtsverteilung: Feldgrillen 40,3%, Maulwurfsgrillen 28,2%, Großes grünes Heupferd 11,8%, Körnerwarze (ein Laufkäfer) 7,8%, Warzenbeißer (eine Laubheuschrecke) 3,6%, Kleinsäuger (ca. 100) 3,5% und der Maikäfer 3,0%. 10 junge Feldlerchen = 0,5% waren auch dabei.

Aufsammlungen aus Südwestspanien von 23960 Beuteresten ergaben 14362 Heuschrecken, 5317 Käfer und 1078 Kleinsäuger. Nur 52 Vögel, aber 271 Reptilien waren dabei.

Jagdtechnik

Benötigt als Insektenjäger keine allzu große Kraft. Suchflug- und Rüttelflugjäger. Läßt sich wie am Fallschirm herunter, wenn er eine Beute erspäht hat. Erst aus 30 cm bis 1 m Höhe läßt er sich fallen. Fluginsekten werden mit den Fängen gegriffen und in der Luft verzehrt. Ist auch Ansitzjäger, selten nur jagt er zu Fuß.

Rötelfalke, ad. Männchen mit erbeutetem Kakerlaken.

Der Bestand des Rötelfalken in der Westpaläarktis

Portugal	häufig (1982)[19]	Abnehmend.
Spanien	50 000 Paare (1977)[27]	Deutlicher Rückgang durch Biotopveränderungen und Pestizide. In den 60er Jahren waren es noch ca. 100 000 Paare.
Gibraltar	15 Paare (1980)[101]	
Frankreich	10 Paare (1982)[19]	Stabil?
Italien	200–400 Paare (1982)[19]	Rückgang. Sizilien: nur einzelne kleine Kolonien übriggeblieben (1977)[46]. Sardinien: 200–400 Paare (1977)[41].
Österreich	4–7 Paare (1978)[1]	Zusammenbruch. 1960 waren es noch 280 Paare.
Jugoslawien	spärlich (1974)[3]	Nicht bedroht.
Albanien	?	Brutvogel, aber Anzahl unbekannt (1974)[3].
Griechenland	2000 Paare (1982)[19]	Ausgeprägter Rückgang, auf alle Fälle in bestimmten Gegenden als Folge der Pestizide (1974)[3]. Ferner erlaubt man den Vögeln nicht, in alten Häusern zu brüten (1983)[84].
Bulgarien	selten (1979)[1]	Früher sehr häufig.
Rumänien	selten (1979)[1]	Früher lokal häufig.
Sowjetunion	?	Häufig in der Ukraine, auf der Krim und im Kaukasus (1951)[1].
Türkei	500–2000 Paare (1982)[19]	Lokal häufig (1979)[1].
Zypern	ausgestorben	Letzte Brut 1929[85].
Syrien	?	Rückgang. Noch finden sich einige wenige Brutplätze (1982)[65].
Libanon	?	Wie Syrien.
Israel	100–200 Paare (1982)[19]	Gewaltiger Rückgang (von 2000–2500 Paaren) durch Vergiftung.
Tunesien	> 200 Paare (1982)[19]	
Algerien	selten (1982)[19]	
Marokko	> 1000 Paare (1982)[19]	

Steppenadler, juv.

Die Bestimmung fliegender Greifvögel

Innerhalb der Feldornithologie ist die Bestimmung der Greifvögel immer als besonders schwierig angesehen worden. Die einzelne Art kann große Unterschiede im Aussehen des Federkleides von Vogel zu Vogel zeigen, die Proportionen von Vogel zu Vogel und zwischen den Geschlechtern können variieren, eine steife Brise kann das Flugprofil eines Greifvogels radikal ändern, oft auch ist der Abstand zum Vogel bedeutend und die Beobachtungsverhältnisse sind häufig schlecht (z. B. gegen einen grauen Himmel).

Die Bestimmung erfolgt auf der Grundlage von drei Hauptkriterien: das Aussehen des Federkleides, die Proportionen des Vogels und die Flugform.

Das Federkleid

Von den drei Kriterien ist das Aussehen des Federkleides das konkreteste. Und wenn auch viele Arten eine große individuelle Variation zeigen und die Farbbezeichnungen unbrauchbar für die Bestimmung sein können, so sind es doch einige, die anhand dieses Kriteriums leicht zu bestimmen sind: Fischadler, Schlangenadler, Zwergadler (helle Phase), ad. Seeadler, ad. Habichtsadler, junge Steinadler, Schmutzgeier, Rotmilan und Gleitaar – um nur einige sichere Fälle zu nennen.

Bei der Bestimmung der einzelnen Kleider werden folgende Ausdrücke für die verschiedenen Altersstufen gebraucht: Juveniles Kleid (juv): das erste volle Federkleid des Vogels. Immature Kleider (imm.): das Stadium zwischen Jugendkleid-Mauser und Erwachsenenkleid. Adultes Kleid (ad.): das (die) Erwachsenenkleid(er). Darüber hinaus können auf den Tafeln genauere Altersangaben stehen – z. B. 2K. Das heißt, daß das Kleid des Vogels im 2. Kalenderjahr getragen wird. Ein Vogel, der im Juni als 2K bezeichnet wird, ist also rund ein Jahr alt.

Die Proportionen

Mit den Unterschieden in den Proportionen beginnen die Schwierigkeiten. Es ist einfach festzustellen, daß der Turmfalke im Vergleich zum Mäusebussard sowohl schmalere Flügel als auch einen längeren Schwanz hat. Aber zu registrieren, daß der Rauhfußbussard längere Flügel als der Mäusebussard hat, verlangt Erfahrung, d. h. daß man eine bestimmte Anzahl Vögel beider Arten gesehen haben muß. Und die meisten werden sich noch auf unsicherem Grund fühlen, wenn sie entscheiden sollen, ob der Adler über unserem Kopf ein bißchen schlangflügeliger und kurzschwänziger ist, was uns zu der Vermutung berechtigt, daß er ein Kaiseradler anstatt eines Steinadlers sein könnte. Das verlangt viel Erfahrung.

Die Flugform

Erfahrung verlangt aber auch das Erkennen von Unterschieden in der Flugweise einzelner Arten. Wie viele Mäusebussarde im aktiven Flug muß man schon gesehen haben, bevor man entdeckt, daß der Wespenbussard beim aktiven Flug die Flügel anders bewegt? Normalerweise werden es viele gewesen sein – selbstverständlich abhängig vom Talent und davon, wie systematisch man ans Werk geht. Tatsache jedoch ist, daß man nicht ernsthaft davon reden kann, Greifvögel zu kennen, bevor man nicht das Gespür auch für diese Nuancen erworben hat.
Jede Art hält auf eine typische Art und Weise ihre Flügel im Kreis- und Gleitflug. Es ist jedoch wichtig zu betonen, daß eben nur von einer »typischen« Art gesprochen wird. Denn Abweichungen hiervon sind zahlreich, besonders bei nur kurzer Beobachtungszeit und oft unter besonderen Wetterverhältnissen. Darüber hinaus ist die Flügelhaltung beim Gleitflug abhängig von der Gleitgeschwindigkeit.

Abweichende Individuen

Selbst für Experten ist die Bestimmung von Greifvögeln ein schwieriges Gebiet. Allein schon die Entfernung zum Vogel wird oft eine sichere Artbestimmung verhindern, aber auch abweichende Individuen können einen foppen und die Bestimmung unmöglich machen. Ornithologen, die alle »Punkte« am Himmel bestimmen können, sind daher nicht glaubwürdig.

Versuch einer Vereinfachung

In dem sich anschließenden Artbestimmungsteil war es das klare Ziel, den schwierigen Stoff so einfach wie möglich darzustellen. **Das bedeutet nicht, daß die Sache dadurch einfach geworden ist.** Aber es bedeutet, daß die Anzahl der Kennzeichen auf das beschränkt wurde, was wir für eine sichere Artbestimmung für notwendig halten. Eine eingehendere Kleiderbeschreibung wird man daher nicht finden. Als Beispiel für dieses Prinzip können wir erwähnen, daß man unter Rotmilan im ganzen 10 Kennzeichen in bezug auf Proportionen und Kleider finden wird. Ohne gewaltig ins Detail zu gehen, könnte man gut weitere 10 nennen. Aber diese sind nicht notwendig. Die Art kann leicht anhand der erstgenannten 10 bestimmt werden. Die nächsten 10 zu erwähnen würde die Sache weniger übersichtlich machen.

Nun ist der Rotmilan ein Beispiel für eine Art, die leicht zu erkennen ist. Weit größere Schwierigkeiten tauchen auf, wenn es sich z. B. um die Bestimmung des Kaiseradlers im Vergleich zum Steppenadler handelt. Unter beiden war es deshalb notwendig, jeweils mehr als 30 unterschiedliche Kennzeichen in bezug auf Kleider und Proportionen anzuführen: Was schwierig ist, kann man nicht auf einfache Weise erkennen.

Analyse

Absolut notwendig ist es, beim Bestimmen eine Analyse der einzelnen Faktoren, aus der die Bestimmung besteht, vorzunehmen. Leicht erkennbare Arten kann man mit einer schnellen Ganzheitsbeurteilung abklären, aber schwierigere Arten müssen genau in bezug auf die drei genannten Elemente: Federkleid, Proportionen und Flugbild betrachtet werden. Auch hier ist es sehr wichtig, bereits im voraus zu wissen, welche Kennzeichen eine besondere Bedeutung für die Bestimmung der einzelnen Art haben. Wir bieten dafür das Notwendigste, das Grundlegende. Weiterführende Literatur kann und sollte darüber hinaus zu Rate gezogen werden. Je mehr man schon kann, desto öfter greift man danach.

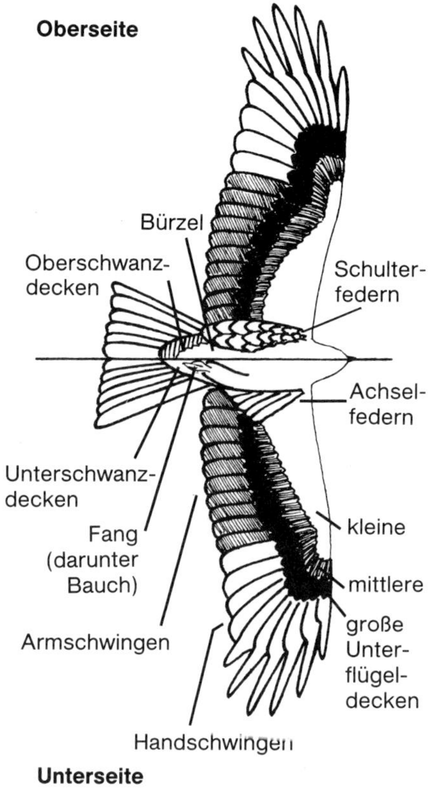

Detaillierte Zeichnungen

Da die Zeichnungen ganz besonders auf ein naturgetreues Abbild der Wirklichkeit hin angelegt sind, wird man generell erfahren, daß in den Zeichnungen Kennzeichen auftauchen, die nicht im Text erwähnt sind. Aber das ist selbstverständlich die logische Folge der schon erwähnten Vereinfachung, die das wesentliche Motiv beim Textaufbau gewesen ist.

Gruppierung der Arten

In einem Feldführer dieser Art ist es vernünftig, die Arten so zusammenhängend zu präsentieren, daß das Aussehen den gemeinsamen Nenner darstellt und nicht die Systematik. Daraus ergab sich folgende Einteilung:

Bussarde	Habichtartige	Milanartige
Adler	Falken	Weihen
Geier		

Die einzelnen Gefiederpartien

Bei der Arbeit mit dem Bestimmungsteil ist es notwendig, daß der Leser mit einigen wenigen Fachausdrücken vertraut ist, oder sich mit ihnen vertraut machen wird. Die oben stehende, besonders detaillierte Zeichnung eines Schwarzmilans dient diesem Ziel.

Mäusebussard

(Buteo buteo)

Gesamteindruck Standardtyp eines Bussards: ein mittelgroßer, recht breitflügeliger und verhältnismäßig kurzhalsiger Greifvogel mit einem großen, runden Kopf.

Proportionen Das Verhältnis zwischen Flügelbreite, Schwanzlänge und dem dicht an der Flügelvorderkante plazierten Kopf gibt dem Mäusebussard ein sehr kompaktes Aussehen.

Gefieder Der Mäusebussard ist eine der Arten, bei der das Federkleid eine große Variation aufweist. Das macht die Bestimmung anhand der Gefiederfärbung schwierig. Die Mehrheit der Vögel liegt jedoch innerhalb des »normalen« Typus, bei dem die Oberseite dunkelbraun ist, die Unterseite mit Körper- und Flügeldeckfedern mehr oder minder dunkel, dunkle Handwurzeln und Flügelspitzen (B1), dunkle Hinterkante bei Flügeln und Schwanz (E2) und dazu, in stärkstem Kontrast zu all dem, ein großer heller Fleck auf den Handschwingen (E3).
Innerhalb dieses Grundmusters finden sich alle möglichen Übergänge zu dunkleren und helleren Vögeln. Der dunkelste (E) hat eine schwarzbraune Unterseite (ist aber deutlich heller auf den Handschwingen). Die hellsten sind unterseits sehr hell (A). Die Variation der Oberseitenfärbung ist geringer als die der Unterseite. Aber helle Vögel haben auch oft helle Rücken oder Oberschwanzdecken und können so hell sein wie der Vogel der Zeichnung L.

Rassen Mehrere Rassen kommen in der Westpaläarktis vor. Zwei davon: *B. b. vulpinus,* Falkenbussard, in Nord und Ost brütend, und *B. b. menestriesi* aus dem Südosten der Westpaläarktis können oft im Felde unterschieden werden.
Der Falkenbussard ist kleiner, hat etwas schmalere und spitzere Flügel als die Nominatrasse und ist unterseits kontrastreicher. Ferner ist, wie es auf den Zeichnungen F, G und H zu sehen ist, der helle Fleck auf den Handschwingen wesentlich größer und auch die Armschwingen treten heller hervor. Dadurch wird die schwarze Hinterflügelkante schärfer abgesetzt. Der Schwanz ist gelbweiß, hell rotbraun oder zimtfarben.
Der Falkenbussard tritt in drei ausgeprägten Phasen auf, wo Körper und Flügeldeckfedern einfarbig rotbraun (H), graubraun (G) oder (ungewöhnlich) nahezu schwarz (F) sind. Darüber hinaus sieht man einige »mehrfarbige«, die sehr an die Nominatrasse erinnern und häufig sich nicht bestimmen lassen.
B. b. menestriesi ähnelt dem Falkenbussard, ist aber größer (durchgehend größer als unsere heimische Rasse). Charakteristisch ist für sie ein rostroter Gefiederton.

Jungvögel Der Mäusebussard kann oft, wenn die Beobachtungsmöglichkeiten gut sind, im Felde altersbestimmt werden. Das beste Kennzeichen ist die Zeichnung des Schwanzes. Erwachsene Mäusebussarde haben in der Regel ein deutlich breites und scharf gezeichnetes Band am Schwanzende (E2). Dieses fehlt den Jungvögeln (I). Dieses Kennzeichen sieht man am besten, wenn der Vogel kreist und der Schwanz gefächert ist. Allgemein gesprochen sind Jungvögel heller als ad. Oft haben sie die Unterseite deutlich längsgestreift (J, K). Dunkle Vögel haben dazu auch das typische Brustfeld längsgestreift (K). Sehr helle Vögel können nicht mit Sicherheit altersbestimmt werden, scheinen aber im allgemeinen junge Vögel zu sein.
Junge Mäusebussarde haben auch eine diffus gezeichnete Hinterflügelkante und dunklere, gröber gezeichnete Armschwingenfedern, aber diese Kennzeichen erfordern große Erfahrungen. Die Unterschiede zu den ad. sind also oft gering.

Flugbild Ist bei seinem charakteristischen Kreisflug, wobei die Flügel leicht angehoben (Q) und deutlich vorwärts geschoben (P) werden, sehr typisch. Der Gleitflug wird mit nahezu ebenen Flügeln ausgeführt (R). Man sieht ihn auch mit hängenderen Handflügeln (wie Wespenbussard), aber dann in der Regel mit einem recht deutlich (gewinkelten) Übergang zwischen Arm und Hand, und dabei die äußersten, gezackten Handschwingen deutlich sichtbar. Im Gleitflug wird der Arm schräg vorgestreckt,

Mäusebussard I - adult (Sp. 113-128 cm)

A

B

C

D

E

F Falkenbussard

G Falkenbussard

H Falkenbussard

die Hand schräg nach hinten, so daß die Flügel einen ausgeprägten Winkel bilden. Die Flügelbewegungen sind dabei recht steif und nicht besonders tief.

Besonderes Verhalten Rüttelt ab und zu während der Nahrungssuche.

Verwechslungsmöglichkeiten Bei uns kreist das Verwechslungsproblem um die Frage: Mäusebussard oder Wespenbussard? Selbst wenn es eine Reihe Kennzeichen für die zwei Arten gibt, entstehen in der Praxis oft Schwierigkeiten bei einer Artbestimmung. In der Silhouette tritt der Wespenbussard mit kleinerem Kopf, schlankerem Hals und, im Gegensatz zum Mäusebussard, mit ausgestrecktem Kopf hervor, so daß der Schnabel sichtbar ist (selbstredend, wenn der Vogel direkt über einem beobachtet wird). Der Wespenbussard hat auch einen längeren Schwanz, der zusammengelegt konvex geformt ist und abgerundete Ecken besitzt; oft sieht man zudem eine schwache Einbuchtung, am ausgeprägtesten bei Jungvögeln.
Die Unterscheidung anhand der Silhouette kann schwierig sein, wenn es sich um junge Wespenbussarde handelt. Diese sind in charakteristischer Ausgestaltung mehr mäusebussardähnlich als Folge andersartig proportionierter Flügel. Diese sind kürzer als bei den Altvögeln mit einem breiteren Arm und schmalerer Hand, aber auch mit einem deutlicheren Übergang zwischen Arm und Hand. Einzelne junge Wespenbussarde haben auch kürzere Schwänze und können so in Verbindung mit der jugendlicheren Flügelform im hohen Maße Proportionen wie ein Mäusebussard besitzen.
Im Kreisflug hält der Wespenbussard in groben Zügen seine Flügel eben – der Mäusebussard seine deutlich angehoben und vorgeschoben. Beim Gleitflug ist es charakteristisch, daß der Wespenbussard eine »hängende« Hand hat, während der Mäusebussard seine Flügel möglichst eben hält. In diesem Punkt kommen jedoch auch Überlappungen vor – z.B. gleiten Mäusebussarde oft mit hängender Hand. Man wird da, außer an der geringeren Spannweite, den Mäusebussard an den ausgeprägterem Übergang (Winkel) zwischen Arm und Hand und an den sichtbareren »Zacken« der äußeren Handschwingen erkennen.
Im übrigen ist es für den Wespenbussard beim aktiven Flug charakteristisch, den Kopf zu heben, so daß die Brust sich wölbt, und daß er auf Milanart seinen Schwanz oft um die eigene Achse dreht. Selbst die Flügelbewegungen treten für den geübten Beobachter als ein Kennzeichen hervor: Der Wespenbussard hat einen deutlich tieferen, weicheren und elastischeren Flügelschlag als der Mäusebussard.
Trotz der verwirrenden Mannigfaltigkeit wird man bei vernünftigen Beobachtungsverhältnissen in den meisten Fällen die Gefiedertypen zur Unterscheidung beider Arten anwenden können. Charakteristisch sind somit die meisten ad. Wespenbussarde (B, C, D und E) mit ihrem gesperberten Körpermuster und den typischen Unterflügelzeichnungen. Man beachte, daß die Zeichnungen auf den Schwingenfedern beim Mäusebussard gleichmäßiger verteilte, schmale Bänder sind.
Für alle erwachsenen Wespenbussarde gilt, daß sie eine ausgeprägte dunkle Hinterkante an Flügel und Schwanz haben, dazu, im Gegensatz zum Mäusebussard, im deutlichen Kontrast zu den benachbarten Federpartien. Aber nicht jeder Bussard mit dunklen Hinterkanten ist ein Wespenbussard (E, F).
Während die jungen Mäusebussarde im hohen Maße den ad. gleichen, ist das Kleid junger Wespenbussarde weniger typisch. Die Armschwingenfedern sind in der Regel dunkel (»schattig«) und quergebändert und die Flügelhinterkante und Schwanzendbinde ohne das typische dunkle Band. Als Ersatz besitzt ein großer Teil der jungen Wespenbussarde (in Skandinavien 60%) ein typisches Gelbrotbraun auf Körper und Flügeldecken als Feldkennzeichen. Die dunklere Phase (in Skandinavien ca. 20%) kann von unten her gesehen von dunklen Mäusebussarden anhand der hellen großen Flügeldeckfedern unterschieden werden, die als ein diffuses helles Band auf der Flügelunterseite verlaufen (Abb. J, K und M, S. 297). Man beachte, daß dunkle Mäusebussarde (Nominatrasse) immer ein helles Feld auf der Brust haben (E). Weitere Verwechslungsmöglichkeiten siehe unter Rauhfußbussard (S. 290), Adlerbussard (S. 298) und Schlangenbussard (S. 322).

Mäusebussard II

I juv.

J juv.

K juv.

L juv.

N juv.

M juv.

O ad. Falkenbussard

Q kreisend

R gleitend

P ad.

Rauhfußbussard
(Buteo lagopus)

Gesamteindruck Typischer Bussard, besonders beim Kreisflug - somit ein breitflügeliger Greifvogel mit kräftigem Schwanz und einem großen, breiten Kopf. Größer als Mäusebussard.

Proportionen Die Flügel und der Schwanz sind verhältnismäßig länger als die des Mäusebussards. Im Tiefflug über offenem Land geben diese Proportionen eine gewisse Ähnlichkeit mit den größeren Weihen.

Gefieder Typische ad. haben eine recht helle Unterseite mit schwarzen Flügelspitzen, Handwurzeln (C1), Schwarz auf Bauch (C2), Kehle und Vorderbrust samt einem deutlich dunklerem Flügelhinterrand. Zwischen dem Dunkel der Brust und des Bauches sieht man ein auffallendes helles Brustband. Allentscheidend für die Bestimmung ist der weiße Schwanz mit einer breiten, dunklen Endbinde (C3, F3) - ein Kennzeichen, das am deutlichsten im Kontrast zur dunklen Oberseite hervortritt. Bei Altvögeln kann das Geschlecht bestimmt werden. Das ♂ (A) hat 3–4 (5) Binden auf der Schwanzunterseite, 4–5 auf dessen Oberseite (F), dazu die Armschwingen der Unterseite mit vielen Querbändern. Dunkle kleine und mittlere Flügeldeckfedern, dunkle Brust und relativ heller Bauchfleck. Das erwachsene ♀ gleicht einer kontrastreichen Ausgabe des Jungvogels. Die Flügeldeckfedern der Unterseite sind hell, die Armschwingen mit deutlich weniger Bändern ausgestattet. Der Bauchfleck ist dunkler und die Brust heller als die des ♂; der Schwanz ist normalerweise bloß mit einer breiten Endbinde versehen, ab und zu mit einer zweiten schmalen Binde innerseitig davor.

Jungvögel Gleichen einer kontrastlosen Ausgabe des Weibchens. Charakteristisch sind sehr helle Armschwingen (D4) ohne ein markantes Randband, helle Flügeldeckfedern, helle Kehle und Vorderbrust samt einer diffusen Binde am äußeren Schwanzende. Die Oberseite zeigt einen helleren Kopf, Vorderrücken, Flügeldeckfedern (E6) und Handschwingen (E7). Immature Männchen können nach der 1. Mauser (ca. 1 Jahr alt) einen Schwanz wie ein adultes Weibchen haben und müssen dann anhand anderer Jungvogel-Kennzeichen altersbestimmt werden. Mit gut 2 Jahren ist der Rauhfußbussard ausgefärbt.

Abarten Man sieht - jedoch selten - helle Vögel ohne dunklen Bauchfleck (B).

Flugbild Kreist mit leicht nach vorn gedrückten Flügeln (wie Mäusebussard, aber etwas höher gehalten), oft weihenartig. Der aktive Flug wird mit recht langsamen, elastischen Bewegungen ausgeführt (im Gegensatz zu den recht steifen des Mäusebussards), der Gleitflug mit schwach angehobenen Flügeln (H).

Typisches Verhalten Rüttelt oft. Häufig im tiefen Suchflug über offenem Gelände zu sehen.

Verwechslungsmöglichkeiten Direkt betrachtet, beim Flug tief über dem Boden, erinnert der Rauhfußbussard auffallend an eine große Weihe, wenn man den weißen Schwanz sieht, an eine Kornweihe oder auch an die Rohrweihe. Aber die Unterschiede sind doch so groß, daß diese Verwechslung normalerweise schnell erkannt wird. Große, sehr langflügelige Exemplare können auch, oberflächlich betrachtet, an einen mittelgroßen Adler erinnern. Tatsächliche Verwechslungsmöglichkeiten existieren mit Mäusebussard und Wespenbussard, wenn man auf helle Vögel trifft. Einen weißen Bürzel sieht man z. B. bei hellen Mäusebussarden, aber diese haben im Gegensatz zum Rauhfußbussard keine schwarze Endbinde. Falkenbussarde können in der Schwanzzeichnung an den Rauhfußbussard erinnern. Die Größe wird hier helfen. Der Falkenbussard ist kleiner als unsere Nominatrasse des Mäusebussards und zudem eindeutig kleiner als der Rauhfußbussard. Hat man aber Probleme, den typischen Schwanz zu sehen, können die verhältnismäßig längeren Flügel beim Rauhfußbussard ein gutes Kennzeichen sein. Gegenüber dem Mäusebussard sind auch der elastischere Flügelschlag und die beim Fliegen höher angehobenen Flügel ein gutes Kennzeichen. Zur Verwechslung mit dem Adlerbussard: siehe dort (S. 292).

Rauhfußbussard (Sp. 120–150 cm)

Adlerbussard

(Buteo rufinus)

Gesamteindruck Ein typischer Bussard, d.h. recht breitflügelig; mit einem großen, runden und breiten Kopf und kräftigem Hals.

Proportionen In Größe und Proportionen sehr ähnlich Rauhfußbussard - demnach im Verhältnis zum Mäusebussard deutlich größer, langflügeliger und langschwänziger (Schwanz ca. so lang wie Flügelbreite).

Gefieder Auch der Adlerbussard variiert im Aussehen von sehr dunkel zu sehr hell. Er besitzt jedoch folgende gute Kennzeichen: Kopf und der vorderste Teil der Brust sind oft sehr hell (C1) im Kontrast zum dunklen Bauch und Bürzel (C2). Darüber hinaus haben die meisten einen hellen Schwanz (E3). Bei ausgefärbten, hellen Vögeln sieht man die dunkle Flügelhinterkante deutlich (C4). Alle haben auch auf der Unterseite ein markantes weißes Feld auf den Handschwingen, oft im Kontrast zu den schwarzen Handwurzeln oder dunklen Flügeldecken. Die Oberseite ist oft durch 4 Kennzeichen charakterisiert: hellen Kopf (E5), hellen Schwanz (E3), helles Feld auf Handschwingen (E6) und rotbraune Flügeldecken im Kontrast zu den dunklen Armschwingen (E7).
Man unterscheidet drei Farbphasen: eine helle, eine rote und eine dunkle. Zwischen den beiden ersten kommen alle möglichen Übergangsformen vor, während die letzte im großen ganzen eine rein dunkle Form ist. Der Schwanz ist bei dieser (D) mit einem Querband versehen. Der dunkle Adlerbussard brütet nur vom Wolgagebiet an ostwärts, wird aber auf dem Zug im Nahen Osten gesehen. Helle Vögel sind anscheinend oft juv.

Jungvögel Die beiden hellen Phasen erkennt man an den 9–12 Querbinden auf dem hellen Schwanz. Dieses Kennzeichen ist im Felde nur schwierig zu sehen. Wie allgemein bei Bussarden, ist der schwarze Flügelhinterrand bei Jungvögeln diffuser oder vielleicht nur angedeutet. Oft sind die Armschwingen dunkler und das dunkle Bauchschild wenig entwickelt. Der Adlerbussard ist mit ca. 2 Jahren ausgefärbt.

Flugbild Sehr ähnlich dem des Rauhfußbussards - somit mit recht langsamen, elastischen Bewegungen. Im Kreisflug werden die Flügel leicht vorwärts gehalten, wie es der Mäusebussard tut; und im Vergleich mit diesem ist es ein gutes Feldkennzeichen, daß die Flügel noch höher angehoben werden (G), auch hier sehr ähnlich dem Rauhfußbussard.

Charakteristisches Verhalten Rüttelt oft.

Verwechslungsmöglichkeiten Im Profil und Flugbild dem Rauhfußbussard sehr nahe stehend. In gewissen Fällen ähnelt sich auch das Gefieder. Der Rauhfußbussard hat jedoch immer eine breite Schwanzendbinde. Beide werden jedoch nur ausnahmsweise im selben Gebiet vorkommen. Der Falkenbussard gleicht in der Zeichnung störend dem Adlerbussard. Er ist jedoch deutlich kleiner und hält beim Kreisflug die Flügel nicht so hoch. Wie der Name Adlerbussard andeutet, erinnert er auch im hohen Maße an einen Adler, u.a. mit seinen verhältnismäßig langen Flügeln. Sieht man Falken- und Adlerbussard zusammen, gibt es deshalb keine großen Probleme.
Daß der Bauch des Adlerbussards im Verhältnis zu den umgebenden hellen Partien dunkel ist, ist normalerweise ein gutes Kennzeichen. Die meisten ad. Adlerbussarde haben unterseits gleichfarbige Körper und Flügeldecken, in Verbindung mit sehr hellen Handschwingen, die am Ende breit schwarz gefärbt sind. Junge Falkenbussarde können sehr hell sein, aber weder diese noch ad. haben den dunklen Bauchschild. Dieser ist zwar bei den jungen Adlerbussarden nicht besonders ausgeprägt, aber der Gesamtkontrast ist auch bei diesen charakteristisch für Adlerbussarde.
Der Falkenbussard kann durchaus unterseits dunkel sein, aber in der Regel sieht man das Dunkel auf der Brust, also höher als beim Adlerbussard.
Normalerweise ist der Kopf des Adlerbussards auch heller und die Oberseite ist kontrastreicher zwischen Schwingen- und Deckfedern. Der helle Schwanz des Falkenbussards ist im übrigen mit mehreren schwach gezeichneten Querbinden besetzt, während der des ad. Adlerbussards ganz hell ist.

Adlerbussard (Sp. 126–148 cm)

Wespenbussard

(Pernis apivorus)

Gesamteindruck Ein mittelgroßer, recht breitflügeliger und langschwänziger Greifvogel von der Größe eines Mäusebussards.

Proportionen Im Vergleich zum Mäusebussard mit schlankem Hals und einem kleinen, taubenartigen Kopf (z. B. C1), der weit über den Flügelrand hervorragt, einen langen Schwanz – gleichlang der größten Flügelbreite oder länger –, im zusammengefalteten Zustand konvex eingebuchtet und oft abgerundet. Der ad. ist schmalflügeliger als der Mäusebussard: Folge eines kleineren Arms. Im Gegensatz dazu ist die Hand voller. Die Spannweite ist ein bißchen größer als beim Mäusebussard.

Gefieder Es variiert so sehr, daß es nicht immer als Artkennzeichen verwendet werden kann. Charakteristische Vögel (B, C, D und E) können jedoch anhand der markanten Zeichnungen der Unterflügel samt dem verwaschenen Muster der Unterseite des Körpers bestimmt werden (C2). Die Variation verläuft von hell (A) bis zu sehr dunkel (F). Besonders die Unterseite variiert stark (Zeichnung und Farbe des Kopfes, des Körpers und der Flügeldekken). Wie man jedoch auf den Abb. A bis F sehen kann, ist das Aussehen der Schwungfedern im großen ganzen bei den ad. gleich, unabhängig davon, ob es nun dunkle oder helle Vögel sind: recht hell, mit einem sehr markanten, schwarzen Flügelhinterrand (F3) und in der Regel mit zwei schmalen Binden weiter einwärts auf dem Flügel. Einen festen Anhaltspunkt haben wir auch in der Querbinde des Schwanzes (B4).
Die Oberseite wird oft einfarbig dunkel gesehen (G).

Geschlechtsunterschiede ♂ schiefergrauer Kopf. ♀ in der Regel dunkelbrauner Kopf, gelegentlich auch überwiegend grau wie beim ♂. Kann nur bei guten Beobachtungsbedingungen gesehen werden.

Jungvögel Unterscheiden sich in den Proportionen oft dadurch, daß sie mehr mäusebussardähnlich sind. So ist der Arm häufig breiter, die Hand schmaler als beim ad. und die Spannweite kleiner. Im Gefieder weichen sie in mehreren zentralen Punkten von den ad. ab. Wesentlich ist, daß die Armschwingen »gedämpft« (grau bis grauschwarz) wirken und quergebändert sind (J5), und zwar unabhängig davon, ob es sich um helle oder dunkle Vögel handelt. Juv. ohne dieses Kennzeichen können jedoch vorkommen. Überdies fehlt den juv. der markante dunkle Flügelhinterrand, der für die ad. so charakteristisch ist. Weniger deutlich sichtbar ist, daß juv. mehrere, meistens 4, nicht besonders auffällige Schwanzbinden haben (L6). Der Schwanz hat auch oft eine schmale Einkerbung. Der Hinterrand des Flügels ist S-förmig. Einen Flügel mit diesem Aussehen kann man aber auch bei ad. sehen. Darüber hinaus sind die Flügelspitzen deutlich ausgedehnter dunkel als bei ad. So wie bei den ad. findet man auch bei juv. verschiedene Gefiedertypen – von dunkel bis sehr hell. Während die dunkelste Form (ca. 20%) auf der Unterseite (Kopf, Körper und Flügeldecken) schwarzbraun ist, tritt die häufigste (ca. 60%) mit einer typischen rotbraunen Farbe unterseits auf – ein gutes Feldkennzeichen im Vergleich zu Mäusebussarden (doch nicht zu deren östlichen Rassen). Charakteristisch für einen großen Teil der juv. (der häufigen Form plus dem überwiegenden Teil der hellen) ist, daß die Brust längsgestreift ist (N).
Juv. haben oberseits bei den großen Deckfedern leicht hellere Spitzen (O). Vögel mit hellem Kopf sind anscheinend oft juv. Besonders bei den sehr hellen Individuen bemerkt man eine schwarze Zeichnung am Auge. Man sagt, der Vogel trage eine Brille. Im Mitlicht und aus der Nähe sieht man auch deutlich, daß der juv., wie beim Mäusebussard, eine gelbe Wachshaut hat. Die Wachshaut der ad. ist blaugrau. Mit ca. 2 Jahren ist der Wespenbussard ausgefärbt.

Flugbild Die Flügelschläge sind im Vergleich zum Mäusebussard tiefer und elastischer – also stark abweichend. Im Kreisflug werden die Flügel gerade vom Körper abgespreizt, im Gegensatz zum Mäusebussard, der seine vornüber hält mit dem Ergebnis, daß die Vorderkante eine krumme Linie bildet. Im Kreisflug tritt der Flügelhinterrand des Wespenbussards mit

Wespenbussard I - adult (Sp. 135–150 cm)

Wespenbussard, ad.

weniger deutlicher S-Linie aufgrund der volleren Hand hervor als beim Mäusebussard. Die Flügel werden beim Kreisflug eben gehalten (H) – im Gleitflug gewölbter (I) mit fast »hängender« Hand. Im langsamen Gleitflug bildet die Hinterkante des Armes fast eine gerade Linie (F), ein Kennzeichen, welches man nur bei ad. Wespenbussarden sieht. Die des Mäusebussards ist gebogen.

Verwechslungsmöglichkeiten Siehe bei Mäusebussard (S. 286). Helle Wespenbussarde können mit Rauhfußbussarden verwechselt werden, aber sie haben nie dessen markante Halszeichnung. Helle Exemplare von Mäuse- und Wespenbussarden erinnern an die helle Phase des Zwergadlers. Doch haben sie nie dessen schwarze Schwingen. Gegenüber dunklen Vögeln von Mäuse- und Wespenbussard sind die dunklen Schwungfedern des Zwergadlers gleichfalls ein entscheidendes Kennzeichen (dunkle Phase). Die Kombination von dunklen Schwungfedern und 3 hellen innersten Handschwingen wird man niemals bei Bussarden sehen, welche immer größere und kleinere Partien Weiß auf den Handschwingen haben. Das Kennzeichen auf den innersten Handschwingen ist jedoch nicht auffallend und wird nur bemerkt, wenn man daran denkt. Wenn man die Farben nicht sehen kann, dann sind die scharfen Schwanzecken des Zwergadlers ein gutes Kennzeichen. Darüber hinaus kann gesagt werden, daß der Zwergadler beim strikten Kreisflug die Flügel gerade gestreckt hält. Die Oberseite des Zwergadlers ist völlig anders.

Wespenbussard II – juvenil

J

K

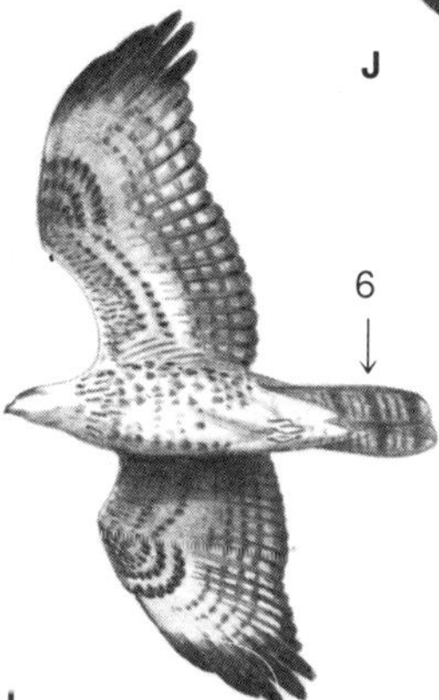

L

M

N

O

Steinadler
(Aquila chrysaëtos)

Gesamteindruck Ein sehr großer Adler, dessen wohlproportionierte Silhouette, sein leichter und unbeschwerter Flug dazu führen kann, ihn zu unterschätzen.

Proportionen Kleiner als Seeadler, aber größer als Kaiser- und Steppenadler, mit sehr langen und breiten Flügeln. Im Gegensatz zu denen des Kaiseradlers sind diese nicht rechteckig, sondern mit deutlicher S-Kurve. Der Kopf ist mächtig und sehr vorgestreckt, der Schwanz ist voll und lang, etwa wie Flügelbreite.

Gefieder Der erwachsene Vogel wirkt auf Abstand (ca. 500 m) einfarbig dunkel. Aus der Nähe sieht man sogleich, daß die Schwungfedern unterseits an der Basis hellere Querbinden haben. Das gleiche gilt für die Schwanzfedern ober- (E1) wie unterseits (A1). Gelegentlich sieht man jedoch Vögel mit einfarbigem, dunklem Schwanz. Auf der Oberseite sieht man auf den Flügeldecken ein helles Feld (E2). In allen Kleidern sind Nacken und Scheitel hell, variierend zwischen gelb und hellbraun (E3).

Jungvögel Sind nur bei besonders guten Beobachtungsmöglichkeiten leicht zu bestimmen. Kennzeichnend ist ein großes weißes Feld an der Basis der Schwungfedern ober- wie unterseits (C4). Es variiert etwas in seiner Größe. Charakteristisch ist ferner ein weißer Schwanz mit einer markanten dunklen Endbinde (C5). Die Felder auf der Oberseite können in seltenen Fällen fehlen. Beim Heranwachsen werden die weißen Felder kleiner (D). Der Vogel legt das Alterskleid mit 5–6 Jahren an.

Flugbild Der leichte und unbeschwerte Flug mit tiefen, kraftvollen Flügelschlägen und voller Beherrschung selbst bei kräftigem Wind, führt oft zur Unterschätzung der Größe des Vogels. Beim Kreisflug werden die Flügel leicht angehoben gehalten (F) und ein bißchen nach vorne gepreßt, so daß die Vorderkante eine gebogene Linie bildet (A). Beim langsamen Gleitflug werden die Flügel auch wie ein großes V gehalten, bei größerer Fahrt jedoch stets flacher (G).

Verwechslungsmöglichkeiten Jungvögel können aufgrund der Schwanzzeichnung bei schlechten Beobachtungsverhältnissen mit Rauhfußbussard verwechselt werden. Der Größenunterschied ist jedoch beträchtlich. In Skandinavien und Norddeutschland ist eine Verwechslung mit dem Seeadler am naheliegendsten, aber über die Proportions- und Kleiderunterschiede hinaus gibt es recht entscheidende Ungleichheiten in der Flugweise. Während der Steinadler ausgesprochen elegant in der Luft wirkt, ist der Seeadler ein schwerer und etwas plumper Vogel mit steifen Flügelbewegungen. Der Steinadler gebraucht weiche, tiefe Flügelschläge. Darüber hinaus hält der Seeadler beim Kreisflug seine Flügel gerade oder ein bißchen angehoben – gar nicht wie das offene V des Steinadlers.
Eine Verwechslung kann auch mit dem Steppenadler geschehen, da bei beiden Arten die ad. dunkel sind. Proportionsmäßig ist der Steppenadler kleiner, hat rechteckigere Flügel, sein Kopf ragt nicht so weit hervor, und der Schwanz, der oft keilförmig ist, ist kürzer. In den Kleidern hat der Steinadler einen deutlich hellen Nacken und Scheitel sowie ein helles Feld auf den mittleren Oberflügeldecken und einen zweifarbigen Schwanz; die Schwungfedern sind unterseits nur an der Basis heller – im Unterschied zu den gräulichen, deutlich quergebänderten des Steppenadlers, bei denen nur der Hinterrand dunkel ist. Während der Steinadler unterseits auf Abstand einfarbig dunkel zu sein scheint, wird der Steppenadler selbst auf weiten Abstand so aussehen, als ob der Körper dunkel ist im Kontrast zu den etwas grauen Unterflügeln mit schwarzen Spitzen. Normalerweise besitzt der Steppenadler helle Felder auf der Hand der Oberseite. Diese können jedoch ersetzt sein von einer schwächeren Markierung: hellen Schäften der Handschwingen.
Im Flug gilt ferner der Unterschied, daß der Steinadler mit leicht angehobenen Flügeln kreist, während der Steppenadler seine gerade gestreckt hält, u. U. schwach hängend, wie man es bei Schrei- und Schelladler sieht.
Zur möglichen Verwechslung mit dem Kaiseradler: siehe dort (S. 300).

Steinadler (Sp. 204–220 cm)

Kaiseradler

(Aquila heliaca)

Gesamteindruck Ein großer Adler. Je nach Alter in sehr unterschiedlichen Kleidern.

Proportionen Verhältnismäßig lange, breite Flügel. Im Gegensatz zum Steinadler haben diese fast parallele Vorder- und Hinterränder (A und I). Dies gilt nicht für juv. Der sehr kräftige Kopf ragt weit über den Flügelvorderrand. Der Schwanz ist fast so lang wie die Flügel breit und recht voll.

Gefieder Ad. sind sehr dunkel (schwarzbraun). Im scharfen Kontrast dazu steht die hellgelbliche Oberseite von Kopf und Nacken (I1), die hellen Schulterfedern (I2) und die grauweiße Aftergegend (A3). Der Schwanz ist gräulich mit dunkleren Querbinden und einer breiten, dunklen Endbinde - ein Kennzeichen, das zusammen mit dem hellen Bürzel den Eindruck eines »zweifarbigen« Schwanzes ergibt. Das gleiche Kennzeichen sieht man ober- wie unterseits, doch ist es unterseits am deutlichsten und schon auf weiten Abstand sichtbar (A4). In gutem Licht zeigt die Art unterseits einen Kontrast wie ein Schelladler, also sehr dunkle Flügeldecken gegenüber helleren, grauen Schwungfedern.

Rassen Die ad. der spanischen Rasse (I) haben eine sehr ausgeprägte helle obere Arm-Vorderkante (die kleinen Deckfedern).

Jungvögel Weichen im 1. Kleid (juv.) stark von den ad. ab. Im Gesamteindruck ein sehr heller Vogel, mit hell-gelbbraunen Federn auf dem Kopf sowie dem größten Teil des Körpers samt kleinen und mittleren Flügeldecken ober- und unterseits (E5 und L5). Brust und Oberbauch besitzen eine mehr oder weniger ausgeprägte dichte, dunkelbraune Längsstreifung. Auf Entfernung nimmt man diese als ein dunkles Brustband wahr. Die großen Flügeldecken und Flügelfedern der Unterseite sind dunkel mit hellem Spitzenbesatz. Diesen sieht man als schmales, weißliches Band in der Mitte des Flügels und als ein breiteres auf dessen Hinterrand. Eine entsprechende Binde findet man als Außenkante des dunklen Schwanzes. Diese weißen Endbinden sieht man nicht auf Entfernung, und die Jungvögel können dadurch schlanker wirken als sie eigentlich sind.
Ein all-entscheidendes Kennzeichen sieht man auf den innersten drei Handschwingen. Sie sind einfarbig silbergrau (F6).
Unter Umständen erstreckt es sich von den kleinen Handdecken aus einwärts als etwas hellere Partie, was den Gedanken an juv. Steppenadler aufkommen lassen kann. Dieses Feld ist jedoch andersartig plaziert und nicht annähernd so augenfällig wie das scharf gezeichnete Flügelband des Steppenadlers. Die Kontraste der Oberseite entsprechen denen der Unterseite. Doch haben die mittleren und großen Flügeldecken helle Spitzen, und dadurch entstehen zwei helle Flügelbinden (L7). Im ganz frischen Kleid können diese sehr breit sein, nahezu ineinanderfließend. Der hintere Rücken und der Bürzel bilden eine große weißliche Fläche (L8). Das helle Flügelfeld, das aus den drei hellen Handschwingen gebildet wird, sieht man auch oberseits deutlich (L6).
Etwa mit 3 Jahren erreicht der Vogel das nächste Kleid (imm.). Die Mauser geht jedoch laufend vor sich, so daß eine Unzahl Übergangskleider vorkommt, von denen einige sehr scheckig sind. Die Kehle, die Oberbrust und die kleinen Flügeldecken werden zuerst gewechselt. Später werden die übrigen Körperfedern und die Flügeldekken ausgewechselt, so daß das Kleid schrittweise dunkler wird. Die juv.-Kennzeichen werden am längsten auf den mittleren Flügeldekken und auf dem Hinterrükken bewahrt. Die helle Binde auf der Flügeloberseite kann vorkommen, obgleich in abgeschwächter Form. Scheint mit 5 Jahren ausgefärbt zu sein.

Flugweise Ein eleganter Vogel, doch kaum so elegant wie der Steinadler. Besonders ad. kann schlank und elegant wirken. Die Flügelschläge sind stark und gut ausgeführt. Im Kreisflug werden die Flügel gerade gehalten (G) oder in bestimmten Fällen schwach angehoben und in einem rechten Winkel weg vom Körper - demnach nicht vorgepreßt wie beim Steinadler. Im schnellen Gleitflug wird gern eine Flügelstellung mit hängender Hand angewendet (H).

Kaiseradler I (Sp. 190–210 cm)

Verwechslungsmöglichkeiten Für ad. ist sie in Europa mit dem Steinadler am naheliegendsten. Ad. Kaiseradler haben aber etwas schmalere Flügel mit parallelen Vorder- und Hinderrändern, so daß sie mehr rechtwinklig wirken. Der Flügel hat somit nicht die S-Krümmung der Hinterkante wie beim Steinadler. Aber die beiden Arten können sich unglaublich ähneln. Der Schwanz des Kaiseradlers ist jedoch knapp so lang und füllig. Bei den Kleiderunterschieden ist wesentlich, daß der Steinadler eine helle Stelle (goldbraun) auf den Oberflügeldecken hat, und daß der Schwanz des Kaiseradlers von unten gesehen deutlich zweifarbig ist. Dieser Eindruck wird verstärkt durch helle Unterschwanzdecken und Bauchpartie. Der alte Steinadler hat zwar auch einen zweifarbigen Schwanz, aber das sieht man nur unter wirklich guten Beobachtungsumständen. Der helle Oberkopf und die hellen Schulterfedern des Kaiseradlers sind markant, aber helle Schulterfedern kann man auch beim Steinadler sehen, selbst wenn sie weniger ausgeprägt vorkommen. Im Gesamteindruck sind somit beide Arten recht gleich. Verwechslung mit Steppen-, Schell- und Schreiadler siehe dort.

Steppenadler
(Aquila nipalensis)

Gesamteindruck Ein großer, kräftiger und breitflügeliger Adler mit Proportionen und Flugweise, die an Schrei- und Schelladler erinnern.

Proportionen Wie beim Kaiseradler haben die Flügel auch beim Steppenadler parallele Vorder- und Hinterränder. Der Kopf ist kaum so groß, aber auffallend vorgestreckt, der Schnabel ist kleiner. Der Schwanz ist von unterschiedlicher Länge und Form, in der Regel etwas kürzer als der des Kaiseradlers und oft mit der Tendenz zur Keilform. In den Proportionen ähnelt er somit einem Schelladler kräftigster Art, aber im Vergleich zu den Schell- und Schreiadlern sind die Flügel länger, besonders die Hand. Der Kopf ist vorgestreckter und weniger plump und der Schnabel deutlich größer. Ganz junge Steppen- und Kaiseradler gleichen sich proportionsmäßig mehr.

Gefieder Der ad. zeigt auf Abstand einen charakteristischen Kontrast unterseits: den einfarbigen, dunklen Körper mit gräulichen Unterflügeln, bei denen nur die Spitzen dunkel sind. Näher heran sieht man, daß die kleinen und mittleren Flügeldecken (im unterschiedlichen Grad) auch dunkel sind, und die Schwungfedern gräulich mit einer sehr typischen dunklen Querbänderung (A1). Die Schwanzoberseite wirkt einfarbig dunkel-schwarzbraun. Schwungfedern und Schwanz sind in Wirklichkeit quergebändert. In der Regel kommt auch eine ausgeprägte helle Stelle auf den innersten Handschwingen (K2) vor sowie in ca. 75% der Fälle ein heller Fleck auf dem Rücken (K3). Darüber hinaus ist der Bürzel etwas heller, ebenso Nacken (K4) und Kehle.

Jungvögel Die ganz Jungen (juv.) haben wie die juv. Kaiseradler oft eine etwas ausgebeulte Flügelhinterkante wie eine S-Kurve. Im Vergleich zum ad. scheint der Schwanz oft etwas länger. In vielen Fällen wirkt er daher wohlproportionierter als der ad. Das Gefieder ist eindeutig heller als das der ad. Kopf, Körper und die kleinen und mittleren Flügeldecken sind so goldbraun (J5 und M5). In Kontrast dazu sind Schwung- und Schwanzfedern sehr dunkel, doch mit hellen Spitzen, so daß eine helle Hinterkante entsteht, die jedoch gegen einen blauen Himmel schwer zu erkennen ist. Entscheidend sind die weißen, großen Flügeldecken, welche auf der Unterseite der Flügel eine kräftige Binde im starken Kontrast zum übrigen Federkleid bilden (J6). Die drei innersten Handschwingen sind ein wenig heller als die übrigen, und eine dichte Querbänderung ist auch auf ihnen wahrzunehmen.
Die Kontraste der Oberseite entsprechen denen der Unterseite. Abgesehen von den weißen Oberschwanzdecken (M7), den dunklen großen Flügeldecken mit hellen Spitzen, die dadurch ein schmales helles Band auf dem Übergang zwischen Flügeldecken und Schwungfedern bilden, und einer Aufhellung auf dem basalen Teil der Handschwingen.
Die Aufhellung auf den innersten Handschwingen sieht man etwas deutlicher als auf der Unterseite, aber

Kaiseradler II

Steppenadler I (Sp. 174–260 cm)

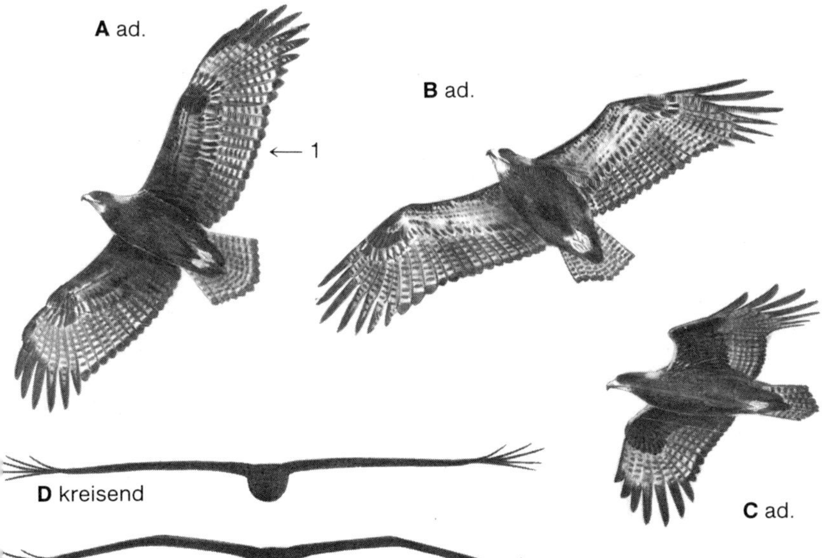

diese sind nicht hell silbergrau wie beim Kaiseradler (M8). In seltenen Fällen hat der junge Steppenadler einen ganz hellen Hinterrükken wie der Kaiseradler. Erst beim 2. Kleiderwechsel beginnt der Vogel das ad.-Kleid anzulegen. Kopf, Hals, Brust und Bauch werden schrittweise dunkler. Das gleiche gilt für die kleinen und mittleren Flügeldecken sowie den Rücken. Da es eine große individuelle Variation im Mauserverhalten gibt, kommen unendlich viele Übergangskleider vor (F, G, H und I).
Die meisten Steppenadler bewahren jedoch im Übergangskleid die deutliche Flügelbinde auf der Unterseite, ganz oder teilweise (G, H, I). So können auch Vögel, die fast ausgefärbt sind, fortwährend das helle Feld auf den großen Handdecken aufweisen. Dunkle Vögel können wegen ihrer Ähnlichkeit mit dem Kaiseradler Probleme aufwerfen. In diesem späten Stadium der Entwicklung haben die jungen Steppenadler inzwischen die Proportionen der ad. erreicht, außerdem sind jetzt die quergestreiften Schwungfedern aus der Nähe zu sehen. Die dunkle Flügelhinterkante des Steppenadlers und helle Basis der Handschwingen sind ebenfalls spezifisch. Imm. Kaiseradler haben zudem einen rahmfarbenen Scheitel.

Flugbild Wirkt etwas schwer und steif; fliegt nicht mit einem kräftig ausgeführten Flügelschlag wie der Kaiseradler. Er kreist normalerweise mit ebenen oder mit leicht hängenden Flügeln (D), gerade ausgestreckt vom Körper weg – somit nicht vorgepreßt wie beim Steinadler. Im Gleitflug werden die Flügel im Handgelenk gewinkelt (E), sehr ähnlich dem Schelladler.

Verwechslungsmöglichkeiten Im Vergleich zum ad. Kaiseradler ist der Steppenadler klobiger gebaut, breitflügeliger und kurzschwänziger. Er hat ebenso eine weniger hervortretende Kopfpartie.
Im Gefieder weicht er durch seinen dunklen Kopf ab (evtl. mit etwas hellem Nakken), durch den nicht zweifarbigen Schwanz und daß er gräuliche Schwungfedern mit deutlichen, dunklen Querbinden hat. Dies gibt dem Steppenadler auf Abstand einen typischen Kontrast zwischen dem fast schwarzen Körper und den helleren Unterflügeln. Hier wird der Kaiseradler gleichmäßiger dunkler wirken – selbst abgesehen vom zweifarbigen Schwanz und dem hellen Oberkopf. Bei gutem Licht kann der Kaiseradler oft einen scharfen Kontrast zwischen dem schwarzen Körper, den mittleren und kleinen Flügeldecken zum übrigen grauen Unterflügel aufweisen. Die juv. Kaiseradler sind schwieriger vom juv. Steppenadler zu unterscheiden, u. a. deshalb, weil die Unterschiede in den Proportionen bei ihnen nicht so deutlich sind. Normalerweise jedoch gibt es entscheidende Unterschiede im Gefieder. Der Kaiseradler ist durchgehend heller gelbbraun. Am charakteristischen sind die weißen, großen Flügeldeckfedern auf der Unterseite. Diese ziehen sich als ein weißes Band unter dem Flügel hin. Dieses Band ist fast in allen Jungvogelkleidern sichtbar, ganz oder teilweise. Hier besitzt der Kaiseradler nur ein schmales Band, das in den meisten Fällen schwer zu sehen ist.
Ein anderer entscheidender Unterschied ist das Muster auf den drei innersten Handschwingen. Das Silbergrau des Kaiseradlers bildet hier einen hellen Keil, während die des Steppenadlers bloß wenig heller sind und dazu quergebändert und höchstens wie ein helles, durchschimmerndes Feld wirken. Typisch für den Kaiseradler ist auch, daß die Brust kräftig längsgestreift ist – was sich auf Entfernung wie ein Brustband ausnimmt. Der mausernde Steppenadler kann ähnlich aussehen, hat aber auch die Kehle dunkel.
Die Oberseite beider Arten ist ähnlicher, ausgenommen die hellen inneren Handschwingen und die helle Partie auf Hinterrücken und Bürzel. Hier sind beim Steppenadler nur die Oberschwanzdecken weiß, aber in seltenen Fällen kann bei ihm auch ein heller Hinterrücken vorkommen. Bei Übergangskleidern kann es schwierig sein, beide zu unterscheiden, da beide recht buntscheckig auftreten können. Beim Kaiseradler wird in der Regel das charakteristische Handschwingenfenster vorhanden sein. Der Steppenadler hat in den meisten Fällen jedenfalls unterseits Teile des Flügelbandes bewahrt. Sind dann die Schwungfedern noch nicht gemausert, zu den typisch gräulichen, quergebänderten des ad., kann das Kleid dem eines ad. oder fast ad. Kaiseradlers ähneln. Steppenadler in solch einem Kleid ermangeln jedoch des hellen Scheitels und Nackens des Kaiseradlers und des zweifarbigen Schwanzes. Verwechslungen mit Stein-, Schrei- und Schelladler siehe dort.

Steppenadler II

F imm. (ca. 4. K.)

G imm. (ca. 3. K.)

H imm. (2.–3. K.)

I imm. (2.–3. K.)

J juv.

K ad.

L imm. (3.–4. K.)

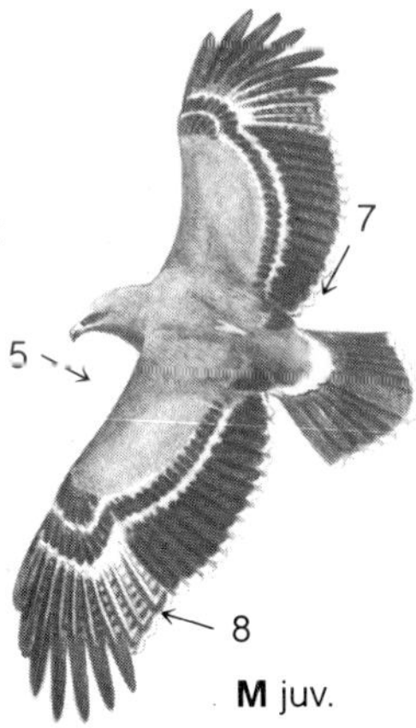

M juv.

Raubadler

(Aquila rapax)

Gesamteindruck und Proportionen Sehr ähnlich Steppenadler, im Gefieder oft wie juv. Kaiseradler.

Gefieder Nicht voll erforscht. Gewaltig variierend. Das einzige gemeinsame Kennzeichen scheint ein helles Feld auf der Hand zu sein, mit oder ohne Querbänderung, dabei stark variierend (B1, C1, D1, E1). Kann (bei den dunkelsten Vögeln?) eingeschränkt auf eine Andeutung auf den 3 innersten Handschwingen sein. Ferner ist ein heller Hinterrücken sehr häufig (C2, D2, E2). Nordafrikanische Tiere *(belisarius)* scheinen oft hell-gelblich zu sein. Das Gefieder bleicht unter der Sonne (besonders bei hellen Vögeln?) stark aus – in juv.-Kleidern (D) von rotbraun im 1. Lebensjahr zu weißlicher Cremefarbe (E). Neue, nicht ausgebleichte Federn sind deutlich anders gefärbt, oft menningrot (E3).
Variiert nicht nur in helle und dunkle Typen. Kann bisweilen unterseits ganz dunkel und ohne hellen Hinterrükken sein. Man bemerke auch, daß die Querbänderung anders als die der übrigen *Aquila*-Arten ist. Auch kann z. B. die Intensität des Weiß auf dem Hinterrücken unabhängig vom Alter des Vogels variieren.

Flugbild Sehr ähnlich Steppenadler.

Verwechslungsmöglichkeiten Helle Vögel am nächsten zu juv. Kaiseradlern. Kann diesen so ähneln, daß eine Trennung nicht möglich ist. Oft wird jedoch das helle Feld auf dem Oberflügel des Raubadlers doch kleiner sein. Darüber hinaus neigt der Kaiseradler dazu, seine Flügel beim Kreisflug ein bißchen anzuheben.
Im Vergleich zu juv. und immat. Steppenadlern fehlt dem Raubadler deren helles Band auf dem Unterflügel.
Die Länge des Mundwinkels ist ebenfalls verschieden: Beim Steppenadler erreicht er den »Hinterrand«, beim Raubadler die Mitte des Auges. Der Raubadler hat eine gelbe Iris, der Steppenadler eine dunkelbraune, gelegentlich gelbbraune.
Dunkle Raubadler können verwechselt werden mit Kaiser-, Schrei- und Schelladler.

Kaffernadler

(Aquila verreauxii)

Gesamteindruck Ein dunkler, sehr großer Adler.

Proportionen Hat im Vergleich mit dem Steinadler einen längeren Schwanz und längere Flügel. Die Flügelbasis ist sehr schmal und der Flügelhinterrand bildet eine deutliche S-Kurve.

Gefieder Bei ad. ist die Rückseite schwarz im Kontrast zum Weiß der inneren Handschwingen, der äußersten kleinen Flügeldecken (B1), des Bürzels und Hinterrückens (B2) sowie der zwei weißen Rückenzungen (B3). Diese Zungen können vom weißen Hinterrücken getrennt sein und ein charakteristisches V bilden. Auf der Unterseite sind Körper und Flügeldecken schwarz, im Kontrast zu den grauweißen, quergebänderten Handschwingen (A1) und grauen Armschwingen.

Jungvögel Gesamteindruck braungelb. Bürzel und Hinterrücken weiß mit dunkler Zeichnung, in Kontrast zum Schwanz. Dunkle Zentren auf den oberen Flügeldecken geben ein fleckiges Aussehen. Auf dem Bauch ist der juv. braungelb mit dunklen Längsstreifen. Die Flügeldecken sind heller als bei ad.
Der Kopf ist braungelb oder golden, Nacken und oberster Teil des Rückens rotbraun, die Backen dunkel. Das Erwachsenenkleid wird schrittweise vom 2. bis 5. Jahr erworben. Ein typisches Merkmal der immat.-Kleider sind die hellen Hosen.

Flugbild Leicht und unbeschwert. Aktiven Flug sieht man selten. Benutzt meist Kreisflug mit sehr hochgestellten Flügeln (E).

Verwechslungsmöglichkeiten Der ad. kann mit keiner anderen Art verwechselt werden. Die juv. ähneln dagegen mehreren der juv. anderer großer *Aquila*-Arten. Der juv. Kaffernadler unterscheidet sich vom juv. Kaiseradler u. a. dadurch, daß er nicht dessen helle drei innersten Handschwingen hat, sowie durch die dunkle Vorbrust (kann immat. Kaiseradler auch haben) – vom juv. Steppenadler u. a. durch andere Grundfarbe (der Steppenadler ist meist, aber nicht immer, rotbrauner) sowie durch das Fehlen von dessen markantem weißen Unterflügelband.

Raubadler (Sp. 172–185 cm)

A

B ad.

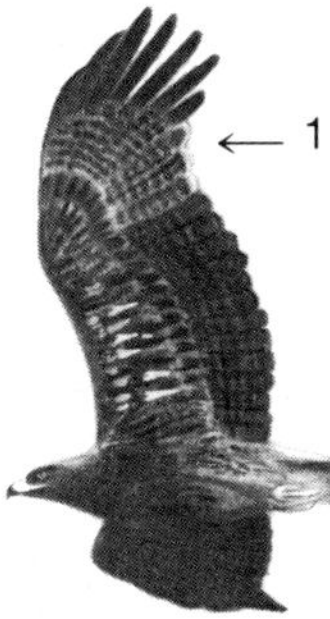

C ad.

D juv.

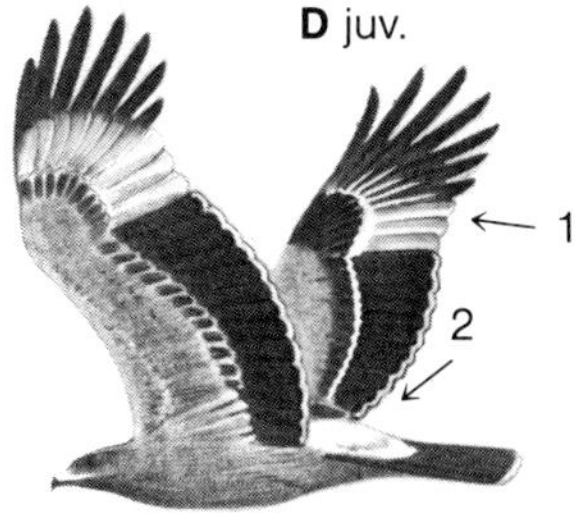

E juv.

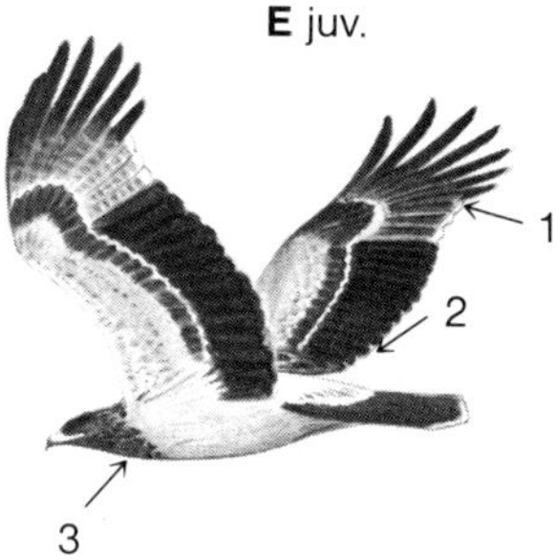

Kaffernadler (Sp. 225–245 cm)

A ad.

B ad.

C juv.

E kreisend

D juv.

Schreiadler

(Aquila pomarina)

Gesamteindruck Ein mittelgroßer bis kleiner Adler. Im Vergleich zum Schelladler ist er ein hellerer, mehr brauner Vogel.

Proportionen Deutlich langflügelig und mit parallel verlaufender Flügelvorder- und hinterkante (am ausgeprägtesten bei den ad.), Kopf bussardartig, Schwanz ⅔–¾ der Flügelbreite. Der Schreiadler ist etwas kleiner als der Schelladler. Im Flügelmaß dreht es sich im Durchschnitt jedoch um nur ca. 4%, und eine bedeutende Überschneidung kommt vor. Die Größe kann daher nicht zur Artbestimmung dienen.

Gefieder Das Kleid der ad. ist so charakteristisch, daß es normalerweise zur Bestimmung genutzt werden kann. Unterseits sind die Flügeldecken heller (warm-rotbraun) (A1) als die dunkleren Schwungfedern (A2). Beim Schelladler ist es umgekehrt! Dies zu sehen bedarf es jedoch guten Lichtes. Ein anderes ausgezeichnetes Kriterium im Vergleich zum Schelladler sind die hellen Flügeldecken oberseits (C3) in Verbindung mit den hellen Flügelflecken, die in allen Altersklassen vorkommen (C4, F4, G4). Sie variieren jedoch und können diffuser sein als in der Zeichnung C (s. u.). Andere Kleidermerkmale (nicht artspezifische) sind die hellen Schwanzdecken auf Ober- und Unterseite.

Jungvögel Wie Zeichnung I zeigt, kann der Unterseiten-Kontrast zwischen Deck- und Schwungfedern geringer sein als bei den ad. Die Oberseite ist ebenfalls dunkler, doch mit den kleinen und mittleren Flügeldecken hell-gelblich oder rotbraun. Normalerweise hat der junge Schreiadler nur eine helle Flügelbinde oberseits (eine weniger deutliche kann noch davor vorkommen). Da juv. Schelladler ebenfalls mit einer Flügelbinde auftreten können, ist dieses Merkmal demnach nicht brauchbar.
In der Regel haben die juv. größere und deutlichere Flügelfelder als die ad. und normalerweise wesentlich deutlichere als beim Schelladler, wo das Helle auf die Federschäfte beschränkt ist. Andere juv.-Kennzeichen sind eine schmale, helle Binde auf der Flügelunterseite, helle Flügelhinterkante und Schwanzendbinde und ein heller Fleck auf dem Rücken. Aus großer Nähe kann man einen hellen Nakkenfleck sehen (artspezifisch), auch nach dem 1. Kleiderwechsel. Mit zunehmendem Alter verschwinden die weißen Flekken auf den Flügeldecken, und die weißen Partien um die Schwanzwurzel werden kleiner. Häufig ist indessen, daß ein heller Fleck auf dem Rücken ständig bleibt. Selbst bei ad. kann er auftreten. Das Alterskleid wird mit 4–5 Jahren erreicht.

Abarten Vgl. auch Schelladler. Selten sieht man unterseits keinen Kontrast zwischen Flügeldecken und Schwungfedern (K). Durch die Zeichnungen A, H, J und K erhält man einen Eindruck der Variation der Unterseiten-Kontraste. Untypische Vögel mit heller Unterseite, hellem Kopf und Hinterrükken kommen ebenfalls vor. Einzelnen, normalerweise ad., fehlt das Helle auf den Oberschwanzdecken. Die seltene »*fulvescens*«-Abart kommt vielleicht auch beim Schreiadler vor.

Flugbild Siehe Schelladler.

Verwechslungsmöglichkeiten Die sicherste Unterscheidung (ad.) zwischen Schrei- und Schelladler bilden die Kontraste auf der Unterseite. Die Flügeldekken des Schelladlers (die kleinen und mittleren) sind dunkler als die Schwungfedern (S. 311, A1, A2), während es beim Schreiadler umgekehrt ist (A1, A2). Nur wenige zeigen nicht diesen Kontrast. Ausgezeichnet ist auch der Kontrast der Oberseite. Der Schreiadler zeigt hier helle Flügeldecken (C3) in Kontrast zu den dunkleren Schwungfedern (C5) und einem deutlich hellen Fleck auf jedem Flügel (C4). Der Schelladler ist normalerweise recht einfarbig dunkel auf der Flügeloberseite, somit ohne nennenswerte Kontraste, aber doch in der Regel mit einigen schwachen, hellen Markierungen in Form einiger heller Schäfte einer bestimmten Zahl von Handschwingen (S. 311, C4).
Junge Schelladler können jedoch neckisch sein. Auf Abstand können die hellen Flecken auf den Deckfedern nicht immer unterschieden werden, sondern geben den Eindruck, daß die Flügeldecken hell sind. Gleichzeitig können die hellen

Schreiadler I (Sp. 134–159 cm)

Schaftstreifen sich auf Abstand als helles Flügelfeld zeigen. Eine Fehlbestimmung ist somit naheliegend, da dies typische Merkmale für den Schreiadler sind. Wie beim Schelladler sind Silhouette, Flügelhaltung und Flugbild nur seltenst haltbare Artkennzeichen. Die Proportionen können einen Fingerzeig geben, nicht mehr. Es sind somit nur einige Schelladler, die so breitflügelig und kurzschwänzig (A) sind, daß Entsprechendes nicht auch beim Schreiadler gesehen werden könnte. So wie es auch nur die allergrößten Schelladler sind, die so schwer und klotzig fliegen, daß dies die Artbestimmung ermöglicht. Will man vom Gesamteindruck her urteilen, gibt es bessere Kriterien: Der Schelladler ist normalerweise ein sehr dunkler, fast schwarzer Vogel – der Schreiadler ist deutlich heller und wirkt auf Distanz in gutem Licht hellbraun.
Im Verhältnis zu Stein-, Kaiser-, Steppen- und Seeadler kommen hier und da Verwechslungen mit Schreiadler und Schelladler vor. Diese 4 haben aber einen so ausgeprägt vorgestreckten Kopf, daß im allgemeinen keine Probleme auftauchen dürften – auch deren bedeutende Größe (Steppen- und Seeadler inbegriffen) sind zu berücksichtigen.

Schelladler

(Aquila clanga)

Gesamteindruck Mittelgroß, sehr dunkel. Auf Distanz nahezu schwarz.

Proportionen Typischer Adler mit einem klobigeren Kopf als Kaiser- und Steppenadler und fast so langflügelig wie diese. Die ad. sind breitflügelig und zeigen parallel verlaufende Flügelvorder- und hinterkanten – ein Merkmal, das man bei juv. nicht so ausgeprägt sieht. Jedoch besteht von Vogel zu Vogel eine große Variation sowohl in bezug auf die Größe als auch auf die Proportion.
Nur bei ausgeprägt großen Vögeln (♀) ist der Größenunterschied zum Schreiadler so markant, daß erfahrene Beobachter ihn zur Bestimmung verwenden können. Früher sah man die Silhouette als das beste Kriterium an, aber auch das klappt nicht. Der Schelladler hat im Durchschnitt etwas breitere Flügel und der Schwanz wirkt dadurch auch durchschnittlich kürzer. Die Normallänge des Schwanzes beträgt für beide Arten ⅔–¾ der Flügelbreite. Ältere Auffassungen über Kopfform und stärkeres Hervortreten des Kopfes beim Schelladler sind entkräftet. Das gleiche gilt für die Behauptung, daß die Flügelhinterkante beim Schelladler stärker gekrümmt sei. Das ist wie bei Steppen- und Kaiseradler ein typisches juv.-Merkmal.

Gefieder Ad. Schelladler erkennt man am leichtesten am Kleid. Es sind sehr dunkle Vögel. Bei gutem Licht und angemessener Distanz kann man jedoch sehen, daß die schwarzbraunen Unterflügeldecken (A1) dunkler als die gräulichen Schwungfedern (A2), und daß die Unterschwanzdecken grau sind (A6). Die Oberseite ist hingegen fast einfarbig dunkel (C), abgesehen von einer grauen Schwanzwurzel (C3) und einem undeutlichen Flügelfeld, gebildet aus den hellen Schäften der innersten Handschwingen (C4). Diese Merkmale können jedoch fehlen.

Jungvögel Erkennt man vor allem an den weißen Spitzen der Flügeldecken der Oberseite, in der Regel zu einem Flügelband geformt. Treten sie in Mehrzahl auf, wie es Zeichnung K zeigt (also 3–4 Binden), ist die Artbestimmung sicher: Schelladler. Auf Distanz können die vielen Flecken des Schelladlers den Eindruck eines Flügels mit helleren Deckfedern machen (I). Typisch für die Jungvögel sind ferner die weißen Hinterkanten von Flügel und Schwanz, die weißen Schwanzdecken oberseits (sind bei ad. dunkel oder grau), die helleren Schäfte vieler Handschwingen sowie, daß der Körper unterseits nach hinten heller wird (H5).
Mit dem Alter verschwinden die Oberseiten-Flecken und werden oft zu einer einzelnen Binde (F5). Ein weißer Rückenfleck kommt ab und zu beim Übergang zum Erwachsenenkleid vor (imm.), wie auch helle Schwanzdecken in den meisten Fällen ständig zu sehen sind. Das

Schreiadler II

J juv., helle Phase

K juv., dunkle Phase

M kreisend

L gleitend

Schelladler I (Sp. 155–182 cm)

A ad.

B ad.

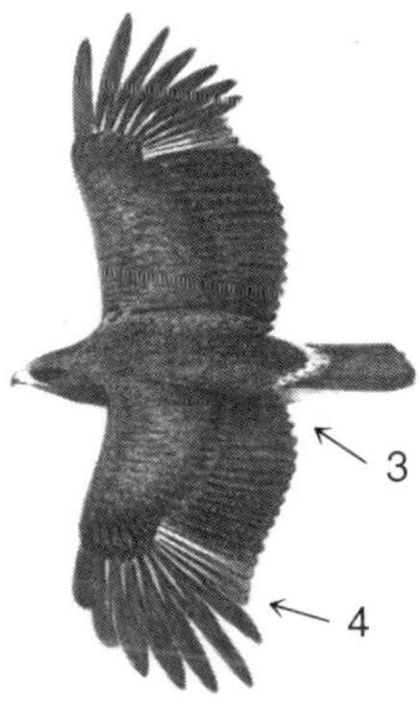

C ad.

D gleitend

Erwachsenenkleid wird anscheinend angelegt, wenn der Vogel 4–5 Jahre alt ist.

Abarten Die dunkle Art kann in Einzelfällen mit einem untypischen hellen Unterkörper auftreten. Es kommen Vögel mit hellem Kopf und hellem hintersten Hinterrücken vor. Ad. ohne helle Unterschwanzdecken (B) und ohne helles Feld auf der Flügeloberseite sieht man auch in Einzelfällen. Desweiteren kommen auch einzelne Vögel ohne Kontrast zwischen Flügeldeck- und Schwungfedern der Unterseite vor (J). Ja, es können so abweichende Vögel beobachtet werden, daß eine Unterscheidung im Felde zwischen Schrei- und Schelladler unmöglich ist. Völlig abweichend sind Vögel mit hellem Kopf, isabellfarbenem Körper und hellen Flügeldecken, bei denen nur Schwungfedern und Schwanz normal gefärbt sind; man nennt sie *»fulvescens«*-Variante (L), da man früher glaubte, es sei eine eigene Art (Prachtadler, *Aquila fulvescens*).

Flugbild Wie Schreiadler, mit schweren und tiefen Flügelschlägen. Oft wirkt der Schelladler schwerer und klobiger als der Schreiadler, aber das gilt nur für die größten Schelladler. Für beide gilt, daß sie besonders beim Gleitflug eine typische Haltung einnehmen: Die Arme werden ganz waagerecht gehalten und die Hand hängt herunter (L und D), oft etwas ausgeprägter beim Schelladler (D). Jedoch ein Artkennzeichen ist dies nicht. Im Kreisflug werden die Flügel bei beiden Arten waagerecht gehalten (S. 311, M).

Verwechslungsmöglichkeiten Siehe Schreiadler.

Schelladler

Schelladler II

Seeadler

(Haliaeetus albicilla)

Gesamteindruck Ein sehr großer und schwerer Adler.

Proportionen Der größte Greifvogel unserer Westpaläarktis, auch größer als Steinadler. Die Flügel sind lang, sehr breit, haben parallel verlaufende Vor- und Hinterkanten und recht volle »Hände«. Der Kopf ist ungewöhnlich weit vorgestreckt, länger als bei irgendeinem anderen europäischen Greifvogel (D1). Er ragt somit genau so weit über den vorderen Flügelrand vor wie der Schwanz über den hinteren (D). Typisch ist auch der sehr große und kräftige Schnabel. Der Schwanz ist im übrigen keilförmig (besonders bei Altvögeln) und recht kurz (A), etwa ½–⅔ der Flügelbreite, länger bei juv. als bei ad.

Gefieder Als ad. mit seinem weißen Schwanz sehr typisch (A2). Darüber hinaus ist die Unterseite dunkel, abgesehen vom Kopf und (im unterschiedlichen Umfang) der Brust, welche beide hell-bräunlich bis gelbbraun sind (A3). Die Oberseite ist heller, mit gelbbraunen Flügeldecken (D4) gegenüber graubraunen bis dunkelbraunen Schwungfedern.

Jungvögel In seinem ersten Kleid (juv.) ist der Seeadler ein sehr dunkler Vogel. Bei guten Beobachtungsverhältnissen sieht man jedoch auf der Unterseite einen hellen Fleck in der Achselhöhle (C5) und eine diffuse, helle Binde auf den Flügeldecken (C6). Auch die Oberseite hat eine diffuse, helle Binde auf den Flügeldecken (F7). Darüber hinaus haben die Schwanzfedern in dem ansonsten dunklen Schwanz helle Schäfte, ausgenommen die mittleren, die ganz dunkel sind (C8). Aufgrund der mehr S-förmigen Flügelhinterkante des Jungvogels mit einer charakteristischen Einbuchtung vor dem Körper wirkt der Schwanz länger. Er ist auch nicht so ausgeprägt keilförmig wie der der Altvögel. Das immature Kleid erkennt man vor allem daran, daß helle Federn im Schwanz erscheinen (B und E), sowie am Hellerwerden der Vorderflügel oberseits. Der einzelne Vogel kann nicht anhand des Aussehens vom Schwanz altersbestimmt werden, dafür ist die individuelle Variation der Mauser zu groß. Das Alterskleid wird mit 4–5 Jahren angelegt, aber selbst dann können in der Schwanzmitte noch bräunliche Federn auftreten.

Flugbild Im Flug deutlich ein großer, schwarzer Vogel mit langsamen, steifen und nicht besonders tiefen Flügelbewegungen. Im Kreisflug werden die Flügel waagerecht gehalten (G) oder evtl. ganz schwach angehoben und rechtwinklig vom Körper weggestreckt. Der Gleitflug wird entweder mit waagerecht gehaltenen Flügeln oder mit einer leichten Abwärts-Winkelung im Handgelenk ausgeführt (H).

Verwechslungsmöglichkeiten Siehe auch unter Steinadler. Bei schlechter Sicht kann der Seeadler mit einer Reihe großer Greifvögel verwechselt werden, aber keiner von ihnen hat Kopf und Schwanz gleich lang hervorragend wie der Seeadler. Dieses Kennzeichen ist besonders gut bei der Unterscheidung von Gänse- und Mönchsgeier, die beide einen wenig herausragenden Kopf im Flug zeigen. Die anderen großen Adlerarten, Stein-, Kaiser- und Steppenadler, können, wenn das Gefieder verschlissen ist, ebenfalls mit keilförmigem Schwanz auftreten. Diese weisen jedoch in ihren Kleidern angemessene charakteristische Unterschiede zum juv. Seeadler auf, während der ad., dunkle Vogel immer hell auf dem Kopf oder im Nacken ist, wo der junge Seeadler dunkel ist. Die Verwechslung ist am leichtesten mit ad. Steppenadler, aber diese zeigen einen andersartigen Unterseiten-Kontrast. Der erwachsene Seeadler kann mit seinem weißen Schwanz mit keinen anderen Arten in der Westpaläarktis verwechselt werden.

Seeadler (Sp. 200–240 cm)

Bindenseeadler

(Haliaeetus leucoryphus)

Gesamteindruck Ein großer, wohlproportionierter, leicht gebauter Adler.

Proportionen Lange und für einen solch großen Adler recht schmale Flügel mit (ad.) parallel verlaufenden Vorder- und Hinterkanten. Langer Schwanz, kleiner Kopf mit großem Schnabel.

Bindenseeadler, ad.

Gefieder Ad. schwarzbraun mit einer auffallenden weißen Binde im Schwanz (A1), sandfarbenem Kopf und hellem, zimtfarbenem Vorderleib (A2).

Jungvögel Die Oberseite der juv. auf Distanz recht einfarbig braun. Unter guten Beobachtungsbedingungen sieht man u. a., daß die Oberschwanzdecken, die Basis der Handschwingen und die mittleren Flügeldeckfedern ein wenig heller sind. Unterseits ist der Körper heller braun. Auffallend sind hier der helle Fleck auf den 3–6 innersten Handschwingen (D3), die hellen großen Flügeldecken (D4) und helle Stellen auf den innersten Armschwingen (D5). Immature (C) haben eine hellere Unterseite als juv., ein deutlicheres Feld auf den innersten Handschwingen (C3) sowie eine schwach markierte, helle Schwanzbinde (C1).

Flugbild Überraschend leicht und elegant. Benutzt tiefe, gut durchgeführte Flügelschläge. Kreist auf geraden Flügeln (G).

Verwechslungsmöglichkeiten Die Schwanzzeichnung des Altvogels ist so charakteristisch, daß er nicht mit anderen Arten verwechselt werden kann. Die Jungvögel ähneln mehr den anderen großen Adlern. Sie unterscheiden sich von den *Aquila*-Arten durch andersartige Zeichnungen der Unterseite. Man bemerke, daß Kaiser-, Steppen- (Jungvogel) und Raubadler ebenfalls helle innerste Handschwingen besitzen. Beim Bindenseeadler haben diese jedoch einen breiten, dunklen Abschluß zum Hinterrand hin.
Man bemerke auch, daß juv. und imm. Bindenseeadler (wie andere junge *Haliaeetus*) ausgesprochen spitze (sägeförmige) Schwung- und Schwanzfedern haben.

Bindenseeadler (Sp. 200–250 cm)

A ad.

B ad.

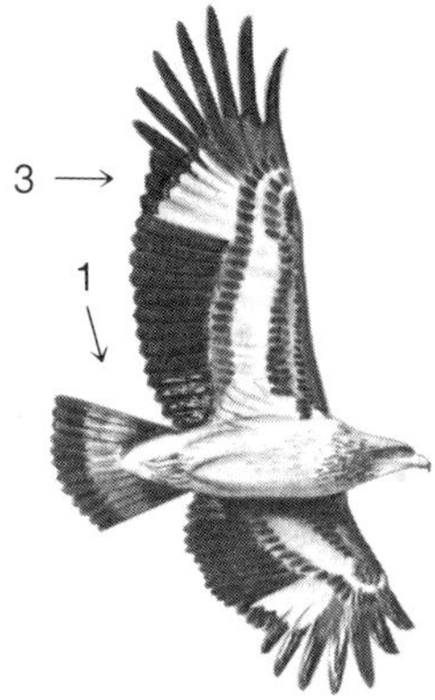

C imm.

D juv.

E ad.

F juv.

G kreisend

Habichtsadler

(Hieraaetus fasciatus)

Gesamteindruck Mittelgroß, etwa wie Schlangenadler - oft mit wespenbussardartiger Erscheinung.

Proportionen Variiert in der Größe: von kleinen ♂, die bloß ein bißchen größer sind als ein Rauhfußbussard, bis zu großen ♀ von der Größe eines Schlangenadlers. Auch in den Proportionen gibt es eine ausgesprochene Variation. Bestimmte Vögel können recht lang- und schlankflügelig sein, aber im allgemeinen sind die Flügel recht breit mit leicht schlankerer Flügelbasis; auch die Hand ist eine Ahnung schlanker und abgerundeter. Im Vergleich zum Zwergadler ist sie voller. Der Kopf ist recht klein, aber deutlich vorgestreckt (B). Der Schwanz ist lang - ein wenig länger als die Flügelbreite.

Gefieder Die ad. können normalerweise nicht verwechselt werden. Der weiße Körper (A2, B2) im Kontrast mit den dunklen Flügeln ist sehr auffällig. Darüber hinaus tritt im unterschiedlichen Ausmaß Weiß längs der Flügelvorderkante auf (A3, B3). Zwischen diesem und den recht hellen Schwungfedern bilden einige sehr dunkle Flügeldekken eine schwarze Binde (A4, B4). Ein schönes Feldkennzeichen sieht man auch auf der Oberseite in Form eines hellen Feldes auf dem Rücken (E5, F5), sichtbar selbst aus 1-2 km. Auch dieses Feld kann stark variieren. Der quergebänderte Schwanz schließt mit einer breiten, schwarzen Endbinde ab.

Jungvögel Die Unterseite eines typischen juv. hat hellrotbraune Deckfedern und abgesetzte dunkle Flügelspitzen (D6). Bei den meisten juv. sind die Spitzen der großen Deckfedern schwärzlich, so daß sie eine schmale Flügelbinde am Übergang von den Schwung- zu den Deckfedern bilden (D7). Sie kann fehlen (G) oder nur auf die Hand beschränkt sein. Der Oberseite fehlt das beim ad. so typische weiße Feld. Während der ganz junge in diesem Kleid sehr typisch ist - kein anderer europäischer Greifvogel zeigt ein solch rotbraunes Gefieder mit dunklen Flügelspitzen, ergeben sich Probleme bei der Bestimmung der Übergangskleider. Das Aussehen kann dann besonders scheckig sein, und es kommen ganz dunkle vor, sowohl bei dieser Altersstufe als auch bei juv. In der Regel zeigen sich nach der Mauser des Jungvogelkleides helle Federn am Körper, und die typische Flügelbinde auf der Unterseite wird normalerweise ausgeprägter. Bereits nach der 1. Mauser kann die äußere Schwanzbinde vorkommen, und nach der 2. (wenn der Vogel etwa 2 Jahre alt ist) kann ein weißer Rückenfleck auftreten. Die Art ist etwa mit 3 Jahren ausgefärbt.

Variationen Ganz dunkle Exemplare kommen bei juv. und bei imm. vor.

Flugbild Der aktive Flug wird mit schnellen und kraftvollen, jedoch nicht besonders tiefen Flügelschlägen ausgeführt. Den Vogel sieht man oft im schnellen Gleitflug, und besonders dann erinnert er an einen Wespenbussard. Der Kreisflug wird mit leicht vornüber gezogenen Flügeln und weit gespreiztem Schwanz ausgeführt (H).

Typisches Verhalten Aggressiv und flink, in seinem Verhalten häufig wie ein Habicht. Am Brutplatz sieht man ihn oft den größten Teil des Tages über der Gegend hin- und hergleiten.

Verwechslungsmöglichkeiten Ad.: keine. Der Zwergadler in heller Phase zeigt vielleicht auch einen hellen Körper, aber bei dieser Art sind alle Unterflügeldecken hell, und die Umstände müssen schon äußerst schlecht sein, wenn eine Verwechslung geschehen sollte. Trotz des großen Größenunterschiedes ist die Verwechslung mit dem Wespenbussard durch eine gewisse Gleichheit in den Proportionen am naheliegendsten. Besonders beim Gleitflug, wo beide Arten mit stark angewinkelten, waagerechten Flügeln auftreten. Der Habichtsadler hat jedoch einen längeren und kantigeren Schwanz, paralleler verlaufende Flügelkanten und eingekerbtere, »adlerartige« Handschwingen. Auch ist der Schnabel deutlich größer. Proportions- und verhaltensmäßig besteht eine Ähnlichkeit mit dem Habicht. Eine Verwechslung kann auch mit der dunklen Phase des Zwergadlers geschehen (vgl. dort).

Habichtsadler (Sp. 150–180 cm)

A ad.

B ad.

C imm.

D juv.

E ad.

F ad.

G juv.

H kreisend

Zwergadler

(Hieraaetus pennatus)

Gesamteindruck Mäusebussardgroß, jedoch mit schlankeren Flügeln und wesentlich längerem Schwanz.

Proportionen Im Vergleich zum Mäusebussard sind die Flügel länger und schmaler, im Kreisflug oft mit nahezu parallel verlaufender Vorder- und Hinterkante der Flügel. Die tief eingeschnittenen Handschwingen geben einen »adlerartigen« Eindruck. Wenn die Handschwingen zusammengehalten werden, können die Flügel spitz wirken. Runder Kopf, fast mäusebussardartig, doch mit kräftigerem Schnabel. Der Schwanz ist lang, etwa so lang wie die größte Flügelbreite, gerade abgeschnitten oder schwach abgerundet und mit scharfen Schwanzecken.

Gefieder Helle Phase (häufig): sehr typisch aufgrund des weißen Bauches (C1) und Unterflügeldecken (C2). Die dunkle Phase ist unterseits fast einfarbig dunkelbraun, doch hat sie ein helles äußeres Feld auf den drei innersten Handschwingen (B3); ein Merkmal, das man bei sämtlichen Zwergadlern unabhängig von der Farbphase sieht, und das auch auf der Oberseite angedeutet ist bzw. vorkommt (E3).
Die Oberseite aller Zwergadler ist einheitlich: helle (bräunliche) Flügeldecken kontrastieren mit den dunklen Schwungfedern (E4) und mit hellen (bräunlich bis weißen) Schwanzdecken (E5). Eine milanartige, breite Flügelbinde (E6) gibt ihr ein besonders buntscheckiges und sehr typisches Aussehen. Von vorn gesehen geben ein paar weiße Flecken auf der Flügelvorderkante ein gutes Kennzeichen ab (F7).

Abarten Vögel einer »Zwischenphase« sieht man ab und zu (D). Die Partien, die bei der hellen Phase weiß sind, sind hier anscheinend immer heller als die dunklen Schwungfedern.

Jungvögel Können nicht immer unterschieden werden. Die helle Phase hat oft einen rotbrauneren Kopf und eine rotbraunere Unterseite mit kräftigeren braunen Streifen. Die dunkle Phase kann im Felde nicht von den ad. unterschieden werden.

Flugbild Hält beim Kreisflug die Flügel ein bißchen vornüber (C) und waagerecht bis leicht gesenkt (F) sowie den Schwanz gespreizt, ihn milanartig in charakteristischer Weise um seine eigene Achse bewegend.
Beim Gleitflug ist die Flügelstellung gewinkelt mit stark vorwärts gerichteten Knöcheln; die Flügelhaltung ist flach bis schwach hängend (G). Der Flügelschlag ist beim aktiven Flug elastisch, schnell, kraftvoll und recht tief – oft folgt auf 4–5 Schläge Gleitflug.

Verwechslungsmöglichkeiten Aufgrund einer gewissen Gleichheit der Proportionen und Farbzeichnung kann die dunkle Phase mit der Rohrweihe verwechselt werden. Doch sieht man die Rohrweihe fast immer – im Gegensatz zum Zwergadler – mit hoch angehobenen Flügeln.
Die dunkle Phase kann auch verwechselt werden mit dem Schwarzmilan. Die verschiedene Schwanzform ist aber ein gutes Unterscheidungsmerkmal. Doch hat der Schwarzmilan auf den Handschwingen in gleicher Weise wie der Zwergadler eine helle Partie.
Habichtsadler können im Übergangskleid sehr dunkel wirken; besonders auf Distanz kann daher die Bestimmung der dunklen Phase schwierig sein. Die beiden Arten können eine verblüffend gleiche Silhouette haben, aber in der Regel ist der Habichtsadler doch größer, hat breitere Flügel mit vollerer und runderer Hand. Der verhältnismäßig kleine, wespenbussardartige Kopf des Habichtsadlers, deutlich vorgestreckt, ist jedoch ein Merkmal, das verwendet werden kann, selbst auf recht große Distanz. Bei genauerem Hinsehen wird man evtl. eine breite, dunkle Flügelbinde auf den Flügeldeckfedern der Unterseite sehen, den rotbraun-gräulich scheckigen Körper sowie die in allen Kleidern beim Habichtsadler etwas helleren Schwungfedern. Kann man die hellen innersten Handschwingen des Zwergadlers sehen, wird die Bestimmung sicher. Die Oberseite des Zwergadlers mit ihrer typischen Zeichnung wird immer ein gutes Feldkennzeichen sein.
Wegen etwaiger Verwechslung mit Mäusebussard und Wespenbussard: siehe unter Wespenbussard (S. 296).

Zwergadler (Sp. 110–132 cm)

A dunkle Phase

B dunkle Phase

C helle Phase

D Zwischenphase

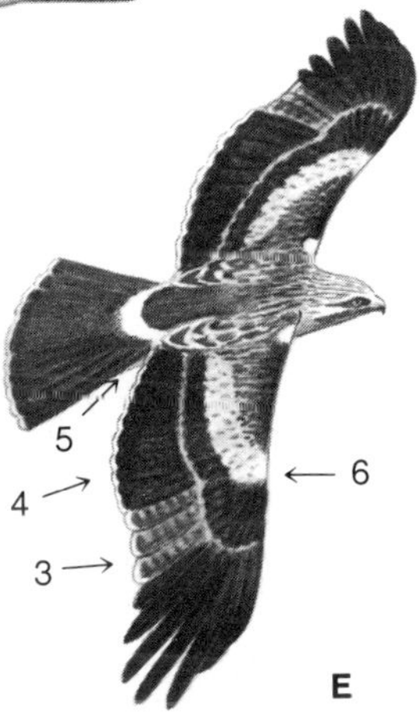

E

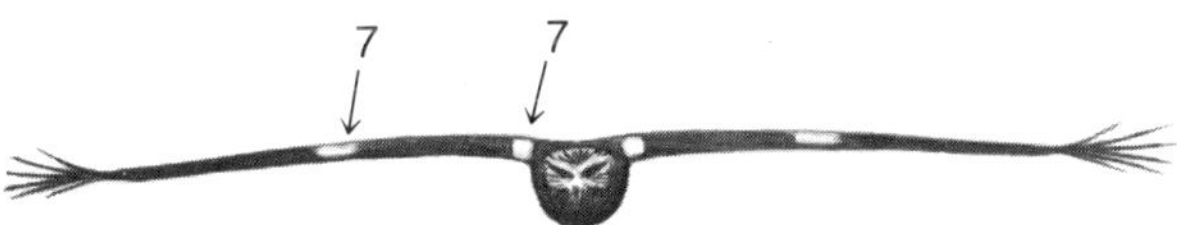

F kreisend

G gleitend

Schlangenadler

(Circaetus gallicus)

Gesamteindruck Ein mittelgroßer Adler, meist mit dunklem Kopf und Vorderbrust (A1) kontrastierend zu einer helleren Unterseite – und dadurch einer der leichtest zu bestimmenden Greifvögel.

Proportionen Etwas größer als ein Fischadler mit langen, breiten Flügeln mit fast parallelen Vorder- und Hinterkanten und einer besonders langen, vollen und runden Hand. Wenn der Vogel nicht gerade mit ausgestreckten Flügeln kreist, treten die Flügelknöchel sehr deutlich hervor – ein Merkmal, das selbst ohne Vergleichsgrundlage sehr stark vom Eindruck eines Bussards abweicht. Der Körper ist kräftig und langgestreckt, der Schwanz so lang wie der Flügel breit ist oder ein wenig kürzer. Der Kopf ist breit, rund und deutlich vorgestreckt.

Gefieder Wie gesagt, haben die meisten Schlangenadler (ad.) eine dunkle Kopfpartie, die mit der hellen Unterseite kontrastiert (A1, B1, C1). Wie aus den Zeichnungen A bis E hervorgeht, variiert die Unterseiten-Zeichnung beträchtlich. Einige Vögel haben eine deutlich kräftigere Markierung als andere (die Extreme sind A und D). So helle Vögel wie in D sind jedoch selten. Wie man sehen kann, ist es auch charakteristisch, daß die einzelnen Flecken Binden auf den Schwungfedern und den Flügeldecken bilden. Auf Distanz werden jedoch die meisten Vögel unterseits grauweiß wirken. Der Schwanz hat mehrere Querbinden, von denen besonders die Endbinde deutlich ist (C2). Man findet sie auch bei hellen Vögeln, aber wie ersichtlich, sind sie nur schwach ausgebildet (E). Die Oberseite hat dunkle (schwarzbraune) Schwungfedern, kontrastierend mit den hellen (hellgrau bis gelbbraunen) Flügeldecken und Rücken (G3), sowie einen deutlich gebänderten Schwanz (F2). Dunklere Vögel kommen auch vor, wie die Zeichnung F zeigt, und man sieht auch Exemplare mit weißem Bürzel und mit einer hellen Flügelbinde. Schließlich stimmen Ober- und Unterseite dahingehend überein, daß ein Vogel mit ausgeprägt heller Oberseite auch eine helle Unterseite besitzt.

Abarten Einige Exemplare haben keinen dunklen Kopf (D und E), im Herbst etwa 10%. Vielleicht handelt es sich dabei um junge Vögel, doch ist die Angelegenheit unerforscht.

Flugbild Kreist mit ein bißchen vornüber gepreßten Flügeln und hält sie entweder flach ausgestreckt oder – im Wind – angehoben (H). Beim aktiven Flug benutzt er einen tiefen, kraftvollen und elastischen Flügelschlag. Charakteristisch ist auch der Gleitflug mit ausgeprägt vorstehenden Flügelknöcheln und rückwärts angewinkelter Hand.

Typisches Verhalten Am Brutplatz rüttelt der Schlangenadler (B), aber nicht so häufig auf dem Zug. Er kann auch auf geraden Flügeln in der Luft stille stehen. Beide Formen sind gute Merkmale zum Bestimmen, da sie bei Greifvögeln gleicher Größe – außer beim Fischadler – nicht vorkommen.

Verwechslungsmöglichkeiten Nicht naheliegend. Der Fischadler ist zwar auch ziemlich weiß unterseits, aber ganz anders gekennzeichnet und proportioniert. Es können helle Mäusebussarde mit dunklem Kopf auftreten, aber auch diese Art ist ganz anders in den Proportionen und fliegt auch in anderer Weise (u. a. mit deutlich angehobenen Flügeln beim Kreisflug). Die Unterseitenzeichnung dunkler Schlangenadler (A) kann an das typische Kleid des Wespenbussards erinnern, aber ermangelt der dunklen Knöchelflecken dieser Art. Der Schlangenadler ist auch wesentlich größer, vergleichsweise langflügeliger und besitzt scharfe Schwanzecken (A2).

Schlangenadler (Sp. 185–195 cm)

Fischadler

(Pandion haliaetus)

Gesamteindruck Ein mittelgroßer Greifvogel mit langen, schmalen Flügeln, die beim Gleitflug angewinkelt sind, wodurch der Vogel – oberflächlich betrachtet – an eine Großmöwe erinnert.

Proportionen Wesentlich größer als Mäusebussard und mit ganz anderen Proportionen. Die Flügel sind, wie bereits erwähnt, sehr lang und schmal, der Schwanz hat mittlere Länge (etwas kürzer als die Flügelbreite), der Kopf ist verhältnismäßig klein, aber auffallend vorgestreckt und der Schnabel ist kräftig.

Gefieder Die Unterseite ist sehr typisch durch den weißen Körper, den weißen Kopf und die weißen kleinen und mittleren Deckfedern (A1). Auffallend sind auch die schwarzen Handknöchel und die schwarzen großen Flügeldecken, die mitten auf dem Flügel eine Binde bilden. Weibchen und Jungvögel haben ein deutliches, dunkles Brustband (A2 und D2). Die Oberseite steht mit ihrer dunkelbraunen Farbe in starkem Kontrast zur Unterseite. Der weiße Kopf (C3) unterbricht als Einziges diesen Eindruck. Ein auch für große Entfernungen gutes Feldkennzeichen bildet auch der dunkle Augenstreif (B4).

Jungvögel Erkennbar an der helleren Farbe der Oberseite und ihrem buntscheckigeren Aussehen aufgrund der hellen Ränder der Flügeldecken und Rükkenfedern (D5). Wie man aus der Zeichnung D ersehen kann, bilden diese u. a. zwei schmale, helle Flügelbinden auf den Flügeldekken. Darüber hinaus sind Scheitel und Nacken dunkler. Die Unterseite unterscheidet sich im Felde nicht von der der Erwachsenen. In einem Alter von rund einem Jahr kann man die Jungvögel nicht mehr von den Altvögeln unterscheiden.

Flugbild Mit seinen langen, schmalen Flügeln, die beim Gleitflug betont angewinkelt sind (F) und mit den weit hervortretenden Flügelknöcheln (C) ist der Vogel im Flug sehr typisch. Sein Aussehen erinnert mehr an eine große Möwe als an das, was wir im allgemeinen mit einem Greifvogel verbinden. Eine weniger möwenartige Haltung kann der Fischadler jedoch ebenfalls beim Gleitflug zeigen (gleich den Milanen). Im Kreisflug werden die Flügel häufig mit schwach hängender Hand gehalten, wie es auch häufig bei Schrei- und Schelladler ist. Beim aktiven Flug sind die Flügelschläge kraftvoll und nicht besonders tief. Typisch sind lange Perioden mit Gleitflug zwischen den einzelnen Serien der Flügelschläge.

Typisches Verhalten Steht über Wasser in der Luft still (rüttelt), wenn ein Fisch erspäht ist oder um eine Beute aufzunehmen. Sturztaucht mit Kopf voraus ins Wasser.

Verwechslungsmöglichkeiten Keine naheliegende. Siehe aber unter Schlangenadler S. 322. Einige Fischadler ziehen unbemerkt davon, da ihr Profil nach vorne und hinten wie erwähnt einer großen Möwe gleicht.

Schmutzgeier

(Neophron percnopterus)

Gesamteindruck Ein mittelgroßer Greifvogel mit einer Spannweite wie der Schreiadler oder wie die größten Exemplare des Rauhfußbussards.

Proportionen Die Zusammensetzung aus langen, recht breiten Flügeln, kleinem Kopf und kurzem Schwanz ist charakteristisch für Geier, von denen der Schmutzgeier eindeutig der kleinste der westpaläarktischen Arten ist. Wichtige Merkmale sind darüber hinaus, daß der Kopf aufgrund des langen, dünnen Schnabels spitz wirkt, daß er recht weit über die Flügelkante herausragt (S. 327, A1), und daß der Schwanz keilförmig (S. 327, A2) und recht kurz (2/3–3/4 der Flügelbreite) ist.

Gefieder Dank seines Gefieders ist der Schmutz-

Fischadler (Sp. 145–170 cm)

geier leicht zu bestimmen. Auf der Unterseite sind Schwanz, Körper und die Flügeldecken weiß (A3) im Kontrast zu den schwarzen Schwungfedern (A4). Die Oberseite ist hiermit nahezu identisch, aber nicht so rein gezeichnet. Die Armschwingen sind überwiegend weiß, die Handschwingen haben deutlich weiße Schaftstriche (D4). Darüber hinaus sind die Flügeldecken an den Knöcheln schwarz und zeigen eine trübe Partie auf den innersten großen und mittleren Flügeldeckfedern. Aus der Nähe scheint die nackte, kräftig gelbe Partie ums Auge durch.

Jungvögel Sind in ihrem 1. Kleid (juv.) unterseits sehr dunkel (C). Die Oberseite ist heller, aber die Schwungfedern sind wie bei den Altvögeln gezeichnet, wenn auch nicht so kontrastreich (F). Die Flügeldeckfedern sind deutlich heller und in ganz frischem Zustand mit einem Paar heller Binden versehen, die jedoch schnell verschleißen. Darüber hinaus sind die Oberschwanzdecken hell (F5).
In den nachfolgenden Mausern wird der Vogel schrittweise heller auf dem Körper, Schwanz und den Flügeldecken. Und wie die Zeichnungen B und E zeigen, ist der junge Vogel in Übergangskleidern sehr bunt. Der Schmutzgeier ist mit gut 4 Jahren ausgefärbt.

Flugbild Man sieht ihn oft mit schwach gewölbten oder waagerecht gehaltenen Flügeln kreisen (G). Im schnellen Gleitflug kann die Hand deutlich unter die Horizontale gesenkt werden. Der aktive Flug wird mit recht langsamen, weichen und tiefen Flügelschlägen ausgeführt.

Verwechslungsmöglichkeiten Keine wirklichen – man sei auf große Distanz jedoch wachsam gegenüber Verwechslung mit dem Weißstorch. Der hellphasige Zwergadler hat zwar die gleiche Farbverteilung auf der Unterseite wie der adulte Schmutzgeier, aber die Unterschiede in der Größe, der Kopfform und des Schwanzes macht die Artbestimmung leicht. Der dunkle Jungvogel kann bei schlechten Beobachtungsverhältnissen mit vielen Arten verwechselt werden, aber der deutlich keilförmige Schwanz und der spitze Geierkopf sind bei angemessener Distanz so markant, daß normalerweise keine Probleme entstehen.

Gänsegeier
(Gyps fulvus)

Gesamteindruck Ein sehr großer Greifvogel. Wesentlich größer als die großen Adler.

Proportionen Lange, sehr breite Flügel mit tief eingeschnittenen Handschwingen, einem kleinen, nur sehr wenig hervortretenden Kopf (S. 329, D2) und einem kurzen Schwanz, ca. ⅓ der Flügelbreite (D2). Über das und seine kolossale Größe hinaus ist es typisch, daß die Flügelkanten eine deutlichere Kurve zeigen, weil die innerste Handschwinge und die Armschwingen nahe am Körper kürzer sind als die übrigen Schwungfedern (S. 329, D3).

Gefieder Sowohl die Ober- als auch die Unterseite der ad. werden gekennzeichnet durch den Kontrast von schwarzen Schwungfedern (E4) und hellen Flügeldecken (E5). Hat außerdem eine fast weiße Binde auf den kleinen und mittleren Flügeldecken der Unterseite (C6). Die Halskrause ist hell, ist aber schwierig zu sehen.

Jungvögel Im juv.-Kleid sind Körper und Flügeldekken unterseits heller als bei den ad. (D) und ohne die weißen Binden auf den Flügeldecken. Die Flügeldekken der Oberseite sind ein bißchen dunkler als die der Unterseite. Hat eine braune Federkrause. Ist im Alter von 5–6 Jahren ausgefärbt.

Flugbild Oft im Kreisflug mit angehobenen Flügeln (A). Im Gleitflug wird die Hand normalerweise abgesenkt (B). Beim aktiven Flug sind die Flügelschläge sehr langsam und tief.

Typisches Verhalten Sieht man über lange Zeit über demselben Gebiet vor und zurück kreisen, z. B. entlang Felswänden.

Verwechslungsmöglichkeiten Oberflächlich betrachtet kann der Gänsegeier einem großen Adler gleichen. Aber der kleine Kopf, die sehr breiten Flügel und der kurze Schwanz sind entscheidend anders. Wirklich verwechseln kann man ihn

Schmutzgeier (Sp. 160–170 cm)

in Europa nur mit dem Mönchsgeier. Wesentlich ist hierbei, daß dieser mit waagerecht gehaltenen Flügeln kreist mit fast parallelen Vorder- und Hinterkanten, während der Gänsegeier an der Flügelhinterkante eine deutliche Kurve besitzt. Darüber hinaus gibt es bedeutende Kleiderunterschiede. Merkt man sich beim Gänsegeier den ausgeprägten Kontrast zwischen Schwung- und Flügeldeckfedern, dürften bei der Bestimmung keine Schwierigkeiten entstehen.

Mönchsgeier
(Aegypius monachus)

Gesamteindruck Europas größter Greifvogel (Flügelspannweite bis 2,95 m) mit sehr langen, sehr breiten Flügeln, mit bemerkenswert kleinem Kopf (A1) und mit sehr kurzem Schwanz (A2) – kürzer als die halbe Flügellänge.

Proportionen Lange, breite Flügel mit tief eingekerbten Handschwingen und einem kleinen, sehr wenig hervortretenden Kopf sowie einem kurzen Schwanz. Außer diesen Merkmalen und der kolossalen Größe ist es typisch, daß die Flügelkanten im Vergleich zu denen des Gänsegeiers parallel verlaufen. Der Hinterkante fehlt somit die Kurve des Gänsegeiers.

Gefieder Ein sehr dunkler Vogel, der auf Distanz schwarz wirkt. Der einzige Kontrast zu diesem Eindruck kann der helle Kopf sein (B1) und die gelben Füße. Aus der Nähe kann man vielleicht eine hellbraune Binde auf den Deckfedern der Unterseite sehen (A3).

Jungvögel Noch dunkler als die ad. Ihnen fehlt somit auch die helle Binde auf den Unterflügeln. Der Kopf ist mit braunen Dunen besetzt – der ad. hat hellere Partien zwischendurch. Dies kann man nur aus allernächster Entfernung sehen. Das gleiche gilt für die Beobachtung, daß die Jungen nicht die Gesichtsmaske der ad. haben. Im Alter von 6 Jahren ist der Mönchsgeier ausgefärbt.
Man beachte die sehr spitzen (sägeförmig wirkenden) Schwung- und Schwanzfedern.

Flugbild Sieht man oft beim Kreisflug. Die Flügel werden gerade gehalten (C), doch mit den äußersten Handschwingenspitzen nach oben gebogen. Die waagerechte Flügelhaltung beim Kreisflug ist ein wichtiges Feldkennzeichen. Beim Gleitflug sind die Flügel kräftig gewölbt mit dabei gesenkten Händen (D), wie man es bei Schrei- und Schelladler sieht. Der aktive Flug wird mit langsamen, tiefen Flügelschlägen ausgeführt.

Typisches Verhalten
Braucht viel Zeit zum Kreisflug beim Hin- und Herfliegen über demselben Gebiet – im Gegensatz zum Gänsegeier jedoch oft einzeln oder wenige zusammen.

Verwechslungsmöglichkeiten Siehe Gänsegeier und Ohrengeier. Auf Distanz kann eine Verwechslung mit dem Schelladler vorkommen, u. a. weil beide Arten sehr dunkel sind.

Bartgeier
(Gypaetus barbatus)

Gesamteindruck Ein sehr großer Greifvogel mit langen, schmalen und spitzen Flügeln, deutlich hervorragendem Kopf (S. 331, C1) und langem Schwanz (C2).

Proportionen Größenmäßig liegt der Bartgeier im gleichen Bereich wie Gänse- und Mönchsgeier (Flügelspannweite bis 2,80 m). Aber während die beiden anderen Arten breitflügelig, kurzschwänzig sind und einen sehr kleinen Kopf haben, hat der Bartgeier verhältnismäßig schmale Flügel, einen langen Schwanz – wesentlich länger als die größte Flügelbreite – und einen sehr auffallenden Kopf.

Gefieder Die Unterseite ist sehr kontrastreich, da Flügel und Schwanz dunkel sind, während der Kopf und der Körper hell-rostbraun sind; eine Farbe, die sich

Gänsegeier (Sp. 243–270 cm)
C ad.
A kreisend
6
B gleitend
1
3
E ad.
3
F juv.
2
D juv.
4
5
A ad.
3
B ad.
Mönchsgeier
(Sp. 250–295 cm)
1
1
2
C kreisend
D gleitend

schon auf weite Distanz bemerkbar macht. Die Oberseite ist einfarbig dunkelgraublau. Nur der helle Kopf sticht hier deutlich ab (F1), mit dem auf recht weite Entfernung sichtbaren Bartstreif (F4).

Jungvögel Erkennt man leicht daran, daß die Körperunterseite recht dunkel ist. Sie steht gar nicht im gleichen Kontrast zu den Flügeln wie bei den ad. Die Oberseite ist kontrastreicher: mit helleren Flügeldecken und einem hellen Feld auf Rücken (G4) und Bürzel (G5). Der Kopf dagegen ist dunkler (G6). Wenn der Vogel allmählich älter wird, brechen helle Federn auf der Unterseite durch, während die hellen Federn der Oberseite in den Übergangskleidern merkwürdigerweise eine Zeit lang noch heller werden. Der Kopf scheint mit seiner schwarzbraunen Farbe am längsten das Jungvogelkleid zu markieren. Ausgefärbt mit ca. 5 Jahren.

Flugbild Sieht man oft im Kreisflug, wobei die Flügel waagerecht gehalten werden (A). Gleitflug wird mit gesenkten Händen ausgeführt (B). Beim selten zu sehenden aktiven Flug zeigt der Vogel langsame, weiche und elastische Schläge.

Typisches Verhalten Schwebt oft über Talstrekken oder entlang Bergseiten.

Verwechslungsmöglichkeiten Keine.

Ohrengeier
(Torgos tracheliotus)

Gesamteindruck Ein sehr großer, dunkler, kurzschwänziger Geier.

Proportionen Ein Zwischenstück zwischen Mönchs- und Gänsegeier.

Gefieder Die Oberseite der ad. ist braun bis dunkelbraun – am hellsten bei Vögeln im Nahen Osten und in Ägypten. Aus der Nähe sieht man, daß die Flügeldecken und der Körper heller sind als die übrige Oberseite. Außerdem kontrastiert der helle Kopf. Die Unterseite ist kontrastreicher. Brust und Körperseiten sind weiß mit schmalen, lanzettförmigen, schwarzen Federn (A1). Nordafrikanische Vögel haben außerdem weiße Oberschenkel. Ferner sieht man in der Regel zwei helle Binden – eine ausgeprägte und eine mehr diffuse – auf den Flügeldecken (A2). Die übrige Unterseite ist sehr dunkel mit dunkelbraunen Flügeldecken, schwarzen Schwungfedern und schwarzem Schwanz. Hat graubraune Federkrause untermischt mit dunkelgrauen Unterdunen.
Vögel des Nahen Ostens und Ägyptens haben einen graubraunen Kopf und hellroten Nacken, während die nordwestafrikanischen einen roten Kopf haben.

Jungvögel Die Unterseite ist nicht aufgehellt. Die nordwestafrikanischen erkennt man außerdem daran, daß der ganze Kopf ausgenommen der Augenpartie und der Backen mit weißlichen Dunen besetzt ist. Im ersten immat.-Kleid sind in der Regel nur Stirn, Scheitel und Nacken von Dunen bedeckt. Die Oberschenkel sind hier außerdem hellbraun. Nach den nächsten Kleiderwechseln bekommt der Kopf stetig weniger Dunen, die Körperunterseite wird heller und die Unterflügelbinden sind ahnbar. Bei den Vögeln des Nahen Ostens und Ägyptens kann die Dunenbedeckung des Kopfes nicht als Alterskriterium genutzt werden, da die ad. hier (im Gegensatz zum übrigen Verbreitungsgebiet) auch den Kopf mit Dunen bedeckt haben. Ist wahrscheinlich im Alter von 6–7 Jahren ausgefärbt. Man beachte die sehr spitzen (sägeförmigen) Schwung- und Schwanzfedern (wie beim Mönchsgeier).

Flugbild Fliegt mit kraftvollen, tiefen Flügelschlägen. Kreist mit waagerechten Flügeln (C).

Verwechslungsmöglichkeiten Altvögel erkennt man gegenüber Mönchsgeier auf angemessene Distanz an der Unterseitenzeichnung. Außerdem zeigt der Ohrengeier einen gewissen Kontrast zwischen den Flügeldecken und den dunkleren Schwungfedern der Oberseite. Juv. Ohren- und Mönchsgeier gleichen sich sehr. Junge Ohrengeier vom Nahen Osten und Ägypten sind jedoch etwas heller. Außerdem hat der Ohrengeier graue Beine, der Mönchsgeier gelbe.
Im übrigen kommen die beiden Arten nur ausnahmsweise im selben Gebiet vor.

Bartgeier (Sp. 250–280 cm)

Ohrengeier (Sp. 255–290 cm)

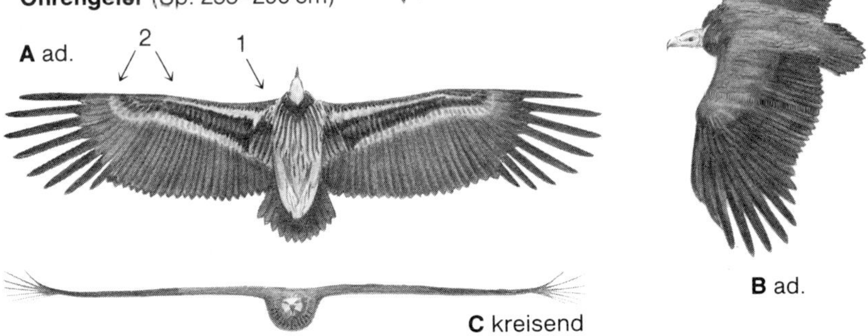

Rotmilan
(Milvus milvus)

Gasamteindruck Ein mittelgroßer Greifvogel mit einer größeren Spannweite als der Mäusebussard. Der Schwanz ist sehr lang und tief gegabelt (A 1).

Proportionen Langer Flügel und Schwanz (wesentlich länger als Flügelbreite) geben eine schlanke und elegante Erscheinung.

Gefieder Der lange, rostrote Schwanz dominiert. Im übrigen ist die Unterseite hauptsächlich rotbraun, abgesehen von einem sehr auffälligen weißen Feld auf der Hand (A 2). Die bräunliche Oberseite ist weniger kontrastreich. Eine helle Flügelbinde auf den mittleren Deckfedern ist jedoch auffallend.

Jungvögel Die Unterseite des Körpers bedeutend heller als beim ad. (B 4). Dadurch entsteht ein Kontrast zwischen Körper und Flügelunterseite (nur sichtbar aus der Nähe). Bei guten Beobachtungsbedingungen sieht man ferner die hellen Spitzen der großen und mittleren Deckfedern, die zwei schmale Binden formen (B 5). Die besten Unterscheidungsmerkmale bietet die Oberseite, die allgemein auch mehr rotbraun ist. Die hellen Spitzen der großen Deckfedern bilden hier eine Flügelbinde (D 6). Weiter ist die helle Binde auf den mittleren Decken (D 3) breiter und heller als beim ad. In vielen Fällen ist der Schwanz des jungen Vogels rostbraun, wo er beim ad. rostrot ist. Das ist besonders im Spätsommer der Fall. Der Rotmilan ist im Alter von 2 Jahren ausgefärbt.

Flugbild Vielkreiser, wobei die Flügel ganz leicht angehoben werden (E). Der Gleitflug erfolgt mit in der Hand abgesenkten Flügeln (F). Von der Seite sieht es so aus, als ob die Flügel hängen. Der aktive Flug erfolgt mit tiefen, elastischen, langsamen Flügelschlägen. Typisch ist, daß der Vogel beim Patrouillieren des Geländes etwas unruhig fliegt. Die Flügel werden individuell bewegt, und der Schwanz dreht sich um seine Achse bei der Ausführung verschiedener Manöver. Der Rotmilan ist in der Luft ein eleganter Vogel.

Verwechslungsmöglichkeiten Eigentlich nur mit dem Schwarzmilan. Der Flug unterscheidet sie. Der Rotmilan hat in der Regel einen mehr weihenartigen, leichten Flug mit tieferen, elastischeren Flügelschlägen. Ein wichtiger Unterschied besteht in Form und Farbe des Schwanzes. Der des Rotmilans ist rostrot und tief gegabelt, der des Schwarzmilans weniger eingekerbt und graubraun – einige Jungvögel jedoch mit einem Ton Rostbraun auf dem obersten Teil des Schwanzes. Der Unterschied in der Schwanzgabelung ist am deutlichsten, wenn der Schwanz zusammengefaltet ist. Im gefächerten Zustand buchtet der Schwanz des Schwarzmilans nur leicht einwärts oder ist gerade abgeschnitten. Als Folge der Abnutzung kann er dazu noch abgerundet sein. Ein abgenutzter Schwanz des Rotmilans kann gefächert allerdings ebenfalls gerade abgeschnitten erscheinen. Auch eben ausgeflogene Rotmilane können (!) eine weniger markante Gabelung haben. Trotz des sehr wesentlichen Unterschieds der Gabelung kann man sich in der Praxis also leicht irren!
Im ganzen ist der Rotmilan ein hellerer Vogel, der in der Zeichnung größere Kontraste aufweist, dank des hellen Schwanzes sowie aufgrund der auffallenden hellen Flügelfelder, die im Durchschnitt eindeutig größer und heller sind und im stärkeren Maße mit den dunklen Armschwingen kontrastieren als beim Schwarzmilan. Die Farben der Oberseite sind beim Rotmilan rostrot bis graugelb gegenüber mittelbraun bis graubraun beim Schwarzmilan. Die Unterseite ist beim Rotmilan rotbraun bis hell-rostbraun (juv.), beim Schwarzmilan dunkelbraun; dessen Junge jedoch mit heller Brust. Ein gutes Kennzeichen in gutem Licht ist auch, daß unterseits der Schwanz des Schwarzmilans farblich mit dem Körper übereinstimmt, während die rostrote Schwanzfarbe des Rotmilans kräftig absticht. Die juv. beider Arten sind am schwierigsten voneinander zu trennen. Die Kontraste sind nahezu gleich, sowohl ober- als auch unterseits. Der Rotmilan ist jedoch im Grundton rotbraun, der Schwarzmilan graubraun – ein Unterschied, der sehr deutlich beim Schwanz ist. Schwarzmilane des Nahen Ostens *(aegypticus)* verwechselt man häufig mit dem Rotmilan aufgrund ihres rostroten Körpers und den größeren weißen Feldern auf der Unterseite der Hand.

Rotmilan (Sp. 175–195 cm)

Schwarzmilan

(Milvus migrans)

Gesamteindruck Etwas größer als Mäusebussard, aber kleiner als Rotmilan; mit langen, recht breiten Flügeln und mit einem langen, nur schwach gegabelten Schwanz (A 1) als absolut bestem Feldkennzeichen.

Proportionen Im Vergleich mit dem Rotmilan kleiner und mit verhältnismäßig kürzeren, etwas breiteren und runderen Flügeln. Das ergibt im Vergleich zum Rotmilan einen kompakteren Eindruck. Die Schwanzgabelung sieht man deutlich, wenn der Schwanz zusammengefaltet ist (A 1). Ist der Schwanz dagegen gefächert, buchtet er nur schwach einwärts oder tritt mit gerader Hinterkante auf. In bestimmten Fällen kann er im gefächerten Zustand sogar schwach abgerundet sein (B 1)!

Gefieder Ist sehr dunkel. Auf Distanz wirkt er nahezu schwarz, aus der Nähe betrachtet überwiegend dunkelbraun. Auf der Unterseite sieht man jedoch oft ein helles Feld auf der Hand (A 2), aber es variiert sowohl in der Größe als auch in seiner Intensität von Vogel zu Vogel, und bei einigen kann es nur sehr schwach sein (B 2). Die Oberseite ist ebenfalls dunkel, doch mit einer deutlichen hellen Binde auf den mittleren Deckfedern (D 3). Die Farbe des Schwanzes unterscheidet sich unterseits nicht von der der übrigen Unterseite. Von oben gesehen, wirkt er oft wärmer braun.

Jungvögel Die grundlegenden Unterschiede zwischen juv.- und ad.-Kleid sind wie beim Rotmilan: hellere Körper (C 4), eine helle Binde auf Ober- und Unterseite beim Übergang von den mittleren Deckfedern zu den Schwungfedern (E 5, C 6) und eine breitere und hellere Binde auf den Deckfedern der Flügeloberseite (E 3). Dazu kommt weiterhin, daß das helle Feld auf der Flügelunterseite im Durchschnitt größer und heller ist, so daß die kleinen Flügeldeckfedern oberseits mit hellem Rand versehen sind, sowie daß der Bürzel hell ist. Etwa ein Jahr alte Schwarzmilane gleichen den Altvögeln, aber einzelne Jungvogelfedern sieht man noch ständig. Voll ausgefärbt ist die Art im Alter von 2 Jahren.

Flugbild Erinnert sehr an das des Rotmilans (siehe dort). Ist jedoch nicht ganz so ein eleganter Flieger. Außerdem kreist er mit waagerecht gehaltenen Flügeln (F), während der Rotmilan seine leicht angehoben hält.

Typisches Verhalten Sieht man häufig in Wassernähe jagen oder tieffliegend über dem Gelände nach Beute in leicht wackelndem Flug Ausschau halten. Hierbei werden die Flügel auf Milanart individuell bewegt und der Schwanz um seine eigene Achse gedreht.

Verwechslungsmöglichkeiten Siehe bei Rotmilan (S. 332). Wie der Schwarzmilan jagt auch die Rohrweihe tief über der offenen Landschaft. Das Weibchen der Rohrweihe ist gleichfalls dunkel und kann vielleicht Ursache einer Verwechslung sein. Es jagt jedoch mit deutlich angehobenen Flügeln, Milane mit flach gehaltenen oder gewölbten. Die dunkle Phase des Zwergadlers ist ein größeres Problem, da auch er mit flach gehaltenen Flügeln schwebt. Die Schwänze beider Arten sind jedoch in der Regel unterschiedlich: gegabelt, beziehungsweise gerade abgeschnitten im gefalteten und gefächerten Zustand beim Milan – gerade abgeschnitten, beziehungsweise schwach abgerundet beim Zwergadler. Dieser kann jedoch im gefächerten Zustand einen gerade abgeschnittenen Schwanz haben. Außerdem ist der Kopf des Zwergadlers kräftiger und runder, sowie der Schnabel kräftiger. Der Zwergadler kann im allgemeinen auch anhand des hellen Feldes auf den innersten Handschwingen bestimmt werden. Aber leider können sehr dunkle Schwarzmilane genau das gleiche Kennzeichen vorweisen (B). Die beiden Arten haben ferner eine unterschiedliche Flugweise. Der Zwergadler ist sehr temperamentvoll und kraftbetont und zudem derjenige, der den schnellsten Flügelschlag benutzt.

Schwarzmilan (Sp. 160–180 cm)

Gleitaar

(Elanus caeruleus)

Gesamteindruck Nur etwas größer als Turmfalke – mit großem Kopf, langen Flügeln und einem kurzen Schwanz.

Proportionen Großer, vorgestreckter Kopf, der einen fast eulenartigen Eindruck macht (B1); lange Flügel (besonders langer Arm), breiter als bei Falken; ein kurzer Schwanz (kürzer als die Flügelbreite), im zusammengefalteten Zustand oft mit schwacher Einbuchtung.

Gefieder Die weiße Unterseite kontrastiert mit den schwarzen Handschwingen (A2). Die Oberseite ist hell blaugrau mit der wesentlichen Ausnahme, daß der Kopf (C3) und die äußeren Schwanzfedern weiß sind sowie die kleinen und mittleren Flügeldecken (der Vorderflügel) schwarz (C4). Bei guter Sicht sieht man auch das rote Auge und den schwarzen Augenstrich.

Jungvögel Sind bräunlich auf Brust, Kopf, Rücken und Schwanz. Da die Schwungfedern ebenfalls dunkler sind, ist der Kontrast zu den schwarzen Flügeldecken oberseits nicht so ausgeprägt wie bei den ad. Weiße Federsäume bilden eine Binde auf der Flügeloberseite.
Im Alter von 3 Monaten beginnt beim Gleitaar die Mauser in das Erwachsenenkleid. Bereits mit 6 Monaten sind die braunen Federn auf der Körperoberseite durch hellgraue ersetzt, und mit etwa einem Jahr ist der Vogel ausgefärbt.

Gleitaar auf Ansitz.

Flugbild Fliegt mit weichem, schnellen Flügelschlag. Man sieht ihn oft beim Suchflug wie eine Weihe tief über dem Gelände fliegen und auch mit angehobenen Flügeln, doch mit flach ausgestreckter Hand, oder rüttelnd (D) in 10–20 m Höhe, häufig mit hoch angehobenen Flügeln. Beim Kreisflug werden die Flügel vornüber und deutlich angehoben gehalten (E), im schnellen Gleitflug nahezu waagerecht (F).

Verwechslungsmöglichkeiten Keine. Bei schlechter Sicht kann der Gleitaar beim tiefen Suchflug über offener Landschaft an ein helles Weihen-♂ erinnern, aufgrund der Farbverteilung besonders an die Steppenweihe. Das häufige Rütteln kann, bei oberflächlicher Betrachtung, zur Verwechslung mit dem Turmfalken führen, der von gleicher Größe ist. Die Proportionen sind jedoch sehr verschieden, u.a. ist der Schwanz des Gleitaars auffallend kurz.

Gleitaar (Sp. 75–87 cm)

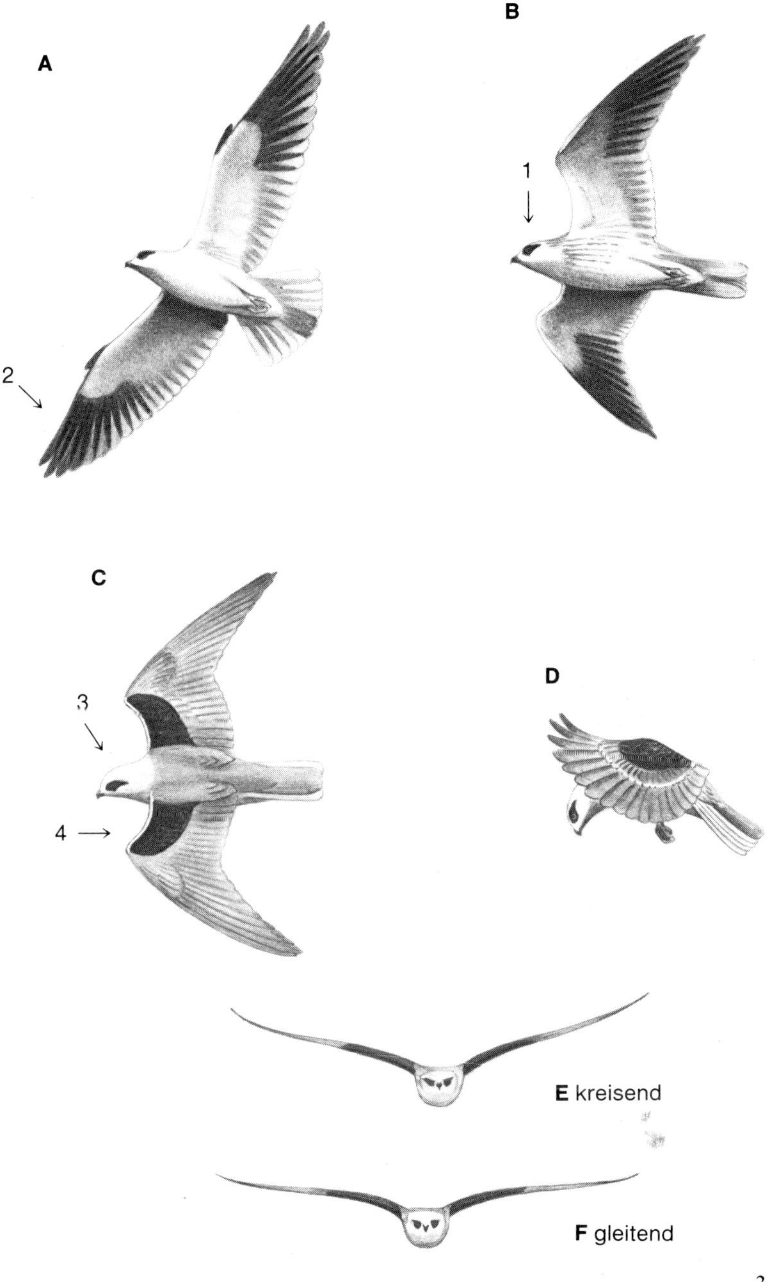

Rohrweihe

(Circus aeruginosus)

Gesamteindruck Eine typische große Weihe – d. h. ein mittelgroßer, schlanker und langflügeliger Greifvogel mit langem Schwanz. Im Flug werden die Flügel deutlich angehoben.

Proportionen Die Rohrweihe ist die größte Weihe, etwa so groß wie ein Mäusebussard, nicht aber so kompakt. Kopf und Körper sind schlanker, die Flügel im Verhältnis etwas länger, schlanker und mit paralleler Vorder- und Hinterkante. Auch der Schwanz ist länger – normalerweise ein wenig länger als die größte Flügelbreite. Im Vergleich zu anderen Weihen sind die Flügelspitzen runder.

Gefieder Wie bei allen Weihen bestehen große Unterschiede im Kleid von Weibchen und Männchen. Das ad. ♂ hat unterseits die schwarzen Flügelspitzen der Weihen-♂ (A1 und B1), ist aber dazu viel dunkler als die anderen Arten. Kopf und Vorderbrust sind gräulich mit feiner Längsstrichelung, der Körper rotbraun mit einer Tendenz zur Längsstrichelung. Die Flügeldecken können ebenfalls rotbraun sein – oft jedoch sind sie heller grau oder weiß. Die Schwungfedern sind überwiegend grauweiß, die Handschwingenspitzen schwarz. Oberseits sind Flügeldecken und Rücken vorzugsweise bräunlich (D2), Schwanz, Bürzel und Schwungfedern hellgrau bis grauweiß und die Flügelspitze schwarz (D1).
Wie die Zeichnungen H und I zeigen, ist das ad. ♀ ein wesentlich dunklerer Vogel. Normalerweise hat es einige schöne Feldkennzeichen im Goldweiß des Vorderflügelrandes (K3), des Kopfes (K4) und der Kehle (K5). Der Haupteindruck ist daher der eines sehr dunklen, braunen Vogels, aber aus der Nähe sieht man, daß die Schwungfedern unterseits gräulich sind, und daß der Schwanz von grau bis hellrotbraun geht. Bestimmte Vögel haben außerdem eine auffallend helle Partie auf der Brust (I6).

Abarten Wie aus den Zeichnungen A–C hervorgeht, variieren die Männchen beträchtlich im Aussehen: von dunklen (C) über Zwischenformen (B) zu hellen (A) – so hell, daß sie auffallend an eine Kornweihe erinnern. Sie werden jedoch immer dunkler am Bauch und am After sein.
Dunkle Weibchen und Jungvögel (= ohne helle Partien auf Flügel, Kopf und Kehle) kommen recht häufig vor. Diese haben jedoch immer etwas hellere innere Handschwingen und einen rot- bis graubraunen Schwanz.

Jungvögel Im 1. Kleid (juv.) normalerweise sehr dunkel (schwarzbraun). Wie die Zeichnung L zeigt, ähneln sie am meisten dem Weibchen. Im allgemeinen fehlt jedoch der helle Vorderflügel, und der Flügel kann im ganzen sehr dunkel sein. In einem solchen Fall unterscheidet sich der Jungvogel von sehr dunklen Weibchen dadurch, daß er nicht die helle Brustpartie hat (I6).
Nach dem 1. Kleiderwechsel sind beide Geschlechter fortwährend gleich (einzelne ♂ können jedoch schwach graue Schwungfedern haben). Ihr Kleid ist ein Zwischenstück zwischen einem juv. und einem ad.-♀. Nach dem 2. Kleiderwechsel (etwa 2 Jahre alt) sieht man die Geschlechtsunterschiede deutlich. Die ♀ sind dann ausgefärbt. Die grauen Federn der ♂ sind zu diesem Zeitpunkt noch nicht so hell wie die des ad. und haben einen bräunlichen Ton. Mit rund 3 Jahren kann man die jungen ♂ nicht mehr von den ad. unterscheiden.

Flugbild Typischer Weihenflug mit angehobenen Flügeln sowohl bei Kreis- (F) als auch bei Gleitflug (G). Die Flügelbewegungen sind leicht und elegant. Auf 5–6 Flügelschläge folgt oft ein Gleitflug. Flug aufgrund der Größe schwerer als bei anderen Weihen.

Typisches Verhalten Sucht das Gelände auf typische Weihenart in tiefem Suchflug über offener Landschaft ab, oft über Rohrwald und feuchtem Gelände.

Verwechslungsmöglichkeiten Die Kleider sind normalerweise so typisch, daß keine Probleme auftreten sollten – gar nicht, wenn man sie zum typischen Weihenverhalten in Beziehung setzt. Ganz dunkle Rohrweihen können Mühe machen. Hier muß man Flügelstellung und Verhalten beachten. Diese Kennzeichen trennen sie von dunklen Schwarzmilanen und Zwergadlern, die alle mit waagerecht gehaltenen Flügeln kreisen.

Rohrweihe I - adultes ♂ (Sp. 115–130 cm)

Rohrweihe II – ♀ und juv.

H ad.

I ad.

J ad.

L juv.

K ad.

M juv.

Weihen

Kornweihe ad. ♀

juv.

Hat wie Steppenweihe eine helle Halskrause, aber diese ist schmaler und viel weniger sichtbar, da sie gefleckt und gestreift ist. Man beachte die kontrastreiche Kopfzeichnung des juv. und die dadurch gegebene Verwechslung mit ad. ♀ der Steppenweihe. Hat keine helle Kehle (wie die zwei anderen Arten).

Wiesenweihe ad. ♀

juv.

Breiter Augenbrauenstreif, in der Regel mit der hellen Backe zusammenhängend. Die Wiesenweihe hat im Gesicht mehr Weiß als die Steppenweihe. Leider haben nicht alle Wiesen- und Steppenweihen die typischen Kopfzeichnungen. Grenzfälle können die Bestimmung unmöglich machen.

Steppenweihe ad. ♀

juv.

Das beste Kennzeichen ist die helle Halskrause – am deutlichsten beim juv. Man beachte, daß der schwarze Augenstreif den (im Vergleich zur Wiesenweihe) recht schmalen Augenbrauenstreif von der weißen Backe trennt.

Kornweihe

(Circus cyaneus)

Gesamteindruck Mittelgroße Weihe, die man oft im tiefen Flug über offener Landschaft mit hoch angehobenen Flügeln sieht (G).

Proportionen In der Größe zwischen Rohr- und Wiesenweihe. Hat im Vergleich zur Rohrweihe einen schlanken Körper, etwas schmalere, spitzere Flügel (schlankere Hand) mit deutlicher Kurve am Hinterrand und einen verhältnismäßig längeren Schwanz.

Gefieder Das ad. ♂ hat eine grauweiße Unterseite mit dunklerem Kopf und Vorderbrust, kontrastierend dazu die schwarzen Handschwingen (B 1). Die Oberseite ist ein wenig dunkler, und auch hier sind die schwarzen Flügelspitzen auffallend (F 1). Hat außerdem einen weißen Bürzel (F 2). Das ad. ♀ ist auf der Körperunterseite hell gelbbraun; Längsstreifen finden sich hier und auf den Flügeldecken. Sehr auffallende Binden sieht man auf den Schwanzfedern (A 3) und dem Schwanz. Die Schwanzbinden sieht man auch oberseits (E 4); im ganzen ist der Schwanz recht einfarbig dunkelbraun, doch mit weißem Bürzel (E 2) dazu in starkem Kontrast. Abweichend sind ferner die helleren mittleren Flügeldecken. Die ad. ♀ können im Frühjahr sehr ausgebleicht sein.

Jungvögel Juv. können im 1. Kleid in den meisten Fällen von den ad. ♀ unterschieden werden. Sie sind generell dunkler, die Deckfedern unterseits sind rotbraun, die Schwanzbinden sind kaum so deutlich und, am besten zu sehen, besitzen dunklere Armschwingen (D 5). Außerdem bilden die weißen Spitzen der großen Decken oberseits normalerweise eine helle Binde über dem Flügel, gleich wie hellere Deckfedern der Oberseite mehr Kontrast geben, als man es bei ad. ♀ sieht.
Mit der ersten Mauser, welche Dez. - Jan. abläuft, und bis die Vögel etwa 1 Jahr alt sind, können die ♂ deutlich unterschieden werden: Die grauen Federn erscheinen. Sie haben jedoch noch einen braunen Schimmer. Die Schwungfedern sind auf dieser Stufe oft sehr dunkel, und der Gesamteindruck kann sehr scheckig sein (C). Junge ♀ erkennt man in diesem Alter oft an den dunklen Armschwingen, aber man kann ca. 2 Jahre alte nicht mehr von den ad. unterscheiden. ♂ erkennt man dagegen als juv. bis sie etwa 3 Jahre alt sind.

Flugbild Wie charakteristisch bei Weihen: mit hoch angehobenen Flügeln beim Kreis- und Gleitflug (G, H). Ausnahmsweise sieht man Kornweihen jedoch beim Gleitflug mit waagerechten, ja sogar mit hängenden Flügeln. Der aktive Flug gleicht dem der Rohrweihe, aber dank der geringen Größe verläuft er mit etwas leichteren und schnelleren Flügelschlägen.

Verwechslungsmöglichkeiten Alle Weihen-♂ ähneln sich in der Farbzeichnung teilweise. Im Vergleich Kornweihe - Wiesenweihe gibt es proportional Unterschiede. Die Wiesenweihe ist schmächtiger gebaut mit längerem Schwanz und schlankeren und spitzeren Flügeln. Bei den Kleidern gibt es entscheidende Unterschiede, wenn man ins Detail geht. Wesentlich ist hierbei, daß die Wiesenweihe generell dunkler ist, die außerdem oberseits ein »mehrfarbiges« Grau charakterisiert, während die Kornweihe recht einheitlich hellgrau ist. Auffallend ist auch die dunkle Binde auf dem basalen Teil der Armschwingen der Wiesenweihe (S. 345, E 1) sowie die Tatsache, daß normalerweise der weiße Bürzel fehlt. In seltenen Fällen nur hat das Wiesenweihen-♂ hier einen diffusen hellen Fleck.
Unterseits sind der entscheidende Unterschied die zwei dunklen Binden der Wiesenweihe auf den Armschwingen und den innersten Handschwingen. Bei der Steppenweihe sind die Proportionen nahezu gleich der Wiesenweihe. Im Kleid weicht sie von beiden, Korn- und Wiesenweihe, dadurch ab, daß sie unterseits viel heller ist, nahezu weiß. Das eindeutig beste Feldkennzeichen im Vergleich zu den zwei anderen Arten sind jedoch die ganz anders gezeichneten schwarzen Flügelspitzen, die sofort ins Auge fallen (S. 347, A 1, F 1).
Hiermit löst sich auch das Problem der sehr hellen ♂ der Wiesenweihe, die man ab und zu sieht. Doch kann man imm. ♂ von Korn- und Wiesenweihe mit einer Handschwingenzeichnung sehen, die der der Steppenweihe ähnelt.
Verwechslungen der Weihen-♀ siehe unter Wiesen- und Steppenweihe.

Kornweihe (Sp. 99–121 cm)

Wiesenweihe
(Circus pygargus)

Gesamteindruck Typische kleine Weihe. Flug mit hoch angehobenen Flügeln.

Proportionen Im Vergleich mit Kornweihe kleiner; schlanker gebaut; mit schmaleren, spitzeren Flügeln, mit längerer Hand sowie längerem Schwanz – wesentlich länger als die Flügelbreite. Im ganzen ergibt das ein sehr schlankes, leichtes, elegantes Profil.

Gefieder Das ad. ♂ ist mit seiner hellgrauen Unterseite und den kontrastierenden schwarzen Handschwingen unverkennbar (A 2). Als Artkennzeichen gegenüber den anderen grauen Weihen-♂ fungieren die Binden auf den Armschwingen der Unter- **und** Oberseite (A 1). Typisch ist auch, daß das Grau der Oberseite bei der Wiesenweihe praktisch immer »zweifarbig« ist, während die beiden anderen grauen Weihen-♂ einfarbig sind. Auch oberseits kontrastieren die schwarzen Flügelspitzen zum Grau (E 2). Die ♂ können in der Grundfarbe sehr variieren, von recht dunklem Aschgrau bis zu sehr hellem Grau.
Das ad. ♀ ähnelt sehr dem der Kornweihe – demnach ist die Unterseite hell gelbbraun; der Körper ist längsgestreift, die Flügeldecken gefleckt, die graueren Armschwingen haben deutliche Binden (auf den Armschwingen 2 vollständige, dagegen 3 die Kornweihe) und der Schwanz zeigt 3 ausgeprägte Binden. Die Oberseite ist dunkelbraun mit einer deutlich weißen Schwanzwurzel (F 3); ebenfalls hier mit 3 Schwanzbinden. Der gleichmäßig braune Eindruck wird etwas durch die ein wenig helleren mittleren Flügeldecken unterbrochen.

Abarten Es gibt eine seltene melanistische Form. Die ♂ sind braunschwarz mit schwarzem Kopf. Der Schwanz ist oberseits graubraun, unterseits grau, in einigen Fällen mit Binden. Die äußeren Handschwingen haben Fahnen mit silbergrauen Schimmer, die Armschwingen helle Spitzen. Die ♀ sind dunkelbraun (und ohne weißen Bürzel); die Unterseite ist ab und zu mit rostroten Flecken versehen. Die Arm- und Handschwingen sowie der Schwanz sind grau, dieser mit den typischen Binden. Gelegentlich sieht man teilmelanistische Vögel.

Jungvögel Gleichen im Jugendkleid den ♀, doch mit dem entscheidenden Unterschied, daß die Unterseite ungestreift (!) rotbraun ist (D 4), und die Armschwingen so dunkel sind, daß man die Binden, die man beim ad. ♀ findet (B 6), überhaupt nicht oder fast nicht sieht. Die Kopfzeichnung ist ebenfalls kontrastreicher. Die Oberseite ist dunkler mit einem deutlich helleren Feld auf den mittleren Flügeldecken (G). In ganz frischem Gefieder bilden die hellen Spitzensäume der großen Flügeldecken eine dünne helle Binde (G 7).
Wenn der Jungvogel im nächsten Frühjahr nach Europa zurückkehrt, etwa 10 Monate alt, kann man in der Regel die jungen ♂ daran erkennen, daß Kopf und Brust eine Anzahl graublauer Federn erhalten haben. Im Laufe des Sommers und Herbstes werden die Handschwingen ausgewechselt in die der ad. ♂. Das übrige Gefieder weist nun ebenfalls mit grauem Einschlag deutliche Zeichen auf, daß der Vogel ein ♂ wird. Junge ♀ können im Alter von 10 Monaten an den dunklen juvenilen Armschwingen erkannt werden. Im Alter von rund 2 Jahren können die jungen ♀ nicht mehr von ad. unterschieden werden. Junge ♂ kann man erkennen, bis sie etwa 3 Jahre alt sind.

Flugbild Wie typisch für die Weihen, fliegt die Wiesenweihe beim Kreis- (H) und Gleitflug (I) mit deutlich angehobenen Flügeln – oft beim Kreisflug mit besonders hochgestellten Flügeln. Die Flügelschläge sind sehr elegant und werden mit solcher Kraft ausgeführt, daß der Vogel oft hochgehoben wird. Das gibt dem aktiven Flug ein hüpfendes, seeschwalbenartiges Gepräge. Der Gleitflug ist oft etwas wackelnd und langsam, unterbrochen von weichen Flügelschlägen.

Typisches Verhalten
Durchsucht als echte Weihe die Landschaft in tiefem Flug, am häufigsten über trockenem Gelände, Wiesen, Grasfluren und an den Rändern von Feuchtgebieten.

Verwechslungsmöglichkeiten Die ♀ von Korn-, Wiesen- und Steppenweihe ähneln einander sehr, und besonders bringt die Unterscheidung von Wiesen- und

Wiesenweihe (Sp. 97–115 cm)

Steppenweihe große Probleme; – so große, daß die Bestimmung nur unter optimalen Bedingungen erfolgen kann. In Proportionen und Kleid wirken die beiden Arten gleich, aber Unterschiede in der Kopfzeichnung sind brauchbar (siehe S. 341). Darüber hinaus zeigt die Wiesenweihe 2 Binden auf den Armschwingen der Unterseite, die Steppenweihe 3. Dem Kornweihen-♂ fehlen die dunklen Flügelbinden des Wiesenweihen-♂.
Die ♀ der beiden Arten ähneln sich im Kleid. Die Kornweihe ist jedoch u. a. am Unterkörper etwas kräftiger längsgestreift und zeigt 3 Binden auf den Armschwingen der Unterseite. Die Bestimmung wird am besten dadurch vorgenommen, daß man die proportionalen Kennzeichen mit der Flugform vergleicht. Hierbei ist die Wiesenweihe ein leichterer Vogel, schlanker und eleganter, mit elastischen und bisweilen seeschwalbenartigen Flügelschlägen und oft mit einem hüpfenden Flug.
Die genannten melanistischen Vögel können durch ihr charakteristisches Weihenverhalten vielleicht mit den ad. ♀ und juv. der Rohrweihe verwechselt werden, die jedoch bedeutend größer und breitflügeliger sind.

Steppenweihe

(Circus macrourus)

Gesamteindruck Eine kleine Weihenart – in Größe, Erscheinung und Flugweise wie Wiesenweihe.

Proportionen Wie Wiesenweihe. Die ♀ können jedoch ziemlich kräftig sein.

Gefieder Das ad. ♂ ist leicht kenntlich an seiner weißen Unterseite und dem dazu scharf kontrastierenden 2.–5. Handschwingen. Sie bilden ein Muster, das völlig anders ist als bei Korn- und Wiesenweihe – ein Unterschied, der im Felde sofort wahrgenommen wird (A 1). Die Oberseite ist ebenso sauber gezeichnet, jedoch hellgrau gegen die schwarzen Flügelspitzen (F 1). Das ♀ sieht im wesentlichen aus wie die ♀ von Korn- und Wiesenweihe – wobei die Kopfzeichnung ein verhältnismäßig sicheres Unterscheidungsmerkmal ist (S. 341). Außerdem gibt es den Unterschied in der Anzahl der Flügelbinden auf den Armschwingen (B 2). Kornweihe und Steppenweihe haben 3, die Wiesenweihe nur 2 vollständige. Aber wie bei der Kopfzeichnung handelt es sich auch hier um ein Merkmal, das schwer zu registrieren ist.

Jungvögel Sind im 1. Kleid im Prinzip gefärbt wie die ♀. Doch sind die Körperunterseite und die Flügeldeckfedern unterseits rostbraun und ohne Striche (G 3) sowie in der Regel mit dunklen Armschwingen (G 4). Die für die Artbestimmung charakteristische Gesichtszeichnung (S. 341) tritt bei Jungvögeln oft kräftig hervor (E 5 und G 5). Hier ist besonders der helle Halsring wertvoll. Das Kleid des 2. Sommers (d. h. im Alter von etwa 1 Jahr) zeigt in der Regel beim ♂ die für den ausgefärbten Vogel typische Flügelzeichnung (D 1). Da die Armschwingen zu diesem Zeitpunkt oft die juvenilen sind, wirken diese häufig sehr dunkel.
Einjährige ♀ (C) haben wie beim ♂ häufig noch nicht die Armschwingen gemausert und werden in der Regel daran erkannt, daß diese dunkel sind – demnach nicht mit deutlichen Binden besetzt sind, wie es normalerweise bei den ausgefärbten ♀ der Fall ist. Alte ♀ können jedoch auch dunkle Armschwingen haben. Die Steppenweihe ist im Alter von ca. 2 Jahren ausgefärbt.

Flugbild Wie bei den anderen Weihen verläuft sowohl der Kreis- als auch der Gleitflug mit deutlich angehobenen Flügeln (H und I). Scheint einen Flug zu haben, der ganz dem der Wiesenweihe gleicht.

Verwechslungsmöglichkeiten Steppenweihe-♂ mit ♂ von Wiesen- und Kornweihe: siehe unter Kornweihe; ♀ mit ♀ Wiesenweihe: siehe dort.
Etwa einjährige ♂ von Steppen- und Wiesenweihen **können** im Übergangskleid sehr schwierig zu unterscheiden sein. Die Wiesenweihe kann bei diesem Mauserschritt ein Handflügelmerkmal aufweisen, das sehr dem der Steppenweihe gleicht; wie auch durch Ausbleichen und Abnutzung der Jungvogelfedern in Verbindung mit neuen gräulichen Federn in bestimmten Fällen ein undeutlicher Halsring gesehen

Steppenweihe (Sp. 99–117 cm)

wird: den, der sonst das beste Kennzeichen der Steppenweihe ist! Hier dienen der dunklere Kopf der Wiesenweihe und die Vorderbrust als Kennzeichen, aber die Bestimmung kann sehr schwierig werden.
Steppenweihe-♀ und Kornweihe-♀ können vielleicht Unterscheidungsprobleme geben, da das Kornweihen-♀ ebenfalls einen hellen Halskragen hat. Der der Kornweihe ist jedoch weit weniger hervortretend (S. 341). Im übrigen gibt es recht große Unterschiede in den Proportionen und der Flugweise, von gleicher Art wie zwischen Wiesenweihe und Kornweihe.
Das Unterscheiden der Jungvögel beider Arten ist viel leichter, da die Steppenweihe eine ungefleckte Unterseite hat. Man sollte dabei nicht vergessen, daß der Jungvogel der Kornweihe eine kontrastreichere Kopfzeichnung als das ad. ♀ hat. Dadurch kann die Möglichkeit einer Verwechslung mit ad. ♀ der Steppenweihe entstehen.

Singhabicht

(Melierax metabates)

Gesamteindruck Ein mittelgroßer, habichtartiger Greifvogel - doch mit einem Schuß Bussard. Sehr hochbeinig.

Proportionen Breite, kurze und runde Flügel mit parallelen Kanten. Langer, keilförmiger Schwanz, im Verhältnis ein wenig kürzer als der des Habichts.

Gefieder Die Oberseite der ad. ist schiefergrau bis dunkel braungrau, am dunkelsten am Kopf, auf den Schultern und Rücken. Die Oberschwanzdecken sind hell mit deutlicher dunkler Querstreifung (C1). Die mittleren Schwanzfedern sind schwarz, die äußeren mit 4 auffallenden dunklen Binden versehen (C2).
Die Handschwingen sind sowohl oben wie unten schwarzbraun (C3, A3). Die Unterseite ist sehr hell. Aus der Nähe sieht man, daß der Körper, schwächer auch die Flügeldecken und Schwungfedern, rotbraun quergestreift sind (B). Die Wangen, die Kehle und die obere Brust sind schiefergrau. Die Unterseite des Schwanzes ist hell mit 4 schwach auffallenden, dunklen Querbinden. Beine, Wachshaut und Schnabelbasis sind orangerot. Die Geschlechter sind gleich gefärbt. Es gibt auch keine zeitliche Gefiedervariation.

Jungvögel Das juv.-Kleid ist grob gesagt eine braune Ausgabe des adulten mit folgenden Ausnahmen: Die Unterseite hat deutlichere, breitere Querstreifen, und nur der äußerste Teil der Schwungfedern ist dunkel; die Oberseite hat deutliche helle (braune) quergebänderte Handschwingen, auch hier nur die Spitzen dunkel (D1). Der ganze Schwanz ist quergebändert. Die hellen Ränder der Flügeldecken bilden zwei schmale, helle Binden (D2). Füße und Wachshaut sind gelb.

Flugbild Erinnert an *Accipiter*, aber die Flügelschläge sind nicht so schnell wie bei Habicht und Sperber. Kreist mit angehobenen Flügeln (E) wie Rohrweihe.

Verwechslungsmöglichkeiten Die Altvögel sind so typisch, daß normalerweise eine Verwechslung nicht vorkommt. Erinnert oberflächlich vielleicht an Kornweihen-♂. Doch sind große Unterschiede vorhanden, was die Proportionen und das Kleid angeht. Die Jungvögel sind weniger typisch und können sowohl an *Accipiter* als auch an Bussarde denken lassen. Der lange Schwanz, der helle Bürzel, die Zeichnung der Unterseite sollten jedoch eine Bestimmung leicht machen. Extraterritorial kann der Singhabicht sehr leicht mit seinem westafrikanischen Verwandten, dem Hellen Singhabicht *M. canorus* verwechselt werden. Im Alterskleid sind bei ihm die Wachshaut und Beine heller rot und die Schwanzbänderung verwaschener. Im Flug ist dessen rein weißer Bürzel gut sichtbar. - Jungvögel des Nordostafrikaners haben eine einfarbig braune Oberbrust im Gegensatz zu der längs gestreiften des Singhabichts.

Singhabicht (Sp. 95–110 cm)

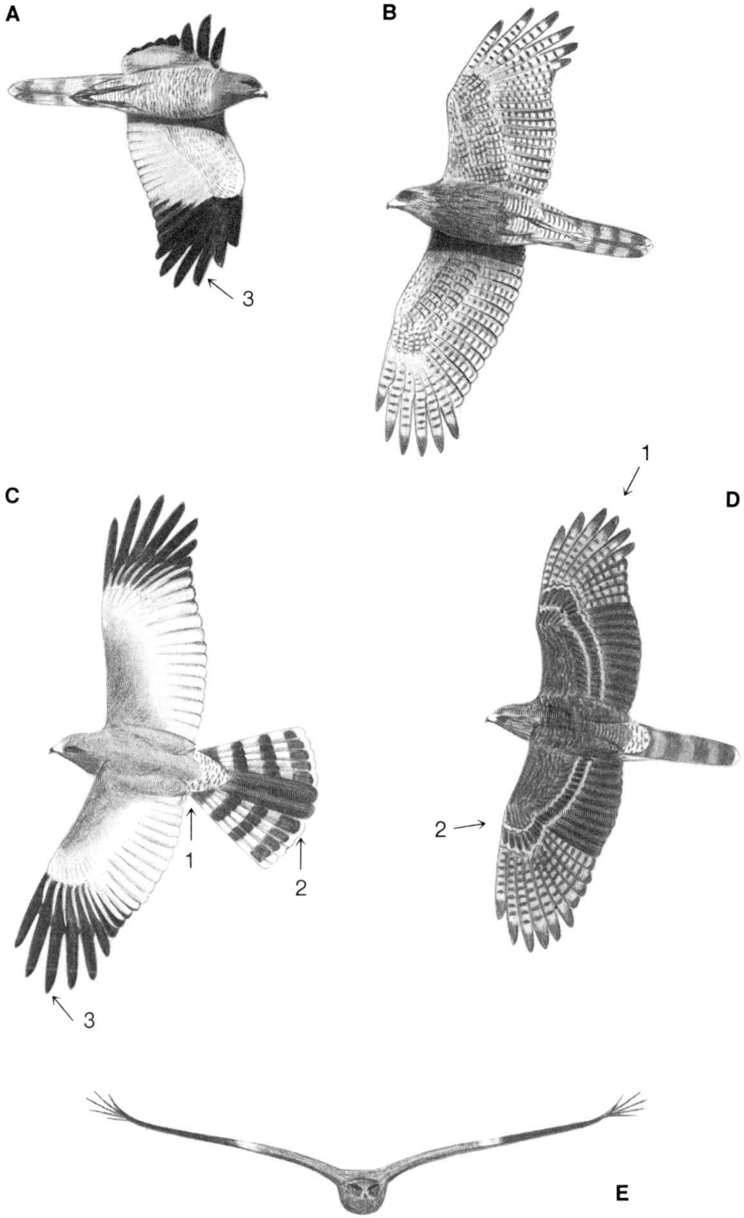

Habicht

(Accipiter gentilis)

Gesamteindruck Ein typischer *Accipiter,* somit ein kräftiger, recht breit-, kurz- und rundflügeliger Greifvogel mit langem Schwanz, wesentlich länger als die Flügelbreite.

Proportionen Auffallende Größenunterschiede der Geschlechter: das ♀ ist mäusebussardgroß, das ♂ viel kleiner.
Typisch für die Art ist ein langgestreckter, kräftiger Körper mit ausgeprägt breiter Brust und einer kräftig gebauten Beckenregion. Darüber hinaus ist der Kopf spitz, lang gestreckt und vorwärts getragen (B 1), der Schwanz breit und im gespreizten Zustand eindeutig fächerförmig (B 2) mit runden Schwanzecken (die des Sperbers sind eckig, scharf) versehen. Die Flügel sind verhältnismäßig länger als die des Sperbers. Besonders die Hand ist länger und spitzer.

Gefieder Die Unterseite der ad. ist auf dem Körper und den Flügeldecken dicht quergebändert. Die Schwungfedern und der Schwanz besitzen Querbinden. Die Grundfarbe ist hell, was dazu führt, daß der Vogel auf Distanz recht einfarbig grau aussieht. Die quergebänderte Unterseite sieht man daher nur aus der Nähe. Die Unterschwanzdekken sind rein weiß, deutlich weißer als beim Sperber – doch als Kennzeichen von zweifelhaftem Wert.
Die Oberseite ist ziemlich einfarbig braun, die des ♂ mit einem blaugrauen Schimmer. Die 3–4 Querbinden des Schwanzes kommen deutlich raus. Bei guten Beobachtungsverhältnissen kann die Kopfzeichnung ein gutes Kennzeichen sein: dunkle Ohrendecken und dunkle Federn auf dem Scheitel (E 1 und B 2). Besonders beim Weibchen ist der Augenstreif zudem sehr deutlich (E 1). Der Schnabel ist außerdem kräftiger als der des Sperbers.

Jungvögel Im 1. Kleid ist der Vogel auf der Unterseite gelblich mit längsgeflecktem Körper und Flügeldeckfedern (D 3), wogegen die Schwungfedern deutliche, breite Querbinden haben. Die Oberseite ist dunkelbraun mit rostfarbenen Federrändern und Kontrast zwischen Schwung- und Flügeldeckfedern (F).
Im 2. Frühjahr (demnach etwa 1 Jahr alt) beginnt der Junghabicht die Mauser ins Alterskleid. Diese Mauser wird meist im Laufe desselben Herbstes abgeschlossen. Der junge Habicht kann jedoch auch danach daran erkannt werden, daß die dunkle Kopfzeichnung noch nicht voll entwickelt ist. Im Alter von rund 2 Jahren voll ausgefärbt.

Flugbild Meistens eine Serie recht schneller Flügelschläge gefolgt von Gleitflug, bei dem die Flügel waagerecht gehalten werden (H). Im Kreisflug hält das Weibchen die Flügel deutlich angehoben (G), während die des Männchens bloß schwach angehoben sind. In der Regel erfolgt der Kreisflug mit gefächertem Schwanz.

Verwechslungsmöglichkeiten Das große ♀ sollte keine Schwierigkeiten machen, ist es doch ein Riesenvogel. Aber öfter als man denkt, wird das Habicht-♀ übersehen und für einen Mäusebussard gehalten, vor allem wenn es zielstrebig über freie Flächen fliegt.
Selbst für den erfahrenen Beobachter ist es schwer, das Habichts-♂ vom Sperber-♀ zu unterscheiden, da sie in der Größe recht dicht beieinanderliegen. Doch gibt es einige Unterschiede in den Proportionen. Der Habicht, auch das ♂, ist ein kräftigerer Vogel. Das sieht man deutlich am Körper, der langgestreckter wirkt, eine breitere und kräftigere Brust und eine breitere und kräftigere Beckenpartie besitzt als der Sperber. Darüber hinaus ist der Kopf größer und vorgestreckter, er wirkt fast dreikantig, während der des Sperbers rund erscheint. Weiterhin ist der Schwanz des Habichts deutlich breiter. Am leichtesten sind sie beim Kreisflug zu unterscheiden: Der Habicht erinnert sehr an einen »großen Falken«, da die Flügel spitzer sind als die des Sperbers. Der Schwanz ist darüber hinaus deutlich abgerundet und fächerförmig, während der des Sperbers gerade abgeschnitten und nahezu dreieckig ist. Beim Kreisflug wirkt der Habicht gedrungener, schwerer und hat regelmäßigere, etwas steife und nicht besonders tiefe Flügelschläge. Der Sperber wird in gleicher Situation 4–5 schnelle und energische Flügelschläge ausführen. Aus nächster Nähe ist die Kopfzeichnung des Habichts (ad.) deutlicher, da die Ohrdecken dunkler sind.

Habicht (Sp. 96–127 cm)

Sperber

(Accipiter nisus)

Gesamteindruck Ein typischer kleiner Habicht, somit ein Greifvogel mit breiten, kurzen und abgerundeten Flügeln, einem verhältnismäßig kleinen Kopf und einem langen Schwanz - wesentlich länger als die Flügelbreite.

Proportionen Das Männchen ist turmfalkengroß, das Weibchen etwas größer. Der Körper ist im Vergleich zum Habicht weniger kräftig, besonders an Brust und Becken. Der Kopf tritt kaum hervor und ist runder, der Schwanz ist schlanker und fast gerade abgeschnitten, beim Kreisflug nahezu dreieckig, und die Flügel sind verhältnismäßig breiter und runder.

Gefieder Adultes Männchen: Unterseite mit typischer Sperberung. Die Grundfarbe ist hellgräulich, die Querbänderung auf dem Körper rötlich, auf der übrigen Unterseite braun - alles in allem ergibt das auf Distanz den Eindruck einer einfarbig rotbraunen Unterseite. Die Oberseite variiert farblich von blaugrau bis dunkel-schiefergrau und wirkt auf Distanz einfarbig, abgesehen von den deutlich sichtbaren 4-5 Schwanzbinden, die auch unterseits sehr deutlich erscheinen (E 1). Die Augen sind gelb, bei alten Männchen orangerot.

Adultes Weibchen: Ähnelt dem Männchen. Die Sperberung ist jedoch braun. Die Oberseite ist dunkelbraun, doch oft mit einem schiefergrauen Schimmer. Außerdem hat das Weibchen einen deutlichen hellen Überaugenstreif (A 2). Dieser fehlt in der Regel dem Männchen. Die Augen sind gelb.

Jungvögel Im 1. Kleid variiert die Grundfarbe auf der Unterseite zwischen weiß, sahnefarben und (selten) rotbeige. Außerdem sind die Querstreifen breiter und unregelmäßiger (Abb. S. 147). Die Wangen sind dunkelbraun (F 3), die Kehle gräulich, und auf dem Schwanz sieht man im vordersten Teil Längsstreifen (E 4). Die Oberseite ist dunkelbraun mit rostfarbenen Federrändern. Nach dem 1. Kleiderwechsel kann der Jungvogel in der Regel nicht mehr von älteren Sperbern unterschieden werden, aber voll ausgefärbt ist der Sperber erst mit rund 2 Jahren. Die Augen sind gelb.

Flugbild Typisch habicht-/sperberartig, somit mit wenigen, schnellen Flügelschlägen, gefolgt von Gleitflug. Dieser verläuft mit nahezu waagerecht gehaltenen Flügeln (H). Man sieht ihn auch beim Kreisflug, meist während des Zuges, oft mit nur leicht gespreiztem Schwanz - demnach entgegengesetzt dem allgemeinen Verhalten des Habichts. Die Flügel werden ganz leicht angehoben oder waagerecht gehalten (G).

Typisches Verhalten Man sieht ihn häufig über der Erde jagen, oder im Winter zwischen Häusern und Gärten, beim Versuch unter Ausnutzung aller möglichen Deckung Kleinvögel zu überrumpeln.

Verwechslungsmöglichkeiten Siehe unter Habicht und Kurzfangsperber. In kräftigem Wind beugt der Sperber die Flügel rückwärts und wirkt dann spitzflügelig wie ein Falke. Doch ist der Sperber deutlich breitflügeliger als Falken. Siehe auch unter Merlin (S. 374).

Kurzfangsperber

(Accipiter brevipes)

Gesamteindruck Ein typischer kleiner Habicht - doch mehr falkenartiger Eindruck als beim Sperber. Die Augen sind rotbraun.

Proportionen So groß wie ein Sperber, an den er sehr erinnert. Der Körper ist jedoch schlanker, die Hand länger und spitzer - hierdurch entsteht der falkenartige Eindruck.

Gefieder Das ad. ♂ hat weiße oder rahmfarbene Flügelunterseiten mit deutlich schwarzen Flügelspitzen (S. 355, B 1). Der Körper ist hell und rostrot quergestreift, und der Schwanz hat 5-6 sichtbare Querbinden (demnach mehr als beim Sperber). Die Oberseite ist blaugrau mit dunkleren Flügelspitzen und heller werdend zum Bürzel hin. Die mittleren 2 Schwanzfedern sind außerdem einfarbig, so

Sperber (Sp. 60–80 cm)

daß die Binden bei gefaltetem Schwanz randständig bleiben. Das ad. ♀ ähnelt mit seiner kräftigen Sperberung unterseits in weit höherem Grade einem Sperber. Es hat jedoch auch deutliche dunkle Flügelspitzen (A 1) (gutes Feldkennzeichen) und - wie das ♂ - 5 bis 6 Binden auf dem Schwanz (A 2). Die Oberseite ist braun mit einem grauen Schimmer; die Kopfzeichnung ist dunkler als beim Sperber. Auch fehlen Augenstreifen. Aus der Nähe kann man einen dunklen Strich auf der Kehle sehen.

Jungvögel Erkennt man am besten daran, daß die Körperunterseite kaffeebraun tropfenförmig längsgefleckt ist (C 4) und daß sich entlang der Kehle ein deutlicher dunkler Mittelstreifen findet (C 4). Dieser ist beim ad. ♀ nur undeutlich zu sehen. Wie bei den anderen *Accipiter* auch, haben die Juv. oberseits rostfarbene Federsäume. Ein heller Fleck auf dem Oberrücken fällt auf. Die Augen sind grau bis graubraun.
Im zweiten Sommer (etwa 1 Jahr alt) weitgehend ausgefärbt. Einzelne Jungvogelfedern sieht man doch ständig noch, sowohl oberwie unterseits. Oberseits erkennt man sie an ihren rostfarbenen Rändern.

Flugbild Sehr ähnlich Sperber.

Typisches Verhalten Man sieht ihn häufiger als den Sperber beim Zug in der Thermik kreisen - häufig in großen Trupps.

Verwechslungsmöglichkeiten Am ehesten mit dem Sperber. Der Kurzfangsperber ist jedoch schlanker und spitzflügeliger und hat vor allem schwarze Flügelspitzen. Wie ersichtlich, sind sie am wenigsten beim Jungvogel ausgeprägt (C). Schwerer zu sehen sind die Schwanzbinden. Der Kurzfangsperber hat 5-6, der Sperber 4-5.
Das sehr helle ♂ kann, aufgrund des mehr falkenartigen Aussehens, mit dem ♂ des Rötelfalken verwechselt werden, der auch sehr hell ist. Dessen auffallende Schwanzendbinde schließt ihn jedoch aus.
Der Junghabicht ist ebenfalls längsgestreift. In der Größe liegen Habicht-♂ und Kurzfangsperber-♀ dicht beieinander.
Die Unterseite des Habichts ist kräftiger gezeichnet, und wiederum kann man die Schwanzbinden nutzen. Der Habicht hat nur 3-4. Außerdem ist der Habicht schwerer. (Näheres unter »Verwechslungsmöglichkeiten« bei Habicht.)

Schikra
(Accipiter badius)

Gesamteindruck Ein kleiner, heller Habicht. Auge orangerot (ad.).

Proportionen Sehr ähnlich Sperber.

Gefieder Adultes Männchen: Die Oberseite ist hell blaugrau, die 4-5 längsten Handschwingen mit fast schwarzen Spitzen und die äußerste Schwanzfeder mit schwach ausgeprägten, dunklen Binden (B 2). Die Unterseite ist sehr hell, die Flügelspitzen sind etwas dunkler (A 1). Aus der Nähe sieht man einen dunklen Streif auf der Kehle (A 3). Der Schwanz ist recht dunkel und mit deutlichen Querbinden (5, A 4) versehen. Gleichfalls sieht man aus der Nähe die schwachen, rotbraunen Querstreifen auf dem Körper.
Adultes Weibchen: Ähnelt dem ♂, ist aber oberseits etwas dunkler (brauner). Unterseits heller und mit helleren Flügelspitzen; schwächere und breitere Querstreifen auf dem Körper.

Jungvögel Im juv.-Kleid ist die Oberseite dunkelbraun mit rostroten Federrändern; ferner hellerer Kopf und hellere Schwanzdecken. Der Schwanz hat 5-8 ausgeprägte Querbinden. Auf der Unterseite ist der Körper mit großen, bräunlichen, tropfenförmigen Flecken besetzt, ebenso die Flügeldecken, und die Schwungfedern sind kräftiger gefleckt und gebändert als bei den Altvögeln. Das Auge ist bei juv. weiß-gelblich.

Flugbild Erinnert an Sperber.

Verwechslungsmöglichkeiten Erinnert in Farben und Zeichnung am meisten an Kurzfangsperber, aber dieser ist mehr falkenartig (hat spitzere Flügel) und hat dunklere Flügelspitzen. Die juv. sind im Felde anhand der Kleider schwer zu trennen. Hier mangelt es bisher an Wissen und Erfahrung.

Kurzfangsperber (Sp. 64–80 cm)

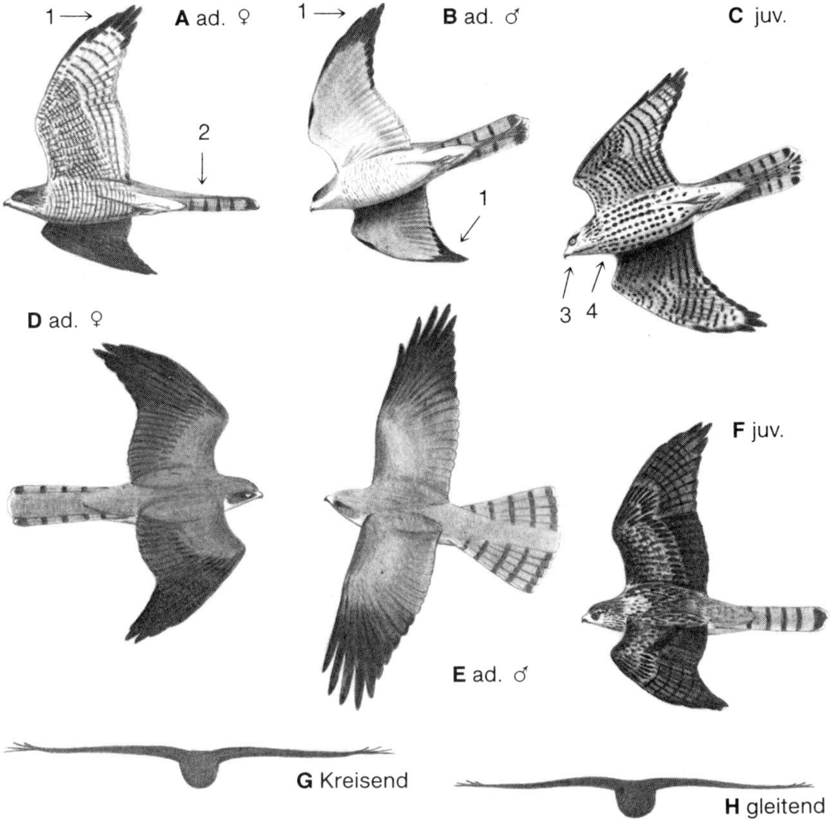

Schikra (Sp. 60–70 cm)

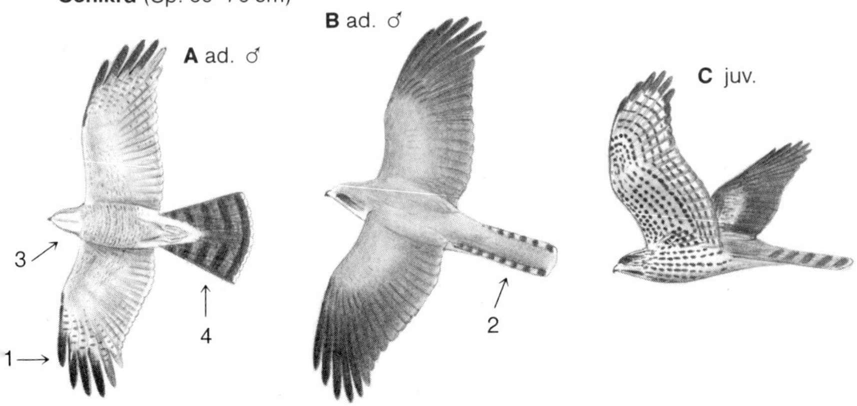

Gerfalke

(Falco rusticolus)

Gesamteindruck Ein sehr großer Falke - mit einer Spannweite wie der Mäusebussard - und dadurch wesentlich größer als z. B. der Wanderfalke.

Proportionen Die Flügel sind lang und besonders am Flügelansatz breit. Die Hand ist für einen Falken recht abgerundet. Der Körper ist kräftig, der Schwanz breit und lang. Der Kopf ist groß, der Schnabel kräftig.

Gefieder Die Vögel Skandinaviens, Nordfinnlands und Nordrußlands gehören alle der dunklen Phase an. Bei ihr haben die Altvögel eine weiße Unterseite mit dunklen tropfen- oder pfeilförmigen Flecken verschiedener Größe. Die Grundfarbe der Schwungfedern ist aber dunkelbraun mit helleren Binden (A). Die Oberseite ist in der Hauptsache schiefergrau, in der Regel mit helleren Binden (H), deutlich besonders am Schwanz. Der Oberkopf wirkt im Feld einfarbig dunkel schiefergrau. Die Wangen haben dazwischen dunkle Federn, so daß der Bartstreif sich nur schwach abzeichnet (D 1).

Abarten Der Gerfalke tritt außer in der dunklen Phase auch in einer grauen und einer weißen auf.
Graue Phase: gleicht der dunklen auf der Unterseite; in bestimmten Fällen ist sie jedoch schwächer gezeichnet (M). Die Oberseite ist deutlich heller. Während die dunkle Phase auf Distanz einfarbig wirkt, erscheint die graue mit deutlich helleren Binden. Der Kopf ist überwiegend weiß mit dunklen Schaftstrichen, doch kann das Aussehen beträchtlich schwanken. Der Gesamteindruck: ein grauer Vogel.
Weiße Phase: Im ganzen ein weißer Vogel mit schwarzen Flügelspitzen (L). Das Federkleid besitzt aber ober- wie unterseits viele dunkle Flecken, oft mehr als in der Zeichnung L angegeben. Es gibt Übergangsformen zwischen den einzelnen Phasen. Auf Grönland machen sie zwischen der grauen und weißen Phase anscheinend rund 9% aus. Auch die Vögel vom europäischen Festland (dunkle Phase) variieren (siehe A–D).

Jungvögel Dunkle Phase: Deutlich dunkler auf der Unterseite aufgrund der dunklen Längsstriche auf dem Körper und der dunkleren Flügeldeckfedern (F und G). Die Oberseite ist ebenfalls dunkler (I). Die Farbe ist dunkelbraun gegenüber dem Schiefergrau der ad. Ebenfalls ist der Oberkopf dunkler, so daß der helle Nackenfleck deutlicher hervorsticht. Ab 2. Sommerkleid (rund 1 Jahr alt) ähnelt der Vogel den ad. Er ist jedoch durchweg dunkler und kräftiger gezeichnet. Die Flügeldeckfedern sind somit in vielen Fällen dunkler und die inneren Armschwingen ohne Querbinden, wie auch die Unterseite kräftiger gefleckt ist als bei den ad.
Graue Phase: Die Oberseite erscheint mit größeren hellen Flecken und Federrändern. Dies ergibt ein bunteres Aussehen.
Weiße Phase: Die dunklen Flecken sind tropfenförmig und sind ohne Tendenz zur Bindenbildung plaziert, was auch bei bestimmten Altvögeln vorkommt (K).

Flugbild Aufgrund der bedeutenden Größe hat die Art für einen Falken recht langsame Flügelbewegungen. Sie sind auch nicht besonders tief und wirken fast so, als ob sie nur mit der Hand ausgeführt werden. Der Kreisflug wird mit schwach aufwärts gebogenen Flügeln (N) ausgeführt und mit ausgebreitetem, fächerförmigen Schwanz.

Typisches Verhalten Jagt im Gegensatz zum Wanderfalken oft tief über dem Boden. Häufig arbeiten zwei Vögel zusammen.

Verwechslungsmöglichkeiten Aufgrund seiner Verbreitung am naheliegendsten mit Wanderfalken. Doch ist der Gerfalke normalerweise bedeutend größer, hat einen etwas längeren Arm, breitere und rundere Flügel sowie einen längeren Schwanz. Darüber hinaus imponiert er als ein größerer und schwererer Vogel. Von den Unterschieden im Gefieder können genannt werden: Die Unterseite des Gerfalken ist oft heller und normalerweise ohne die Querstreifenbänderung des Wanderfalken. Die Oberseite ist etwas heller, aus der Nähe mit hellen Schuppen und Streifen. Der Kopf ist nicht so kontrastreich wie der des Wanderfalken, bei dem der Bartstreif in allen Kleidern wie »gemeißelt« mit der hellen Wange kontrastiert. Der junge Gerfalke ähnelt dem jungen Wanderfalken mehr. Ein gutes Kennzeichen ist, daß der Gerfalke unterseits einen deutlichen Kontrast

Gerfalke I (Sp. 120–135 cm)

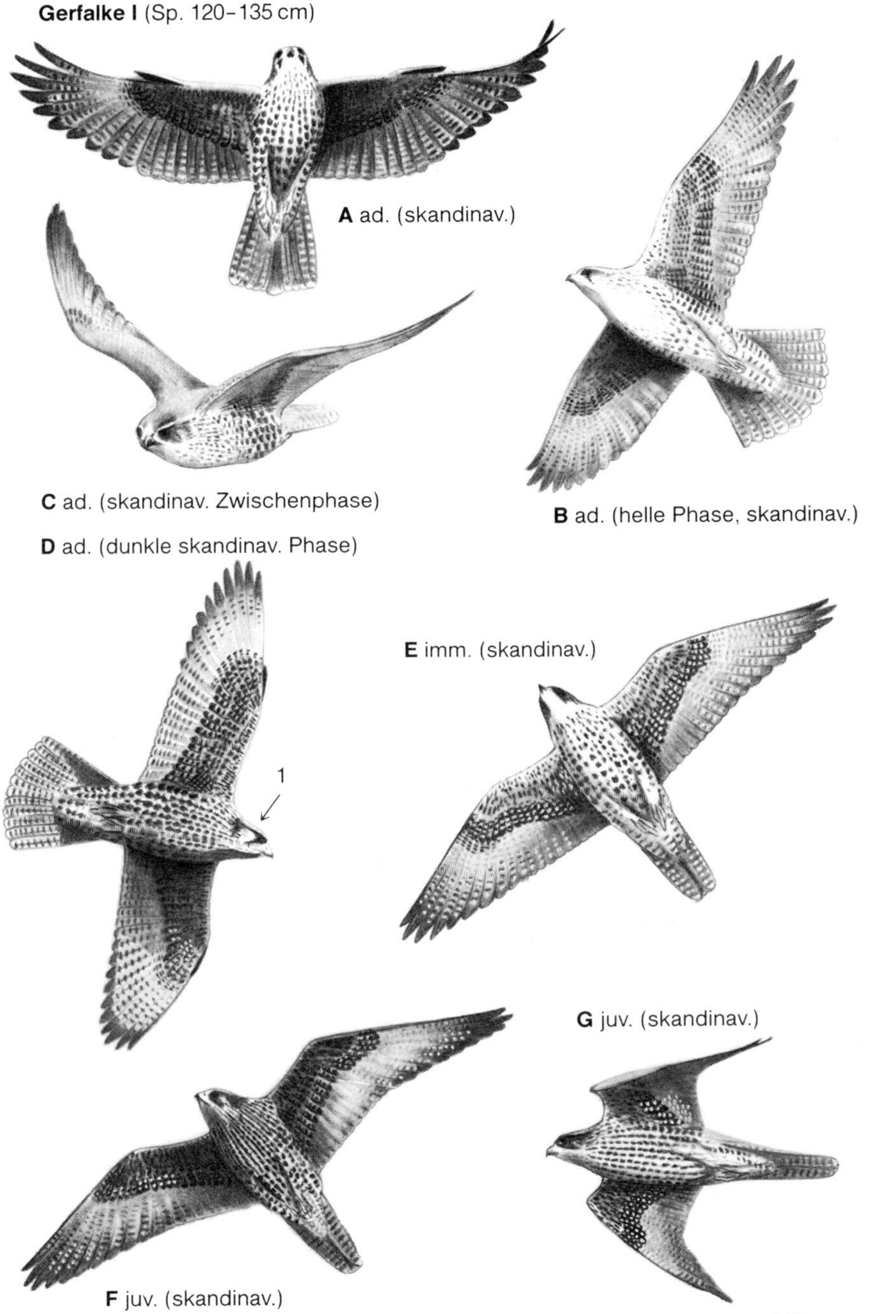

A ad. (skandinav.)

B ad. (helle Phase, skandinav.)

C ad. (skandinav. Zwischenphase)

D ad. (dunkle skandinav. Phase)

E imm. (skandinav.)

F juv. (skandinav.)

G juv. (skandinav.)

zwischen Flügeldecke und Schwungfedern zeigt, ein Merkmal, das man in abgeschwächter Form auch beim ad. sieht. Die Vögel der grauen und weißen Phase sind oberseits so hell, daß sie nicht mit den anderen großen Falken verwechselt werden können.
Die dunkle Phase kann mit dem Würgfalken verwechselt werden. Beide Arten haben eine fast gleiche Silhouette. Normalerweise ist der Würgfalke etwas kleiner, aber der Größenunterschied ist schwer zu erkennen. Generell ist der Kopf des Gerfalken dunkler, die Oberseite heller und »schuppiger« und der Schwanz weniger ausgeprägt gebändert. Ausgefärbte Gerfalken sind oberseits gräulich, während Würgfalken braun in verschiedenen Nuancen sind. Die Jungvögel des Würgfalken sind im Vergleich zu denen des Gerfalken dunkler auf der Oberseite der Handschwingen. Die Bestimmung von Jungvögeln ist jedoch schwierig. Die Kopfzeichnung des Gerfalken ist deutlich dunkler. Der Bartstreif kann bei guten Umständen auch zur Bestimmung genutzt werden. Gerfalke und Würgfalke sieht man aber nur äußerst selten an derselben Stelle, so daß normalerweise keine Probleme entstehen.

Gerfalke, skandinavischer Vogel.

Gerfalke II

H ad./imm. (skandinav.)

I juv. (skandinav.)

K juv. (helle Phase, Grönland)

J juv. (helle Phase, Grönland)

M (Island)

L ad. (Grönland)

N kreisend

Würgfalke

(Falco cherrug)

Gesamteindruck Ein sehr großer Falke: Spannweite etwa wie Mäusebussard.

Proportionen Ähnelt sehr dem Gerfalken - ebenso mit langen, oft etwas abgerundeten und breiten Flügeln sowie langem Schwanz. Aber es gibt starke individuelle Schwankungen in den Proportionen.

Gefieder Der ad. kann unterseits sehr hell sein (cremefarben) mit nur einigen wenigen dunklen Flecken auf Körper und Flügeldekken, einer schwach ausgeprägten Querbänderung auf den Schwungfedern und leicht dunklen Handschwingenspitzen (B). Anscheinend sind es ♂, die so hell sind. Die ♀ haben häufig Körper und Flügeldecken kräftiger gefleckt, besonders die großen Flügeldeckfedern, die auf Distanz wie eine dunkle Flügelbinde wirken.
Die Oberseite variiert von dunkelbraun über rot- und gelbbraun bis graubraun mit dunkleren Schwungfedern, wodurch (wie beim Turmfalken) ein gewisser Kontrast zum übrigen Gefieder entsteht (F 1).
Die Schwanzzeichnung ist recht ausgeprägt. Die mittleren Schwanzfedern sind oft einfarbig. Die anderen besitzen ovale, gelblichbraune Flecken auf Außen- und Innenfahnen (F 2), so daß der Schwanz entweder quergebändert oder seitlich gefleckt erscheint. Der helle Kopf hebt sich auf Distanz deutlich von der ansonsten dunklen Oberseite ab (F 3). Aus unmittelbarer Nähe kann die Kopfzeichnung zur Bestimmung von Wert sein. Auf cremefarbenem Grund machen sich einige braune Federn bemerkbar. Ein schwarzer Strich erstreckt sich vom Auge aus nach hinten und ein schwacher, länglicher Bartstreif ist in der Regel sichtbar (B 4), doch nicht immer. Die Wange ist fast ohne dunkle Abzeichen und sticht hell ab. Über dem Auge und nakkenwärts sieht man einen weißlichen Überaugenstreif (unter extrem guten Beobachtungsverhältnissen).

Abarten Die Europäer tragen das beschriebene Kleid. Andere Rassen in Asien sind teils heller, teils dunkler. In Europa sieht man Vögel mit ausgeprägt blaugrauem oder quergestreiftem Bürzel.

Jungvögel Meist sind sie sowohl in der Grundfarbe als auch der Zeichnung dunkler. Die Körperunterseite zeigt oft kräftige, dunkle Längsstreifung vor Flecken (D 5). Die Flügeldecken sind normalerweise deutlich dunkler (D 6). Die hellen Federränder der Oberseite sind schmaler, so daß die Federn dunkler wirken. Das gleiche gilt für den Kopf, wo der schwarze Streif hinter dem Auge breiter ist und der Bartstreif kräftiger gezeichnet. Eine Altersbestimmung ist in bestimmten Fällen nur möglich durch Zusammenschau der genannten Merkmale. Im Alter von rund 1 Jahr gleichen die juv. den ad. In der Regel kann man sie doch fortwährend erkennen, am deutlichsten an den langen, dunklen Streifen der Unterseite, sowie daran, daß die großen Flügeldecken unterseits nicht gemausert wurden. Sie stechen als deutliche, dunkle Binde hervor (C 7). Im Alter von rund 2 Jahren ist der Würgfalke ausgefärbt.

Flugbild Aufgrund seiner Größe fliegt der Würgfalke mit recht langsamen Flügelschlägen. Diese sind nicht besonders tief und scheinen fast nur mit der Hand allein ausgeführt zu werden. Während der Jagd erhöht sich die Schlagfrequenz und die Schläge werden tiefer. Kleine ♂ können sehr schnell fliegen. Der Kreisflug wird mit schwach aufwärts gebogenen Flügeln (H) und breit gefächertem Schwanz ausgeführt.

Typisches Verhalten Rüttelt ab und an. Schlägt die meiste Beute am Boden. Normalerweise Überraschungsjäger. Eine dramatische Verfolgung eines Vogels über längere Strecken sieht man nicht so häufig.

Verwechslungsmöglichkeiten Bezüglich Gerfalke und Lanner bzw. Feldeggsfalke siehe bei diesen Arten. Im Vergleich zum Wanderfalken wirkt der Würgfalke deutlich größer und hat in der Regel breitere und rundere Flügel samt längeren Schwanz. Der Kopf ist außerdem sehr kräftig und rund. Der Wanderfalke hat zudem eine blaugraue bis schiefergraue Oberseite, während der Würgfalke braun ist. Auch die Kopfzeichnungen sind verschieden, wobei die des Wanderfalken deutlich dunkler sind und immer einen kräftig gezeichneten Bartstreif besitzen.

Würgfalke (Sp. 104–129 cm)

Lanner/Feldeggsfalke

(Falco biarmicus)

Die europäische Rasse heißt Feldeggsfalke.

Gesamteindruck Ein großer Falke, doch der kleinste der 3 Großfalken.

Proportionen Ein langgestreckter, verhältnismäßig schlanker Falke mit langen Flügeln. Diese haben einen recht breiten Arm und spitze Hände, die im Kreisflug rund erscheinen können. Im Vergleich zum Würgfalken sind der Körper schlanker und der Kopf kleiner.

Gefieder Ad. oft sehr hell unterseits (beige oder mit rostfarbenem Schimmer) mit nur wenigen dunklen Flecken (B), auf Körperseiten und Flügeldecken plaziert. Die Schwungfedern haben schwach ausgebildete Querbinden (A). Dunklere Vögel gibt es, u. a. mit Flecken auf der Brust. Aber auch fleckenlose (♂) kommen vor.
Die Oberseite ist hell oder dunkel-schiefergrau. Aus der Nähe sieht man hellere Federränder, auf Distanz aber wirkt sie einfarbig, heller werdend zum Bürzel (E). Die Oberseite kann wie der Schwanz mit hellen Querbinden besetzt sein. Der Kopf ist oberseits einfarbig rostfarben (E 1), die Stirn jedoch fast schwarz. Ein breiter, dunkler Strich verläuft vom Auge nach hinten (A 2), und einen Bartstreif sieht man in der Regel deutlich auf der hellen Wange (A 3). Einige Vögel haben den Bartstreif nur angedeutet.

Rassen *F. b. erlangeri* (B; NW-Afrika) und *tanypteris* (Libyen/Nahost) sind ober- und unterseits heller (u. a. durch weniger Flecken).

Jungvögel Erkennt man am leichtesten an den mehr oder weniger kräftigen Längsstreifen (D 4) und dunklen Flügeldecken (D 5). Oberseits dank schmalerer heller Federsäume dunkler und braun schimmernd. Auch der Kopf ist dunkler. Einige scheinen direkt ins Alterskleid zu mausern. Andere sind noch als 1jährige erkennbar, u. a. durch dunkle Streifen auf der Brust (doch weniger kräftig als bei juv.), sowie daran, daß die großen Flügeldecken unterseits nicht gemausert sind und deshalb als dunkle Flügelbinde erscheinen (C 6).

Flugbild Elegant. Beim normalen Flug Flügelschlag langsam und nicht besonders tief. Während der Jagd bedeutend schneller; die Schläge sind tiefer. Im Vergleich zum Wanderfalken schwerer, langsamer und mit kaum so kraftbetonten Flügelbewegungen. Kreist mit schwach aufgebogenen Flügeln (H).

Verwechslungsmöglichkeiten Im Vergleich zum Wanderfalken hat der Lanner etwas längere Flügel (besonders den Arm), beim Kreisflug rundere Flügel sowie einen längeren Schwanz. Der dunkle Kopf ist ein gutes Merkmal des ad. Wanderfalken. Bei den juv. ist das Problem größer. Beide haben einen dunklen Kopf, der des Wanderfalken ist jedoch deutlich dunkler. Der Kontrast unterseits zwischen Flügeldecken und Handschwingen beim Lanner ist aber ein gutes Merkmal. Dazu kommen die großen Proportionsunterschiede beider Arten.

Lanner und Würgfalke geben wirklich große Probleme.
Adulte Vögel: Der Lanner hat einen schlankeren, ovaleren Körper und einen kleineren Kopf als der Würgfalke. Der Würgfalke wirkt oft breitbrüstig und hat oft einen schmaler werdenden Schwanz. In vielen Fällen hat der Lanner auch schmalere Flügel und gibt im ganzen einen schlankeren Gesamteindruck. Normalerweise hat der Lanner einen rotbraunen Kopf gegenüber dem weißlichen des Würgfalken. Die Oberseite ist grau, während die des Würgfalken braun in wechselnden Nuancen ist, vielfach rotbraun. Auch Zeichnung und Färbung des Schwanzes sind verschieden. Der des Lanner ist aschgrau und dicht gebändert, der des Würgfalken ist hellbraun mit ovalen, hellen Flecken auf den äußeren Federn (S. 361 G).
Die Zeichnung des Kopfes kann aus nächster Nähe wertvoll als Merkmal sein. Der Lanner hat einen kräftigen schwarzen Streif vom Auge aus nach hinten, ebenso in der Regel einen deutlichen, schmalen Bartstreif. Beides ist beim Würgfalken schwächer ausgebildet, der zugleich mit einem hellen Überaugenstreif ausgestattet ist.
Jungvögel: Auf Distanz sind die Jungvögel beider Arten oft unmöglich zu unterscheiden. Aus der Nähe sieht man beim Würgfalken den Kontrast oberseits zwischen dem Braun von Flügeldecken und Rücken und den fast schwarzen Schwungfedern. Der Lanner ist hier einfarbig dunkel.

Lanner (Sp. 95–115 cm)

Wanderfalke

(Falco peregrinus)

Gesamteindruck Ein mittelgroßer bis großer Falke mit sehr kräftigem Flug.

Proportionen Großer Größenunterschied zwischen ♂ und ♀. Wirkt sehr kompakt aufgrund eines sehr kräftigen Körpers mit breiter Brust und einem für Falken recht kurzem Schwanz. Die Proportionen können variieren: von breitflügeligen, gerfalkenartigen zu schlankflügeligen, baumfalkenartigen Vögeln. Doch ist allezeit der kurze Schwanz auffallend.

Gefieder Helle Unterseite der ad. mit auffallender dunkler Querbänderung. Die ♂ haben oft auf der Brust eine größere nichtgestreifte, ungefleckte Partie (B) als die ♀ (A). Oberseits sehr dunkel: Kopf und Vorderrücken sind schwarz und die übrige Oberseite blaugrau oder schiefergrau. Der Schwanz ist deutlich gebändert. Der sehr deutliche, breite Bartstreif (B 1 und F 1) ist ein gutes Kennzeichen im Zusammenhang mit dem sehr dunklen Oberkopf (B 2 und F 2) und den weißen Wangen.

Rassen Die nördliche Rasse *calidus* (C) ist größer, unterseits heller und hellgrau bis graublau oberseits. Die Mittelmeerrasse *brookei* ist kleiner, dunkler, besitzt deutlich rostfarbene Nackenfedern und einen rostfarbenen Schimmer auf der Unterseite.

Jungvögel Die Unterseite ist gelbbraun mit kräftigen, braunen Längsstreifen (E 3) und deutlich dunklerer Flügelzeichnung. Die Oberseite ist schwarzbraun. Aufgrund der dunklen Halszeichnung ist der Bartstreif nicht ganz so auffallend. Im 2. Sommer hat der juv. normalerweise ständig einen Teil Jungvogelfedern.

Flugweise Der aktive Flug ist recht langsam und kraftvoll mit einer etwas steifen und nicht besonders tiefen Flügelführung. Während der Jagd werden Geschwindigkeit, Kraft und Tiefe sehr erhöht. Beim Kreisflug werden die Flügel ein ganz wenig angehoben gehalten (H).

Verwechslungsmöglichkeiten Im Vergleich mit den 3 Großfalken, Ger-, Würg- und Lannerfalke, erkennt man den Wanderfalken verhältnismäßig leicht anhand der verschiedenen Proportionen. Die Flügel sind normalerweise schlanker, der Körper weniger langgestreckt, der Schwanz kürzer. Beim Kreisflug fallen die spitzeren Flügel auf. Große ♀ der Wanderfalken und kleine ♂ der anderen Falken können sich in Größe und Proportionen überlappen. Man beachte erneut den kurzen Schwanz des Wanderfalken. Im übrigen ist der Größenunterschied Wanderfalke/Lanner gering. Wesentlich ist auch, daß die ad. Wanderfalken eine helle Vorderbrust haben, während die ad. der 3 Großfalken auf der ganzen Unterseite sehr hell sind. Den Wanderfalken unterscheidet man am einfachsten von diesen anhand des dunklen Kopfes und des scharf gezeichneten, breiten Bartstreifs auf weißer Wange. Die Unterschiede bei den Jungvögeln der 4 Arten sind jeweils bei den 3 großen Arten beschrieben. Der Baumfalke ergibt eine weitere Verwechslungsmöglichkeit, besonders gegenüber dem jungen Wanderfalken. Doch in der Regel entscheidend verschieden in den Proportionen, wenn auch überraschende Ähnlichkeit vorkommen kann. Der Baumfalke ist jedoch dunkler und hat einen schmaleren und spitzeren Bartstreif.
Aufgrund der Ähnlichkeit in der Größe besteht auch eine Verwechslungsmöglichkeit mit dem Eleonorenfalke. Normalerweise sind aber die Proportionen beider sehr verschieden. Der Eleonorenfalke ist deutlich schlanker, hat längere und schmalere Flügel und einen deutlich längeren Schwanz – proportional sehr ähnlich dem Baumfalken. Ferner ist seine Unterseite dunkler. Dies betrifft jedoch nicht die juv., die hell sind mit deutlich dunklen Unterflügeln.
Normalerweise ist der Wanderfalke, insbesondere das große Weibchen, so typisch in seiner Gesamterscheinung, daß man sich schnell darüber klar ist, daß man einen großen Falken vor sich hat. Die kleinen Männchen können schwerer zu bestimmen sein, besonders auf Distanz und im Gegenlicht. Eine Verwechslung mit Baumfalke und Merlin ist dann durchaus möglich. Bei gutem Licht wird man jedoch, selbst auf große Entfernung, die helle Brust des ad. Wanderfalken erkennen – ein Merkmal, das keiner der Kleinfalken besitzt.

Wanderfalke (Sp. 80–117 cm)

Wüstenfalke

(Falco pelegrinoides)

Gesamteindruck Sehr ähnlich Wanderfalken.

Proportionen Wie Wanderfalke, aber ein wenig weniger kompakt durch den schlanken Körper. In der Größe oft wie der kleinste Wanderfalke.

Gefieder Die Oberseite der ad. ist hell graublau mit grauschwarzen Handschwingen. Scheitel und Nacken sind rotbraun, Stirn und Bartstreif schwärzlich. Die Unterseite wirkt einfarbig hell - aus der Nähe gelbbraun und nur mit wenigen dunklen Flecken und Querstreifen versehen.

Rassen Die östliche Rasse (*babylonicus* - vom Iran an ostwärts) hat eine noch hellere Oberseite, hellbraune Stirn und Nacken sowie nur schwachen Bartstreif.

Jungvögel Erinnern sehr an die des Wanderfalken (insbesondere von *brookei*), haben aber eine braunere und zudem hellere Oberseite (helle Federränder), einen helleren Kopf mit einem größeren und rotbrauneren Nackenband, schmaleren Bartstreif und schmalere Längsstreifen auf rotbrauner Unterseite.

Flugbild Wie das des Wanderfalken, oft sehr temperamentvoll.

Verwechslungsmöglichkeiten Gleicht sehr dem Wanderfalken, ist aber - wie gesagt - etwas weniger kompakt gebaut (schlankerer Körper). Die Unterseite ist deutlich heller und wirkt einfarbig hell, während der Wanderfalke eine deutlich hellere Vorderbrust hat. Die Oberseite ist ebenfalls heller als beim Wanderfalken. Bei guten Beobachtungsverhältnissen sind der rostfarbene Scheitel und Nakken ausgezeichnete Merkmale. Ferner tritt der Bartstreif schwächer hervor als beim Wanderfalken. Erinnert in seiner Farbverteilung sehr an den Lanner. Dieser hat jedoch einen auffallend längeren Schwanz mit mehreren Querbinden, während der Wüstenfalke nur eine deutliche Querbinde am Schwanzende aufweist. Der Wüstenfalke hat außerdem einen ausgeprägten Bartstreif.

Schieferfalke

(Falco concolor)

Gesamteindruck Ähnelt sehr dem Eleonorenfalken.

Proportionen Etwas kleiner als Eleonorenfalke; keilförmiger Schwanz.

Gefieder Dunkle Phase der ad. (A): Sehr ähnlich der des Eleonorenfalken. Helle Phase (häufiger): Der Gesamteindruck ist der eines schiefergrauen Vogels mit etwas dunkleren Handschwingen (B). Die gelbe Wachshaut und die gelben Beine sind in beiden Phasen äußerst auffallend.

Jungvögel Brauner, oberseits mit hellem Nackenfleck. Unterseite gelbbraun mit deutlicher dunkelbrauner Längsstreifung. Schmaler Bartstreif.

Flugbild Sehr ähnlich Eleonorenfalke, aber oft ist die Hand mehr angewinkelt.

Typisches Verhalten Wird im Winterquartier oft in kleinen Trupps beim Insektenfang gesehen. Am Brutplatz jagt er gerne morgens und abends.

Verwechslungsmöglichkeiten Die dunkle Phase des Schieferfalken und des Eleonorenfalken sind auf Entfernung identisch. Aus der Nähe kann man sehen, daß der Schieferfalke unterseits nicht (!) die helle Schwungfederbasis hat. Ferner hat er einen keilförmigen Schwanz; die beiden mittleren Schwanzfedern sind länger! Die helle, graue Phase hat außerdem einen dunklen Fleck zwischen Auge und der hellen Kehle. Juv. erinnert sehr an den juv. des Eleonorenfalken. Aus der Nähe kann man den jungen Schieferfalken aber daran unterscheiden, daß ihn der bleiche, rotbraune Grundton auf Körper und Unterflügeldecken fehlt, den der Eleonorenfalken-juv. besitzt.

Wüstenfalke (Sp. 80–100 cm)

Schieferfalke (Sp. 85 cm)

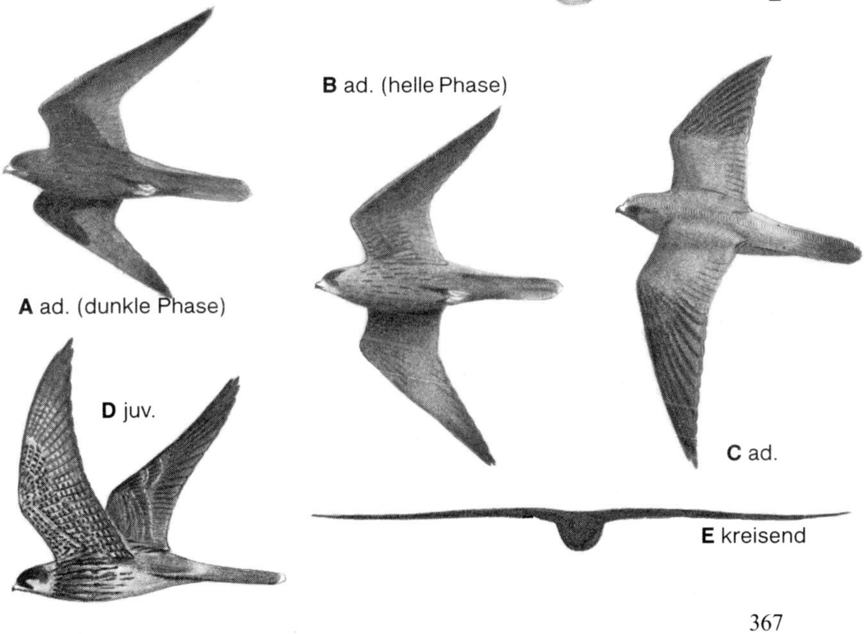

Eleonorenfalke

(Falco eleonorae)

Gesamteindruck Ein mittelgroßer Falke - mit ausgeprägt langem Schwanz und sehr langen Flügeln.

Proportionen Ähnelt Baumfalken. Der Eleonorenfalke ist aber größer, die Flügel sind verhältnismäßig länger und schmaler und vor allem ist der Schwanz bedeutend länger. Alles in allem ist die Rede von einem sehr schlanken und wohlproportionierten Falken.

Gefieder Helle Phase: Unterseite der ad. kräftig längsgestreift auf cremefarbenem bis rotbraunem Grund. Die Flügeldeckfedern sind tief dunkelbraun, die Flügelfedern grau, einen deutlichen Kontrast miteinander bildend (A 1). Die Kehle und Wangen heben sich auffallend hell von dem dunkelbraunen Oberkopf und dem deutlichen Bartstreif ab (A 2). Die Oberseite wirkt einfarbig dunkelbraunschwarz bis blauschwarz. Aus der Nähe sieht man, daß der Hinterrücken heller ist. Einige Eleonorenfalken haben rotbraune Unterschwanzdecken.
Dunkle Phase (ca. 25% der Gesamtpopulation): Fast einfarbig dunkles, schiefergraues Kleid, jedoch auch hier mit etwas helleren Schwungfedern (B 1).
Ob es Zwischenformen gibt, ist noch nicht klar. Vögel mit einem dunkleren Aussehen als der hellen Phase sind vielleicht ca. Einjährige der dunklen Phase.

Jungvögel In seinem ersten Kleid ist der Jungvogel deutlich heller und im übrigen sehr ähnlich dem juv. des Rotfußfalken. Die Unterseite des Körpers ist auf grauem Grund längsgefleckt, die Schwungfedern haben schmale, dunkle Querbinden und die Flügel eine dunkle Hinterkante (D 3). Darüber hinaus besitzen die Flügeldeckfedern dunkle Flecken (D 4). Auf der Oberseite sieht man den Unterschied zum Erwachsenenkleid deutlich daran, daß die Jungvögel schmale, helle Binden auf dem Schwanz haben.
Wann die Art ausgefärbt ist, weiß man nicht.

Flugbild Ein wirklich guter Flieger, der sich oft in gewaltige Sturzflüge wirft, selbst wenn er nicht jagt. Beim aktiven Flug wirken die Flügelschläge entspannt, weich, nicht besonders tief und recht langsam. Während der Jagd sind sie schnell und kraftbetonter.

Typisches Verhalten Man sieht ihn in kleinen Trupps jagen. Wirft sich dabei häufig in größere und kleinere Sturzflüge. Wird oft bei den Kolonien auf Inseln des Mittelmeerraumes gesehen.

Verwechslungsmöglichkeiten Aufgrund des Profils und der Farbverteilung bei den Vögeln der hellen Phase: am nächstliegenden mit dem Baumfalk. Der Eleonorenfalke ist aber größer und kräftiger gebaut, hat einen etwas breiteren Arm sowie längeren Schwanz. Altvögel unterscheiden sich auch durch die andersartige Zeichnung der Unterflügel und den dunkleren Körper.
Die Jungvögel beider Arten gleichen sich mehr, aber die dunklen Unterflügeldecken beim Eleonorenfalken im Kontrast mit den graueren Schwungfedern sind arttypisch.
Vögel der dunklen Phase können mit den adulten Männchen des Rotfußfalken verwechselt werden. Abgesehen davon, daß diese kleiner, schlanker sind und sich in anderer Weise bewegen (oft turmfalkenartig), bestehen auch Unterschiede in den Kleidern. Der Rotfußfalke hat oberseits einen deutlichen Kontrast zwischen Flügeldeck- und Schwungfedern, nicht so der Eleonorenfalke. Etwa einjährige Männchen des Rotfußfalken treten aber in einem kontrastlosen Kleid auf.
Auch der Wanderfalke stellt eine Verwechslungsmöglichkeit dar. Der Wanderfalke hat aber in der Regel eine ganz andersartige, kompakte Silhouette, und aus der Nähe sieht man dessen quergestreifte Unterseite. Im ganzen gesehen, ist der Wanderfalke auch heller. Junge Wanderfalken sind aber sowohl längsgestreift als auch recht dunkel. Kleine, recht schlanke junge Männchen können daher sehr irreführen. Einen wesentlichen Unterschied aber hat man immer in dem deutlich kürzeren Schwanz des Wanderfalken.
Zur Verwechslung mit dem Schieferfalken siehe S. 366.

Eleonorenfalke (Sp. 90 cm)

Baumfalke

(Falco subbuteo)

Gesamteindruck Ein kleiner bis mittelgroßer, recht kräftig gebauter Falke mit sehr schlanken, langen und spitzen Flügeln und recht kurzem Schwanz. Im Flugprofil wird er oft mit dem Mauersegler verglichen – im Riesenformat!

Proportionen So groß wie der Turmfalke, aber mit ganz anderern Proportionen. Die Flügel sind schlanker und spitzer, die Arme dabei sehr kurz und die Hand lang und schmal. Normalerweise ist der Schwanz recht kurz. Unter den Falken ist der Baumfalke neben dem Wanderfalken die Art, die den kürzesten Schwanz besitzt.

Gefieder Die Körperunterseite ist hell, häufig mit rostfarbenem Schimmer. Kräftige Längsstreifen betonen den Kontrast. Auffallend sind auch die rostroten Unterschwanzdeckfedern und »Hosen« (A3). Die Flügeldeckfedern sind übersät mit Flecken, und die Schwungfedern zeigen deutliche Bänderung. Die Flügelspitzen sind ein wenig dunkler. Die Oberseite wirkt oberflächlich betrachtet einfarbig dunkel blaugrau, zum Bürzel hin heller werdend; das Weibchen mit einem Ton Braun. Der Kopf ist – ein gutes Feldkennzeichen – von gleicher dunkler Farbe wie der Rücken (C1) und mit einem besonders deutlichen Bartstreif versehen (A2). Die Kehle ist hell.

Jungvögel Ähneln sehr den ad. Auf der Unterseite können sie jedoch daran erkannt werden, daß die Unterschwanzdecken und die »Hosen« hellbeige sind (B4), nicht rostfarben wie bei den Altvögeln. Auf der Oberseite ist es ein ziemlich gutes Kennzeichen, daß die dunklen Schwungfedern in einem gewissen Kontrast zu den helleren Flügeldecken stehen.
Eine helle Binde ist auch erkennbar auf der Oberseite zwischen Flügeldeck- und Schwungfedern (D5). Diese Binde schleißt aber verhältnismäßig schnell weg. Die hellere Farbe der Flügeldekken kommt im übrigen auf dem Kopf wieder, der somit brauner als der des Altvogels ist.

Flugbild Ein Vogel mit phantastischen Fähigkeiten in der Luft, allein schon dadurch illustriert, daß er oft sowohl Schwalben als auch Mauersegler jagt. Beides erfordert Schnelligkeit und blitzschnelles Reagieren. Der aktive Flug erfolgt mit recht langsamen, nicht besonders tiefen und etwas steifen Flügelschlägen. Während der Jagd sind die Bewegungen schneller, tiefer und elastischer. Zwischendrin wird der aktive Flug von kurzen Gleitperioden unterbrochen. Der Gleitflug erfolgt mit gerade gehaltenen Flügeln (E).

Typisches Verhalten Außer beim dramatischen Vogelfang sieht man den Baumfalken auch häufig mit Insektenfang beschäftigt, nicht zuletzt zur Abendzeit über Feuchtgebieten.

Verwechslungsmöglichkeiten Am naheliegendsten mit dem Rotfußfalken, da ihr Flugprofil sich gleicht. Der Rotfußfalke ist aber geringfügig langschwänziger und kaum so langflügelig.
Ein typischer Unterschied im Verhalten ist, daß der Rotfußfalke häufig rüttelt, etwas was der Baumfalke nur äußerst selten tut. Die Kleider ergeben in den meisten Fällen entscheidende Unterschiede. Alte Männchen des Rotfußfalken sind so dunkel, daß sie bei einigermaßen angemessener Beleuchtung leicht unterscheidbar sind. Die Weibchen und Jungvögel haben einen deutlich hellen Kopf, die Jungvögel in der Regel auch einen ausgeprägten Halsring im Gegensatz zu den dunkelköpfigen Baumfalken. Auf ernste Schwierigkeiten kann man beim Vergleich von Baumfalken und rund 1-jährigen Männchen des Rotfußfalken stoßen. Aus einiger Entfernung zeigt der Baumfalke häufig eine einfarbig wirkende Unterseite, wobei selbst die helle Kehle nur schwer sichtbar sein kann. Man hat in solcher Situation keine Freude an den deutlichen Unterschieden, die eigentlich auf der Unterseite der beiden Arten sichtbar sind: das warme Rotbraun mit dunklerer Längsstreifung beim Rotfußfalken-♂ gegenüber dem Hellbeige mit kräftiger Längsstreifung beim Baumfalken. Die Bestimmung ist bei weniger günstigen Verhältnissen faktisch oft unmöglich.
Die Unterschiede zum Eleonorenfalken werden bei dieser Art beschrieben.

Baumfalke (Sp. 69–84 cm)

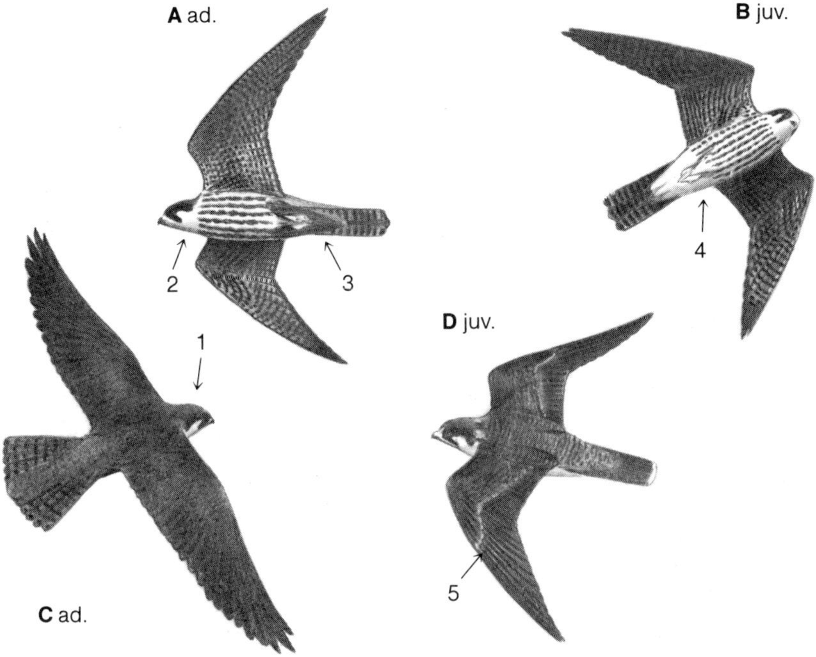

Rotfußfalke I – adult (Sp. 58–70 cm)

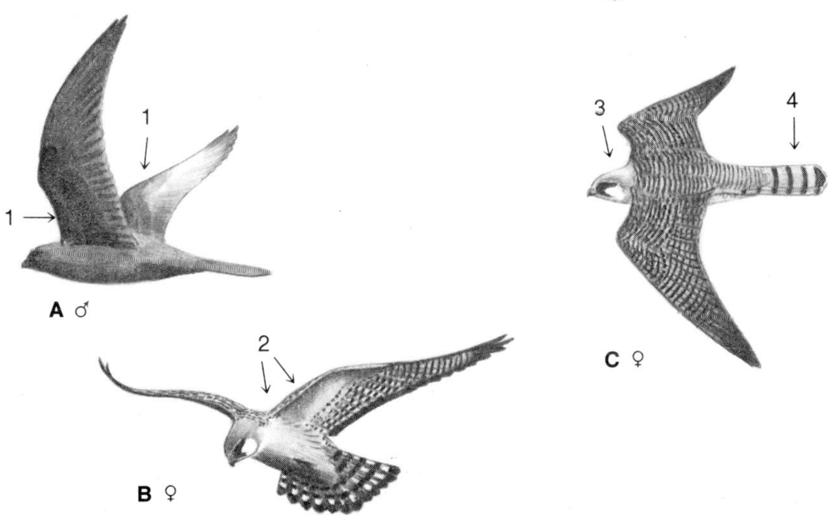

Rotfußfalke

(Falco vespertinus)

Gesamteindruck Ein kleiner Falke, ein bißchen kleiner als Baumfalke, dem er in der Silhouette sehr ähnelt.

Proportionen Körper schlank; mit langen, schmalen und spitzen Flügeln; im Vergleich zum Baumfalken nicht ganz so langflügelig und mit einem etwas breiteren Arm. Der Schwanz ist normalerweise länger als der des Baumfalken, in gewissen Fällen fast so lang wie beim Turmfalken.

Gefieder Ausgefärbtes Männchen (A): Sehr typisch in seinem grauschwarzen Kleid, von dem die roten Unterschwanzdecken und die Hosen als Einziges auffallend abstechen. Sowohl ober- wie unterseits stehen die dunklen Flügeldeckfedern im Kontrast zu den etwas helleren Schwungfedern (A1).
Ausgefärbtes Weibchen: Hat schwach rostfarbene oder gelbliche Unterseite, mit in groben Zügen fleckenfreien Flügeldecken und Körper (B2). Die Schwungfedern sind dicht quergebändert. Die Oberseite ist überwiegend blaugrau mit dichter Querbänderung und mit einem schwachen Kontrast zur dunkleren Farbe der Handschwingenspitzen. Wirklich auffallend ist der helle, in der Regel rostgelbe Kopf (C3) und der quergestreifte Schwanz (C4). Eine deutliche schwarze Zeichnung um das Auge samt eines schmalen Bartstreifens machen sich auch bemerkbar (C3).

Jungvögel Im ersten Kleid (juv.) gleicht der Vogel einem jungen Baumfalken. Der Körper zeigt eine charakteristische Längsstreifung (L5), die Flügeldeckfedern sind mit dunklen Flekken besetzt (L6), und die Flügelhinterkante ist ausgeprägt dunkel. Die Oberseite ist überwiegend braun mit einer sehr dunklen Hand. Dadurch entsteht ein turmfalkenartiger Kontrast. Aufgrund heller Spitzenverbrämung bestimmter Flügeldeckfedern entsteht ein Paar heller Binden. Diese verschleißen aber schnell. Der Kopf ist wie der des Weibchens hell, und oft sieht man einen hellen Halsring, der sich um den ganzen Nacken zieht (L7). Wenn die Vögel im darauffolgenden Frühjahr nach Europa zurückkehren, können die Geschlechter unterschieden werden. Ziemlich wenige haben aber noch das juv.-Kleid.
Immat. Männchen (D-J): Es kann im Mai–Juni mehr oder weniger wie das ad. ♂ aussehen. Die Körperunterseite kann grauschwarz und die Hosen rot sein, während die Flügelunterseite noch wie beim juv. ist (H); die Oberseite ist recht einfarbig schiefergrau. Andere sind nicht so weit mit der Mauser fortgeschritten (D) und ähneln mehr juv. Die Kehle ist hell und die übrige Unterseite dunkler (rotbraun) und ohne markante Zeichnung (D), so wie der Oberkopf normalerweise dunkel ist. Typisch sieht man an den Halsseiten Reste des Halsringes des juv.-Kleides (F). Zwischen den äußeren Extremen (D und J) gibt es alle Übergänge.
Im Herbst ist die Mauser ins ad.-Kleid weit fortgeschritten. Das immat. Männchen kann aber ständig daran erkannt werden, daß einige Schwungfedern noch juvenile sind (I).
Immat. Weibchen (K): Es kann nicht immer im nächsten Frühjahr (ca. 1 Jahr alt) von den ad. unterschieden werden. Die Körperunterseite hat oft einige der dunklen Streifen oder feine, tropfenförmige Flecken des juv. zurückbehalten. Die Flügeldecken unterseits sind wie beim juv. gefleckt. Bei gutem Licht kann man einen braunen Schimmer auf der Oberseite sehen, so wie der Scheitel weißlich ist, nicht gelbbraun. Das beste Kennzeichen eines ♀ im 2. Kleid ist der Jungvogel-Unterflügel. Es ist mit ca. 2 Jahren ausgefärbt.

Flugbild Bei der aktiven Verfolgung von Insekten erinnert der Flug sehr an den des Baumfalken. Mit schnellen, elastischen und nicht besonders tiefen Flügelbewegungen streicht der Vogel in der Regel flach über das Gelände. Ein anderes Mal kann er in seinem besonders zielbewußten Suchflug an einen Turmfalken erinnern – eine Parallele, die durchschlagend wird, wenn der Rotfußfalke rüttelt.

Typisches Verhalten Rüttelt häufig. Die Insektenjagd erfolgt oft von einem oder zwei vorgezogenen Aussichtsposten aus, wohin der Rotfußfalke nach den kurzen Jagden auf ein bestimmtes erspähtes Insekt zurückkehrt. Er ist auffallend wenig scheu.

Verwechslungsmöglichkeiten Siehe unter Baumfalke und Eleonorenfalke.

Rotfußfalke II – juv., imm.

D imm. ♂ (1.–2. K.)

E imm. ♂ (1.–2. K.)

F imm. ♂ (1.–2. K.)

H imm. ♂ (2. K.)

G imm. ♂ (2. K.)

I imm. ♂ (2. K., Sept.)

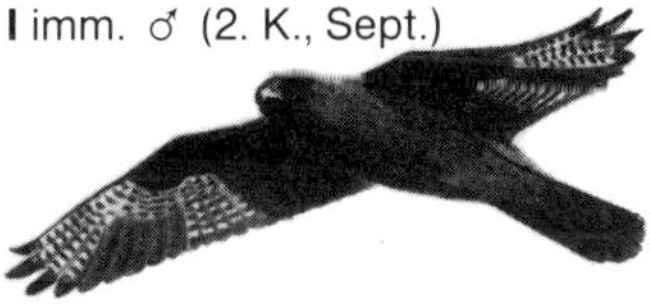

J imm. ♂ (2. K.)

K imm. ♀

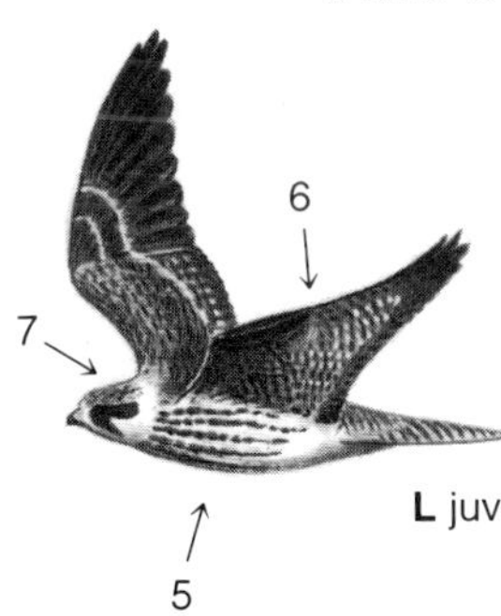

L juv.

Merlin

(Falco columbarius)

Gesamteindruck Ein kleiner, spitzflügeliger und kompakter Falke, den man am meisten im blitzschnellen Flug sieht. ♂ etwa so groß wie Misteldrossel.

Proportionen Ähnelt sehr einem Wanderfalken im Miniformat: Die Flügel haben einen recht kurzen, breiten Arm und eine lange, spitze Hand. Der Körper ist kräftig mit breiter Brust, und der Schwanz ist im allgemeinen mittellang. Das Männchen ist Europas kleinster Greifvogel. Die größten Weibchen können größer werden als die anderen Kleinfalken, aber sie sind in der Regel kleiner als diese.

Gefieder Das ausgefärbte Männchen ist auf der Körperunterseite auf beigem Grunde – häufig mit einem Schein von Rostfarbe – fein dunkel längsgestreift. Diese Streifen sieht man aber nur aus nächster Nähe (A 1). Die Unterflügel haben fein und dicht dunkel gefleckte Deckfedern und dicht quergebänderte Schwungfedern. Die Oberseite ist bläulich schiefergrau, heller nach rückwärts und auf dem Schwanz. Die dunklen Handschwingen kontrastieren (turmfalkenartig) zur übrigen Oberseite (D 2). Der Nacken ist roströtlich gefärbt und unterbricht das Blaugrau der Oberseite. Mit feinem, weißlichen Überaugenstreif. Der Schwanz ist ober- wie unterseits blaugrau mit einer breiten, schwarzen Endbinde (D 3).
Das ausgefärbte Weibchen hat eine hellere Grundfarbe unterseits (weißlich bis beige) und ist kräftiger längsgestreift (B 4). Der schwarzbraune Schwanz ist oben und unten dicht hellbraun quergestreift (E 5). Die Oberseite ist ungefleckt schwarzbraun, evtl. mit grauem Schimmer auf Rükken und Bürzel.

Jungvögel Sind schwierig von ad. Weibchen zu trennen. Ihnen fehlt oft der erwähnte Grauschimmer. Unterseits ist die Grundfarbe dunkler. Feldornithologisch sind jedenfalls juv. von ad. Weibchen normalerweise nicht zu trennen.

Flugbild Man sieht den Merlin oft in großer Geschwindigkeit und zielgerichtetem Flug – ausgeprägter als bei den meisten anderen Greifvogelarten. Ein so kleiner Vogel muß selbstredend, um solches zu erreichen, eine große Flügelschlagfrequenz anwenden. Der aktive Flug wird von kurzen Gleitflugperioden unterbrochen. In der Luft wirkt der Merlin sehr temperamentvoll.

Typisches Verhalten Man sieht ihn oft in voller Fahrt tief über offener Landschaft fliegen.

Verwechslungsmöglichkeiten Allein schon wegen seiner geringen Größe können häufig die anderen Arten ausgesondert werden. Dies gilt besonders für alle Männchen und die kleineren Weibchen. Die kompakte Silhouette (man beachte den kräftigen Körper, die kurzen, recht breiten Flügel und den verhältnismäßig kurzen Schwanz) kennzeichnet ihn gegenüber den anderen kleinen Falken. Diese treten auch anders auf – sie sind of nicht so schnell, zielgerichtet und temperamentvoll wie der Merlin.
Eine Verwechslungsmöglichkeit existiert mit dem Sperber, besonders wenn dieser bei der Jagd flach über offenes Land streicht (z. B. an Zugorten) und seine Hand zusammengefaltet hält, so daß der Flügel spitz und falkenartig erscheint. Der Merlin ist aber schlankflügeliger und hat einen wesentlich kürzeren Schwanz als der Sperber. Auf der Oberseite wird in allen Fällen das »Turmfalken-Kontrastmuster« des Merlin-Männchens eine gute Hilfe sein.
Aufgrund der großen proportionalen Ähnlichkeit können auch Probleme in bezug auf den Wanderfalken eintreten, wenn man den Vogel in Silhouette gegen den Himmel beim Kreis- oder Gleitflug sieht, und es dadurch nicht möglich ist, die Größe zu erkennen. Eine Bestimmung ist in solchen Fällen unmöglich.

Merlin (Sp. 52–69 cm)

A ad. ♂

B ad. ♀

C juv.

D ad. ♂

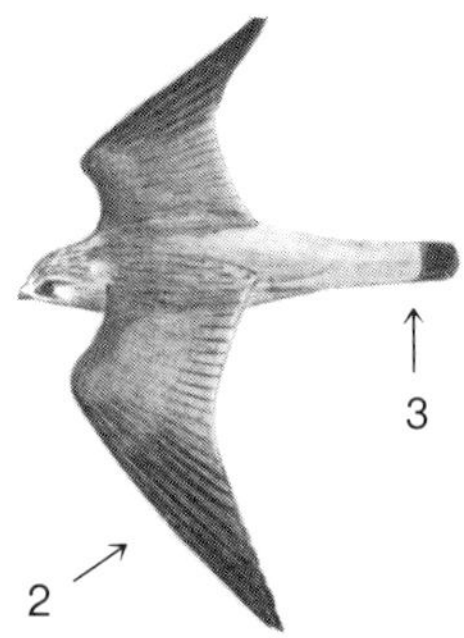

E ad. ♀

F juv.

G kreisend

Turmfalke

(Falco tinnunculus)

Gesamteindruck Ein kleiner bis mittelgroßer Falke mit langen, schmalen und spitzen Flügeln und einem sehr langen Schwanz.

Proportionen So groß wie ein Baumfalke, doch mit anderen Proportionen (und ganz anderem Verhalten). Die Flügel sind ein bißchen breiter, runder und die Hand ist nicht ganz so lang. Der Schwanz ist länger - abgesehen vom Rötelfalken vergleichsweise der längste unter den Kleinfalken.

Gefieder Ausgefärbtes Männchen: Es ist unterseits lehmfarben. Sowohl der Körper als auch die Flügeldecken sind mit Flecken besetzt, aber besonders die Flügeldecken wirken doch recht hell. Die Schwungfedern sind schwach gebändert. Der Schwanz ist hellgrau bis blaugrau und zeigt eine sehr deutliche, endständige schwarze Querbinde (A 1); Ober- und Unterseite sind gleich gefärbt. Die Oberseite ist mit ihrer rotbraunen Farbe auf Rücken und den meisten Flügeldeckfedern (D 2) sehr auffallend. Beide sind mit einer Reihe dunkler Flecken besetzt. Im Kontrast hierzu sind die Handschwingen überwiegend schwarz (D 3). Der Oberkopf/Nacken ist blaugrau.
Ausgefärbtes Weibchen: Es ist deutlich stärker gefleckt und gedämpfter in den Farben. Am ausgeprägtesten ist das auf der Oberseite, die nicht die gleiche warme rotbraune Farbe hat, sondern brauner ist und auf den Deckfedern mit zahlreichen, kräftigen, schwarzbraunen Querbinden versehen ist. Die Schwungfedern sind heller, nicht so dunkel wie beim Männchen. Der Schwanz des Weibchens ist schwarzbraun auf braunem Grund gestreift (E 4). Auch der Oberkopf ist bräunlich. Die Geschlechter sind demnach deutlich verschieden.

Jungvögel Ähneln sehr dem ad. Weibchen, sind aber auf dem Scheitel, im Nacken und auf den Oberschwanzdecken kräftig gestreift. Die Oberschwanzdecken der ad. Weibchen haben demgegenüber eine blaugraue Grundfarbe. Bei juv. ♀ ist sie braun, bei juv. ♂ graubraun. Diese Details sind im Felde schwer zu sehen.
Das junge Männchen wird langsam im Laufe des ersten Lebensjahres die meisten Jugendfedern gegen Altersfedern ersetzen. Es herrscht eine große individuelle und zeitlich bedingte Variation bei diesem Mauserverlauf, so daß es diverse Übergangskleider gibt. Im Alter von ca. 1 Jahr wird aber das junge Männchen ein Kleid tragen mit deutlich weniger Rückenflecken und auf alle Fälle einige der braunen Schwanzfedern gegen blaugraue gemausert haben. Selbst im Alter von ca. 2 Jahren können bestimmte junge Männchen noch von alten Männchen dadurch unterschieden werden, daß die blaugraue Kopffarbe nicht voll erreicht ist und vielleicht auch die Schwanzfedern einen rotbraunen Ton haben.
Das junge, rund 1jährige Weibchen kann u. a. daran erkannt werden, daß die Jungvogelfedern der Unterseite nicht voll vermausert sind. Im Jugendkleid sind die Flecken auf Bauch und Flanken lang und sehr kräftig. Nach der 1. Mauser sind sie tropfenförmig. Nachdem alle Federn gemausert sind, kann das junge Weibchen nicht länger von Alten unterschieden werden. Es ist mit ca. 2 Jahren voll ausgefärbt.

Flugbild Für einen Falken fliegt der Turmfalke wenig kraftbetont. Oft wird ein etwas flatternder Flug mit Auf-die-Seite-werfen angewandt. Die Flügelschläge sind schnell, etwas steif und nicht besonders tief. Der aktive Flug wird häufig abgelöst vom Gleitflug. Rüttelt oft mit schnellen, schwirrenden Flügelschlägen und einem nach unten gefächerten Schwanz (E 4). Besonders auf dem Zuge kann der Turmfalke einen schnellen, gleitenden und eleganten Flug anwenden.

Typisches Verhalten
Sieht man am meisten beim Rütteln über offenem Land. Unser Autobahnfalke.

Verwechslungsmöglichkeiten Siehe unter Rötelfalke und Rotfußfalke.

Turmfalke (Sp. 68–82 cm)

Rötelfalke

(Falco naumanni)

Gesamteindruck Sehr ähnliche Silhouette wie der Turmfalke.

Proportionen Ein bißchen kleiner als Turmfalke, eine Spur schlanker, mit ein bißchen schmalerer und spitzerer Hand und in der Regel mit zugespitzterem Schwanz (A 1 und D 1). Diese Merkmale erfordern große Erfahrung von dem, der sie nutzen will.

Gefieder Ausgefärbtes Männchen: Es hat eine auffallend helle Unterseite mit gelblichem Körper und weißlichen Unterflügeln. Diese können nahezu ohne dunkle Flecken sein (A). Häufig jedoch treten dunkle Flecken auf den Unterflügeldeckfedern auf (B). Artspezifisch sind die dunklen Spitzen der Handschwingenfedern (A2 und B2). Auffallend ist auch die breite schwarze endständige Binde auf dem blaugrauen Schwanz (A 1). Die Oberseite ist wie die des Turmfalken rostrot und kontrastierend zu den dunklen Schwungfedern. Aber im Gegensatz zum Turmfalken ist der Rötelfalke oberseits ungefleckt (D3). Ferner sind die großen Flügeldeckfedern blaugrau, aber das ist ein Merkmal, das schwer zu sehen ist. Im ganzen ist der Vogel kräftiger gefärbt als das Turmfalken-Männchen. Der Kopf ist z. B. kräftiger blaugrau. Auch fehlt der Bartstreif (im Gegensatz zum Turmfalken) oder ist nur angedeutet.
Ausgefärbtes Weibchen: Es ähnelt sehr dem des Turmfalken und ist normalerweise von diesem nicht unterscheidbar. Allerdings ist beim Rötelfalken-♀ der Bartstreif nur angedeutet.

Jungvögel Nicht von ad. Weibchen zu unterscheiden. In einigen Fällen zeigt die Oberseite eine kräftigere schwarzbraune Markierung, vielleicht auf mehr rötlichem Grund. Mit dem Fortschreiten der Mauser werden die jungen Männchen an ihrem Übergangskleid erkennbar, das zwischen Jugend- und Erwachsenenkleid steht.

Flugbild Sehr ähnlich Turmfalken. Man sieht auch einen schnelleren, mehr schwirrenden Flug. Die Tendenz zu flatterndem, seitenwerfenden Flug des Turmfalken ist beim Rötelfalken nicht so ausgeprägt. Er wirkt oft kräftiger und temperamentvoller. Rüttelt oft, aber dieses Verhalten ist nicht so ausgeprägt wie beim Turmfalken.

Typisches Verhalten Man sieht ihn ausgeprägter als den Turmfalken als Koloniebrüter - häufig in Dörfern.

Verwechslungsmöglichkeiten Turmfalke mit Rötelfalke: Aufgrund der Ähnlichkeiten des Gesamteindrucks, der Flugweise und des Verhaltens kann es trotz der deutlichen Farbunterschiede der Männchen schwierig sein, sie artlich zu bestimmen. Bei guten Beobachtungsverhältnissen erkennt man den Rötelfalken an seiner hellen Unterseite, die fast oder ganz ungefleckt ist, sowie an der ungefleckten Oberseite. Die blaugrauen großen Flügeldeckfedern sind im Flug u. U. schwer zu sehen.
Die verlängerten Schwanzfedern sind ein ausgezeichnetes Kennzeichen, wenn sie zu sehen sind.
Die Weibchen sind in der Praxis unmöglich von denen des Turmfalken zu trennen. Der Rötelfalke ist ein bißchen schlanker, oft mit spitzerem Schwanz. Häufig sieht man den Rötelfalken im Flug, wo er deutlich schneller ist als der Turmfalke. Der Bartstreif ist kürzer und kleiner als beim Turmfalken-♀. Viele werden wohl die Bestimmung der beiden Verwandten als das größte Bestimmungsproblem unter Europas Greifvögeln ansehen.

Rötelfalke (Sp. 60–74 cm)

A ad. ♂

B ad. ♂

C ad. ♀

D ad. ♂

E

F kreisend

Literaturnachweis (Bestandszahlen)

1. Cramp, S. & K. E. L. Simmons (1980): Handbook of the birds of Europe, the Middle East and North Africa. Vol. II. - Oxford (Oxford Univ. Pr.).
2. Parslow, L. L. F. & M. J. Everett (1981): Birds in need of special protection in Europe. Council of Europe. Straßburg.
3. Bijleveld, M. (1974): Birds of prey in Europe. London (Macmillan).
4. Król, W. (1983): The status of eagles in Poland. & Król, W. (1983): Annual report 1982. Bull. World Work. Gr. Birds of Prey **1**.
5. Anonym (1983): Årsrapport fra det finske projekt havörn. Bull. World Work. Gr. Birds of Prey **1**.
6. Galushin, V. M. & V. I. Pererva (1983): Status of rare raptors in USSR. Bull. World Work. Gr. Birds Prey **1**.
7. Randla, T. & A. Oun (1983): Annual status report, 1982. - Haliaaetus albicilla. Bull. World Work. Gr. Birds Prey **1**.
8. Thomsen, J. B. (1982): Projekt Havörn. Fugle **2** **(3)**: 3-6.
9. Nilsson, S. G. (1981): De svenska rovfågelbeståndens storlek. - Vår Fågelv. **40**: 249-262.
10. Bergman, G. (1977): Birds of Prey: The situation in Finnland. - World Conf. Birds of Prey, Vienna 1975, S. 96-103.
11. Randla, T. (1976): Estii röövlinnud. - Tallin (Valgus).
12. Glutz von Blotzheim, U. et al. (1971): Handbuch der Vögel Mitteleuropas. Bd. 4. Falconiformes. Wiesbaden (Akad. VG).
13. Anonym (1980): European news. - Brit. Birds **73**: 575.
14. Thibault, J. C. (1978): Status et effectifs des rapaces de Corse. - Courrier du Parc de la Corse 1978.
15. Thomsen, J. B. (1982): Den 3. ICBP Verdenskongres om rovfugle. - Dansk Orn. For. Tidsskr. **76**: 153-154; sowie persönliche Mitteilungen.
16. Helander, B. (1981): Projekt Havsörn i Sverige. In: Projekt Havsörn i Finnland och Sverige, Red.: T. Stjernberg, Jord- och Skogsbrugsministeriet, Helsingfors.
17. Rüger, A. & T. Neumann (1982): Das Projekt Seeadlerschutz in Schleswig-Holstein. - Ministerium für Ernährung, Landwirtschaft u. Forsten, Kiel.
18. Love, J. A. (1983): The return of the Sea Eagle. - Cambridge (Cambridge Univ. Pr.).
19. Meyburg, B.-U. (1984): Present status of diurnal birds of prey (Falconiformes) in various countries bordering the Mediterranean. - IV. Int. Conf. on Med. Birds of Prey, 11.-13. Oct. 1984.
20. Sylvén, M. (1982): Projekt Glada - verksamhetsrapport för perioden 1981-82. - Vår Fågelv. **42**: 106-114.
21. Sörensen, U. G. (1982): Projekt Status 1982-84: En god start. - Fugle **2** **(5)**: 42.
22. Rheinwald, G. (1982): Brutvogelatlas der Bundesrepublik Deutschland. - DDA.
23. Fischer, W. (1980): Zur Situation des Rotmilans. - Falke **27**: 86-87.
24. Sharrock, J. T. R. (1983): Rare breeding birds in U. K. in 1981. - Brit. Birds **76**: 1-25.
25. Schifferli, A. & P. Geroudet & R. Winkler (1980): Atlas des Oiseaux nicheurs de Suisse. - Verbreitungsatlas der Brutvögel der Schweiz. - Sempach (Schweizer Vogelwarte). S. 86-109.
26. Rizzardi, E. (1977): Birds of prey in Italy. I. General report. - Chiavetta, M. (1977): Diurnal birds of prey ringed in Europe and Northern Africa, shot in Italy from 1969 to 1973. Considerations on the effects of shooting and status of the Italian breeding population. - World Conf. Birds of Prey, Vienna 1975, S. 129-131, 272-274.
27. Garzon, J. (1977): Birds of prey in Spain, the present situation. - World Conf. Birds of Prey, Vienna 1975, S. 159-170.
28. Tjernberg, M. (1983): Breeding ecology of the Golden Eagle, Aquila chrysaetos, in Sweden.
29. Horner, K. O. et al. (1982): Density and laying dates of Blackshouldered Kites in Egypt. - Ostrich **53**: 249-251.
30. Geroudet, P. (1982): Bearded Vulture news. - Brit. Birds **75**: 391.
31. Meyburg, B.-U. (1983): Distribution and present status of the Black Vulture. - Bull. World Work. Gr. Birds Prey **1**.
32. Acklam, G. H. (1982): European news. - Brit. Birds **75**: 26.
33. Marquiss, M. & I. Newton (1982): The Goshawk in Britain. - Brit. Birds **75**: 243-260.
34. Viksne, J. (1983): Birds of Latvia. - Riga (Zinatne).
35. Sylvén, M. (1975): Förekomst av större skrikörn Aquila clanga och mindre skrikörn A. pomarina i Sverige. - Vår Fågelv. **34**: 27-36.
36. Rutschke, E. (1983): Die Vogelwelt Brandenburgs. - (VEB Fischer) Jena.
37. Anonym (1981): European news. - Brit. Birds **74**: 260-263.
38. Yeatman, L. (1976): Atlas des oiseaux nicheurs de France.
39. Clouet, M. (1981): L'Aigle royal (Aquila chrysaetos) dans les Pyrenees francaises. - L'Oiseau **51**: 89-99.
40. Bécsy, L. & A. Keve (1977): The protection and status of birds of prey in Hungary. - World Conf. Birds of Prey, Vienna 1975, S. 125-129.
41. Schenk, H. (1977): Status and conservation of birds of prey in Sardinia. - World Conf. Birds of Prey, Vienna 1975, S. 132-136.
42. Puscariu, V. & A. Filipascu (1977): The situation of birds of prey in Rumania, 1970-1974. - World Conf. Birds of Prey, Vienna 1975, S. 148-152.
43. Sládek, J. (1977): The status of birds of prey in Czechoslovakia. - World Conf. Birds of Prey, Vienna 1975, S. 87-91.
44. Acklam, G. H. (1982): European news. - Brit. Birds **75**: 570.
45. Dyck, J. (1980): Rovfugle og pestizider. - Dansk Orn. For. Tidsskr. **74**: 80-81.
46. Massa, B. (1977): The situation of the Falconiformes in Sicily. - World Conf. Birds of Prey, Vienna 1975, S. 131-132.
47. Sharrock, J. T. R. (1976): The atlas of breeding birds of Britain and Ireland. - Tring (Brit. Trust Orn./Ir. Wildlife Cons.).
48. Bauer, K. (1977): Present status of birds of prey in Austria. - World Conf. Birds of Prey, Vienna 1975, S. 83-85.
49. Willgohs, J. F. (1977): Birds of prey in Norway. - World Conf. Birds of Prey, Vienna 1975, S. 143-148.
50. Palma, Louis, pers. Mitteilungen.
51. Bomholt, F. (1983): Population trends in Danish raptors since 1970. - Proc. third Nordic Congr. Orn. 1981, S. 39-44.

52. Klafs, G. & J. Stübs (1979): Die Vogelwelt Mecklenburgs. - Jena (VEB Fischer).
53. Teixeira, R. N. (1979): Atlas van de Nederlandse Broedvogels. - Deventer.
54. =44.
55. Merikallio, E. (1958): Finnish birds. Their distribution and numbers. - Fauna Fennica **5**.
56. Jörgensen, H. E. (1983): Rörhög og Hedehög. - Fugle **3 (2)**: 25.
57. Risberg, L. (1983): Årsrapport 1982. - Vår Fågelv. **42**: 301-332.
58. Enemar, A. & U. Unger (1977): Hur många sparvhökar häckar i Sverige? - Anser **16**: 107-112.
59. Looft, V. & G. Busche (1981): Vogelwelt Schleswig-Holsteins. Band 2: Greifvögel. - Neumünster (Wachholz).
60. Kenward, R. E. & -. Lindsay (1983): Understanding the Goshawk.
61. Hagen, Y. (1961): Loddenbenet musvåge. - Nordens Fugle i Farver, Bd. 5.
62. Haftorn, Sv. (1971): Norges fugler. - Oslo (Univers. f.).
63. Acar, B., M. Beaman & R. F. Porter (1977): Status and migration of birds of prey in Turkey. - World Conf. Birds of Prey, Vienna 1975, S. 182-187.
64. Schei, P. I. (1981): Prosjekt falk. Rapport 1980. - Vår Fuglefauna **4**: 205-208.
65. Cade, T. J. (1982): The Falcons of the world. - London (Collins).
66. =13.
67. Dyck, J. (1980): =45.
68. The Peregrine Fund Newsletter **10**: 1-4.
69. B. T. O. News no. **120**: 3.
70. Vaughan, R. (1961): Falco eleonorae. - Ibis **103a**: 114-128.
71. Walter, H. (1978): Eleonora's Falcon (Falco eleonorae) in Greece. - Bull. Hell. Soc. Prot. Nature **15**: 30-32.
72. Kjöller, F.: Persönliche Mitteilung.
73. Walter, H. (1968): Zur Abhängigkeit des Eleonorenfalken (Falco eleonorae) vom mediterranen Vogelzug. - J. Orn. **100**: 323-365.
74. Dybbro, T. (1978): Oversigt over Danmarks Fugle 1978. - Kopenhagen (Dansk orn. For.).
75. Fiuczynski, D. (1981): Siedlungsdichte und Bestandsentwicklung des Baumfalken (Falco subbuteo) in Deutschland. - Orn. Mitt. **33**: 3-13.
76. Kesteloot, E. J. J. (1977): Present situation of birds of prey in Belgium. - World Conf. Birds of Prey, Vienna 1975, S. 85-87.
77. Persönliche Beobachtungen des Verfassers B. Gensböl.
78. Bloch, D. (1981): Fugletaelling på Faeröerne sommeren 1981 - forelöbig rapport. - Dansk orn. For. Tidsskr. **75**: 1-6.
79. =37.
80. Król, Wojtek: Persönliche Mitteilung.
81. Nielsen, B. P.: Persönliche Mitteilung.
82. Bruun, B. (1983): The Lappetfaced Vulture in the Middle East. - Manuskript.
83. Marcström, V. & K. E. Kenward (1981): Movements of wintering Goshawk. - Viltrevy **18**: 3-35.
84. Hendrinos, G. & A. Demetropoulos (1983): Birds of prey of Greece. - Athen.
85. Flint, P. R. & P. F. Stewart (1983): The birds of Cyprus. London (Brit. Orn. Union).
86. Persönliche Beobachtungen und Informationen, Dr. W. Thiede.
87. Opdam, P. (1980): Roofvogels en mens: een geslangde combinatie? - Limosa **53**: 139-140.
88. Mildenberger, H. (1982): Die Vögel des Rheinlandes. Bd. 1 Düsseldorf (Ges. Rhein. Orn.).
89. Richford, A. S. (1984): The past, present and future status of Black Vultures in Mallorca. - Bull. Brit. Orn. Cl. **104**: 117-118.
90. Hörig, H. (1982): XIII. Zentrale Falknertagung der DDR. Falke **29**: 383-384.
91. Wüst, W. (1981): Avifauna Bavariae. Bd. I. - München (Orn. Ges. Bayern).
92. Naurois, R. de (1984): Contribution a l'ornithologie de l'Archipel du Cap Vert. - Bol. Mus. Mun. Funchal **36**: 38-50.
93. Hartog, J. C. den & M. S. S. Lavaleye (1981): Bird observations in the Azores (12. Sept.-1. Nov. 1979). - Bocagiana **56**, 28 S.
94. Naurois, R. de (1982): Remarques a propos des Buses (Buteo buteo ssp.) observes en Afrique occidentale. - Malimbus **4**: 5-8.
95. Jörgensen, H. E. (1983): Ynglebestanden af Hedehög Circus pygargus i Danmark 1968-1982. - Dansk orn. For. Tidsskr. **77**: 81-94.
96. Notiz in Brit. Birds **72**: 590-591, 1979.
97. Nörrevang, A. & J. C. den Hartog (1984): Birds observations in the Cape Verde Islands (4-22 june 1982). - Cour. Forsch.- Inst. Senckenberg **68**: 107-134.
98. Meyburg, B.-U. (1985): Wanderfalken in Schweden. - Die Situation des Wanderfalken in Deutschland. - World Work. Gr. Birds of Prey Rundbr. **2**: 4-5.
99. Bird Study **30**: 91-101, 1983.
100. Benoit, F. (1981): La distribution du Faucon hobereau, Falco subbuteo, en Suisse. - Nos Oiseaux **36**: 21-24.
101. Cortés, J. E. et al. (1980): The birds of Gibraltar. - Gibraltar (Gibraltar Bookshop).
102. Dennis, R. H. et al. (1984): The status of the Golden Eagle in Britain. - Brit. Birds **77**: 592-607.
103. Thiollay, J.-M. & J.-F. Terrace (ed.) (1984): Estimation des effectifs de Rapaces nicheurs diurnes et non rupestres en France. - Enquete FIR/UNAO 1979-1982. - X + 178 S. - Grennevilliers (Seridac).
104. Acklam, G. (1985): European news. - Brit. Birds **78**: 340.
105. Peltzer, R. (1981): Zur Brutverbreitung des Rotmilans (Milvus milvus) in Luxemburg. - regulus **14**: 72-77.
106. Weiss, J. (1981): Baumfalkenvorkommen in Luxemburg. - regulus **14**: 108-110.
107. Weiss, J. (1984): Die Ecke des Feldornithologen. - regulus **14**: 320.
108. Persönliche Erkundigungen in Zypern, Nov. 1985 (Dr. W. Thiede).
108 a. Lelov, E. (1984): The Golden Eagle in South-West Estonia. - Eesti Loodus **27**: 774-775, 822.
109. Maasikamäe, R. (1980): The peregrine falcon has disappeared in Estonia. - Eesti Loodus **23**: 100.
110. Saurola, P. (1985): Finnish birds of prey: status and population changes. - Orn. Fenn. **62**: 64-72.

Weiterführende Literatur

Arrroyo, B. et al. (1976): Biologia de reproduccion de una pareja de Hieraaetus fasciatus en España central. - Doñana Acta Vert. **3**: 33-45.
Backhurst, G. C. & D. J. Pearson (1979): Southward migration at Ngulia, Tsavo, Kenya 1978/79. - Scopus **3**: 19-25.
Balfour, E. (1957): Observations on the breeding biology of the Hen Harrier in Orkney. - Bird Notes **27**: 177-183, 216-224.
- (1962): The nest and the eggs of the Hen Harrier in Orkney. - Bird Notes **30**: 69-73.
- (1962/63): The Hen Harrier in Orkney. - Bird Notes **30**: 145-153.
- & **M. Macdonald** (1970): Food and feeding behaviour of the Hen Harrier in Orkney. - Scott. Birds **6**: 157-166.
Baumgart, W. (1980): Steht der Schreiadler unter Zeitdruck? - Falke **27**: 6-17.
Bednarek, W. et al. (1975): Über die Auswirkungen der chemischen Umweltbelastung auf Greifvögel in zwei Probeflächen Westfalens. - J. Orn. **116**: 181-194.
Bertel, B. (1976): Feltbestemmelse af Laerke- og Aftenfalk. - feltorn. **18**: 101-106.
Brown, L. (1979): Die Greifvögel. Ihre Biologie und Ökologie. - Hamburg (Parey).
- (1978): British birds of prey. - The New Naturalist **60**. - London (Collins).
Brüll, H. (1984): Das Leben europäischer Greifvögel. - 4., erweit. Aufl. - Stuttgart (G. Fischer).
Bylin, K. (1981): Bruna kärrhöken Circus aeroginosus i Sverige år 1979. - Vår Fågelv. **40**: 455-460.
Calderon, J. (1977): El papel de la Perdiz roja (Alectoris rufa) en la dicta de los predadores ibéricos. - Doñana Acta Vert. **4**: 61-126.
Cant, G. (1978): Eleonora's Falcon wintering in the southern Aegean. - Nature - Hell. Soc. Prot. Nature **1978**: 28-29.
Christensen, S. (1970): Feltbestemmelse af ung Aftenfalk. - feltorn. **12**: 154-155.
- (1977): Feltbestemmelse af overgangsdragter af hanner af Hedehög Circus pygargus og Steppehög Circus macrourus. - Dansk orn. For. Tidsskr. **71**: 11-22.
- et al. (1981): The spring migration of raptors in southern Israel and Sinai. - Sandgrouse **3**: 1-42.
Cheylan, G. (1977): La place trophique de l'Aigle de Bonelli Hieraaetus fasciatus dans les biocénoses méditerranéennes. - Alauda **45**: 1-15.
Cronert, H. (1978): Lärkfalkens förekomst i Skåne. - Anser **17**: 101-108.
Dietrich, J. (1982): Zur Ökologie des Habichts - Accipiter gentilis - im Stadtverband Saarbrücken. - Dipl. Arb. Univ. Saarbrücken.
Dyck, J. (1972): Miljögifte og bestandsaendringer hos fugle. - In: »Status over den danske dyreverden«. Zool. Museum Kopenhagen.
Everett, M. & R. Prytherch (1985): White-tailed Eagle news. - Brit. Birds **78**: 518.
Ferdinand, J. (1923): Nogle danske Dagrovfugles Föde. - Dansk orn. For. Tidsskr. **17**: 97-112.
-: & **K. Paludan** (1931): Fortsatte Undersögelser over danske Rovfugles og Uglers Föde. - Dansk orn. For. Tidsskr. **25**: 89-103.
Fischer, W. (1967): Der Wanderfalke. - Wittenberg-Lutherstadt (Neue Brehm-Bücherei; Ziemsen).
Franco, A. & J. Andrada (1977): Alimentacion y seleccion de presa en Falco naumanni. - Ardeola **23**: 137-187.
Frey, F. (1985): Darf der Bartgeier wieder fliegen? - Natursch. heute **17 (2)**: 11.
Galushin, V. M. (1974): Synchronous fluctuations in populations of some raptors and their prey. - Ibis **116**: 128-134.
Gawlik, H. & W. Otto (1982): Zur Ernährung Berliner Baumfalken (Falco subbuteo). - Pica **1**: 54-59.
Göransson, G. (1975): Duvhökens betydelse för vinterdödligheten hos fasaner. - Anser **14**: 11-22.
Goslow, G. E. (1971): The attack and strike of some North American raptors. - Auk **88**: 816-827.
Haller, H. (1982): Raumorganisation und Dynamik einer Population des Steinadlers Aquila chrysaetos in den Zentralalpen. - Orn. Beob. **79**: 163-211.
Hantge, E. (1980): Untersuchungen über den Jagderfolg mehrerer europäischer Greifvögel. - J. Orn. **121**: 200-207.
Hård, I. & A. Enemar (1980): Stenfalkens Falco columbarius byteval och matning under ungarnas botid. - Vår Fågelv. **39**: 25-34.
Höglund, G. (1964): Der Habicht Accipiter gentilis Linné in Fennoskandia. - Beringungsergebnisse und ökologische Studien. - Viltrevy **2**: 195-270.
- (1964): Über die Ernährung des Habichts (Accipiter gentilis Lin.) in Schweden. - Viltrevy **2**: 271-328.
Högstedt, G. (1976): Födosöksteknik hos bivråken. - Anser **15**: 150-151.
Hogg, P. (1983): On the Barbary Falcon Falco pelegrinoides in North Eastern Africa. - Malimbus **5**: 90.
Holstein, V. (1942): Duehögen. - Kopenhagen (Gyldendalske).
- (1944): Hvepsevågen. - Kopenhagen.
- (1950): Spurvehögen. - Kopenhagen.
- (1956): Musvågen. Kopenhagen.
Iribarren, J. J. (1975): Biologia del Aguila Calzada (Hieraaetus pennatus) durante el periodo de nidificacion en Navarra. - Ardeola **21**: 305-320.
Jordano, P. (1981): Relaciones interospecificas y coexistencia entre el Aguila Real (Aquila chrysaetos) y el Aguila Perdicera (Hieraaetus fasciatus) en Sierra Morena central. - Ardeola **28**: 67-87.
Kalchreuter, H. (1980): Habicht, Mensch und Beutetier. - Wildforsch. Baden-Württbg. **1**.
Kenward, R. E. (1977): Predation on released Pheasants (Phasianus colchicus) by Goshawks (Accipiter gentilis) in central Sweden. - Viltrevy **10**: 79-112.
- (1978): Hawks and doves: Factors affecting success and selection in Goshawks attacks on woodpigeons. - J. Anim. Ecol. **47**: 449-460.
- (1982): Goshawk hunting behaviour, and range size as a function of food and habit availability. - J. Anim. Ecol. **51**: 69-80.
- & **V. Marcström & M. Karlbom** (1981): Goshawk winter ecology in Swedish Pheasant habitats. - J. Wildl. Manage. **45**: 397-408.
Lindberg, P. (1981): Försök med »dubbla äggkullar« och äggbyte mellan skilda boplatser för pilgrimsfalk. - Vår Fågelv. **40**: 273-277.
- (1982): Första falkarna utplanterade. - Sveriges Natur **73 (7)**: 1-5.
Marcström, V. & R. E. Kenward (1981): Movements of wintering Goshawks in Sweden. - Viltrevy **12**: 1-35.
Mebs, T. (1964): Zur Biologie und Populationsdynamik des Mäusebussards. - J. Orn. **105**: 247-306.
Meyburg, B.-U. (1973): Studies of less familiar birds 172. Lesser Spotted Eagle. - Brit. Birds **66**: 439-447.
Möller, A. Pape (1978): Nordjyllands Fugle. - Klampenborg (Scand. Sci. Pr.).
Moll, T. (1979): Pilgrimsfalken i Finland. - Sveriges Natur **70**: 73-75.

Moritz, D. & G. Vauk (1976): Der Zug des Sperbers (Accipiter nisus) auf Helgoland. - J. Orn. **117**: 317-328.
Newton, I. (1979): Population ecology of raptors. - Berkhamsted (Poyser).
- & **M. Marquiss** (1981): Effect of additional food on laying dates and clutch sizes of Sparrowhawks. - Orn. Scand. **12**: 224-229.
Nielsen, B. P. (1977): Danske Musvågers Buteo buteo traekforhold og spredning. - Dansk orn. For. Tidsskr. **71**: 1-9.
- (1983): Danske Tårnfalkes Falco tinnunculus traekforhold og spredning. - Dansk orn. For. Tidsskr. **77**: 1-12.
Norderhaug, M. (1977): Report from WWF Symposium on the White-tailed Eagle. - (WWF Norwegen) Oslo.
Norriss, D. W. & H. J. Wilson (1983): Survey of the Peregrine. Ireland 1981. - Bird Study **30**: 91-101.
Odsjö, T. & J. Sondell (1977): Populationsutveckling och häckningsresultat hos brun kärrhök Circus aeruginosus i relation till förekomsten av DDT, PCB och kvicksilver. - Vår Fågelv. **36**: 152-160.
- & - (1979): Fiskgjusen - inventering. - Sveriges Natur **70**: 16-18.
Österlöf, S. (1973): Fiskgjusen Pandion haliaetus i Sverige 1971. - Vår Fågelv. **32**: 100-106.
- (1977): Migration, wintering areas, and site tenacity of the European Osprey Pandion h. haliaetus. - Orn. Scand. **8**: 61-78.
Olsen, S. F. (1983): Artsbestemmelse av vandrefalk og jaktfalk. - Vår Fuglefauna **6**: 15-19.
Olsson, V. (1972): Revir, biotop och boplatsval hos svenska havsörnar Haliaaetus albicilla. - Vår Fågelv. **31**: 89-95.
Ornithologische Arbeitsgem. Bodensee (1983): Die Vögel des Bodenseegebietes. - Konstanz (Selbstv.).
Palášthy, J. & B.-U. Meyburg (1973): Zur Ernährung des Schreiadlers (Aquila pomarina) in der Ostslowakei unter atypischen klimatischen Bedingungen. - Orn. Mitt. **25**: 63-72.
Pearson, D. J. & B. S. Meadows (1979): Lesser Spotted Eagles Aquila pomarina in Kenya during 1978/79, with comments on the identification of the species. - Scopus **3**: 48-53.
Pedersen, K. (1983): Rovfuglenes forårstraek over Skagen. Fugle **3** (**1**): 12-13, 30.
Perrins, C. M. & T. A. Geer (1980): The effect of Sparrowhawks on tit populations. - Ardea **68**: 133-142.
Porter, R. F. et al. (1981): Flight identification of European raptors. 3rd ed. - Berkhamsted (Poyser).
Ratcliffe, D. (1980): The Peregrine Falcon. - Calton (Poyser).
Rebecca, G. (1983): Status and breeding ecology of Merlin in Grampian. - Scott. Birds **12**: 195-196.
Ritzel, L. (1980): Der Durchzug von Greifvögeln und Störchen über den Bosporus im Frühjahr 1978. - Vogelwarte **30**: 149-162.
Rudebeck, G. (1951): The choice of prey and modes of hunting of predatory birds with special reference to their selective effect. - Oikos **3**: 200-231.
Rüppel, G. (1981): Analyse des Beutefanges des Fischadlers (Pandion haliaetus). - J. Orn. **122**: 285-305.
Rust, R. & W. Kechele (1982): Ergebnisse langjähriger Bestandskontrollen beim Habicht (Accipiter gentilis) auf zwei südbayerischen Kontrollflächen. - Garmisch. Vogelk. Ber. **11**: 10-26.
Schelde, O. (1960): Danske Spurvehöges (Accipiter nisus (L.)) traekforhold. - Dansk orn. For. Tidsskr. **54**: 88-102.
Schilling, F. & C. König (1980): Die Biozidbelastung des Wanderfalken (Falco peregrinus) in Baden-Württemberg und ihre Auswirkung auf die Populationsentwicklung. - J. Orn. **121**: 1-35.
Suetens, W. & P. van Groenendael (1966): Sobre ecologia y conducta reproductora del Buitre negro (Aegypius monachus). - Ardeola **12**: 19-30.
- & - (1967): La nidification du Vautour moine, Aegypius monachus L. - Gerfaut **57**: 93-118.
Svensson, L. (1975): Större skrikörn Aquila clanga och mindre skrikörn A. pomarina - problemet att artbestämma dem. - Vår Fågelv. **34**: 1-26.
- (1981): Om bestämning i fält av bivråk Pernis apivorus - art, ålder, och kön - samt jämförelser med ormvråk Buteo buteo. - Vår Fågelv. **40**: 1-12.
- (1982): Ålders och könsbestämning av fjällvråk Buteo lagopus. - Fåglar i Stockholmstrakt. **11**: 136-141.
- et al. (1978): Sveriges fåglar. - Stockholm (Sver. Orn. För.).
Sylvén, M. (1977): Ålderskriterier hos glada Milvus milvus och brun glada M. migrans. - Vår Fågelv. **36**: 33-37.
- (1982): Reproduction and survival in Common Buzzards (Buteo buteo) illustrated by the seasonal allocation of energy expenses. - Doktorsavhandling, Zool. inst., Universität Lund. - Ref.: Vår Fågelv. **41**: 287-288.
Thiollay, J. M. (1975): Migration de printemps au Cap Bon (Tunisie). - Nos Oiseaux **33**: 109-121.
Tjernberg, M. (1978): Presentation av Projekt Kungsörn. - kungsörnens status och miljökrav i Sverige. - Anser, suppl. **3**: 235-238.
- (1981): Diet of the Golden Eagle Aquila chrysaetos during the breeding season in Sweden. - Holarct. Ecol. **4**: 12-19.
- (1983): Breeding ecology of the Golden Eagle, Aquila chrysaetos, in Sweden. - Uppsala.
Uttendörfer, O. (1952): Neue Ergebnisse über die Ernährung der Greifvögel und Eulen. - Stuttgart (Ulmer).
Voigt, A. (1921): Exkursionsbuch zum Studium der Vogelstimmen. 9. Aufl. (Quelle & Meyer).
Walter, H. (1979): Eleonora's Falcon. Adaption to prey and habitat in a social raptor. - Chicago (Univ. Chicago Pr.).
Westernhagen, W. v. (1955): Zuggeselligkeit bei Greifvögeln. - Vogelwarte **18**: 15-19.
Wiklund, Ch. G. (1979): Increased breeding success for Merlins Falco columbarius nesting among colonies of Fieldfares Turdus pilaris. - Ibis **121**: 109-111.
Williams, G. A. (1981): The Merlin in Wales: breeding numbers, habitat and success. - Brit. Birds **74**: 205-214.
Willgous, J. (1961): The White-tailed Eagle Haliaeetus albicilla albicilla (L.) in Norway. - Årbok Univ. Bergen, Naturv. Ser. **12**.
Wonneberger, G. (1975): Brutbestand und Zug der Weihen im Rheinland seit 1947. - Charadrius **11**: 85-91.
W. W. Brehm Fond (1985): Wanderfalken im Aufwind. - »Zum Fliegen geboren« **3** (**1/2**): 4-6.
Ziesemer, F. (1983): Untersuchungen zum Einfluß des Habichts (Accipiter gentilis) auf Populationen seiner Beutetiere. - Beitr. Wildbiol. **2** (Hartmann V., Kronshagen).

Register

Wissenschaftliche Namen

Deutsche Namen